積分公式

◆ 不定積分の公式（不定積分の基本公式，置換積分法，部分積分法）

① $\displaystyle\int x^\alpha dx = \frac{1}{\alpha+1}x^{\alpha+1}$

② $\displaystyle\int e^x dx = e^x$

③ $\displaystyle\int a^x dx = \frac{a^x}{\log a} \quad (a > 0)$

④ $\displaystyle\int \frac{1}{x} dx = \log|x|$

⑤ $\displaystyle\int \frac{f'(x)}{f(x)} dx = \log|f(x)|$

⑥ $\displaystyle\int \sin x dx = -\cos x$

⑦ $\displaystyle\int \cos x dx = \sin x$

⑧ $\displaystyle\int \sec^2 x dx = \tan x,\ \sec^2 x = \frac{1}{\cos^2 x}$

⑨ $\displaystyle\int \frac{dx}{\sqrt{a^2-x^2}} = \sin^{-1}\frac{x}{a} \quad (a > 0)$

⑩ $\displaystyle\int \frac{1}{x^2+a^2} dx = \frac{1}{a}\tan^{-1}\frac{x}{a} \quad (a \fallingdotseq\!\!\!\!/\ 0)$

⑪ $\displaystyle\int \frac{1}{\sqrt{x^2+a}} dx = \log\left|x+\sqrt{x^2+a}\right| \quad (a \neq 0)$

⑫ $\displaystyle\int \sqrt{x^2+a}\, dx = \frac{1}{2}\left\{x\sqrt{x^2+a} + a\log\left(x+\sqrt{x^2+a}\right)\right\} \quad (a \neq 0)$

⑬ $\displaystyle\int \frac{1}{x^2-a^2} dx = \frac{1}{2a}\log\left|\frac{x-a}{x+a}\right| \quad (a \neq 0)$

⑭ $\displaystyle\int \sqrt{a^2-x^2}\, dx = \frac{1}{2}\left(x\sqrt{a^2-x^2} + a^2\sin^{-1}\frac{x}{a}\right) \quad (a > 0)$

◆ 置換積分法，典型的な置換パターン

⑮ $x = g(t)$ のとき $\displaystyle\int f(x)dx = \int f\big(g(t)\big)g'(t)dt$

⑯ $\displaystyle\int f(\sin x)\cos x dx$ の場合，$\sin x = t$ とおく．

⑰ $\displaystyle\int f(\cos x)\sin x dx$ の場合，$\cos x = t$ とおく．

⑱ $\displaystyle\int f(\sin x, \cos x)dx$ の場合，$\tan\frac{x}{2} = t$ とおく．

⑲ $\displaystyle\int \sqrt{a^2-x^2}\, dx$ の場合，$x = a\sin\theta$（または $x = a\cos\theta$）$(a > 0)$ とおく．

◆ 部分積分法

⑳ $\displaystyle\int f(x)g'(x)dx = f(x)g(x) - \int f'(x)g(x)dx$

基本公式

◆ 三角関数の公式

加法定理

(1) $\sin(x \pm y) = \sin x \cos y \pm \cos x \sin y$ (複号同順)

(2) $\cos(x \pm y) = \cos x \cos y \mp \sin x \sin y$ (複号同順)

2倍角の公式

(3) $\sin 2x = 2 \sin x \cos x$

(4) $\cos 2x = 2\cos^2 x - 1 = 1 - 2\sin^2 x$

半角の公式

(5) $\sin^2 \dfrac{x}{2} = \dfrac{1 - \cos x}{2}, \quad \cos^2 \dfrac{x}{2} = \dfrac{1 + \cos x}{2}$

和・差を積にする公式

(6) $\sin\alpha + \sin\beta = 2\sin\dfrac{\alpha+\beta}{2}\cos\dfrac{\alpha-\beta}{2}$

(7) $\sin\alpha - \sin\beta = 2\cos\dfrac{\alpha+\beta}{2}\sin\dfrac{\alpha-\beta}{2}$

(8) $\cos\alpha + \cos\beta = 2\cos\dfrac{\alpha+\beta}{2}\cos\dfrac{\alpha-\beta}{2}$

(9) $\cos\alpha - \cos\beta = -2\sin\dfrac{\alpha+\beta}{2}\sin\dfrac{\alpha-\beta}{2}$

積を和・差にする公式

(10) $\sin A \cos B = \dfrac{1}{2}\{\sin(A+B) + \sin(A-B)\}$

(11) $\cos A \cos B = \dfrac{1}{2}\{\cos(A+B) + \cos(A-B)\}$

(12) $\sin A \sin B = -\dfrac{1}{2}\{\cos(A+B) - \cos(A-B)\}$

◆ 2項定理

異なる n 個のものから r 個取り出す組合せの総数を ${}_n\mathrm{C}_r$ で表すと，

(13) ${}_n\mathrm{C}_r = \dfrac{n(n-1)\cdots(n-r+1)}{r!} = \dfrac{n!}{r!\,(n-r)!}$

$(r! = r(r-1)\cdots 2\cdot 1,\ 0! = 1)$

(14) $(a+b)^n = {}_n\mathrm{C}_0 a^n + {}_n\mathrm{C}_1 a^{n-1}b + \cdots + {}_n\mathrm{C}_r a^{n-r}b^r + \cdots + {}_n\mathrm{C}_n b^n$

新版 演習数学ライブラリ＝3

新版 演習 微分方程式

寺田文行・坂田 泩 共著

サイエンス社

サイエンス社のホームページのご案内
http://www.saiensu.co.jp
ご意見・ご要望は　rikei@saiensu.co.jp　まで.

まえがき

◆ 微分方程式の重要性　　微分方程式というのは広く学問の諸分野においてその基礎づけを担うものです．一つの現象を説明するための理論を構築するときには，まず基礎とする変数 x（時間とか場所など）を定め，それに対応して“x の関数”と呼ばれる量 y を考えることは，今日では物理学・工学の諸分野ばかりでなく，理科系全分野の常套手段です．このとき重要なのは，y の値ばかりでなく，y の x に関する“変化率の考え”です．この変化率 $\dfrac{dy}{dx}$ がその重要性を見せてくれるのは，理工系ばかりでなく経済学・医学のような“予測を重要視する諸分野”にまで及んでいます．

微分方程式は 16 世紀のガリレイやニュートンに端を発します．彼らが高名を馳せたのは，彼らの提唱した微分方程式による運動方程式でありました．まさしく

「はじめに微分方程式ありき」

であり，微分積分学はその準備・理論武装でした．理系全分野ばかりでなく，経済学分野の学生諸君にとっての

「微分方程式の習熟の重要性」

は，このような背景に基づくものです．

◆ 本書の役割　　「これから進みたい専門分野では，“変化率の考えとその処理が重要”であり，その基になっているのが微分方程式の理論らしい」そのために良い自習書・問題解決のトレーニング書が欲しいと考える学生諸君は少なくありません．それもいきなり難解な理論・抽象的な扱いをするのではなく，端的に言えば

「高校数学・受験のための数学学習に接続して前進できるような標準的な内容で，しかも奥ゆきのある微分方程式を学ばせてくれる本はないか」

というようなことを，内心で考えている大学生が多いのではないでしょうか．あわせて

「高校時代には好きだった数学を，大学に入ってからキライになりそう」

という学生諸君の少なくないことも筆者らはよく承知しています．そんな姿を思い浮べながら，作成したものが本書です．

◆ **本書の特色**　執筆に際しての配慮はいろいろありますが，その中から特に何点かを拾いあげてみましょう．

(1)　微分積分の内容によく接続する　概念・定理は，標準的な講義であれば同一ですから，本書では特に定理の証明には立ち入っておりません．それに代わって概念・定理をよく理解するための精選した，例題とその解法を多数収録しました．具体例を基に，ストーリーの全体を見ながら繰り返し学習を辛抱づよく進めていけば，理論の理解も深まっていきます．

(2)　応用力を目指した基礎理論固め　本ライブラリの第2巻『新版 演習微分積分』でも強調したように，微分方程式が自分の分野でどう使えるかは，自身で判断できるようにならなくてはなりませんが，

本書は種々の場で十分役に立つ充実した基礎内容をもっています

(3)　適切なレベル　大学生向けの演習書というと，著者が張り切りすぎてか，難かしすぎる書も少なくありません．折角学ぶつもりで求めて帰っても，10頁前後でやめてしまい，やがて「ツンドク」に流れていっては残念なことです．その反面，レベルを下げすぎて「これでは役に立たないよ」という「ダマシ」も困ります．

試験にも出そうな適切なレベルで，しかも自習に適したコーチつき

を試みています．

(4)　route と navi による展望とまとめ　例題を通して理論体系を固めるためのコーチの役目を最も担うのが，解答の前につけた route と navi です．これらが学習の効果を数倍も高めてくれるものと確信しています．

route　では，基本事項（概念・定理）とこの例題との結びつきを，分かりやすく説明します．

navi　はナビゲーションの省略です．ここでは，例題固有の条件や要点・本質を端的にとりあげました．その条件を既知の基本事項と結びつけて，この例題の解決が展望されるように計画されています．

例題を自力で解決できたときは最高の気分です．そんなときでも

route と navi はよく読みかえして，体系を固めていく

ような努力をくり返して下さい．

◆ 学習法　数学の理論の流れは，3つの部分から構成されています．まず概念（考え）を伝える用語の定義に始まり，流れの主体となる定理がつづき，最後に例題による深化・確認です．この演習書では，主体は例題にありますが，このような流れに沿って作られています．

そこで学習にあたっては，次のことを参考にして下さい．

(1)　書いて学習する　定義と定理の部分を，単に目だけで追うのでは，たとえ音読するとしてもその意味を的確に掴むことにはなりません．書きながら進んで下さい．ときには図形化（グラフ化）してみるのもよいことです．

(2)　覚えること　数学は計算テクニックの学問ではありません．基本概念と理論の流れをしっかり覚えてください．

(3)　まねること　「まなぶ」は「まねる」から発したと言われています．各例題にはていねいな解答があります．その例題を書いて学んだときはもう一度 **route** や **navi** をよく理解した上で，その下にある問題でまねて解決してください．

また各章の終わりに少し程度の高い「演習問題」を集めました．挑戦してください．

◆ 最後に　さあ始めましょう．微分方程式論という人類が作りあげた大パノラマが，限りない応用を秘めた大テクノロジーが，この小冊子からスタートします．

この小冊子が君の数学力の向上と充実に寄与することを両著者は心より願っています．また作成にあたり，大変お世話になりましたサイエンス社の編集部長田島伸彦氏と編集担当の渡辺はるか女史に心から感謝いたします．

2010年4月

寺田　文行
坂田　　泩

目　次

1　微分方程式の基礎

これから学習する微分方程式は，物理学をはじめとする理系の諸分野，応用技術の工学の諸分野だけでなく，経済学の分野を学習していく上で必要不可欠な科目である．

この章では微分方程式のさまざまな用語の説明を含めて，その基本について学習する．

1.1　微分方程式とは

◆ **微分方程式，常微分方程式，偏微分方程式**　微分方程式は常微分方程式と偏微分方程式に大別される．y が x の 1 変数関数 $y = f(x)$ のとき，$x, y, y', y'', \cdots$ の間の関係式を**常微分方程式**という．

次に z が x, y の 2 変数関数 $z = z(x, y)$ 等の多変数関数のとき，x, y, z や偏導関数 $z_x, z_y, z_{xy}, z_{xx}, z_{yy}, \cdots$ などの間の関係式を**偏微分方程式**という．

◆ **階数，解，微分方程式を解く**　微分方程式の中にあらわれる導関数や偏導関数の最高階数をその微分方程式の**階数**という．次にいくつかの例を示そう．

① $y' = x + y + 1$　　**1** 階常微分方程式

② $x^2y'' + 3xy' - 5y = 0$　　**2** 階常微分方程式

③ $\left(\dfrac{\partial z}{\partial x}\right)^2 + \left(\dfrac{\partial z}{\partial y}\right)^2 = 1$　　**1** 階偏微分方程式

④ $z_{xx} + z_{yy} = 0$　　**2** 階偏微分方程式

また，与えられた微分方程式を満たす関数のことを**解**（⇨ 解の種類は次頁参照）といい，その解を求めることを**微分方程式を解く**という．

◆ **線形微分方程式**　y や z の従属変数とその導関数 $y', y'', \cdots$ や $z_x, z_{yy}, \cdots$ などがすべて 1 次式である微分方程式を**線形**といい，そうでないものを**非線形**という．

例えば，$\underline{(y'')^2} + y' + x = 0$, $\underline{y \cdot y'} + xy + x^2 = 1$ は非線形微分方程式である．

（$(y'')^2$ ↑ y'' の 2 次式）　（$y \cdot y'$ ↑ y と y' の積がある）

上述の①, ②, ④は線形微分方程式で，③は z_x と z_y それぞれの 2 次式があるので非線形である．②の $x^2y'' + 3xy' - 5y = 0$ のように y'', y', y の係数が定数や x の式の場合は線形である．一般に **n 階線形微分方程式**は次のように書く．

$$y^{(n)} + P_1(x)y^{(n-1)} + \cdots + P_{n-1}(x)y' + P_n(x)y = R(x) \qquad \cdots ⑤$$

$R(x) \neq 0$ のとき**非同次方程式**といい，$R(x) = 0$ のとき**同次方程式**という．この同次方程式を前頁の ⑤ の**同伴方程式**という．

◆ **正規形，非正規形**　n 階常微分方程式は一般には

$$F(x, y', y'', \cdots, y^{(n-1)}, y^{(n)}) = 0$$

の形で表される．これを $y^{(n)}$ について変形して，

$$y^{(n)} = f(x, y, y', \cdots, y^{(n-1)})$$

の形で表されるとき，これを**正規形**といい，このような形で表せないものを**非正規形**という．前頁の ① は $y' = f(x, y)$ の形なので正規形であり，② は $y'' = -\dfrac{1}{x}y' + \dfrac{2}{x^2}y$ と変形できるのでやはり正規形である．

◆ **常微分方程式の解の分類と条件**　**一般解・特殊解**　常微分方程式 $y'' - 2y' - 3y = 0 \cdots$ ⑥ において，任意の実数 C_1, C_2 に対して $y = C_1e^{-x} + C_2e^{3x} \cdots$ ⑦ はその解となる（⇨ p.4 の例題 2）．このような微分方程式には任意定数を含むものがある．

一般に　n 階の常微分方程式には n 個の任意定数を持つ解が存在する

ことが知られている．その解のことを**一般解**という．一般解の n 個の任意定数に適当な値を代入することによって得られる解を**特殊解**という．

例えば，⑦ で $C_1 = 1$, $C_2 = 4$ とおいた $y = e^{-x} + 4e^{3x}$ は ⑥ の特殊解である．

特異解　常微分方程式 $(y')^2 + y^2 = 1 \cdots$ ⑧ の一般解は $y = \sin(x + C) \cdots$ ⑨（C は任意定数）である（⑨ を ⑧ に代入して確かめよ）．一方 $y = 1$ も明らかに ⑧ の解であるが，一般解の任意定数をどうとってもこの解を得ることはできない．このような解を**特異解**という．

初期条件・境界条件　1 階常微分方程式 $f(x, y, y') = 0 \cdots$ ⑩ において，$x = x_0, y = y_0$ となる特殊解を求めるには次のようにすればよい．まず ⑩ の一般解 $F(x, y, C) = 0$（C は任意定数）$\cdots$ ⑪ を求めて，これに $x = x_0$, $y = y_0 \cdots$ ⑫ を代入して，$F(x_0, y_0, C) = 0$．これを C について解いて，$C = a$ となったとすると，$F(x, y, a) = 0 \cdots$ ⑬ が求める解である．ここで条件 ⑫ を**初期条件**という．

一般に n 階常微分方程式 $f(x, y, y', \cdots, y^{(n)}) = 0$ において，1 点 (x_0, y_0) における条件 $x = x_0$, $y = y_0$, $y' = y_1$, $\cdots$, $y^{(n-1)} = y_{n-1} \cdots$ ⑭ のもとで解けば 1 つの特殊解が得られる．この条件 ⑭ を**初期条件**という．

また 2 階常微分方程式の一般解が $F(x, y, C_1, C_2) = 0 \cdots$ ⑮ のとき，2 つの点

$$x = x_0 \text{ のとき } y = y_0, \qquad x = x_1 \text{ のとき } y = y_1 \qquad \cdots ⑯$$

を満足する特殊解は，$F(x_0, y_0, C_1, C_2) = 0$, $F(x_1, y_1, C_1, C_2) = 0$ より C_1, C_2 を求めて，$C_1 = a$, $C_2 = b$ が得られたとすれば $F(x, y, a, b) = 0$ が求める解である．ここで条件 ⑯ を**境界条件**という．

例題 *1* **曲線群の微分方程式（微分方程式の作成）**

(1) 曲線群 $x^2+y^2-2cx=0\ (c\fallingdotseq 0)\ \cdots$① を図示せよ．

(2) この方程式①と，この方程式の両辺を x で微分した式から c を消去した式を求めよ．

route (1) ①には xy の項がないことに着目する．
(2) ①の両辺を微分した式から c を求め①に代入する．

navi 求められた微分方程式は①に属するおのおのの曲線に共通する性質を表し，**曲線群の微分方程式**と呼ばれる．

解答 (1) $x^2+y^2-2cx=0$ を変形すると，

$$(x-c)^2+y^2=c^2$$

となるので，この曲線群は x 軸上に中心 $(c,0)$，半径が $|c|$，すなわち y 軸と接する円全体である．（⇨ 図1.1）

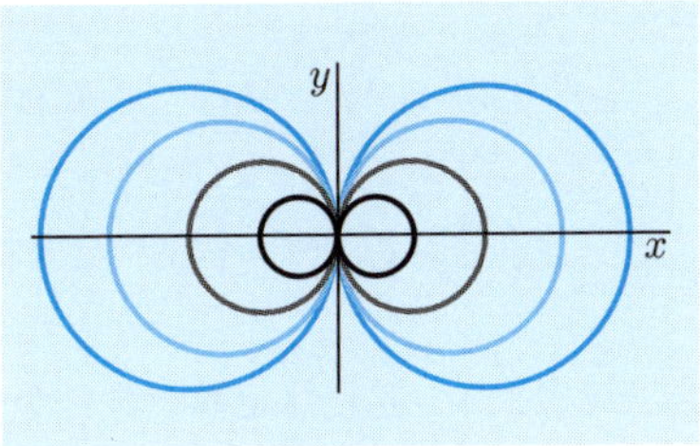

図1.1

(2) ①の両辺を x で微分すると，

$$2x+2y\frac{dy}{dx}-2c=0$$

を得る．これから c を求め，①に代入して得られる

$$x^2+2xy\frac{dy}{dx}-y^2=0 \qquad \cdots②$$

が求める微分方程式である．

追記 *1.1* **曲線群の微分方程式**

1つの任意定数を含む方程式 $F(x,y,c)=0\ \cdots$③ は曲線群を表す．この両辺を x で微分して得られる方程式と③から c を消去して $f(x,y,y')=0\ \cdots$④ が得られたとする．この④は曲線群③に属するおのおのの曲線に共通する性質を表し，**曲線群 $F(x,y,c)=0$ の微分方程式**と呼ばれる．上記②は①の曲線群の微分方程式である．

この考え方は n 個の任意定数を含む方程式の場合にも拡張される．

問　題

1.1 曲線群 $y^2=4c(x+c)$ を図示し，その曲線群の微分方程式をつくれ．

1.2 次の曲線群の微分方程式を求めよ．

(1) 原点からの距離が1である曲線群　　(2) 直線 $y=x$ 上に中心をもつ円群

1.3 次の式から [ ] 内に示した任意定数を消去して，その微分方程式を導け．

(1) $y=cx+x^3\quad [c]$　　(2) $y=(ae^x+b)^2\quad [a,b]$

例題 2 — 一般解，初期条件，境界条件

微分方程式 $y'' - 2y' - 3y = 0$ の一般解は $y = C_1e^{-x} + C_2e^{3x}$ であることを確かめよ．次に，初期条件「$x = 0, y = 1, y' = 3$」のもとでこの微分方程式を解け．さらに，境界条件「$x = 0, y = 1;\ x = 1, y = 1/e$」のもとで解け．

route 一般解を与えられた微分方程式に代入して，それを満足することを確める．次に一般解に初期条件，境界条件を代入して，任意定数 C_1, C_2 を決定する．

navi **2 階常微分方程式**の**一般解**は **2 個の任意定数**をもち，**初期条件**は **1 点における条件**であり，**境界条件**は **2 つの（端）点における条件**である．

解答 $y = C_1e^{-x} + C_2e^{3x}$ を x で 2 回微分すると，

$$y' = -C_1e^{-x} + 3C_2e^{3x}, \quad y'' = C_1e^{-x} + 9C_2e^{3x}$$

ゆえに，

$$\begin{aligned} y'' - 2y' - 3y &= C_1e^{-x} + 9C_2e^{3x} - 2(-C_1e^{-x} + 3C_2e^{3x}) - 3(C_1e^{-x} + C_2e^{3x}) \\ &= (C_1 + 2C_1 - 3C_1)e^{-x} + (9C_2 - 6C_2 - 3C_2)e^{3x} = 0 \end{aligned}$$

したがって，$y = C_1e^{-x} + C_2e^{3x}$ は 2 階微分方程式

$$y'' - 2y' - 3y = 0$$

の解であり，2 つの任意定数を含むから，一般解である．

次に，

$$y = C_1e^{-x} + C_2e^{3x}, \quad y' = -C_1e^{-x} + 3C_2e^{3x}$$

に初期条件

「$x = 0, \quad y = 1, \quad y' = 3$」

を代入すると，

$$C_1 + C_2 = 1, \quad -C_1 + 3C_2 = 3, \qquad \text{ゆえに，} \qquad C_1 = 0, \quad C_2 = 1.$$

を得る．$y = e^{3x}$ が求める特殊解である．

また，$y = C_1e^{-x} + C_2e^{3x}$ に境界条件「$x = 0, y = 1;\ x = 1, y = 1/e$」を代入すると，

$$C_1 + C_2 = 1, \quad \frac{C_1}{e} + C_2e^3 = \frac{1}{e}, \qquad \text{ゆえに，} \qquad C_1 = 1, \quad C_2 = 0.$$

したがって，$y = e^{-x}$ が求める特殊解である．

問　題

2.1 1 階微分方程式 $2xy' - y = 0$ の一般解は $y^2 = Cx$ であることを確かめよ．また，この微分方程式を初期条件「$x = 1, y = 4$」のもとで解け．

2.2 微分方程式 $y''' - 2y'' - y' + 2y = 0$ の一般解は $y = C_1e^{x} + C_2e^{-x} + C_3e^{2x}$ であることを示せ．また，この微分方程式を初期条件「$x = 0, y = 3, y' = 2, y'' = 6$」のもとで解け．

演習問題（第1章）

1　次の曲線群の微分方程式を求めよ．

(1)　法線の長さ†が一定値 a に等しい曲線群

(2)　x 軸上に中心をもつ円群

2　次の式から [　] 内に示した任意定数を消去して，その微分方程式を導け．

(1)　$y = xe^{cx}$　　[c]

(2)　$x^2y^2 = c(c - x^2)$　　[c]

(3)　$y = ax + \dfrac{b}{x}$　　[a, b]

(4)　$ax^2 - by^2 = c$　　[a, b, c]

3　次の式から [　] 内に示した任意定数を消去して偏微分方程式をつくれ．

(1)　$z = ax + by$　　[a, b]

(2)　$z = (x + a)(y + b)$　　[a, b]

(3)　$z^2 = ax^2 + by^2$　　[a, b]

4　微分方程式

$$y'' + y = 2\sin x$$

の一般解は $y = C_1 \sin x + C_2 \cos x - x\cos x$ であることを示せ．

5　微分方程式

$$y'' + y' = 0$$

の一般解は $y = C_1 + C_2e^{-x}$ であることを確かめ，境界条件

$$「x = 1, y = 2;\ x = -1, y = 1 + e」$$

のもとで解け．

6　関係式 $32x^3 + 27y^4 = 0$ は，微分方程式

$$y = 2x\frac{dy}{dx} + y^2\left(\frac{dy}{dx}\right)^3$$

の解であることを示せ．

---

† 法線の長さは p.26 の ② を見よ．

2　1階常微分方程式

常微分方程式には解けない形のものもあるが，解く方法が知られている1階の常微分方程式の多くは，最終的には「直接積分形」,「変数分離形」に帰着して解かれる．まず始めにこれらの方法について述べ，ついでいろいろな場合の解法について述べる．

2.1　直接積分形・変数分離形・同次形

◆ **直接積分形**　1階常微分方程式で次の形のものを**直接積分形**という．

直接積分形　$\dfrac{dy}{dx} = f(x)$

解法 2.1　両辺を x で積分して，一般解は次のようにして与えられる．

$$y = \int f(x)dx + C \quad (C\text{ は任意定数})$$

◆ **変数分離形**　1階常微分方程式で次の形のものを**変数分離形**という．

変数分離形　$\dfrac{dy}{dx} = f(x)g(y)$

解法 2.2　$\dfrac{1}{g(y)}\dfrac{dy}{dx} = f(x)$ $(g(y) \fallingdotseq\!\!\!\!/\ 0)$ として両辺を x で積分すると一般解は，

$$\int \frac{1}{g(y)}dy = \int f(x)dx + C \quad (C\text{ は任意定数}) \quad \text{である．}$$

$g(y) = 0$ となる y_0 があれば，$y = y_0$ は与えられた微分方程式の解である．このとき $y = y_0$ は一般解に含まれる場合もあるし，特異解のこともある（⇨ p.9 の例題 2 (1)）．

◆ **同次形**　1階常微分方程式で次の形のものを**同次形**という．

同次形　$\dfrac{dy}{dx} = f\left(\dfrac{y}{x}\right)$

解法2.3　$y = xu$ とおくと，$\dfrac{dy}{dx} = u + x\dfrac{du}{dx} = f(u)$ となり，$\dfrac{du}{dx} = \dfrac{f(u) - u}{x}$ となって変数分離形となる．したがって $f(u) - u \neq 0$ のとき一般解は，

$\displaystyle\int \frac{du}{f(u) - u} = \int \frac{dx}{x} + C$，　ただし $y = xu$　（C は任意定数）で与えられる．

◆ **微分方程式**　$\dfrac{dy}{dx} = f\left(\dfrac{ax + by + c}{px + qy + r}\right)$　この形は変数変換で，変数分離形か同次形にする．

解法2.4　$\boldsymbol{aq - bp = 0}$ **の場合**：$\dfrac{a}{p} = \dfrac{b}{q} = k$ とおくと

$$\frac{dy}{dx} = f\left(\frac{k(px + qy) + c}{px + qy + r}\right)$$

となる．ここで $u = px + qy$ とおくと $\dfrac{du}{dx} = p + q\dfrac{dy}{dx}$ となり，上の微分方程式は

$$\frac{du}{dx} = p + qf\left(\frac{ku + c}{u + r}\right) \qquad \cdots ④$$

となる．これは変数分離形である．

解法2.5　$\boldsymbol{aq - bp \neq 0}$ **の場合**：連立方程式

$$\begin{cases} ax + by + c = 0 \\ px + qy + r = 0 \end{cases}$$ の解 α, β を求めて　$u = x - \alpha$，　$v = y - \beta$

とおけば，

$$\frac{dy}{dx} = \frac{dv}{du}, \quad ax + by + c = au + bv, \quad px + qy + r = pu + qv$$

したがって与えられた微分方程式は

$$\frac{dv}{du} = f\left(\frac{au + bv}{pu + qv}\right) \qquad \cdots ⑤$$

となる．これは同次形である．

注意 2.1　$\dfrac{dy}{dx} = f(ax + by + c)$（$a, b, c$：定数）の形の微分方程式は次のようにする．

解法2.3の系　$ax + by + c = u$ とおく．この両辺を x で微分して，

$$\frac{du}{dx} = a + b\frac{dy}{dx} \qquad \therefore \quad \frac{dy}{dx} = \frac{1}{b}\frac{du}{dx} - \frac{a}{b}$$

これを与えられた微分方程式に代入すると，

$$\frac{1}{b}\frac{du}{dx} - \frac{a}{b} = f(u) \qquad \therefore \quad \frac{du}{dx} = bf(u) + a$$

これは変数分離形である．

例題 1 **1階常微分方程式（直接積分形）の一般解・特殊解**

(1) $\dfrac{dy}{dx}=\dfrac{x}{1+x^2}$ の一般解を求めよ．また初期条件 $y(0)=1$ を満たす特殊解を求めよ．

(2) $\dfrac{dy}{dx}=\dfrac{x^2}{x^2+4}$ を解け．また初期条件 $y(2)=1-\dfrac{\pi}{2}$ を満たす特殊解を求めよ．

route (1), (2) とも**直接積分形**であるので，p.6 の**解法 2.1** を用いる．その一般解に初期条件を与えれば，任意定数がある値に定まって**特殊解**が得られる．

navi **1 階常微分方程式の一般解は 1 つの任意定数をもつ.**

解答 $\dfrac{dy}{dx}=\dfrac{x}{1+x^2}$ は直接積分形である．p.6 の**解法 2.1** により

$$y=\int\frac{x}{1+x^2}dx=\frac{1}{2}\int\frac{2x}{1+x^2}dx.$$

前見返しの公式⑤により，求める一般解は

$$y=\frac{1}{2}\log(1+x^2)+C \qquad \cdots ①$$

①において初期条件 $y(0)=1$ を満たすものは，①に 0 を代入して，$y=\dfrac{1}{2}\log 1+C=1$ より $C=1$．よって求める特殊解は

$$y=\frac{1}{2}\log(1+x^2)+1 \quad (\Rightarrow \text{図 2.1})$$

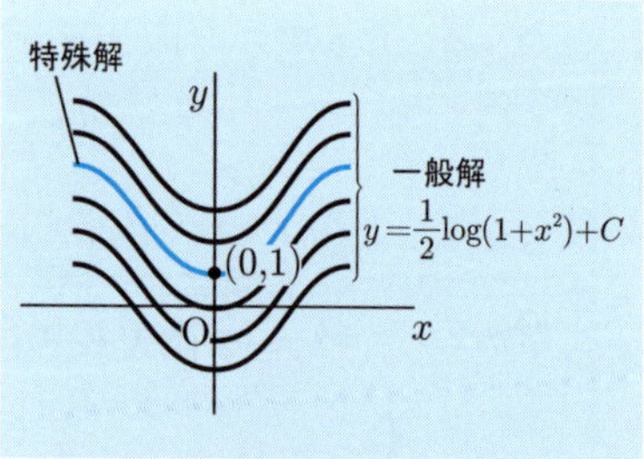

図 2.1 一般解は無数の**曲線群**を表す．これを**解曲線**という．このうち**初期条件** $y(0)=1$ を通る **1 つの曲線が特殊解になる.**

(2) 与えられた 1 階常微分方程式は直接積分形である．p.6 の**解法 2.1** により，

$$y=\int\frac{x^2}{x^2+4}dx=\int\frac{x^2+4-4}{x^2+4}dx=\int\left(1-\frac{4}{x^2+4}\right)dx=x-4\frac{1}{2}\tan^{-1}\frac{x}{2}$$

（前見返しの公式⑩）

ゆえに求める一般解は $y=x-2\tan^{-1}(x/2)+C$（C は任意定数）である．

初期条件は $x=2$ のとき，$y=1-\pi/2$ より，これを一般解に代入して，

$$1-\pi/2=2-2\cdot\tan^{-1}1+C \qquad \therefore \quad C=-1$$

よって求める特殊解は　$y=x-2\tan^{-1}(x/2)-1$.

問　題

1.1 $\dfrac{dy}{dx}=\dfrac{\sqrt{x^2+1}-1}{\sqrt{x^2+1}}$ の一般解を求めよ．また初期条件 $y(0)=1$ を満たす特殊解を求めよ．

例題 2 **変数分離形とその応用**

次の微分方程式を解け．

(1) $\dfrac{dy}{dx} = y^2 - 1$　　(2) $y' = \sqrt{ax + by + c}$

route (1) $y^2 - 1 \fallingdotseq 0$ のとき両辺を $(y^2 - 1)$ で割ると変数分離形であることがわかる．p.6 の**解法 2.2** に従う．次に $y^2 - 1 = 0$ のときについて考える．

(2) $ax + by + c = u$ とおいて変数分離形にもち込む．

navi (1) 変数分離形である．特異解に注意．

(2) $ax + by + c = u$ とおき，変数分離形にもち込む．

解答 (1) $y^2 - 1 \fallingdotseq 0$ のとき $\dfrac{1}{y^2 - 1}\dfrac{dy}{dx} = 1$．これは p.6 の**解法 2.2** より

$$\int \frac{dy}{y^2 - 1} = \int dx + C_1$$

$$\frac{1}{2}\log\left|\frac{y-1}{y+1}\right| = x + C_1, \quad \frac{y-1}{y+1} = Ce^{2x}\,(C = \pm e^{2C_1}) \qquad \therefore \quad y = \frac{1 + Ce^{2x}}{1 - Ce^{2x}}$$

また $y = \pm 1$ のとき一般解において，$C = 0$ とすると $y = 1$ が得られるので $y = 1$ は一般解に含まれる．しかし $y = -1$ は C にどのような値をとっても得られないので特異解である．

(2) $ax + by + c = u$ とおくと $a + by' = u'$ で，与えられた微分方程式は $u' = b\sqrt{u} + a$ となり，変数分離形である．p.6 の**解法 2.2** より，$\displaystyle\int \frac{du}{b\sqrt{u} + a} = \int dx + C$．$\sqrt{u} = t$ とおくと，

$$\begin{aligned}\text{左辺} = \int \frac{du}{b\sqrt{u} + a} &= \int \frac{2t}{bt + a}dt = \frac{2}{b}\int \left(1 - \frac{a}{bt + a}\right)dt \\ &= \frac{2}{b}\left(t - \frac{a}{b}\log|bt + a|\right) = \frac{2}{b}\sqrt{u} - \frac{2a}{b^2}\log\left|b\sqrt{u} + a\right|\end{aligned}$$

$$\therefore \quad \frac{2}{b}\sqrt{ax + by + c} - \frac{2a}{b^2}\log\left|b\sqrt{ax + by + c} + a\right| = x + C$$

問　題

2.1 次の微分方程式を解け．

(1) $y' = y + y^2$　　(2) $y' = \sqrt{a^2 - x^2}$　　(3) $(1 + x^2)y' = 1 + y^2$

(4) $xy' + \sqrt{1 + y^2} = 0$　　(5) $y + 2xy' = 0$

2.2† 適当な変数変換で次の微分方程式を解け．

(1) $y'\cos(x + y) = 1$　　(2) $xy' + x + y = 0$　　(3) $(x^2y + x)y' + xy^2 - y = 0$

† (1) は $x + y = u$ と，(2), (3) は $xy = u$ とおき換えて，変数分離形にもち込む．

例題 3 **同次形**

次の微分方程式を解け．

(1) $x\tan\dfrac{y}{x} - y + x\dfrac{dy}{dx} = 0$ (2) $x\dfrac{dy}{dx} = y + \sqrt{x^2+y^2}$

route (1), (2) の両辺を x で割ると，それぞれ

$$\tan\frac{y}{x} - \frac{y}{x} + \frac{dy}{dx} = 0, \quad \frac{dy}{dx} = \frac{y}{x} + \sqrt{1+\left(\frac{y}{x}\right)^2}$$

となるので，**同次形**である．p.6 の**解法 2.3** に従う．

navi (1), (2) とも**同次形**であるから **$y = xu$ とおき換えて変数分離形にもち込む**．

解答 (1) 与えられた微分方程式の両辺を x で割ると，$\tan\dfrac{y}{x} - \dfrac{y}{x} + \dfrac{dy}{dx} = 0$ となり同次形である．p.6 の**解法 2.3** により，$y = xu$ とおくと，与えられた微分方程式は $\tan u + xu' = 0$. ゆえに，$\dfrac{1}{\tan u}\dfrac{du}{dx} = -\dfrac{1}{x}$, $\dfrac{\cos u}{\sin u}\dfrac{du}{dx} = -\dfrac{1}{x}$. これは変数分離形である．

よって，

$$\int\frac{\cos u}{\sin u}du + \int\frac{dx}{x} = C_1, \quad \log|\sin u| + \log|x| = C_1$$

$$\sin u \cdot x = e^{C_1} \qquad \therefore \quad x\sin\frac{y}{x} = C \quad (C = e^{C_1})$$

(2) 与えられた微分方程式の両辺を x で割ると，$\dfrac{dy}{dx} = \dfrac{y}{x} + \sqrt{1+\left(\dfrac{y}{x}\right)^2}$ となり同次形である．p.6 の**解法 2.3** により，$y = xu$ とおくと，$\dfrac{du}{dx} = \dfrac{\sqrt{1+u^2}}{x}$. これは変数分離形であるので，

$$\int\frac{1}{\sqrt{1+u^2}}du = \log|x| + C_1$$

ゆえに，

$$\log\left|u + \sqrt{u^2+1}\right| = \log|x| + C_1$$

したがって，$u + \sqrt{u^2+1} = Cx$ （$C_1 = \log C$ とおく） $\therefore \quad y + \sqrt{x^2+y^2} = Cx^2$

問 題

3.1 次の微分方程式を解け．

(1) $y^2 + (x^2 - xy)\dfrac{dy}{dx} = 0$ (2) $-x^2 + y^2 = 2xy\dfrac{dy}{dx}$

3.2 次の微分方程式を解け．

(1) $\dfrac{dy}{dx} = \dfrac{2xy}{x^2-y^2}$ (2) $(3x^2+y^2)\dfrac{dy}{dx} = 2xy$ (3) $x\cos\dfrac{y}{x}\cdot\dfrac{dy}{dx} = y\cos\dfrac{y}{x} - x$

例題 4 $\dfrac{dy}{dx} = f\left(\dfrac{ax+by+c}{px+qy+r}\right)$

次の微分方程式を解け.

(1) $(x+y+1)+(2x+2y-1)y' = 0$ (2) $(2x-y+1)-(x-2y+1)y' = 0$

route $\dfrac{dy}{dx} = f\left(\dfrac{ax+by+c}{px+qy+r}\right)$ の形の微分方程式である.

(1) $aq-bp=0$ の場合であるので p.9 の**解法 2.4** に従う.

(2) $aq-bp \fallingdotseq 0$ の場合であるので p.9 の**解法 2.5** に従う.

navi p.9 の**解法 2.4**, **2.5** のように**変数をおきかえ**, **解法がわかっている形（変数分離形, 同次形）にもち込む**.

解答 (1) これは p.9 の**解法 2.4** の $aq-bp=0$ の場合に相当する. そこで, $x+y=u$ とおくと $1+\dfrac{dy}{dx} = \dfrac{du}{dx}$ であるから, これを代入 (1) にすることによって, 微分方程式 $(2u-1)\dfrac{du}{dx}-(u-2)=0$ を得る. これは変数分離形になるのでこれを解くと

$$\int \frac{2u-1}{u-2}du - \int dx = 2u + 3\log|u-2| - x = C_0.$$

ゆえに $u = x+y$ を代入して求める解は

$$x+y-2 = C\exp\left(-\frac{x+2y}{3}\right) \quad \left(C \text{ は任意定数}, \ \frac{C_0}{3} = \log C \text{ とおく}\right)$$

(2) これは p.9 の**解法 2.5** の $aq-bp \fallingdotseq 0$ の場合に相当する. $\begin{cases} 2x-y+1=0 \\ -x+2y-1=0 \end{cases}$ より $\alpha = -\dfrac{1}{3}, \beta = \dfrac{1}{3}$ となるので, $x = u-\dfrac{1}{3}, y = v+\dfrac{1}{3}$ とおくことによって同次形の微分方程式 $\dfrac{dv}{du} = \dfrac{2u-v}{u-2v} = \dfrac{2-v/u}{1-2v/u}$ を得る. $v = tu$ とおいて変形すると $\dfrac{2}{u} + \dfrac{2t-1}{t^2-t+1}\dfrac{dt}{du} = 0$

$$\int \frac{2t-1}{t^2-t+1}dt = -2\int \frac{1}{u}du + \log C_0, \quad \log\left|t^2-t+1\right| = -2\log|u| + \log C_0$$

変数を元に戻せば $x^2-xy+y^2+x-y+1/3 = C_0$

$$\therefore \quad x^2-xy+y^2+x-y = C \quad (C \text{ は任意定数}, \ C_0 - 1/3 = C \text{ とおく})$$

問　題

4.1 次の微分方程式を解け.

(1) $x+2y-1 = (x+2y+1)y'$ (2) $4x-2y+1 = (2x-y-1)y'$

(3) $2x-y+1 = (x-2y+3)y'$ (4) $5x-7y = (x-3y+2)y'$

(5) $6x-2y-3 = (2x+2y-1)y'$

2.2 1 階線形微分方程式

◆ **線形微分方程式**　次の形の微分方程式を **1 階線形微分方程式**という．

1 階線形微分方程式　$y' + P(x)y = Q(x)$　$\cdots$①

ここで，$P(x), Q(x)$ は独立変数 x だけを含む関数である．特に $Q(x) = 0$ のとき，すなわち次のとき**同次線形微分方程式**という．さらに②のことを①の**同判方程式**という．

同次線形微分方程式　$y' + P(x)y = 0$　$\cdots$②

解法 2.6　②は変数分離形であるから，その一般解は

$$y = C\exp\left(-\int P(x)dx\right) \quad (C \text{ は任意定数}) \quad \cdots ③$$

③で C を x の関数 $C(x)$ とみて（この考え方を**定数変化法**という），①に代入すると

$$\frac{dy}{dx} = \frac{dC(x)}{dx}\exp\left(-\int P(x)dx\right) - C(x)P(x)\exp\left(-\int P(x)dx\right),$$

$$\frac{dC(x)}{dx} = Q(x)\exp\left(\int P(x)dx\right) \qquad \therefore\ C(x) = \int Q(x)\exp\left(\int P(x)dx\right)dx + C$$

解法 2.7　①の一般解は

$$y = \exp\left(-\int P(x)dx\right)\left(\int Q(x)e^{\int P(x)dx}dx + C\right) \quad (C \text{ は任意定数}) \quad \cdots ④$$

解法 2.8　①の 1 つの解 $y_1(x)$ がわかった場合，一般解は

$$y = y_1 + C\exp\left(-\int P(x)dx\right) \quad (C \text{ は任意定数}) \quad \cdots ⑤$$

また，①の 2 つの解 $y_1(x), y_2(x)$ がわかった場合，一般解は

$$y = y_1 + C(y_2 - y_1) \quad (C \text{ は任意定数}) \quad \cdots ⑥$$

◆ **ベルヌーイの微分方程式**　次の形の 1 階微分方程式を**ベルヌーイの微分方程式**という．

ベルヌーイの微分方程式　$y' + P(x)y = Q(x)y^n \quad (n \fallingdotseq 0, 1)$　$\cdots$⑦

解法 2.9　$u = y^{1-n}$ とおくと $u' = (1-n)y^{-n}y'$．⑦の両辺に $(1-n)y^{-n}$ をかけ，$u = y^{1-n}$, $u' = (1-n)y^{-n}y'$ を用いると，$u' + (1-n)P(x)u = (1-n)Q(x)$ $\cdots$⑧
これは u についての 1 階線形微分方程式である．

例題 5　**1 階線形微分方程式**

次の微分方程式を解け.

(1)　$y' + y\cos x = \sin x \cos x$　　(2)　$y' + y = x$　$\cdots$①

route　(1), (2) ともに 1 階線形微分方程式である．よって p.12 の**解法 2.6**, **2.7** に従う．目算によって $y_1 = x - 1$ が (2) の解であるとわかった場合は p.12 の**解法 2.8** の⑤を用いる.

解答　(1)　$P(x) = \cos x, Q(x) = \sin x \cos x$ として**解法 2.7**（⇨ p.12）を適用すると

$$y = e^{\int(-\cos x)dx}\left(\int \sin x \cos x\, e^{\int \cos x dx}dx + C\right) = e^{-\sin x}\left(\int \sin x \cos x\, e^{\sin x}dx + C\right)$$

$\sin x = t$ とおけば

$$\int \sin x \cos x\, e^{\sin x}dx = \int t\cos x\, e^t \frac{1}{\cos x}dt = \int te^t dt$$
$$= (t-1)e^t = (\sin x - 1)e^{\sin x}$$

ゆえに，一般解は

$$y = e^{-\sin x}\left\{(\sin x - 1)e^{\sin x} + C\right\} = \sin x - 1 + Ce^{-\sin x}$$

(2)　与えられた微分方程式①は右辺が多項式 x であるので，解は $y = Ax+B$ の形をしていると予想する．よって，これを①に代入すると $Ax+A+B = x$．これより $A = 1, B = -1$ を得る．したがって $y = x - 1$ は①の特殊解である．ゆえに，p.12 の**解法 2.8** により，一般解は次のようになる.

$$y = x - 1 + Ce^{-\int dx} = x - 1 + Ce^{-x}$$

別解　(2) は次のように 1 階線形微分方程式の**解法 2.6** を用いて解いてもよい.

$$y = e^{-\int dx}\left(\int xe^{\int dx}dx + C\right) = e^{-x}\left(\int xe^x dx + C\right) = e^{-x}\left\{(x-1)e^x + C\right\} = x - 1 + Ce^{-x}$$

問　題

5.1　次の微分方程式を解け.

(1)　$y' + 2xy = x$　　(2)　$y' + e^x y = 3e^x$

(3)　$xy' + y = x(1-x^2)$　　(4)　$y' + 2xy = xe^{-x^2}$

(5)　$y' - y\tan x = e^{\sin x}$　$\left(0 < x < \dfrac{\pi}{2}\right)$　　(6)　$y' + \dfrac{1}{x+1}y = \sin x$　$(x+1 > 0)$

5.2　目算によって 1 つの解をみつけて，次の微分方程式を解け.

(1)　$y' + xy = x$　　(2)　$y' + y = e^x$　　(3)　$y' + 2y\tan x = \sin x$

例題 6　　　　**ベルヌーイの微分方程式**

次の微分方程式を解け.

(1)　$y' + \dfrac{3}{4x}y + \dfrac{1}{4}e^x x^3 y^5 = 0 \quad (x > 0)$　　　(2)　$xy' + y = x\sqrt{y} \quad (x > 0)$

route　(1) $n = 5$, (2) $n = 1/2$　の場合の**ベルヌーイの微分方程式**である. p.12 の**解法 2.9** を用いる.

navi　(1) $u = y^{-4}$, (2) $u = \sqrt{y}$　**とおき換えて, 線形微分方程式にもち込む.**

解答　(1)　ベルヌーイの微分方程式で $n = 5$ の場合である. p.12 の**解法 2.9** により, $y^{-4} = u$ とおくと $u' = -4y^{-5}y'$, $y' = -u'y^5/4$ となる. 与えられた微分方程式に代入して

$$-\frac{1}{4}u'y^5 + \frac{3}{4x}y + \frac{1}{4}e^x x^3 y^5 = 0, \quad u' - \frac{3}{x}u = x^3 e^x$$

これは 1 階線形微分方程式であるから

$$\begin{aligned}\frac{1}{y^4} = u &= e^{\int (3/x)dx}\left(\int x^3 e^x e^{-\int (3/x)dx} dx + C\right) \\ &= e^{\log x^3}\left(\int x^3 e^x e^{-\log x^3} dx + C\right) \\ &= x^3\left(\int e^x dx + C\right) = x^3(e^x + C)\end{aligned}$$

(2)　ベルヌーイの微分方程式で $n = 1/2$ の場合である. p.12 の**解法 2.9** により, $\sqrt{y} = u$ とおくと (1) と同様にして, 次の 1 階線形微分方程式に帰着する.

$$u' + \frac{1}{2x}u = \frac{1}{2}$$

$u_1 = x/3$ はこの微分方程式の解である（目算による）から,

$$\sqrt{y} = u = \frac{x}{3} + C\exp\left(-\int \frac{dx}{2x}\right) = \frac{x}{3} + \frac{C}{x^{1/2}}, \quad y = \left(\frac{x}{3} + \frac{C}{x^{1/2}}\right)^2$$

問　題

6.1　次の微分方程式を解け.

(1)　$y' - xy + xy^2 e^{-x^2} = 0$　　　(2)　$y' - y\tan x = y^4 \sec x$

(3)　$y' + \dfrac{y}{x} = x^2 y^3$　　　(4)　$y' - \dfrac{1}{2x^2}y = \dfrac{1}{2y}\exp\left(x - \dfrac{1}{x}\right)$

6.2　次の微分方程式を解け.

(1)　$y' - 2xy = xy^2$　　　(2)　$y' + y = 3e^x y^3$

2.3 全微分と完全微分方程式

◆ **偏微分と全微分**　偏微分や全微分については微分積分学で学んでいるが，ここではその復習からはじめる．図 2.2 に示すように一般に 2 変数関数 $z = f(x, y)$ は空間上の曲面を表す．$f(x, y)$ についての

$$\boldsymbol{x}\text{ の偏微分}\quad \frac{\partial f(x,y)}{\partial x} = f_x(x, y) = f_x$$

は y を定数とみて x で微分したものであり，これは曲面 $z = f(x, y)$ の x 軸方向の接線の傾きを表す．

次に $f(x, y)$ についての

$$\boldsymbol{y}\text{ の偏微分}\quad \frac{\partial f(x,y)}{\partial y} = f_y(x, y) = f_y$$

は，x を定数とみて y で微分したものであり，これは曲面 $z = f(x, y)$ の y 軸方向の接線の傾きを表す．

ここで**全微分可能な曲面** $z = f(x, y)$ とは，点 (x, y) において接平面が存在するような滑らかな曲面のことである．これは 2 つの区間 $[x,\ x + dx]$ と $[y,\ y + dy]$ の微小な範囲においては，図 2.3 に示すように曲面 $z = f(x, y)$ が，平行四辺形 ABCD という微小な平面で近似できることを表している．よって**全微分** dz は次のように表す．

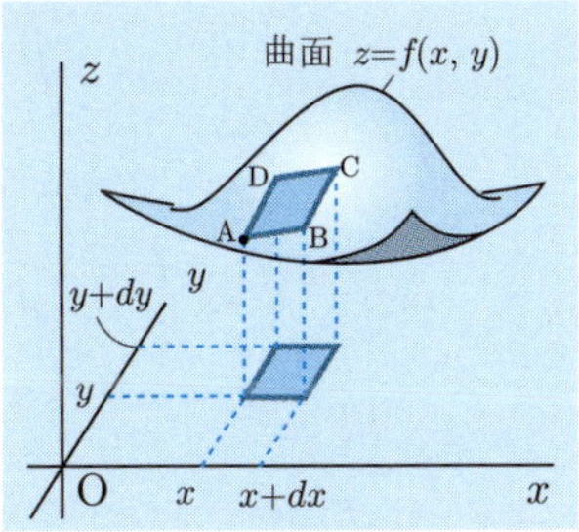

図 2.2

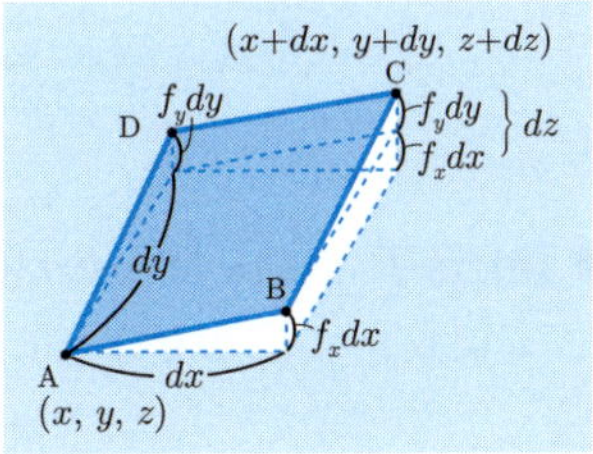

図 2.3

$$dz = \frac{\partial f(x,y)}{\partial x}dx + \frac{\partial f(x,y)}{\partial y}dy \quad \text{すなわち，}\quad dz = f_x dx + f_y dy \qquad \cdots①$$

◆ **完全微分方程式**　1 階常微分方程式 $\dfrac{dy}{dx} = -\dfrac{P(x,y)}{Q(x,y)}$ を変形すると，

$$P(x, y)dx + Q(x, y)dy = 0 \qquad \cdots②$$

となるので，ここである関数 $f(x, y)$ においてもし $f_x = P(x, y)$ かつ $f_y = Q(x, y)$ が成り立てば，①，②より，$dz = df(x, y) = P(x, y)dx + Q(x, y)dy = 0$，すなわち，$df(x, y) = 0$ となるので，② の微分方程式の一般解は

$$f(x, y) = C \quad (C\text{ は任意定数})$$

となる．このような微分方程式② を**完全微分方程式**または**完全微分形**という．

定理 2.1（完全微分方程式の判定条件）

$P(x, y)dx + Q(x, y)dy = 0$ が完全微分方程式 $\iff \dfrac{\partial P(x,y)}{\partial y} = \dfrac{\partial Q(x,y)}{\partial x}$

解法2.10　p.15 の微分方程式 ② が完全微分方程式ならば一般解は次のようになる．

$$\int_{x_0}^{x} P(x,y)dx + \int_{y_0}^{y} Q(x_0,y)dy = C \qquad \cdots ③$$

（x, y の変域に特に条件がなければ $(x_0, y_0) = (0, 0)$ とすることが多い）

$$\text{または} \int P(x,y)dx + \int \left(Q(x,y) - \frac{\partial}{\partial y}\int P(x,y)dx \right) dy = C \qquad \cdots ④$$

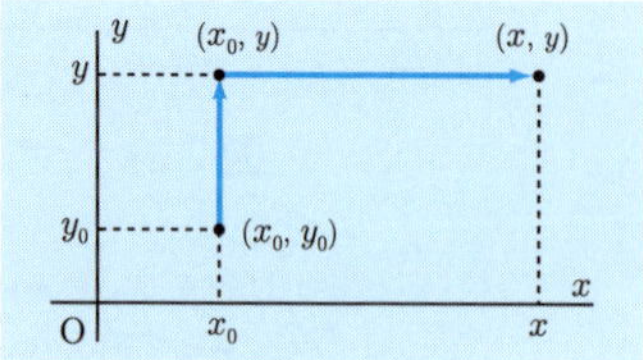

図 2.4

③ の左辺の積分は，図 2.4 に示すようにまず xy 平面内の定点 (x_0, y_0) を基点にして $(x_0, y_0) \to (x_0, y)$ へと積分し，次に $(x_0, y) \to (x, y)$ へと積分して，xy 平面上の任意の点 (x, y) における $z = f(x, y)$ の値を求めている．

◆ **積分因子**　p.15 の ② の形の微分方程式でそれ自体は完全微分方程式ではないが，適当な関数 $\mu(x, y)$ が存在して

$$\mu(x,y)P(x,y)dx + \mu(x,y)Q(x,y)dy = 0 \qquad \cdots ⑤$$

が完全微分方程式となることがある．このとき ⑤ の一般解は p.15 の ② の一般解となる．このような $\mu(x, y)$ を p.15 の ② の**積分因子**（または**積分因数**）という．

定理 2.2（積分因子の判定条件）

$\mu(x, y)$ が微分方程式の積分因子　$\Longleftrightarrow$　$P\dfrac{\partial \mu}{\partial y} - Q\dfrac{\partial \mu}{\partial x} = -\mu\left(\dfrac{\partial P}{\partial y} - \dfrac{\partial Q}{\partial x}\right)$　$\cdots ⑥$

⑥ は μ についての偏微分方程式で，これを満たす μ を一般に求めることは困難なことが多い．しかし μ が x だけの関数，あるいは y だけの関数というように特別な場合には，簡単に積分因子が求められる．

定理 2.3（積分因子の求め方）⑥ の右辺について

(i)　$\dfrac{1}{Q}\left(\dfrac{\partial P}{\partial y} - \dfrac{\partial Q}{\partial x}\right)$ が x だけの関数ならば，$\exp\left(\displaystyle\int \frac{1}{Q}\left(\frac{\partial P}{\partial y} - \frac{\partial Q}{\partial x}\right) dx\right) \cdots ⑦$

は p.15 の ② の積分因子になる．

(ii)　$\dfrac{1}{P}\left(\dfrac{\partial P}{\partial y} - \dfrac{\partial Q}{\partial x}\right)$ が y だけの関数ならば，$\exp\left(-\displaystyle\int \frac{1}{P}\left(\frac{\partial P}{\partial y} - \frac{\partial Q}{\partial x}\right) dy\right) \cdots ⑧$

は p.15 の ② の積分因子になる．

例題 7 完全微分方程式

次の微分方程式を解け.

(1) $(\tan y - 3x^2)dx + x\sec^2 y dy = 0$

(2) $(7x - 3y + 2)dx + (4y - 3x - 5)dy = 0$

route 定理 2.1（⇨ p.15）により**完全微分方程式**であることを確かめ，**解法 2.10** の③（⇨ p.16）に従う.

navi **完全微分方程式**は 1 階常微分方程式のうち，**2 変数関数 $z = f(x, y)$ の全微分 $dz = f_x dx + f_y dy = 0$**（⇨ p.15）**の形にもち込める微分方程式**のことである.

解答 (1) $\dfrac{\partial}{\partial y}(\tan y - 3x^2) = \sec^2 y$, $\dfrac{\partial}{\partial x}(x\sec^2 y) = \sec^2 y$ であるから (1) は完全微分方程式である. **解法 2.10** の③（⇨ p.16）を適用すると

$$\int_{x_0}^{x}(\tan y - 3x^2)dx + \int_{y_0}^{y}(x_0 \sec^2 y)dy = (x\tan y - x^3 - x_0\tan y + x_0^3) + (x_0\tan y - x_0\tan y_0) = x\tan y - x^3 + (x_0^3 - x_0\tan y_0)$$

$x_0^3 - x_0\tan y_0$ は定数であるから C の中に含めることができて，一般解は

$$x\tan y - x^3 = C.$$

また**解法 2.10** の④（⇨ p.16）を適用すれば

$$\int(\tan y - 3x^2)dx + \int\left(x\sec^2 y - \frac{\partial}{\partial y}\int(\tan y - 3x^2)dx\right)dy = x\tan y - x^3$$

ゆえに，$x\tan y - x^3 = C$ が一般解である.

(2) $\dfrac{\partial}{\partial y}(7x - 3y + 2) = \dfrac{\partial}{\partial x}(4y - 3x - 5) = -3$ で (2) も完全微分方程式である. **解法 2.10** の③（⇨ p.16）を適用すると（x, y の変域に特に条件がなければ基点 (x_0, y_0) を原点 $\mathrm{O}(0, 0)$ にとることが多い），

$$\int_0^x(7x - 3y + 2)dx + \int_0^y(4y - 5)dy = \frac{7}{2}x^2 - 3xy + 2x + 2y^2 - 5y$$

ゆえに，一般解は $7x^2/2 - 3xy + 2x + 2y^2 - 5y = C$ である.

問　題

7.1 次の微分方程式を解け.

(1) $(2xy - \cos x)dx + (x^2 - 1)dy = 0$

(2) $(2x + y)dx + (x + 2y)dy = 0$

(3) $(y + e^x \sin y)dx + (x + e^x \cos y)dy = 0$

例題 8 **完全微分方程式，積分因子**

積分因子を求めて，次の微分方程式を解け．

(1) $(1-2x^2y)dx + x(2y-x^2)dy = 0$ (2) $3x^2ydx - (4y^2-2x^3)dy = 0$

route (1), (2) ともにこのままでは完全微分方程式といえないが，もとの微分方程式に積分因子（⇨ p.16 の定理 2.3）をかけて**完全微分方程式にもち込む**.

navi まず，**積分因子**を求めて，**解法がわかっている形にもち込む**.

解答 (1) $P(x,y) = 1-2x^2y$, $Q(x,y) = x(2y-x^2)$ とすると，p.16 の定理 2.3 (i) により

$$\frac{1}{Q}(P_y - Q_x) = \frac{-2x^2-(2y-3x^2)}{x(2y-x^2)} = -\frac{1}{x}$$

ゆえに，$\exp\left(\int -\frac{dx}{x}\right) = \frac{1}{x}$ が積分因子である．これを与式に乗ずれば，完全微分方程式

$$\left(\frac{1}{x} - 2xy\right)dx + (2y-x^2)dy = 0$$

を得る．これに p.16 の**解法 2.10** ③ を適用すれば，

$$\int_{x_0}^{x}\left(\frac{1}{x}-2xy\right)dx + \int_{y_0}^{y}(2y-x_0^2)dy = \log|x| - x^2y + y^2 + (x_0^2y_0 - y_0^2 - \log|x_0|)$$

$x_0^2y_0 - y_0^2 - \log|x_0|$ は定数であるから C の中に含めることができる．ゆえに，一般解は

$$\log|x| - x^2y + y^2 = C$$

(2) $P = 3x^2y$, $Q = -(4y^2-2x^3)$ とおくと，p.16 の定理 2.3 (ii) により $\frac{1}{P}(P_y - Q_x) = -\frac{1}{y}$ であるから $\exp\left(\int \frac{dy}{y}\right) = y$ が積分因子である．

ゆえに，$3x^2y^2dx - (4y^3-2x^3y)dy = 0$ は完全微分方程式である．p.16 の**解法 2.10** ③ より

$$\int_0^x 3x^2y^2dx - \int_0^y 4y^3dy = x^3y^2 - y^4$$

(x, y の変域に特に条件がなければ，基点 (x_0, y_0) を原点 $\mathrm{O}(0,0)$ にとることが多い.)

よって，一般解は $x^3y^2 - y^4 = C$.

問 題

8.1 定理 2.3 によって積分因子を求めて，次の微分方程式を解け．

(1) $(y - \log x)dx + x\log x dy = 0$ (2) $(y + xy + \sin y)dx + (x + \cos y)dy = 0$

(3) $2xydx - (x^2-y^2)dy = 0$

2.4 リッカチの微分方程式

正規形で書いたとき，y' が y に関する 2 次の多項式で表される次の微分方程式を**リッカチの微分方程式**という．

リッカチの微分方程式　$y' + P(x)y^2 + Q(x)y + R(x) = 0$　$\cdots$①

└ この項 $P(x)y^2$ がなければ 1 階線形微分方程式である．

この方程式は一般には求積法†では解けないが，特殊解がわかったときには次のように求積法で解くことができる．

解法2.11　1 つの特殊解 y_1 がわかった場合　⇐ 一般に，出題される問題はこのタイプが多い．

$y = y_1 + u$ とおくと，①は

$$y_1' + u' + P(x)(y_1+u)^2 + Q(x)(y_1+u) + R(x) = 0 \quad \text{これより}$$
$$y_1' + P(x)y_1^2 + Q(x)y_1 + R(x) + u' + P(x)(2y_1u + u^2) + Q(x)u = 0$$

となる．ここに，y_1 は①の解であるから，$y_1' + P(x)y_1^2 + Q(x)y_1 + R(x) = 0$ である．ゆえに，

$$u' + \Bigl(2P(x)y_1 + Q(x)\Bigr)u = -P(x)u^2 \qquad \cdots②$$

となる．これは $n = 2$ のベルヌーイの微分方程式であるから（⇨ p.12），さらに $v = \dfrac{1}{u}$ とおけば次のような線形微分方程式に移る．

$$v' - \Bigl(2P(x)y_1 + Q(x)\Bigr)v = P(x) \qquad \cdots③$$

これを解けば

$$v = \frac{1}{y - y_1} = e^{\int(2P(x)y_1+Q(x))dx}\left(\int P(x)e^{-\int(2P(x)y_1+Q(x))dx}dx + C\right) \qquad \cdots④$$

解法2.12　2 つの特殊解 y_1, y_2 がわかった場合

$u = y_2 - y_1$ は②の 1 つの解であるから上記**解法 2.11** から $v = \dfrac{1}{u} = \dfrac{1}{y_2 - y_1}$ は③の解である．ゆえに p.12 の**解法 2.8** より，③の一般解は

$$v = \frac{1}{y_2 - y_1} + Ce^{\int(2P(x)y_1+Q(x))dx}$$

である．したがって①の一般解は

$$y = y_1 + \frac{1}{v} = y_1 + \left[\frac{1}{y_2 - y_1} + Ce^{\int(2P(x)y_1+Q(x))dx}\right]^{-1} \qquad \cdots⑤$$

で与えられる．

---

†解を有限回の不定積分で表すことを求積法という．

例題 9　リッカチの微分方程式（1 つの特殊解がわかった場合）

$y = x$ が 1 つの特殊解であることを利用し，次のリッカチの微分方程式を解け．

$$xy' + 2y^2 - y - 2x^2 = 0$$

route リッカチの微分方程式（1 つの特殊解がわかった場合）である．p.19 の**解法 2.11** に従う．

navi 与えられた**リッカチの微分方程式**で $y = y_1 + u$（y_1 は特殊解）**とおき換えて，ベルヌーイの微分方程式にもち込み**，さらに $v = 1/u$ **とおき換えて，1 階線形微分方程式にもち込む**．すなわち，**変数を 2 度おきかえて**，**解法がわかっている形にもち込む**．

解答 $y = x$ が 1 つの特殊解であるから，$y = x + u$ とおいて与式に代入すると，

$$x\left(1 + \frac{du}{dx}\right) - (x + u) + 2(x + u)^2 - 2x^2 = 0$$

$$\therefore \quad x\frac{du}{dx} + (4x - 1)u + 2u^2 = 0, \quad \frac{du}{dx} + \left(4 - \frac{1}{x}\right)u = -\frac{2}{x}u^2.$$

これはベルヌーイの微分方程式（⇨ p.12）であるから，$v = 1/u$ とおけば，線形微分方程式

$$\frac{dv}{dx} - \left(4 - \frac{1}{x}\right)v = \frac{2}{x}$$

を得る．p.12 の**解法 2.8** を適用して，

$$v = \frac{1}{u} = \frac{1}{y - x} = e^{\int(4-\frac{1}{x})dx}\left(\int e^{-(4-\frac{1}{x})dx}\frac{2}{x}dx + C\right)$$

$$= e^{4x}\cdot\frac{1}{x}\left(2\int xe^{-4x}\cdot\frac{1}{x}dx + C\right) = \frac{e^{4x}}{x}\left(2\int e^{-4x}dx + C\right) = \frac{1}{x}\left(Ce^{4x} - \frac{1}{2}\right)$$

$$\therefore \quad y = x + \frac{2x}{2Ce^{4x} - 1} = \frac{(2Ce^{4x} + 1)x}{2Ce^{4x} - 1}$$

問　題

9.1　$y = 1$ が 1 つの特殊解であることを利用し，次の微分方程式を解け．

(1)　$y' - y^2 - 3y + 4 = 0$　　(2)　$y' = (y - 1)(xy - y - x)$

(3)　$\dfrac{dy}{dx} + \dfrac{1}{2x^2 - x}y^2 - \dfrac{1 + 4x}{2x^2 - x}y + \dfrac{4x}{2x^2 - x} = 0$

9.2　[　] 内が 1 つの特殊解であることを利用し，次の微分方程式を解け．

(1)　$y' + xy^2 - (2x^2 + 1)y + x^3 + x - 1 = 0$　$[y = x]$

(2)　$y' - y^2 + y\sin x - \cos x = 0$　$[y = \sin x]$　　(3)　$y' = \dfrac{2}{x^4}y^2 + x^2$　$[y = x^3]$

2.5 非正規形 1 階微分方程式

非正規形（⇨ p.2）の微分方程式について学習する．この節では $y' = p$ とおいて，p をあたかも媒介変数（パラメータ）のように扱う新しい手法を用いる．

◆ **1 階高次微分方程式**　$y' = p$ とおいて，p の多項式で表される次の微分方程式を **1** 階高次微分方程式という．

$$p^n + P_1(x,y)p^{n-1} + \cdots + P_{n-1}(x,y)p + P_n(x,y) = 0 \qquad \cdots ①$$

解法 2.13　① の左辺が因数分解されて，

$$\bigl(p - f_1(x,y)\bigr)\bigl(p - f_2(x,y)\bigr)\cdots\bigl(p - f_n(x,y)\bigr) = 0$$

となるとき，n 個の正規形の微分方程式

$$y' = f_1(x,y), \quad y' = f_2(x,y), \quad \cdots, \quad y' = f_n(x,y)$$

のうち，どの方程式の解も ① の解である．それら n 個の微分方程式の一般解をそれぞれ　$\varphi_1(x,y,C) = 0, \varphi_2(x,y,C) = 0, \cdots, \varphi_n(x,y,C) = 0$　（C は任意定数）とすれば，① の一般解は，$\varphi_1(x,y,C).\varphi_2(x,y,C).\ldots.\varphi_n(x,y,C) = 0 \cdots ②$

◆ **x または y について解ける場合**　微分方程式 $F(x,y,y') = 0$ が③，⑤ の場合を考える．

x について解ける場合　$$x = f(y,p) \quad \left(p = \frac{dy}{dx}\right) \qquad \cdots ③$$

解法 2.14　x を y の関数と考えて ③ の両辺を y で微分すると

$$\frac{dx}{dy} = \frac{1}{p} = \frac{\partial f}{\partial y} + \frac{\partial f}{\partial p}\cdot\frac{dp}{dy} \qquad \cdots ④$$

$\partial f/\partial y, \partial f/\partial p$ は y と p だけの関数であるから，④ は y の関数 p に関する微分方程式である．④ の一般解を $\varphi(y,p,C) = 0$ とすると，これと ③ とから p を消去して ③ の一般解が得られる．

次に，

y について解ける場合　$$y = f(x,p) \quad \left(p = \frac{dy}{dx}\right) \qquad \cdots ⑤$$

解法 2.15　⑤ の両辺を x で微分すると

$$p = \frac{\partial f}{\partial x} + \frac{\partial f}{\partial p}\cdot\frac{dp}{dx} \qquad \cdots ⑥$$

$\partial f/\partial x, \partial f/\partial p$ は x と p だけの関数であるから，⑥ は x の関数 p に関する微分方程式である．⑥ の一般解を $\varphi(x,p,C) = 0$ とすると，これと ⑤ とから p を消去して得られる x, y の関係式が ⑤ の一般解である．

◆ **クレローの微分方程式**　微分方程式が次の形のとき，これを**クレローの微分方程式**という．

クレローの微分方程式　$y = xp + f(p) \quad \left(p = \dfrac{dy}{dx}\right)$ $\cdots⑦$

解法2.16　⑦の両辺を x で微分すると

$$p = p + x\frac{dp}{dx} + f'(p)\frac{dp}{dx} \quad \text{すなわち} \quad \left(x + f'(p)\right)\frac{dp}{dx} = 0$$

ゆえに，

$$\text{(i)} \quad \frac{dp}{dx} = 0 \qquad \text{または} \qquad \text{(ii)} \quad x + f'(p) = 0$$

(i) のときは $p' = 0$ より $p = C$（C は任意定数）．これを⑦に代入して一般解

$$y = Cx + f(C) \qquad \cdots⑧$$

を得る．これは曲線群を表す．

(ii) のときは $x + f'(p) = 0$ と⑦から p を消去して特異解を求める．この特異解は一般解⑧では表せないもので⑧で表される曲線群の**包絡線**（⇨例えば『新版演習微分積分』（サイエンス社）p.116）を表す．

クレローの微分方程式を一般化した次の形の微分方程式を**ラグランジュの微分方程式**（もしくは**ダランベールの微分方程式**）という．

ラグランジュの微分方程式　$y = xf(p) + g(p) \quad \left(p = \dfrac{dy}{dx}\right)$ $\cdots⑨$

解法2.17　⑨の両辺を x で微分すると

$$p = f(p) + xf'(p)\frac{dp}{dx} + g'(p)\frac{dp}{dx} \qquad \cdots⑩$$

特に $f(p) = p$ のときはクレローの微分方程式であるから，$f(p) \fallingdotseq p$ とする．このとき⑩は

$$\frac{dx}{dp} - \frac{f'(p)}{p - f(p)}x = \frac{g'(p)}{p - f(p)}$$

となり，これは1階線形微分方程式である．ゆえに

$$x = \exp\left(\int \frac{f'(p)}{p - f(p)}dp\right)\left(\int \frac{g'(p)}{p - f(p)}\exp\left(-\int \frac{f'(p)}{p - f(p)}dp\right)dp + C\right)$$

を得る．これと⑨とから p を消去して一般解を得る．

$p - f(p) = 0$ のときは，p を定数と考えたときの $y = xf(p) + g(p)$ は特異解または特殊解である．

例題 10 **非正規形 1 階高次微分方程式 (1)**

因数分解によって次の微分方程式を解け．

(1) $y'(y'+y)=x(x+y)$ (2) $x^2(y')^2+3xyy'+2y^2=0$

route **非正規形**（正規形 $y'=f(x,y)$ の形で表せないもの）**の 1 階微分方程式**である．p.21 の**解法 2.13** を用いる．

navi $y'=p$ とおいて，p **を媒介変数**（パラメータ）と考える**新手法を導入する**．この方法で見通しがよくなり，**因数分解**して，**いくつかの正規微分方程式にもち込む**．

解答 (1) $y'=p$ とおいて与式を書き直すと $p^2+yp-x(x+y)=0$，これを因数分解して

$$(p-x)(p+x+y)=0 \qquad \therefore \quad p-x=0 \quad \text{または} \quad p+x+y=0$$

$p-x=0$ のとき直接積分形であるから $\quad y=\int x\,dx+C \qquad \therefore \quad y=\dfrac{x^2}{2}+C$

また，$p+x+y=0$ は 1 階線形微分方程式であるから，その一般解は

$$y=e^{-\int dx}\left(-\int xe^{\int dx}dx+C\right)=e^{-x}\left(-\int xe^{x}dx+C\right)=1-x+Ce^{-x}$$

ゆえに (1) の一般解は次で与えられる．

$$\left(y-\frac{x^2}{2}-C\right)(y+x-1-Ce^{-x})=0$$

(2) (1) と同様に $y'=p$ とおいて，与式の左辺を因数分解して $(xp+2y)(xp+y)=0$ を得る．$xp+2y=0$ のとき変数分離形であるから，

$$\int\frac{1}{y}dy+\int\frac{2}{x}dx=C_1, \quad \log|y|+\log x^2=C_1 \qquad \therefore \quad x^2y=C.$$

また，$xp+y=0$ のときも変数分離形であるから，

$$\int\frac{1}{y}dy+\int\frac{dx}{x}=C_2, \quad \log|xy|=C_2 \qquad \therefore \quad xy=C$$

したがって (2) の一般解は $(x^2y-C)(xy-C)=0$

問　題

10.1 次の微分方程式を解け．

(1) $x(y')^2+(x^2y-y)y'-xy^2=0$

(2) $(y')^3-(2x+y)(y')^2+2xyy'=0$

(3) $x^2(y')^2-3x^2y^3y'+2y'-6y^3=0$

(4) $y(y')^2+(x-y)y'-x=0$

(5) $(y')^3-(x+y)(y')^2+xyy'=0$

(6) $(y')^2-y^2+2e^xy-e^{2x}=0$

例題 11 **非正規1階高次微分方程式 (2)**

x または y について微分し，次の微分方程式を解け．ただし，$p = y'$ とする．

(1) $xp^2 - 2yp + 4x = 0$ (2) $x + yp = y\sqrt{1+p^2}$

route 与えられた**非正規 1 階微分方程式**が $x = f(y,p) \cdots$① または $y = g(x,p) \cdots$② と表されるときは，それぞれ，p.21 の**解法 2.14**, **2.15** を用いる．

navi ①のときは両辺を **y で微分し**，②のときは **x で微分する**．さらに，その結果を**因数分解**して，**複数の正規 1 階微分方程式にもち込む**．

解答 (1) y について整理すると，$y = (p^2+4)x/2p$．この両辺を x で微分すると，

$$p = \frac{p^2+4}{2p} + x\frac{p^2-4}{2p^2}\frac{dp}{dx} \quad \text{整理して} \quad (p^2-4)\left(p - x\frac{dp}{dx}\right) = 0.$$

$$\therefore \quad \frac{dp}{dx} = \frac{p}{x} \quad \text{または} \quad p = \pm 2$$

前者は変数分離形であるので，これを解けば，$p = C_1 x$．これを $y = (p^2+4)x/2p$ に代入して，一般解

$$y = \frac{(C_1^2 x^2 + 4)x}{2C_1 x} = Cx^2 + \frac{1}{C} \quad \left(C = \frac{C_1}{2}\right)$$

を得る．また $p = \pm 2$ を $y = (p^2+4)x/2p$ に代入すれば，$y = \pm 2x$．これは一般解から得られないので特異解である．

(2) 与式を x について解いて，$x = \left(\sqrt{1+p^2} - p\right)y \cdots$① この両辺を y で微分して，

$$\frac{1}{p} = \sqrt{1+p^2} - p + \left(\frac{p}{\sqrt{1+p^2}} - 1\right)y\frac{dp}{dy} \quad \text{整理して} \quad \frac{dy}{dp} = -\frac{p}{1+p^2}y$$

これは変数分離形であるから，

$$\int \frac{dy}{y} + \int \frac{p}{1+p^2}dp = C_1, \quad y = \frac{C}{\sqrt{1+p^2}} \qquad \cdots②$$

を得る．ゆえに，①, ②から一般解は

$$y = \frac{C}{\sqrt{1+p^2}}, \quad x + yp = y\sqrt{1+p^2} \quad (p\ \text{は媒介変数})$$

あるいはこの 2 式から p を消去した $x^2 + y^2 - 2Cx = 0$ で与えられる．

問 題

11.1 次の微分方程式を解け．ただし，$p = y'$ とする．

(1) $2y - 4 - \log(p^2+1) = 0$ (2) $px = y - x$

(3) $y = p^2 x + p$ (4) $\log(1+p^2) - 2\log p - 2x + 4 = 0$

(5) $x = 5 + \log\log\left(p + \sqrt{1+p^2}\right)$

例題 12　クレローおよびラグランジュの微分方程式

次の微分方程式を解け．ただし，$p=y'$ とする．

(1)　$y=xp-p^2$　$\cdots$①　　(2)　$y=xp^2+p^2$　$\cdots$②

route　(1)　**クレローの微分方程式**であるから p.22 の**解法 2.16** を用いる．
(2)　クレローの微分方程式を一般化した**ラグランジュの微分方程式**である．p.22 の**解法 2.17** を用いる．

navi　与えられた微分方程式の**両辺を x で微分**したものを **p' でまとめ**，**変数分離形**や **1 階線形微分方程式にもち込む**．**特異解**が存在し，**一般解の包絡線**になっている．

解答　(1)　クレローの微分方程式であるから p.22 の**解法 2.16** を用いる．両辺を x で微分して，

$$p=p+xp'-2pp',\quad (x-2p)p'=0$$

(i)　$p'=0$ より $p=C$．これを①に代入して次のような，一般解

$$y=Cx-C^2 \qquad \cdots③$$

を得る．これは図 2.5 の直線群を表す．

(ii)　$x-2p=0$ より $x=2p$．これを①に代入して p を消去し特異解

$$y=x(x/2)-(x/2)^2=x^2/4 \qquad \cdots④$$

を得る．④は③の包絡線である（⇨ 図 2.5）．

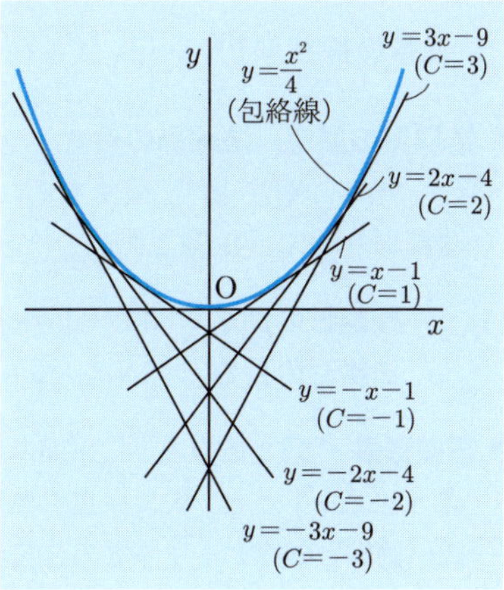

図 2.5

(2)　ラグランジュの微分方程式であるから p.22 の**解法 2.17** を用いる．②を x で微分して

$$p=p^2+2xpp'+2pp',\quad p(1-p)=2p(x+1)p'$$

$p\neq 0$ ならば，$1-p=2(x+1)p'$（変数分離形）．これを解いて，$(p-1)\sqrt{x+1}=C$．これと $y=xp^2+p^2$ とから p を消去して次のような，一般解を得る．

$$y=\left(C+\sqrt{x+1}\right)^2$$

$p=0$ ならば，②に戻って，$y=0$（特異解）を得る．

問　題

12.1　次のクレローの微分方程式を解け（ただし $p=y'$ とする）．

(1)　$y=xp+\sqrt{1+p^2}$　　(2)　$y=px+\sqrt{1-p^2}$　$(-1<p<1)$

12.2　次のラグランジュの微分方程式を解け（ただし $p=y'$ とする）．

(1)　$y=x(1+p)+p^2$　　(2)　$y=2px+p^2$　$(p\neq 0)$

2.6 微分方程式の図形への利用

◆ **図形と微分方程式**　曲線の**接線**や**法線**などは微分係数で表されるから，曲線の図形的な性質を表した関係式は微分方程式になることが多い．

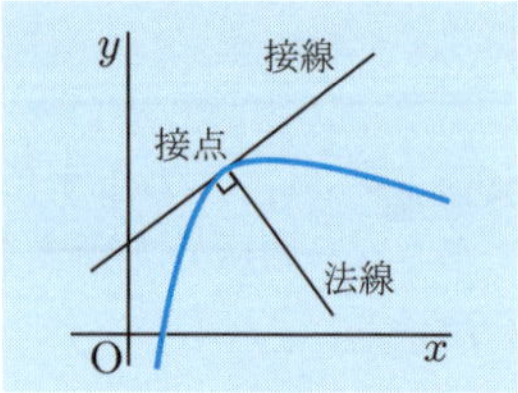

図 2.6　接線，法線

◆ **接線の長さ，法線の長さ**　図 2.7 において，

$$\text{接線の長さ} = \overline{\mathrm{PT}} = \left|\frac{y\sqrt{1+(y')^2}}{y'}\right| \quad \cdots ①$$

$$\text{法線の長さ} = \overline{\mathrm{PN}} = \left|y\sqrt{1+(y')^2}\right| \quad \cdots ②$$

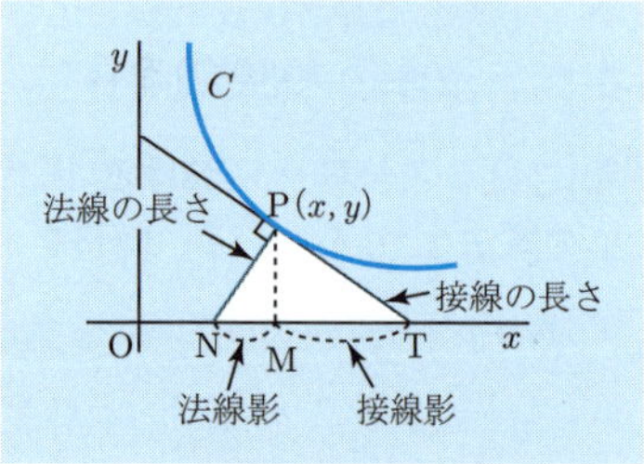

図 2.7　接線，法線，接線影，法線影の長さ

◆ **接線影の長さ，法線影の長さ**　線分 PT，PN の x 軸への射影 MT，MN をそれぞれ**接線影**，**法線影**と呼ぶ（⇨図 2.7）．

$$\text{接線影の長さ} = \overline{\mathrm{MT}} = |y/y'| \quad \cdots ③$$

$$\text{法線影の長さ} = \overline{\mathrm{MN}} = |yy'| \quad \cdots ④$$

◆ **極座標系**　図 2.8 のように平面上に定点 O（**原点**と呼ぶ）をとる．次に原点を始点とする半直線（**始線**と呼ぶ）を 1 本とる．このとき平面上任意の点 P は線分 OP（**動**《どう》**径**《けい》と呼ぶ）の長さ r と，始線と動径のなす角（**偏**《へん》**角**《かく》）θ によって表される．ただしこの角の大きさは，始線から左回り（反時計回り）を正の向きにみることにする．このような座標のとり方を**極**《きょく》**座**《ざ》**標**《ひょう》**系**《けい》と呼ぶ．これに対して 2 本の直交する数直線への射影を用いて平面上の点を表す座標系を**直**《ちょく》**交**《こう》**座**《ざ》**標**《ひょう》**系**《けい》という．

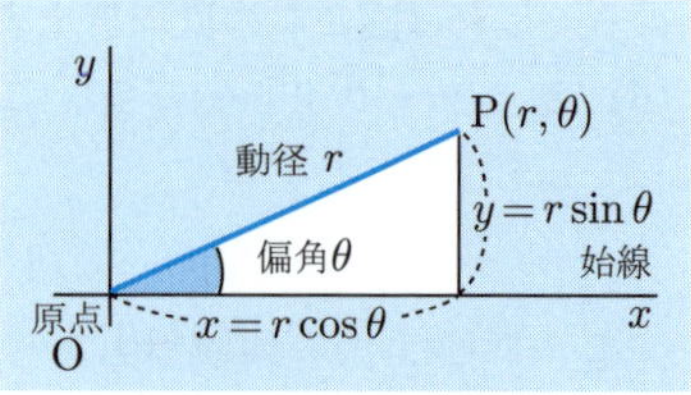

図 2.8　極座標

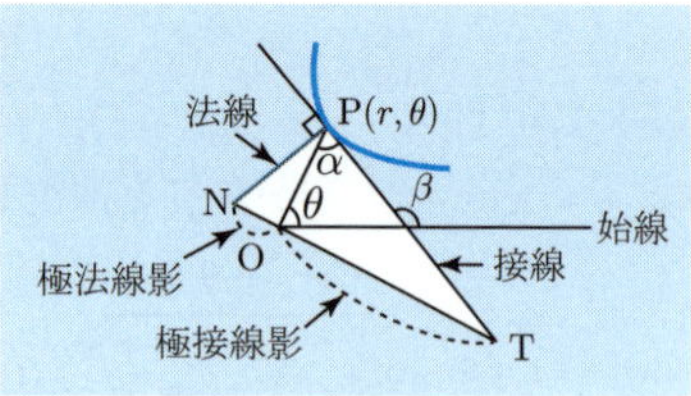

図 2.9　極座標系

◆ **極座標系の場合**　曲線 $r = f(\theta)$ 上の任意の点 (r, θ) において（⇨図 2.9）

$$\text{極接線影} \quad \overline{\mathrm{OT}} = r|\tan\alpha| = r^2|d\theta/dr| \quad \cdots ⑤$$

$$\text{極法線影} \quad \overline{\mathrm{ON}} = r|1/\tan\alpha| = |dr/d\theta| \quad \cdots ⑥$$

$$\text{接線の向き} \quad \tan\beta = \frac{dy}{dx} = \frac{r'\sin\theta + r\cos\theta}{r'\cos\theta - r\sin\theta} \quad \left(r' = \frac{dr}{d\theta}\right) \quad \cdots ⑦$$

例題 13 **図形と微分方程式**

次の性質を満たす曲線はどんな曲線か.

(1) 曲線上の点 P における法線に原点 O からおろした垂線の長さが P の y 座標に等しい.

(2) 接線と動径のなす角が常に接点の偏角に等しい.

route (1) 原点より直線 $ax+by+c=0$ へ下した垂線の長さは $\dfrac{|c|}{\sqrt{a^2+b^2}}$ で与えられる. これを用いて図 2.10 の $\overline{\mathrm{OQ}}$ を求め, 題意より $\overline{\mathrm{OQ}}=y$ としてできる微分方程式を解く. (2) 極座標で考えれば, 題意より(図 2.11) $\theta=\alpha$ である. $\tan\alpha=\tan(\beta-\theta)$ を求め, これに p.26 の ⑦ を代入してできる微分方程式を解く.

解答 (1) O から P における法線におろした垂線の足を Q とする. 点 $\mathrm{P}(x,y)$ における法線の方程式は

$$X-x+y'(Y-y)=0.$$

ゆえに $\overline{\mathrm{OQ}}=\dfrac{|x+yy'|}{\sqrt{1+(y')^2}}$. これは P の y 座標に等しいから,

$$\frac{|x+yy'|}{\sqrt{1+(y')^2}}=y \quad よって \quad x^2+2xyy'-y^2=0$$

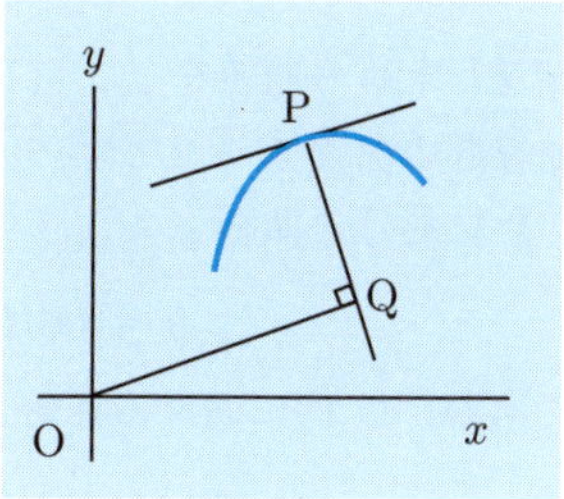

図 2.10

これは同次形であるから, p.6 の**解法 2.3** により, $y=xu$ とおけば,

$$\frac{2u}{u^2+1}u'+\frac{1}{x}=0 \quad よって \quad \int\frac{2u}{u^2+1}du+\int\frac{dx}{x}=C_1.$$

この積分を計算して, $\log(u^2+1)+\log|x|=C_1$, $x(u^2+1)=C$ を得る. これを x,y の式に直せば, $x^2+y^2=Cx$.

(2) 極座標で考えれば, 題意より右の図 2.11 において, $\theta=\alpha$ である. これを β の条件に直す.

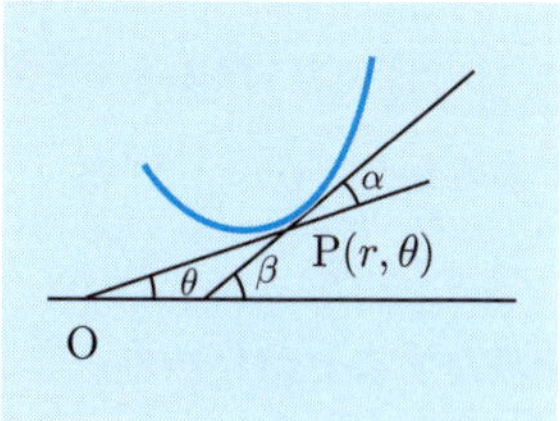

図 2.11

$$\tan\theta=\tan\alpha=\tan(\beta-\theta)=\frac{\tan\beta-\tan\theta}{1+\tan\beta\tan\theta}$$

ここに, $\tan\beta=\dfrac{r'\sin\theta+r\cos\theta}{r'\cos\theta-r\sin\theta}$ $\left(r'=\dfrac{dr}{d\theta}\right)$ (⇨ p.26 の ⑦) を代入して整理すると, $\tan\theta=r/r'$ となる (変数分離形). これを解けば, $r=C\sin\theta$ である. いま, $r=\sqrt{x^2+y^2}$, $\tan\theta=y/x$ で, 直交座標に書き直せば, $x^2+y^2=Cy$

問 題

13.1 曲線上の各点 $\mathrm{P}(x,y)$ における接線の傾きが, その点の x 座標, y 座標の和に等しいような曲線を求めよ.

13.2 接線の長さが一定値 a に等しいような曲線を求めよ.

例題 14　　**α-等交曲線**

微分方程式 $f(x,y,y')=0$ の定める曲線群の各曲線と一定角 α で交わる曲線は微分方程式 $f\left(x,y,\dfrac{y'-\tan\alpha}{1+y'\tan\alpha}\right)=0$ を満たすことを証明せよ $\left(\alpha \fallingdotseq \dfrac{\pi}{2}\right)$.

route　図 2.12 からわかるように，曲線群 C 上の点 P での接線の傾きは $y'=\tan(\theta-\alpha)\cdots$① であり，求める曲線 $y=g(x)$ 上の点 P の接線の傾きは $y'=\tan\theta\cdots$② である．①の右辺 $\tan(\theta-\alpha)$ に②を代入して結論を導く．

navi　**微分方程式の図形への利用**　$f(x,y,y')=0\cdots$③ の定める曲線群の α-等交曲線は③の y' の代わりに $\dfrac{y'-\tan\alpha}{1+y'\tan\alpha}$ を代入して得られる．

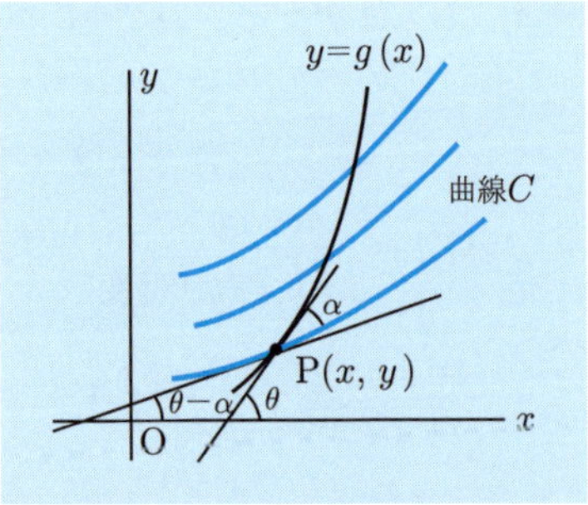

図 2.12

解答　求める曲線を $y=g(x)$ とし，これと与えられた曲線群の曲線 C との交点を $\mathrm{P}(x,y)$ とする．

P における曲線 $y=g(x)$ の接線の傾きは

$$y'=\tan\theta \qquad \cdots④$$

である．点 P における曲線 C の傾きは

$$\tan(\theta-\alpha)=\frac{\tan\theta-\tan\alpha}{1+\tan\theta\tan\alpha}=\frac{y'-\tan\alpha}{1+y'\tan\alpha} \qquad \cdots⑤$$

よって与えられた曲線群の微分方程式は

$$f\big(x,y,\tan(\theta-\alpha)\big)=0$$

であるから，$y=g(x)$ は

$$f\left(x,y,\frac{y'-\tan\alpha}{1+y'\tan\alpha}\right)=0 \qquad \cdots⑥$$

を満たすことがわかる．

注意 2.2　上の曲線を曲線群 $f(x,y,y')=0$ の **α-等交曲線**という．特に $\alpha=\dfrac{\pi}{2}$ のときは**直交曲線**と呼ばれる．$\alpha=\dfrac{\pi}{2}$ のときは，$\tan(\theta-\alpha)=-\dfrac{1}{\tan\theta}=-\dfrac{1}{y'}$ であるから，$y=g(x)$ は $f\left(x,y,-\dfrac{1}{y'}\right)=0\cdots$⑦ を満たすことがわかる．また⑦は⑥において $\alpha\to\dfrac{\pi}{2}$ とした極限とみることができる．

問　題

14.1　円群 $x^2+y^2=c^2$ の $\pi/4$-等交曲線を求めよ．

例題 15　　**直交曲線群**

曲線群 $x^2+y^2=Cx\ (C\neq 0)$ の直交曲線群を求めよ．

route　p.28 の例題 14 の注意 2.2 ⑦により，曲線群の直交曲線は **y' の代わりに $-1/y'$ を代入した**微分方程式を解いて直交曲線群の方程式を求める．

navi　**微分方程式の図形への利用**　p.28 の**例題 14 の $\alpha=\pi/2$ とした特別の場合**である．

解答　p.3 の例題 1 より曲線群 $x^2+y^2=Cx\ (C\neq 0)\cdots$① の微分方程式は

$$x^2+2xyy'-y^2=0 \qquad \cdots ②$$

である．p.28 の注意 2.2 ⑦より求める直交曲線の微分方程式は②の y' の代わりに $-1/y'$ を代入して，

$$x^2+2xy\left(-\frac{1}{y'}\right)-y^2=0 \quad つまり \quad y'=\frac{2xy}{x^2-y^2}=\frac{2y/x}{1-(y/x)^2} \qquad \cdots ③$$

となる．これは同次形である．よって p.6 の解法 2.3 により $y=xu$ とおくと，$xu'=-\dfrac{u(u^2+1)}{u^2-1}$．これは変数分離形である．　$\therefore\ \displaystyle\int\frac{-(u^2-1)}{u(u^2+1)}du^{\dagger}=\int\frac{1}{x}dx+C_1$

$$\int\left(\frac{1}{u}-\frac{2u}{u^2+1}\right)du=\int\frac{1}{x}dx+C_1$$

$$\log|u|-\log(u^2+1)=\log|x|+C_1$$

$$\frac{C_2|u|}{u^2+1}=|x| \quad (C_1=-\log C_2)$$

$$\pm C_2\frac{u}{u^2+1}=x$$

$$\therefore\quad Cu=x(u^2+1) \quad (C=\pm C_2)$$

$$C\frac{y}{x}=x\left(\frac{y^2}{x^2}+1\right)$$

$$\therefore\quad x^2+y^2=Cy \quad \left(\begin{array}{l}\text{これが求める①と直交}\\ \text{する円群の方程式である}\end{array}\right)$$

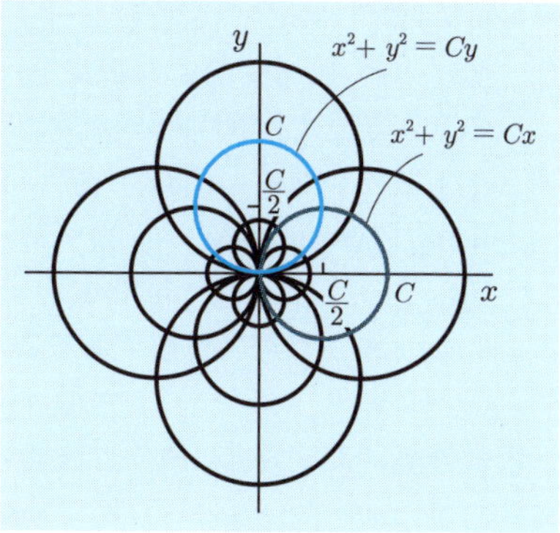

図 2.13

問　題

15.1　(1)　曲線群 $y=Cx^2\ (C\neq 0)$ の直交曲線群を求めよ．

(2)　曲線群 $y^2=Cx$ $(C>0)$ の直交曲線群を求めよ．

---

† 左辺は $\dfrac{-u^2+1}{u(u^2+1)}=\dfrac{A}{u}+\dfrac{Bu+C}{u^2+1}$ とおいて部分分数に分解すると $A=1,\ B=-2,\ C=0$．よって　$\dfrac{-u^2+1}{u(u^2+1)}=\dfrac{1}{u}+\dfrac{-2u}{u^2+1}$　となる．

演習問題（第2章）

1　次の微分方程式を解け．

(1)　$\dfrac{dy}{dx} = 2x(y^2 + y)$

(2)　$y^2 + \left(x\sqrt{x^2+y^2} - xy\right)\dfrac{dy}{dx} = 0$

(3)　$\dfrac{1}{x^2+y^2} + \left(\dfrac{1}{y} - \dfrac{x}{y\sqrt{x^2+y^2}}\right)\dfrac{dy}{dx} = 0$

(4)　$x\dfrac{dy}{dx} + y = y^2 \log x \quad (x > 0)$

2　微分方程式 $f'(y)y' + P(x)f(y) = Q(x)$ は $f(y) = u$ の変換で線形微分方程式となることを確かめよ．またこれを利用して次の微分方程式を解け．

(1)　$\dfrac{dy}{dx}\sec^2 y + \tan y = x$　　　(2)　$3y^2\dfrac{dy}{dx} + y^3 = x - 1$

3　[　] 内に示した変換を用いて，次の微分方程式を解け．

(1)　$y' \sec^2 y + \dfrac{2x}{1+x^2}\tan y = x$　　　$[u = \tan y]$

(2)　$2yy' - \dfrac{y^2}{x^2} = \exp\left(1 - \dfrac{1}{x}\right)$　　　$[u = y^2]$

(3)　$(x^2 + xy + 1)y' = y^2 + xy + 1$　　　$[x + y = u]$

4　次の微分方程式を解け．

(1)　$(x^3 - 2xy - y)dx + (y^3 - x^2 - x)dy = 0$

(2)　$(2x - y + 1)dx + (2y - x - 1)dy = 0$

(3)　$ydx - (x + y^2)dy = 0$

5　$y = \sec x$ が 1 つの特殊解であることを利用して，次の微分方程式を解け．

$$y' + y^2 \sin x = 2\sec x \tan x$$

6　因数分解によって次の微分方程式を解け．

$$(y')^2 + 2yy' \cot x = y^2$$

7　次の微分方程式を解け．ただし $p = \dfrac{dy}{dx}$ とする．

(1)　$y = 2xp + y^2p^3$

(2)　$x = 2p + \sin p$

(3)　$y = xp + 2p^2 - p$

(4)　$y = xp - \sin p$

(5)†　$e^{y-xp} = p^2$

(6)　$y = 2xp - p^2$

---

† **7** の (5) は両辺の対数をとること．

8　$y^2 = u$ の変換を行って，次の微分方程式を解け．ただし $p = \dfrac{dy}{dx}$ である．

$$y = 2xp - 2yp^2$$

9　目算によって 1 つの解を見つけて，次の微分方程式を解け．

(1)　$\dfrac{dy}{dx} - 2y = 1$

(2)　$\dfrac{dy}{dx} + \dfrac{2}{x}y = 8x$

(3)　$(1 + x^2)\dfrac{dy}{dx} = xy + 1$

10　曲線群 $y = \dfrac{C}{x-1}$ の $\dfrac{\pi}{4}$-等交曲線を求めよ．

11　曲線群 $x^2 - y^2 = C$ （C は正の定数）の直交曲線群を求めよ．

3　高階常微分方程式

この章では 2 階以上の常微分方程式の解法を扱う．第 2 章で「1 階の微分方程式ならば解ける場合」をたくさん学んだので「2 階以上の微分方程式は階数を下げて 1 階微分方程式にもち込めば解くことができる」はずだ．この章では「何らかの方法で階数を下げる」ことができる場合について考える．

3.1　$x, y, y', \cdots, y^{(n)}$ の一部を含まない場合

◆ $y^{(n)}$ と x だけを含む微分方程式　$F(x, y^{(n)}) = 0$　$\cdots$ ①

上記 ① を $y^{(n)}$ について解けば $y^{(n)} = f(x)$ $\cdots$ ①′ となるから，次のようにして解ける．

解法 3.1　①′ を x について積分すれば，$y^{(n-1)} = \int f(x)dx + c_1$．これを n 回くり返して，一般解は次のように与えられる．

$$y = \int dx \int dx \cdots \int f(x)dx + C_1x^{n-1} + C_2x^{n-2} + \cdots + C_{n-1}x + C_n \quad \cdots ②$$

$(C_1, C_2, \cdots, C_n$ は任意定数$)$

$x = x_0$ のとき $y = y_0$，$y' = y'_0, \cdots, y^{(n-1)} = y_0^{(n-1)}$ となる特殊解は

$$y = \int_{x_0}^{x} dx \int_{x_0}^{x} dx \cdots \int_{x_0}^{x} f(x)dx + y_0^{(n-1)} \frac{(x - x_0)^{n-1}}{(n-1)!} + \cdots + y'_0(x - x_0) + y_0 \quad \cdots ③$$

で与えられる．

◆ y'' と y だけを含む微分方程式　$F(y, y'') = 0$　$\cdots$ ④

これを y'' について解けば $y'' = f(y)$ $\cdots$ ④′ となるから次のようにして解ける．

解法 3.2　④′ の両辺に $2y'$ をかけると $2y'y'' = 2f(y)y'$ となるから，

$$(y')^2 = 2\int f(y)dy \quad \text{したがって} \quad y' = \pm\sqrt{2\int f(y)dy + C_1}$$

これは変数分離形であるから，一般解は，次のように与えられる．

$$\pm\int \frac{dy}{\sqrt{2\int f(y)dy + C_1}} = x + C_2 \quad \cdots ⑤$$

◆ **$y^{(n)}$ と $y^{(n-1)}$ だけを含む微分方程式**　$F(y^{(n-1)}, y^{(n)}) = 0$　$\cdots$⑥

これを $y^{(n)}$ について解けば $y^{(n)} = f(y^{(n-1)})$ $\cdots$ ⑥′ となるので，次のように解ける．

> **解法 3.3**　$y^{(n-1)} = p$ とおけば⑥′ は $p' = f(p)$ となる．これは変数分離形であるから，この解を $p = y^{(n-1)} = G(x, C) \cdots$ ⑦ とすれば，前頁**解法 3.1** に帰着する．

◆ **$y^{(n-2)}$ と $y^{(n)}$ だけを含む微分方程式**　$F(y^{(n-2)}, y^{(n)}) = 0$　$\cdots$⑧

これを $y^{(n)}$ について解けば $y^{(n)} = f(y^{(n-2)})$ $\cdots$ ⑧′ となり次のようにして解ける．

> **解法 3.4**　$y^{(n-2)} = p$ とおけば⑧′ は $p'' = f(p)$ となり前頁の④′ の場合に帰着される．⑤を適用すれば，
>
> $$\pm \int \frac{dp}{\sqrt{2\int f(p)dp + C_1}} = x + C_2$$
>
> これを p について解いて，$p = g(x)$ とおくと，$y^{(n-2)} = p = g(x)$ $\cdots$ ⑨で，結局前頁**解法 3.1** に帰着する．

◆ **y を含まない微分方程式**　$F(x, y', y'', \cdots, y^{(n)}) = 0$　$\cdots$⑩

◆ **x を含まない微分方程式**　$F(y, y', y'', \cdots, y^{(n)}) = 0$　$\cdots$⑪

この形のものはいずれも $y' = p$ とおいて階数を 1 つ下げることができる．

> **解法 3.5**　y を含まない $F(x, y', y'', \cdots y^{(n)}) = 0$ において $y' = p$ とおけば，
>
> $$y' = p, \quad y'' = \frac{dp}{dx}, \quad \cdots, \quad y^{(n)} = \frac{d^{n-1}p}{dx^{n-1}}$$
>
> であるから，もとの微分方程式は次のようになって，階数が 1 つ下がる．
>
> $$F\left(x, p, \frac{dp}{dx}, \cdots, \frac{d^{n-1}p}{dx^{n-1}}\right) = 0 \qquad \cdots ⑫$$

注意 3.1　$F(x, y^{(m)}, y^{(m+1)}, \cdots, y^{(n)}) = 0$ のときは $y^{(m)} = p$ とおいて階数を m だけ下げられる．

> **解法 3.6**　x を含まない $F(y, y', y'', \cdots, y^{(n)}) = 0$ のときは $y' = p$ とおけば，
>
> $$y'' = \frac{d^2y}{dx^2} = \frac{dp}{dx} = \frac{dp}{dy}\frac{dy}{dx} = p\frac{dp}{dy}$$
>
> $$y''' = \frac{d}{dx}\left(p\frac{dp}{dy}\right) = \left(\left(\frac{dp}{dy}\right)^2 + p\frac{d^2p}{dy^2}\right)\frac{dy}{dx} = p^2\frac{d^2p}{dy^2} + p\left(\frac{dp}{dy}\right)^2 \qquad \cdots ⑬$$
>
> $\cdots$
>
> となり，独立変数を y にとりかえることによって，階数を 1 つ下げることができる．

例題 1　**階数が下げられる形 (1)**

次の微分方程式を解け.　(1)　$x^2y''' = 1$　(2)　$y'' + \dfrac{1}{y^3} = 0$

route　(1)　**x と y''' だけを含む場合**であるから, p.32 の**解法 3.1** を用いる.
(2)　**y'' と y だけを含む場合**であるから, p.32 の**解法 3.2** を用いる.

navi　**高階微分方程式**の**次数を下げて**, **直接積分形**, **変数分離形にもち込む**.

解答　(1)　p.32 の①の形であるから, **解法 3.1** を用いる. $y''' = \dfrac{1}{x^2}$ であるから, $y'' = \displaystyle\int \frac{dx}{x^2} + C = C - \frac{1}{x}$ である. 積分をくり返せば,

$$y' = \int \left(C - \frac{1}{x}\right) dx + C' = Cx - \log|x| + C'$$

$$\begin{aligned} y &= \int \left(Cx - \log|x| + C'\right) dx + C'' \\ &= \frac{C}{2}x^2 - \left(x\log|x| - x\right) + C'x + C'' \end{aligned}$$

任意定数を整理すれば, 一般解は次のようになる.

$$y = C_1x^2 + C_2x + C_3 - x\log|x|$$

(2)　p.32 の**解法 3.2** の場合である. 両辺に $2y'$ を掛ければ, $2y'y'' = -\dfrac{2}{y^3}y'$ となる. 積分すれば,

$$(y')^2 = -2\int \frac{dy}{y^3} + C_1 = \frac{1}{y^2} + C_1, \quad y' = \pm\sqrt{\frac{1}{y^2} + C_1} = \pm\sqrt{\frac{1 + C_1y^2}{y^2}}$$

これは変形分離形であるから,

$$\int \frac{y}{\sqrt{1 + C_1y^2}} dy = \pm x + C' \quad したがって \quad \frac{1}{C_1}\sqrt{1 + C_1y^2} = \pm x + C'$$

ゆえに, 任意定数を適当に整理して次の一般解を得る.

$$\sqrt{1 + C_1y^2} = \pm C_1x + C'' \qquad \therefore \quad C_1y^2 = (C_1x + C_2)^2 - 1$$

問　題

1.1　次の微分方程式を解け.

(1)　$y'' = ax$　(2)　$e^xy'' = e^{2x} - 1$　(3)　$xy''' = 1$
(4)　$y''' = xe^x$　(5)　$y''' = x^2e^x$

1.2　次の微分方程式を解け.

(1)　$y'' = 2y$　(2)　$y'' = (y')^2$　(3)　$y'' = \sqrt{1 + (y')^2}$　(4)　$\sqrt{y}\,y'' = 1$

例題 2　**階数が下げられる形 (2)**

次の微分方程式を解け.　(1)　$y''' + 2y'' = 0$　(2)　$y^{(4)} + 4y'' = 0$

route　(1)　$y^{(n)}$ と $y^{(n-1)}$ だけを含む $(n = 3)$ の場合であるから**解法 3.3** を用いる.　(2)　$y^{(n)}$ と $y^{(n-2)}$ だけを含む $(n = 4)$ の場合であるから**解法 3.4** を用いる.

navi　(1) は $y'' = p$ とおき, (2) は次数を下げる操作を 2 回行って変数分離形にもち込む.

解答　(1)　p.33 の ⑥ の形であるから, **解法 3.3** を用いる. $y'' = p$ とおくと与式は $p' + 2p = 0$ と変数分離形に帰着される. ゆえに,

$$\int \frac{dp}{p} + 2x = C \quad したがって \quad \log|p| = C - 2x, \quad y'' = p = C'e^{-2x} \quad (C = \log C')$$

積分を 2 回くり返せば, 次の一般解が得られる.

$$y' = \int C'e^{-2x}dx + C_2 = \frac{1}{2}C'e^{-2x} + C_2,$$

$$y = \int \left(-\frac{1}{2}C'e^{-2x} + C_2\right)dx + C_3 = C_1e^{-2x} + C_2x + C_3 \quad \left(C_1 = \frac{1}{4}C_1'\right)$$

(2)　p.33 の ⑦ の形であるから, **解法 3.4** を用いる. $y'' = p$ とおけば, 与式は $p'' = -4p$ となる. これは p.32 の ③ の形であるから両辺に $2p'$ を掛けると,

$$2p'p'' = -8pp'$$

両辺を積分すれば,

$$(p')^2 = -4p^2 + C \quad したがって \quad p' = \pm\sqrt{C - 4p^2}$$

これは変数分離形であるから

$$\int \frac{dp}{\sqrt{C - 4p^2}} = \pm x + C' \quad 前見返しの ⑨ より \quad \frac{1}{2}\sin^{-1}\frac{2p}{\sqrt{C}} = \pm x + C'$$

$$\therefore \quad p = y'' = A\sin(2x + B)$$

ここで積分を 2 回くり返せば, 任意定数を整理して, 次の一般解が得られる.

$$y = C_1\sin(2x + C_2) + C_3x + C_4$$

注意 3.2　(2) は, 4 章の 2 階線形微分方程式の解法を適用することもできる.

問　題

2.1　次の微分方程式を解け.

(1)　$y'' = y'$　(2)　$y'''y'' = 1$　(3)　$y'' - y'^2 - 1 = 0$

例題 3 **階数が下げられる形 (3)**

次の微分方程式を解け．

$$(1-x^2)\frac{d^2y}{dx^2}-\frac{1}{x}\frac{dy}{dx}+x^2=0 \quad (x>0)$$

route $F(x, y', y'')=0$ の形 (y を含まない式, p.33 の ⑩) の場合である．p.33 の**解法 3.5** を用いる．また，$0<x<1$ と $x>1$ の 2 つに場合を分けて考える．

navi $y'=p$ とおいて 1 階線形微分方程式にもち込む．

解答 $\dfrac{dy}{dx}=p$ とおくと，与式は

$$\frac{dp}{dx}+\frac{1}{x(x^2-1)}p=\frac{x^2}{x^2-1}$$

となって，これは 1 階線形微分方程式である．ゆえに p.12 の**解法 2.7** によって

$$p=\exp\left(-\int\frac{dx}{x(x^2-1)}\right)\left(\int\frac{x^2}{x^2-1}\exp\left(\int\frac{dx}{x(x^2-1)}\right)dx+C_1\right)^{\dagger}$$
$$=\frac{x}{\sqrt{|x^2-1|}}\left(\int\frac{x^2}{x^2-1}\frac{\sqrt{|x^2-1|}}{x}dx+C_1\right)$$

$0<x<1$ のとき　$|x^2-1|=1-x^2$ であるから

$$p=\frac{x}{\sqrt{1-x^2}}\left(\int\frac{x^2}{x^2-1}\frac{\sqrt{1-x^2}}{x}dx+C_1\right)=\frac{x}{\sqrt{1-x^2}}\left(\sqrt{1-x^2}+C_1\right)=x+\frac{C_1x}{\sqrt{1-x^2}}$$
$$\therefore\quad y=\int\left(x+\frac{C_1x}{\sqrt{1-x^2}}\right)dx+C_2=\frac{x^2}{2}-C_1\sqrt{1-x^2}+C_2$$

$x>1$ のとき　$|x^2-1|=x^2-1$ であるから

$$p=\frac{x}{\sqrt{x^2-1}}\left(\int\frac{x^2}{x^2-1}\frac{\sqrt{x^2-1}}{x}dx+C_1\right)=\frac{x}{\sqrt{x^2-1}}\left(\sqrt{x^2-1}+C_1\right)=x+\frac{C_1x}{\sqrt{x^2-1}}$$
$$\therefore\quad y=\int\left(x+\frac{C_1x}{\sqrt{x^2-1}}\right)dx+C_2=\frac{x^2}{2}+C_1\sqrt{x^2-1}+C_2$$

問　題

3.1 次の微分方程式を解け．

(1) $x^2y''=2xy'+x^2$ (2) $(1+x^2)y''+1+(y')^2=0$

(3) $(x+2)y''+2y'=12x^2$ (4) $xy''-(y')^2+y'=0$

---

† $\displaystyle\int\frac{-dx}{x(x^2-1)}=\int\left(\frac{1}{x}-\frac{1}{2}\frac{2x}{x^2-1}\right)dx=\log x-\frac{1}{2}\log|x^2-1|=\log\frac{x}{\sqrt{|x^2-1|}}$

例題 4　　　　**階数が下げられる形 (4)**

次の微分方程式を解け．

$$yy'' - 2(y')^2 - yy' = 0$$

route　$F(y, y', y'') = p$ の形　(x **を含まない式**，p.33 の ⑪) の場合である．p.33 の**解法 3.6** を用いる．

navi　$y' = p$ とおいて変形した式は x の項がないので，**p を y の関数と見ることにすると 1 階線形微分方程式**になる．この解を求め p を $\dfrac{dy}{dx}$ に戻すと，**変数分離形**になる．**特異解に注意**.

解答　$y' = p$ とおくとき p を y の関数とみることにすると，$y'' = \dfrac{dp}{dy}\dfrac{dy}{dx} = p\dfrac{dp}{dy}$ であるから，もとの微分方程式は $yp\dfrac{dp}{dy} - 2p^2 - yp = 0$ のようになる．

$p \fallingdotseq 0$ とすると上の方程式は

$$\frac{dp}{dy} - \frac{2}{y}p = 1 \qquad \cdots ①$$

となり，これは 1 階線形微分方程式である．したがって，p.12 の**解法 2.7** より

$$p = e^{\int \frac{2}{y}dy}\left(\int e^{-\int \frac{2}{y}dy}dy + C\right) = y^2\left(\int \frac{dy}{y^2} + C\right) = y^2\left(\frac{-1}{y} + C\right) = y(Cy - 1)$$

ゆえに，　$(p =)\dfrac{dy}{dx} = y(Cy - 1) \ \cdots ②$.　　これは変数分離形である．よって，

$$\frac{1}{y(Cy-1)}\frac{dy}{dx} = 1, \int\left(\frac{-1}{y} + \frac{C}{Cy-1}\right)dy = x + C' \quad \therefore \ \frac{Cy-1}{y} = C''e^x \ (C'' = \log C').$$

となるから，一般解は定数を整理して次のようになる．

$$y = \frac{1}{C_1e^x + C_2} \qquad \cdots ③$$

一方 $p = 0$ とすると，$y' = 0$．したがって $y = C$（C は定数）．$C \fallingdotseq 0$ の場合は ③ で $C_1 = 0$ かつ $C_2 = C^{-1}$ の場合に他ならない．$C = 0$ の場合，すなわち解 $y = 0$ は ③ からは求められないので特異解である．

問　題

4.1　次の微分方程式を解け．

(1)　$y^2y'' - (y')^3 = 0$　　　(2)　$y'' + 2yy' = 0$

(3)　$yy'' + (y')^2 + 1 = 0$　　(4)　$(1 + y)y'' + (y')^2 = 0$

4.2†　次の微分方程式を解け．

(1)　$y'y''' + (y'')^2 = 0$　　　(2)　$y'y''' = (y'')^2$

---

† $y' = p$ とおくと，いずれも $F(p, p', p'') = 0$ の形である．

3.2 同次形の微分方程式

◆ **同次形**　n 階の微分方程式

$$F(x, y, y', y'', \cdots, y^{(n)}) = 0 \qquad \cdots ①$$

において，x と y の間になんらかの「同次条件」を満足しているとき，この方程式は**同次形**であるという．

◆ **y について同次形**　①において，どんな $\rho > 0$ に対しても

$$F(x, \rho y, \rho y' \cdots, \rho y^{(n)}) = \rho^r F(x, y, y', \cdots, y^{(n)}) = 0 \qquad \cdots ②$$

という関係式が成り立つとき，①は **y について r 次同次**であるという．

解法3.7　$y = e^z$ とおくと

$$y' = e^z z', \quad y'' = e^z\left(z'' + (z')^2\right), \quad y''' = e^z\left(z''' + 3z'z'' + (z')^3\right), \quad \cdots$$

$$\begin{aligned} F(x, y, y', \cdots, y^{(n)}) &= F\left(x, e^z, e^z z', e^z\left(z'' + (z')^2\right), \cdots\right) \\ &= e^{rz} F\left(x, 1, z', z'' + (z')^2, \cdots\right) \end{aligned}$$

となり，$e^{rz} \neq 0$ だから与えられた方程式は　　$F\left(x, 1, z', z'' + (z')^2, \cdots\right) = 0$
と変形できたことになる．これを変数 x と z の微分方程式とみたとき，z がないので p.33 の ⑩ の形となり，階数を 1 つ下げることができる．

◆ **x について同次形**　①において，どんな $\rho > 0$ に対しても

$$F\left(\rho x, y, \frac{y'}{\rho}, \frac{y''}{\rho^2}, \cdots, \frac{y^{(n)}}{\rho^n}\right) = \rho^r F(x, y, y', \cdots, y^{(n)}) = 0 \qquad \cdots ③$$

という関係式が成り立つとき，①は **x について r 次同次**であるという．このとき，次の方法で階数を下げることができる．

解法3.8　$x = e^t$ とおけば

$$y' = \frac{dy}{dt}\Big/\frac{dx}{dt} = e^{-t}\frac{dy}{dt}, \quad y'' = \frac{d}{dt}\left(e^{-t}\frac{dy}{dt}\right)\Big/\frac{dx}{dt} = e^{-2t}\left(\frac{d^2y}{dt^2} - \frac{dy}{dt}\right),$$

$$y''' = \frac{d}{dt}\left(e^{-2t}\left(\frac{d^2y}{dt^2} - \frac{dy}{dt}\right)\right)\Big/\frac{dx}{dt} = e^{-3t}\left(\frac{d^3y}{dt^3} - 3\frac{d^2y}{dt^2} + 2\frac{dy}{dt}\right), \cdots$$

と t の式に置き換えられる．$\dot{y} = \dfrac{dy}{dt}, \ddot{y} = \dfrac{d^2y}{dt^2}, \cdots$ と表すことにすれば①は

$$\begin{aligned} F(x, y, y', \cdots, y^{(n)}) &= F\left(e^t, y, e^{-t}\dot{y}, e^{-2t}(\ddot{y} - \dot{y}), e^{-3t}(\dddot{y} - 3\ddot{y} + 2\dot{y}), \cdots\right) \\ &= e^{rt} F\left(1, y, \dot{y}, (\ddot{y} - \dot{y}), (\dddot{y} - 3\ddot{y} + 2\dot{y}), \cdots\right) = 0 \end{aligned}$$

と変形できる．$e^{rt} \neq 0$ であるから，これを変数 t と y の微分方程式とみれば，これには t がない．すなわち，p.33 の ⑪ の形となり，階数を 1 つ下げることができる．

例題 5　　**y について同次形**

次の微分方程式を解け.

(1)　$xyy'' - x(y')^2 + y^2 = 0$　　　(2)　$yy'' - 2(y')^2 - yy' = 0$

route　(1), (2) ともに，y, y', y'' の式とみて 2 次式があるから「y について同次形」であることを確かめ，p.38 の**解法 3.7** を用いて p.33 の ⑩ の形にもち込む.

navi　**y について同次形**であるので **$y = e^z$** とおき，階数を 1 つ下げてさらに **$z' = u$** とおいて**解法がわかっている形にもち込む**.

解答　(1)　y, y', y'' の代わりにそれぞれ $\rho y, \rho y', \rho y''$ $(\rho > 0)$ を代入すれば，左辺は

$$\rho^2\left(xyy'' - x(y')^2 + y^2\right)$$

となるから，y について 2 次の同次である．p.38 の**解法 3.7** により，$y = e^z$ とおくと，$y' = e^z z', y'' = e^z\left(z'' + (z')^2\right)$ であるから，与式は次のように書き直せる.

$$xe^{2z}\left(z'' + (z')^2\right) - xe^{2z}(z')^2 + e^{2z} = 0 \quad すなわち \quad z'' + \frac{1}{x} = 0$$

ゆえに，積分を 2 回くり返せば,

$$z' = -\int \frac{dx}{x} + C' = -\log|x| + C'$$

$$z = \int \left(-\log|x| + C'\right)dx + C'' = -\left(x\log|x| - x\right) + C'x + C''$$

したがって，一般解は $y = \exp\left(-x\log|x| + C_1 x + C_2\right)$ で与えられる.

(2)　(1) と同様に $\rho y, \rho y', \rho y''(\rho > 0)$ を代入すれば，左辺は $\rho^2\left(yy'' - 2(y')^2 - yy'\right)$ となるから，y について同次形である．p.38 の**解法 3.7** により，$y = e^z$ とおいて与式を書き直せば

$$e^{2z}\left(z'' + (z')^2\right) - 2e^{2z}(z')^2 - e^{2z}z' = 0 \quad すなわち \quad z'' - (z')^2 - z' = 0$$

$z' = u$ とおけば，変数分離形 $u' - (u^2 + u) = 0$ に帰着するから，公式より

$$\int \frac{du}{u(u+1)} = x + C, \quad \frac{u}{u+1} = C_1 e^x$$

これを u について解けば，$\dfrac{dz}{dx} = u = \dfrac{C_1 e^x}{1 - C_1 e^x}$ となる．ゆえに

$$\log y = z = \int \frac{C_1 e^x}{1 - C_1 e^x}dx + C', \quad \log y = -\log|1 - C_1 e^x| + C'.$$

任意定数を整理して，一般解は $y(C_1 e^x - 1) = C_2$ である.

問　題

5.1　次の微分方程式を解け.

(1) $yy'' - (y')^2 - 2y^2 = 0$　　(2) $yy'' - (y')^2 - 6xy^2 = 0$　　(3) $xyy'' + x(y')^2 = 3yy'$

例題 6 **x について同次形**

次の微分方程式を解け.

$$xy^2y'' + y'(1+y^2) = 0$$

route p.38 の③より，y は x について 0 次，y' は x について -1 次，y'' は x について -2 次と思ってよい．そう考えると与式は，x について -1 次だと思うことができて「x について同次形」と見当をつける（定義から実際に確かめよ）．そこで p.38 の**解法 3.8** を用いる．

navi x について同次形であるから $x = e^t$ とおき，さらに $\dfrac{dy}{dt} = p$ とおいて階数を 1 つ下げ，解法がわかっている形にもち込む.

解答 x に ρx，y' に y'/ρ，y'' に y''/ρ^2 を代入すると，与式の左辺は

$$\frac{1}{\rho}\left(xy^2y'' + y'(1+y^2)\right)$$

となるから，与えられた微分方程式は x について同次形であることがわかる．p.38 の**解法 3.8** により $x = e^t$ とおくと

$$y' = e^{-t}\frac{dy}{dt}, \quad y'' = e^{-2t}\left(\frac{d^2y}{dt^2} - \frac{dy}{dt}\right)$$

であるから，これを与式に代入すると

$$e^ty^2e^{-2t}\left(\frac{d^2y}{dt^2} - \frac{dy}{dt}\right) + e^{-t}\frac{dy}{dt}(1+y^2) = 0 \quad したがって \quad y^2\frac{d^2y}{dt^2} + \frac{dy}{dt} = 0$$

これは t を含まない形なので，p.33 の**解法 3.6** により

$$\frac{dy}{dt} = p, \quad \frac{d^2y}{dt^2} = \frac{d}{dy}\left(\frac{dy}{dt}\right)\frac{dy}{dt} = p\frac{dp}{dy}$$

とおけば，$y^2p\dfrac{dp}{dy} + p = 0 \qquad \therefore \quad y^2\dfrac{dp}{dy} + 1 = 0 \quad$ または $\quad p = 0$

前者を p と y の微分方程式と見て

$$\frac{dy}{dt} = p = -\int\frac{dy}{y^2} + \frac{1}{C_1} = \frac{1}{y} + \frac{1}{C_1}, \quad \left(C_1 - \frac{C_1^2}{y+C_1}\right)\frac{dy}{dt} = 1$$

が得られる．これを t と y の微分方程式と見て（変数分離形）

$$C_1y - C_1^2\log|y+C_1| = t + C_2 \quad すなわち \quad C_1y - C_1^2\log|y+C_1| = \log x + C_2$$

これが一般解である．また $p = 0$ から，$y = C$ が得られるが，これは特異解である．

問　題

6.1　次の微分方程式を解け.

(1)　$xyy'' = y'(xy' - y)$　　(2)　$x^2y'' = xy' + 1$　　(3)　$x^2y'' + xy' + y = 0$

3.3 高階の完全微分方程式

◆ 完全微分方程式

微分方程式 $F(x, y, y', y'', \cdots, y^{(n)}) = 0$ …①

に対して

$$\frac{d}{dx} f(x, y, y', y'', \cdots, y^{(n-1)}) = F(x, y, y', y'', \cdots, y^{(n)}) \quad \cdots ②$$

を満たす関数 f が存在するとき ① を**完全微分方程式**という.

このときは①より,

$$\frac{d}{dx} f(x, y, y', y'', \cdots, y^{(n-1)}) = 0 \quad \cdots ③$$

となるので

$$f(x, y, y', y'', \cdots, y^{(n-1)}) = C \quad (C \text{ は任意定数}) \quad \cdots ④$$

が得られる.

これは $n-1$ 階の微分方程式であるから ① から階数の 1 つ低い微分方程式が得られたことになる. ④ を ① の**第 1 積分**という. ここで問題は第 1 積分をみつけることであるがその方法については次の定理が知られている.

定理 3.1 (完全微分方程式の判定条件) 線形微分方程式

$$p_0(x)y^{(n)} + p_1(x)y^{(n-1)} + \cdots + p_{n-1}(x)y' + p_n(x)y = X(x) \quad \cdots ⑤$$

が完全微分方程式であるための必要十分条件は,

$$p_n - p'_{(n-1)} + p''_{(n-2)} \cdots + (-1)^n p_0^{(n)} = 0 \quad \cdots ⑥$$

が成り立つことである.

このとき, 第 1 積分は,

$$q_0 = p_0$$
$$q_1 = p_1 - p'_0$$
$$q_2 = p_2 - p'_1 + p''_0$$
$$q_3 = p_3 - p'_2 + p''_1 - p_0^{(3)}$$
$$\cdots$$
$$q_{n-1} = p_{n-1} - p'_{n-2} + p''_{n-3} - \cdots + (-1)^{(n-1)} p_0^{(n-1)} \quad \cdots ⑦$$

とおいて,

第 1 積分 $q_0 y^{(n-1)} + q_1 y^{(n-2)} + \cdots + q_{n-2} y' + q_{n-1} y = \int X(x)dx + C$ …⑧

で与えられる.

例題 7 **高階の完全微分方程式**

次の微分方程式を解け．

$$(x^3-x)y'''+(8x^2-3)y''+14xy'+4y=0 \quad (|x|>1) \qquad \cdots ①$$

route p.41 の定理 3.1 を用いて，与えられた微分方程式①が完全微分方程式であることを確かめ，その第 1 積分を求める．①の第 1 積分も完全微分方程式であるのでさらに，この第 1 積分を求め，1 階線形微分方程式にもち込む．

navi **完全微分方程式**の**第 1 積分**は**もとの微分方程式の階数を 1 つだけ下げる**．これを **2 度行って階数を下げ**，**1 階線形微分方程式にもち込む**．

解答 y, y', y'', y''' の係数をそれぞれ p_3, p_2, p_1, p_0 とすると，p.41 の定理 3.1 より

$$p_3-p_2'+p_1''-p_0'''=4-14+16-6=0$$

となるから，与えられた微分方程式①は完全微分方程式である．

$$q_0=p_0=x^3-x$$
$$q_1=p_1-p_0'=8x^2-3-(3x^2-1)=5x^2-2$$
$$q_2=p_2-p_1'+p_0''=14x-16x+6x=4x$$

であるから，①の第 1 積分は $\quad (x^3-x)y''+(5x^2-2)y'+4xy=C_1 \qquad \cdots ②$

となる．さらに， $\quad q_2-q_1'+q_0''=4x-10x+6x=0$

であるから，②もまた完全微分方程式である．第 1 積分を求めたのと同様に，

$$r_0=q_0=x^3-x$$
$$r_1=q_1-q_0'=5x^2-2-(3x^2-1)=2x^2-1$$

より，①の第 2 積分（②の第 1 積分）は

$$(x^3-x)y'+(2x^2-1)y=C_1x+C_2 \quad すなわち \quad y'+\frac{2x^2-1}{x^3-x}y=\frac{C_1x+C^2}{x^3-x}$$

である．これは 1 階線形微分方程式（➪ p.12）であるから

$$y=\exp\left(-\int\frac{2x^2-1}{x^3-x}dx\right)\left(\int\frac{C_1x+C_2}{x^3-x}\exp\left(\int\frac{2x^2-1}{x^3-x}dx\right)dx+C_3\right)$$
$$=\frac{1}{x\sqrt{x^2-1}}\left(C_1\sqrt{x^2-1}+C_2\log\left|x+\sqrt{x^2-1}\right|+C_3\right) \qquad \cdots ③$$

問 題

7.1 次の微分方程式を解け．

(1) $x(1-x^2)y''-2x^2y'+2xy=0$

(2) $x(x-1)y''+(3x-2)y'+y=0$

(3) $(x^2+1)y''+4xy'+2y=-\sin x$

演習問題（第3章）

1　次の微分方程式を解け．

(1)　$y'' = e^y$

(2)　$y'' = y'\sqrt{1-(y')^2}$

(3)　$xy'' + y' = x^2$

(4)　$xy'' + 2y' = 2x$

(5)　$(1-x^2)y'' - xy' = 2$

2　次の微分方程式を解け．

(1)　$x^2y^{(4)} - 6y'' = x^4$　（$y'' = p$ とおく）

(2)　$x^2y''' - (y'')^2 = 0$　（$y'' = p$ とおく）

3　次の微分方程式を解け．

(1)　$xyy'' - x(y')^2 = yy' + \dfrac{x(y')^2}{\sqrt{1-x^2}}$

(2)　$xy''' + 2y'' = 0$

(3)　$(x^3+x^2-3x+1)y''' + (9x^2+6x-9)y'' + (18x+6)y' + 6y = x^3$

4†　次の微分方程式を解け．

(1)　$x^2(x+y)y'' - (y-xy')^2 = 0$

(2)　$x^2y'' + xy' + y = 0$

(3)　$x^3y'' - (y-xy')^2 = 0$

---

† **追記 3.1**　***x* と *y* について *r* 次同次**

$$F(x, y, y', y'', \cdots, y^{(n)}) = 0 \qquad \cdots ①$$

において，どんな $\rho > 0$ に対しても，

$$F\big(\rho x, \rho^m y, \rho^{m-1}y', \cdots, \rho^{m-n}y^{(n)}\big) = \rho^r F\big(x, y, y', \cdots, y^{(n)}\big)$$

という条件が成り立つとき，① は ***x* と *y* について *r* 次同次**であるという．これは p.38 の ② と ③ を組み合わせた形である．

いま，$x = e^t$，$y = e^{mt}z$ とおいて変数 t と z の微分方程式に書き直すと，p.33 の ⑪ の形になるので，$\dfrac{dz}{dt} = p$ とおけば，階数が 1 つ下がる．

4 高階線形微分方程式

微分方程式の中で，理論が整い，しかも応用分野の広いのが線形微分方程式である．この「線形」の概念は「線形代数学」において学んだもので，数学の概念の中で最も基本的で，しかも自然界の様子を表すときにもよく現れる性質である．

4.1 基本的な性質

◆ **関数の 1 次独立性**　**関数の 1 次独立の定義**　区間 I で定義された n 個の関数 $y_1(x), y_2(x), \cdots, y_n(x)$ が区間 I で **1 次独立**であるとは，

$C_1y_1(x) + C_2y_2(x) + \cdots + C_ny_n(x) = 0$　がすべての $x \in I$ で成り立つのは
定数 $C_1, C_2, \cdots, C_n$ が　$C_1 = C_2 = \cdots = C_n = 0$　以外にはあり得ない

ことである．1 次独立でないとき **1 次従属**であるという．

定理 *4.1* （関数の 1 次独立性）区間 I で定義された n 個の関数 $y_1(x), y_2(x), \cdots, y_n(x)$ に対し，次の行列式の値が少くとも 1 つの $x \in I$ に対して 0 でないならば，n 個の関数 $y_1(x), y_2(x), \cdots, y_n(x)$ は区間 I で **1 次独立**である．

$$W(y_1, y_2, \cdots, y_n) = \begin{vmatrix} y_1(x) & y_2(x) & \cdots & y_n(x) \\ y_1'(x) & y_2'(x) & \cdots & y_n'(x) \\ & \cdots\cdots\cdots\cdots & & \\ y_1^{(n-1)}(x) & y_2^{(n-1)}(x) & \cdots & y^{(n-1)}(x) \end{vmatrix} \quad \cdots ①$$

行列式 ① を**ロンスキー行列式**または**ロンスキアン**と呼ぶ．

◆ **線形微分方程式**　次のように，y（従属変数）およびその導関数について 1 次式で表される微分方程式を線形微分方程式という．

n 階線形微分方程式　$y^{(n)} + P_1(x)y^{(n-1)} + \cdots + P_n(x)y = R(x)$　$\cdots ②$

定理 *4.2* （解の性質）$P_1(x), P_2(x), \cdots, P_n(x)$ および $R(x)$ が連続ならば ② は常に解をもち，初期条件を 1 つ決めるとその解はただ 1 つに決まる．特異解は存在しない．

微分方程式 ② において，$R(x) = 0$ のとき ② の**同伴方程式**（または**同次方程式**）という．

同伴方程式　$y^{(n)} + P_1(x)y^{(n-1)} + \cdots + P_n(x)y = 0$　$\cdots ③$

定理 *4.3* （**解の構造 (I)**）　微分方程式③は n 個の 1 次独立な解 $y_1, y_2, \cdots, y_n$ をもち，その一般解はそれらの 1 次結合 $C_1y_1 + C_2y_2 + \cdots + C_ny_n$ で表される．

定理 *4.4* （**解の構造 (II)**）　$y_0(x)$ が n 階線形微分方程式②の 1 つの特殊解で，$Y(x)$ が②の同伴方程式③の一般解であるならば，②の一般解は次のように表される．

$$y_0(x) + Y(x)$$

注意 *4.1*　定理 4.3 で求めた同伴方程式③の 1 次独立な解 $y_1, y_2, \cdots, y_n$ を③の**基本解**といい，定理 4.4 の一般解は $Y(x) = C_1y_1 + C_2y_2 + \cdots + C_ny_n$ となり②の**余関数**《よかんすう》という．

◆ **定数係数同次線形微分方程式**　$y^{(n)} + a_1y^{(n-1)} + \cdots + a_{n-1}y' + a_ny = 0$　$\cdots$④

の一般解は次のように与えられる．ただし，$a_1, a_2, \cdots, a_n$ は定数である．

定理 *4.5* （**解の構造 (III)**）

④は n 個の 1 次独立な特殊解をもち，一般解はそれらの 1 次結合で表される．

解法 *4.1*　④に対して，代数方程式

$$\lambda^n + a_1\lambda^{n-1} + \cdots + a_{n-1}\lambda + a_n = 0 \qquad \cdots ⑤$$

を④の**特性方程式**，または**補助方程式**という．特性方程式⑤の相異なる実数解を $\lambda_1, \lambda_2, \cdots, \lambda_k$，それぞれの重複度を $m_1, m_2, \cdots, m_k$ とする．また，相異なる虚数解を $\lambda_{k+1} = \alpha_{k+1} \pm i\beta_{k+1}, \lambda_{k+2} = \alpha_{k+2} \pm i\beta_{k+2}, \cdots, \lambda_s = \alpha_s \pm i\beta_s$，それぞれの重複度を $n_{k+1}, n_{k+2}, \cdots, n_s$ とする（したがって，$m_1 + \cdots + m_k + 2(n_{k+1} + \cdots + n_s) = n$ である）．このとき，次の n 個の基本解をもつ．

$$e^{\lambda_j x},\ xe^{\lambda_j x},\ \cdots,\ x^{m_j-1}e^{\lambda_j x} \quad (j = 1, 2, \cdots, k),$$

$$\left.\begin{array}{l} e^{\alpha_j x}\cos\beta_j x,\ xe^{\alpha_j x}\cos\beta_j x,\ \cdots,\ x^{n_j-1}e^{\alpha_j x}\cos\beta_j x, \\ e^{\alpha_j x}\sin\beta_j x,\ xe^{\alpha_j x}\sin\beta_j x,\ \cdots,\ x^{n_j-1}e^{\alpha_j x}\sin\beta_j x, \end{array}\right. \quad (j = k+1, \cdots, s)$$

ゆえに，④の一般解はこれら n 個の関数の 1 次結合で表される．

特に，$n = 2$ のときは，次のように述べることができる．

解法 *4.2*　定数係数 2 階同次線形微分方程式　$y'' + ay' + by = 0$ (a, b は定数)$\cdots$⑥ の特性方程式 $\lambda^2 + a\lambda + b = 0$ の 2 つの解を λ_1, λ_2 とする．このとき，一般解は次で与えられる．ここで，C_1, C_2 は任意定数である．

(i)　λ_1, λ_2 が相異なる 2 つの実数解　$\Rightarrow$　$y = C_1e^{\lambda_1 x} + C_2e^{\lambda_2 x}$

(ii)　λ_1 $(= \lambda_2)$ が重複解　$\Rightarrow$　$y = e^{\lambda_1 x}(C_1 + C_2x)$

(iii)　$\lambda_1 = \alpha + i\beta,\ \lambda_2 = \alpha - i\beta$ が虚数解　$\Rightarrow$　$y = e^{\alpha x}(C_1\cos\beta x + C_2\sin\beta x)$

例題 1　　**関数の 1 次独立性**

次の関数の組がそれぞれ 1 次独立であることを示せ．

(1)　e^x,　xe^x　　(2)　e^x,　$\sin x$,　$\cos x$

注意 4.2　特に区間を示さないときには，「実数全体において」と考える．

route　p.44 の**定義**や**定理 4.1** により，関数の **1 次独立性**を確かめる．

navi　**1 次独立性は大切な概念**である．しっかり身につけよう．

解答　(1)　ロンスキアン（⇨ p.44 の定理 4.1）を計算すると，

$$W(e^x, xe^x) = \begin{vmatrix} e^x & xe^x \\ e^x & (x+1)e^x \end{vmatrix} = (x+1)e^{2x} - xe^{2x} = e^{2x} \neq 0 \qquad \cdots ①$$

となって，1 次独立であることがわかる．

(2)　p.44 の 1 次独立の定義が成り立つかどうか直接確かめる．C_1, C_2, C_3 に対して

$$C_1 e^x + C_2 \sin x + C_3 \cos x = 0 \qquad \cdots ②$$

とおく．これがすべての実数 x に対して成り立つとする．するとその特別な場合として，$x = 0, x = \pi/2, x = \pi$ とおいても成り立つので，次の連立方程式を得る．

$$\begin{cases} C_1 + C_3 = 0 \\ C_1 e^{\pi/2} + C_2 = 0 \\ C_1 e^{\pi} - C_3 = 0 \end{cases} \qquad \cdots ③$$

これを解いて，$C_1 = C_2 = C_3 = 0$ となる．つまり ② が成り立つのは $C_1 = C_2 = C_3 = 0$ の場合のみである．したがって，$e^x, \sin x, \cos x$ が 1 次独立であることがわかる．

別解　ロンスキアンを計算してみると

$$W(e^x, \sin x, \cos x) = \begin{vmatrix} e^x & \sin x & \cos x \\ e^x & \cos x & -\sin x \\ e^x & -\sin x & -\cos x \end{vmatrix}$$
$$= -2e^x(\cos^2 x + \sin^2 x) = -2e^x \neq 0$$

となって，1 次独立であることがわかる．

注意 4.3　2 次と 3 次の行列式は**サラスの方法**（⇨ 例えば『線形代数の基礎』（サイエンス社）p.47, 48）を思い出そう．

問　題

1.1　次の関数の各組は 1 次独立であることを示せ．

(1)　1,　x,　x^3　　(2)　$e^{-x}\cos x$,　$e^x \sin x$

例題 2 **定数係数線形微分方程式（非同次）の解**

(1) 微分方程式 $y'''-3y''-y'+3y=x\cdots$ ① の一般解は次のようになることを示せ.

$$y=C_1e^x+C_2e^{3x}+C_3e^{-x}+\frac{1}{3}x+\frac{1}{9}$$

(2) 微分方程式 $(1+x)y''+(4x+5)y'+(4x+6)y=e^{-2x}\ \cdots$ ② の一般解は次のようになることを示せ.

$$y=C_1e^{-2x}+C_2e^{-2x}\log(1+x)+xe^{-2x}$$

route (1) $y=\underline{C_1e^x+C_2e^{3x}+C_3e^{-x}}+\underline{x/3+1/9}$

① の余関数であることを示せ　① の 1 つの特殊解であることを示せ

(2) $y=\underline{C_1e^{-2x}+C_2e^{-2x}\log(1+x)}+\underline{xe^{-2x}}$

② の余関数であることを示せ　② の 1 つの特殊解であることを示せ

navi 非同次線形微分方程式の解の構造を押さえよう.

$y^{(n)}+P_1(x)y^{(n-1)}+\cdots+P_n(x)y=R(x)\ (R(x)\fallingdotseq 0)\ \cdots$ ③ の特殊解を y_0，余関数を $Y=C_1y_1+C_2y_2+\cdots+C_ny_n$ とおくとき，③ の一般解は $y=y_0+Y$ である.

解答 (1) p.45 の**解法 4.1** を用いる. $y'''-3y''-y'+3y=0$ の特性方程式は

$$\lambda^3-3\lambda^2-\lambda+3=(\lambda-1)(\lambda-3)(\lambda+1)=0$$

であるから，余関数は $C_1e^x+C_2e^{3x}+C_3e^{-x}$. 他方，$y=x/3+1/9$ を ① に代入すると

$$\left(\frac{1}{3}x+\frac{1}{9}\right)'''-3\left(\frac{1}{3}x+\frac{1}{9}\right)''-\left(\frac{1}{3}x+\frac{1}{9}\right)'+3\left(\frac{1}{3}x+\frac{1}{9}\right)=x$$

であるから，$y=x/3+1/9$ は与えられた微分方程式の特殊解である. ゆえに一般解は次で与えられる.

$$y=C_1e^x+C_2e^{3x}+C_3e^{-x}+x/3+1/9$$

(2) $y=e^{-2x}, y=e^{-2x}\log(1+x)$ が ② の同伴方程式の解であることは簡単に確かめられる. ここで

$$W\left(e^{-2x},e^{-2x}\log(1+x)\right)=\begin{vmatrix} e^{-2x} & e^{-2x}\log(1+x) \\ -2e^{-2x} & \dfrac{e^{-2x}}{1+x}-2e^{-2x}\log(1+x)\end{vmatrix}=\frac{e^{-4x}}{1+x}\fallingdotseq 0$$

となるから，$e^{-2x}, e^{-2x}\log(1+x)$ は 1 次独立である. また，$y=xe^{-2x}$ が ② の特殊解であることも容易に確かめられるから，p.45 の定理 4.4 より一般解は次のようになる.

$$y=C_1e^{-2x}+C_2e^{-2x}\log(1+x)+xe^{-2x}$$

問　題

2.1 微分方程式 $y''-2y'-8y=e^{2x}$ の一般解は，$y=C_1e^{-2x}+C_2e^{4x}-e^{2x}/8$ であることを示せ.

例題 3　**定数係数 2 階同次線形微分方程式**

次の微分方程式を解け.

(1)　$y'' - y' - 2y = 0$　(2)　$y'' + 4y' + 4y = 0$　(3)　$y'' + 4y' + 5y = 0$

route　与えられた微分方程式は**定数係数 2 階 同次 線形**である．よって，p.45 の解法 4.2 に従う.

navi　y'', y', y の代わりにそれぞれ $\lambda^2, \lambda, 1$ を入れた**特性方程式**（λ について 2 次方程式）の**解の種類**（相異なる 2 実数解，重複解（実数），相異なる虚数解）によって**解の状況が異なる**.

解答　(1)　$y'' - y' - 2y = 0$　$\cdots$①　←　y'', y', y の代わりにそれぞれ $\lambda^2, \lambda, 1$ を代入する.

①の特性方程式 $\lambda^2 - \lambda - 2 = 0$ を解くと

$(\lambda - 2)(\lambda + 1) = 0$　より　$\lambda = 2, -1$　←　相異なる 2 実数解

よって，①の基本解は　e^{2x},　e^{-x}　←　基本解 $e^{\lambda_1 x}, e^{\lambda^2 x}$

ゆえに①の一般解は　$y = C_1 e^{2x} + C_2 e^{-x}$　←　一般解 $y = C_1 e^{\lambda_1 x} + C_2 e^{\lambda_2 x}$

（C_1, C_2 は任意定数）

(2)　$y'' + 4y' + 4y = 0$　$\cdots$②

②の特性方程式 $\lambda^2 + 4\lambda + 4 = 0$ を解くと,

$(\lambda + 2)^2 = 0$　より　$\lambda = -2$　（重複解）　←　重複解 λ_1

よって，②の基本解は　e^{-2x},　xe^{-2x}　←　基本解 $e^{\lambda_1 x}, xe^{\lambda_1 x}$

ゆえに②の一般解は　$y = (C_1 + C_2 x)e^{-2x}$　←　一般解 $(C_1 + C_2 x)e^{\lambda_1, x}$

（C_1, C_2 は任意定数）

(3)　$y'' + 4y' + 5y = 0$　$\cdots$③

③の特性方程式 $\lambda^2 + 4\lambda + 5 = 0$ を解くと

$$\lambda = -2 \pm \sqrt{4 - 5} = -2 \pm i$$

←　相異なる虚数解 $\begin{cases} \lambda_1 = \alpha + i\beta \\ \lambda_2 = \alpha - i\beta \end{cases}$

よって③の基本解は　$e^{-2x} \cos x$,　$e^{-2x} \sin x$　←　基本解 $\begin{cases} e^{\alpha x} \cos \beta x, \\ e^{\alpha x} \sin \beta x \end{cases}$

ゆえに ③の一般解は

$$y = e^{-2x}(C_1 \cos x + C_2 \sin x)$$

←　一般解 $e^{\alpha x}(C_1 \cos \beta x + C_2 \sin \beta x)$

（C_1, C_2 は任意定数）

問　題

3.1　次の微分方程式を解け.

(1)　$y'' + y' = 0$　(2)　$y'' + 2y' + y = 0$

(3)　$y'' + 2y' - 8y = 0$　(4)　$y'' + 6y' + 25y = 0$

(5)　$y'' - 2y' + 10y = 0$

例題 4 **定数係数 3 階同次線形微分方程式**

微分方程式 $y''' - y'' + y' - y = 0$ を解け．

route **定数係数 3 階 同次 線形微分方程式**である．p.45 の**解法 4.1** を用いる．しかしこれは複雑で覚えきれないので，例を使って説明する．

navi **特性方程式の解**と**定数係数同次線形微分方程式**の**基本解**，**一般解**の**関係を例によってつかもう**．

解答 特性方程式は

$\lambda^3 - \lambda^2 + \lambda - 1 = (\lambda - 1)(\lambda^2 + 1) = 0.$ 　解は $\lambda = 1, \pm i$ である．よって，

基本解は　$e^x,\ e^{0\cdot x}\cos 1\cdot x,\ e^{0\cdot x}\sin 1\cdot x$

$\lambda = \alpha \pm i\beta$ のとき基本解は $e^{\alpha x}\cos\beta x, e^{\alpha x}\sin\beta x$

$\therefore$ 一般解は　$y = C_1 e^x + C_2\cos x + C_3\sin x$

追記 4.1 特性方程式の解と定数係数同次線形微分方程式の基本解，一般解の関係

例 1 特性方程式が $(\lambda + 1)(\lambda - 1)^2 = 0$ のとき，$\lambda = -1, 1$（重複度 2）．
よって，基本解は　$e^{-1\cdot x}, e^{1\cdot x}, xe^{1\cdot x}$ である．

実数解が重複度 2 のときはこのようになる

$\therefore$ 一般解は　$y = C_1 e^{-x} + C_2 e^x + C_3 xe^x = C_1 e^{-x} + (C_2 + C_3 x)e^x$

例 2 特性方程式が $\lambda(\lambda - 2)^3 = 0$ のとき $\lambda = 0, 2$（重複度 3）となる．
よって，基本解は　$e^{0\cdot x}, e^{2x}, xe^{2x}, x^2e^{2x}$ である．

実数解が重複度 3 のときはこのようになる

$$\therefore \text{一般解は}\quad y = C_1 + C_2 e^{2x} + C_3 xe^{2x} + C_4 x^2 e^{2x} = C_1 + (C_2 + C_3 x + C_4 x^2)e^x$$

例 3 特性方程式が $(\lambda^2 - 2\lambda + 5)^3 = 0$ のとき $\lambda = 1 \pm 2i$（重複度 3）となる．
よって，基本解は　$e^{1\cdot x}\cos 2x, xe^{1\cdot x}\cos 2x, x^2e^{1\cdot x}\cos 2x$

虚数解が重複度が 3 のときはこのようになる

$e^{1\cdot x}\sin 2x, xe^{1\cdot x}\sin 2x, x^2e^{1\cdot x}\sin 2x$

$\therefore$ 一般解は

$$y = e^x(C_1\cos 2x + C_2\sin 2x) + xe^x(C_3\cos 2x + C_4\sin 2x) + x^2e^x(C_5\cos 2x + C_6\sin 2x)$$

問　題

4.1 次の微分方程式を解け．

(1) $y''' - 3y'' + 3y' - y = 0$　　(2) $y''' + 6y'' + 10y' = 0$

(3) $y^{(4)} - 2y''' + 5y'' = 0$　　(4) $y^{(4)} - 8y''' + 22y'' - 24y' + 9y = 0$

例題 5 **定数係数 2 階非同次線形微分方程式（未定係数法）**

微分方程式 $y'' + 3y' + 2y = \cos x$ を解け．

route 与式は**定数係数 2 階非同次線形微分方程式**である．よって p.45 の定理 4.4 と**解法 4.2** を用いる．この方程式の**特殊解**は $\mathbf{A\cos x + B\sin x}$ と**予想**して未定係数法を用いて A, B を求める（⇨ 追記 4.2 (ii)）．

navi **定数係数 2 階線形微分方程式の解の構造を押さえよう．**

$y'' + ay' + by = 0$ $(a, b$ は定数$)$ $\cdots$① $y'' + ay' + by = f(x)$ $(f(x) \neq 0)$ $\cdots$②

とすると， ②の一般解 ＝ ①の一般解 ＋ ②の特殊解

解答 まず余関数を求める．p.45 の**解法 4.2** より，$y'' + 3y' + 2y = 0$ の特性方程式は，

$$\lambda^2 + 3\lambda + 2 = (\lambda + 1)(\lambda + 2) = 0$$

ゆえに，余関数は $C_1 e^{-x} + C_2 e^{-2x}$ である．次に追記 4.2 の特殊解を求めるための未定係数法により，与式の特殊解として $A\cos x + B\sin x$ の形のものを見出そう．これを与式の左辺に代入すると，

$$\begin{aligned}&(A\cos x + B\sin x)'' + 3(A\cos x + B\sin x)' + 2(A\cos x + B\sin x)\\&= (A + 3B)\cos x + (B - 3A)\sin x\end{aligned}$$

右辺と比較して，$A + 3B = 1, B - 3A = 0$ とおけば，$A = 1/10, B = 3/10$ を得る．ゆえに，特殊解は $y = \dfrac{1}{10}\cos x + \dfrac{3}{10}\sin x$ である．したがって，一般解は次のようになる．

$$y = C_1 e^{-x} + C_2 e^{-2x} + (\cos x + 3\sin x)/10$$

追記 4.2 **未定係数法** 微分方程式 $y'' + ay' + by = f(x)$ $(a, b$ 定数$)$ の特殊解を求めるときには，$f(x)$ の形から特殊解の形を類推できることがある．

$f(x)$ の形	類推される特殊解の形
(i) $a + be^{\alpha x}$	$A + Be^{\alpha x}$
(ii) $a\cos\alpha x + b\sin\alpha x$	$A\cos\alpha x + B\sin\alpha x$
(iii) $ae^{\alpha x}\sin\beta x$ または $ae^{\alpha x}\cos\beta x$	$e^{\alpha x}(A\cos\beta x + B\sin\beta x)$
(iv) 多項式	多項式

これら類推した形の関数を左辺に代入して計算し，$f(x)$ とその係数を比較して特殊解を求める方法を未定係数法という．次に，$f(x) = p(x) + q(x)$ の形のときは，2 つの微分方程式 $y'' + ay' + by = p(x)$，$y'' + ay' + by = q(x)$ の特殊解を求めて，その和を求めればよい．

問　題

5.1 次の微分方程式を解け．

(1) $y'' - 2y' - 3y = x^2$ (2) $y'' + 4y = x^2$ (3) $y'' + 3y' + 2y = e^x$

(4) $y'' - 2y' + y = e^x\cos x$ (5) $y'' + 4y' + 3y = 2e^{2x}$

4.2 2 階線形微分方程式

◆ 一般の 2 階線形微分方程式　この節では，次の微分方程式について考える．

2 階線形微分方程式　$L(y) = y'' + P(x)y' + Q(x)y = R(x)$　$\cdots$①

$L(y) = 0$ の 1 つの特殊解 $v(x) \fallingdotseq 0$ がわかったとき①の一般解 y を求める．

解法*4.3*　$y = u(x)v(x)$ とおいて① に代入すると

$$(uv)'' + P(uv)' + Quv = R$$

$v'' + Pv' + Qv = 0$ の関係を用いて上の式を整理すると，

$$u'' + \left(\frac{2v'}{v} + P\right)u' = \frac{R}{v} \qquad \cdots ②$$

を得る．これは u' に関する 1 階線形微分方程式であるから，u' を求めることができる．したがって，これを積分して u を求めることができる．

$L(y) = 0$ の 1 次独立な 2 つの解 $u_1(x), u_2(x)$ がわかったとき ① の一般解 y を求める．

解法*4.4*（定数変化法）　$y = v_1(x)u_1(x) + v_2(x)u_2(x)$ とおく．ここで，v_1, v_2 に

$$(*) \quad v_1'u_1 + v_2'u_2 = 0$$

の条件をおくと，

$$y' = (v_1'u_1 + v_2'u_2) + (v_1u_1' + v_2u_2') = v_1u_1' + v_2u_2'$$
$$y'' = (v_1u_1'' + v_2u_2'') + (v_1'u_1' + v_2'u_2')$$

である．ゆえに，

$$\begin{aligned} L(y) &= (v_1u_1'' + v_2u_2'') + (v_1'u_1' + v_2'u_2') + P(v_1u_1' + v_2u_2') + Q(u_1v_1 + u_2v_2) \\ &= v_1(u_1'' + Pu_1' + Qu_1) + v_2(u_2'' + Pu_2' + Qu_2) + (v_1'u_1' + v_2'u_2') \end{aligned}$$

したがって，$(*)$ と

$$(**) \quad v_1'u_1' + v_2'u_2' = R$$

を同時に満足するように v_1, v_2 を定めれば，$y = v_1u_1 + v_2u_2$ は微分方程式 ① の 1 つの解である．u_1, u_2 の 1 次独立性から，$W(u_1, u_2) \fallingdotseq 0$．ゆえに $(*), (**)$ から，

$$v_1' = -\frac{Ru_2}{W(u_1, u_2)}, \qquad v_2' = \frac{Ru_1}{W(u_1, u_2)}$$

$$\therefore \quad v_1 = \int \frac{-Ru_2}{W(u_1, u_2)}dx, \quad v_2 = \int \frac{Ru_1}{W(u_1, u_2)}dx$$

を得る．よって，① の一般解は

$$y = C_1u_1 + C_2u_2 + u_1\int \frac{-Ru_2}{W(u_1, u_2)}dx + u_2\int \frac{Ru_1}{W(u_1, u_2)}dx \qquad \cdots ③$$

で与えられる．

◆ 特殊解の発見法

同次線形微分方程式 $L(y) = y'' + P(x)y' + Q(x)y = 0$ $\cdots$ ④

の特殊解をみつけるには，次の方法が有効である．

P, Q の条件	$L(y) = 0$ の特殊解
(i)　$P + xQ = 0$	$y = x$
(ii)　$m(m-1) + mxP + x^2Q = 0$	$y = x^m$
(iii)　$1 + P + Q = 0$	$y = e^x$
(iv)　$1 - P + Q = 0$	$y = e^{-x}$
(v)　$m^2 + mP + Q = 0$	$y = e^{mx}$

解法*4.4* の系　$L(y) = 0$ の 1 つの解がわかったとき，④ の一般解を求める．
u_1 を $L(y) = 0$ の 1 つの解とすると，これと 1 次独立なもう 1 つの解 u_2 は

$$u_2 = u_1 \int \frac{1}{u_1^2} e^{-\int P dx} dx$$

で与えられる．

解法*4.5*（標準形への変換） 微分方程式 ① において，$y = uv$ とおけば，

$$u''v + u'(2v' + Pv) + u(v'' + Pv' + Qv) = R \qquad \cdots ⑤$$

となる．いま v を

$$v = \exp\left(-\frac{1}{2}\int P dx\right)$$

で与えれば，

$$2v' + Pv = 0, \quad 2v'' + P'v + Pv' = 0$$

となるから，⑤ の第 2 項は消えて，第 3 項は

$$v'' + Pv' + Qv = \left(Q - \frac{1}{2}P' - \frac{1}{4}P^2\right)v$$

である．そこで，

$$I = Q - \frac{1}{2}P' - \frac{1}{4}P^2, \quad J = \frac{R}{v} = R\exp\left(\frac{1}{2}\int P dx\right)$$

とおけば，与えられた微分方程式 ① は

$$u'' + Iu = J \qquad \cdots ⑥$$

の形となる．これを解いて u を求め，v との積を求めれば ① の一般解は

$$y = uv \qquad \cdots ⑦$$

で与えられる．

⑥ を 2 階線形微分方程式の**標準形**という．

例題 6　**一般の 2 階非同次線形微分方程式（1 つの特殊解がわかった場合）**

微分方程式 $y'' - \dfrac{2x}{x^2+1}y' + \dfrac{2}{x^2+1}y = 6(x^2+1)$ を解け．

route 与式は**定数係数でない 2 階非同次線形微分方程式**である．この**同伴方程式の特殊解**をその発見法 (i)（⇨ p.52）により求める．ついで，p.51 の**解法 4.3**（同伴方程式の 1 つの特殊解がわかった場合の解法）を用いて，非同次である**与式の一般解**を求める．

navi 与式の同伴方程式の**特殊解 $v(x)$ を発見し**（⇨ p.52 の発見法）ついで $y = u(x)v(x)$ とおき，**解法がわかった形**（$u'(x)$ の 1 階線形微分方程式）**にもち込む**．

解答 $P(x) = -\dfrac{2x}{x^2+1}$，$Q(x) = \dfrac{2}{x^2+1}$ をおくと特殊解の発見法 (i)（⇨ p.52）より $P + xQ = 0$．ゆえに，$y = x$ はこの同判方程式

$$y'' - \frac{2x}{x^2+1}y' + \frac{2}{x^2+1}y = 0$$

の 1 つの解である．**解法 4.3** より $y = ux$ とおくと，$y' = u'x + u, y'' = u''x + 2u'$．これを与えられた微分方程式に代入して整理すると，

$$\frac{d^2u}{dx^2} + \left(\frac{2}{x} - \frac{2x}{x^2+1}\right)\frac{du}{dx} = \frac{6(x^2+1)}{x}, \quad \frac{dp}{dx} + \left(\frac{2}{x} - \frac{2x}{x^2+1}\right)p = \frac{6(x^2+1)}{x} \quad \left(p = \frac{du}{dx}\right)$$

を得る．ゆえに，p に関する 1 階線形微分方程式であるから，

$$p = \exp\left(\int\left(\frac{2x}{x^2+1} - \frac{2}{x}\right)dx\right)\left\{6\int\frac{x^2+1}{x}\exp\left(\int\left(\frac{2}{x} - \frac{2x}{x^2+1}\right)dx\right)dx + C_1\right\}$$

$$= \frac{x^2+1}{x^2}\left(6\int\frac{x^2+1}{x}\frac{x^2}{x^2+1}dx + C_1\right) = 3(x^2+1) + \frac{C_1(x^2+1)}{x^2}$$

$$\therefore \quad \frac{y}{x} = u = 3\int(x^2+1)dx + C_1\int\frac{x^2+1}{x^2}dx + C_2 = x^3 + (3+C_1)x - \frac{C_1}{x} + C_2$$

よって，一般解は次のようになる．

$$y = x^4 + (3+C_1)x^2 + C_2x - C_1$$

問　題

6.1　次の微分方程式を解け．

(1)　$(1+x^2)y'' - 2xy' + 2y = 0$　　(2)　$4x^2y'' + 4xy' - y = 0$

(3)　$(1-x)y'' + xy' - y = (1-x)^2$　　(4)　$y'' - \dfrac{3}{x}y' + \dfrac{3}{x^2}y = 2x - 1$

6.2　次の微分方程式を解け．

(1)　$y'' - \dfrac{1+x}{x}y' + \dfrac{1}{x}y = 0$　　(2)　$y'' - \dfrac{x+3}{x}y' + \dfrac{3}{x}y = x^3e^x$

例題 7 ——— 一般の 2 階同次線形微分方程式（1 つの特殊解がわかった場合）

次の微分方程式を解け．

(1) $x^2y'' - xy' + y = 0$ (2) $xy'' - (x+1)y' + y = 0$

route p.52 の**特殊解の発見法**により，与式の**特殊解 $u_1(x)$ を発見し**，p.52 の**解法 4.4 の系**によりもう 1 つの **1 次独立な解 $u_2(x)$** を求める．よって一般解は $y = C_1u_1(x) + C_2u_2(x)$ となる．

navi **与式**は 2 階**同次**線形微分方程式でその一般解を求める問題であるが，前頁の**例題 6** は**非同次**の微分方程式であるので違いに注目しよう．

解答 (1) $y'' - \frac{1}{x}y' + \frac{1}{x^2}y = 0$ と書き直して，$P(x) = -\frac{1}{x}, Q(x) = \frac{1}{x^2}$ とすると，p.52 の特殊解の発見法 (i) により $P + xQ = 0$ となる．したがって，$y_1 = x$ は 1 つの特殊解である．ゆえに，p.52 の**解法 4.4 の系**により，これと 1 次独立なもう 1 つの解は

$$y_2 = x\int \frac{1}{x^2}e^{\int \frac{1}{x}dx}dx = x\int \frac{dx}{x} = x\log|x|$$

ゆえに，一般解は $y = C_1x + C_2x\log|x|$ である．

(2) $y'' - \frac{x+1}{x}y' + \frac{1}{x}y = 0$ と書き直して，$P(x) = -\frac{x+1}{x}, Q(x) = \frac{1}{x}$ とおくと，p.52 の特殊解の発見法 (iii) により $1 + P + Q = 0$ となる．したがって，$y_1 = e^x$ は 1 つの特殊解である．ゆえに，p.52 の**解法 4.4 の系**によりこれと 1 次独立なもう 1 つの解は

$$\begin{aligned} y_2 &= e^x\int \frac{1}{e^{2x}}\exp\left(\int \frac{x+1}{x}dx\right)dx \\ &= e^x\int xe^{-x}dx = -(x+1) \end{aligned}$$

ゆえに，一般解は $y = C_1e^x + C_2(x+1)$ である．

注意 4.4 (1), (2) とも p.53 の例題 6 の方法を適用できる（各自で試みよ）．

問 題

7.1 次の微分方程式を解け．

(1) $x^2y'' + xy' - 4y = 0$ (2) $x^2y'' + xy' - y = 0$

(3) $4x^2y'' + y = 0$ (4) $x^2y'' - 7xy' + 15y = 0$

(5) $(1-2x)y'' + 2y' + (2x-3)y = 0$ (6) $(x+1)y'' - (2x+3)y' + 2y = 0$

7.2 次の微分方程式において，括弧内の 1 つの解 y_1 を既知として，一般解を求めよ．

(1) $y'' + y = 0$ $(y_1 = \cos x)$

(2) $(2x - x^2)y'' + 2(x-1)y' - 2y = 0$ $(y_1 = x - 1)$

例題 8　**2 階非同次線形微分方程式（2 つの特殊解がわかった場合）**

定数変化法を用いて，次の微分方程式を解け．

(1)　$y'' + 2y' + y = e^{-x}\log x$　　(2)　$x^2y'' + xy' - 4y = x^3$

route　与えられた微分方程式のうち (1) は**定数係数 2 階線形**微分方程式であり，(2) は**一般の 2 階線形**微分方程式である．よって (1) は p.45 の**解法 4.2** により，(2) は p.52 の特殊解の発見法 (ii) にしたがって，**2 つの独立な特殊解**を求めた後，p.51 の**解法 4.4**（**定数変化法**）を用いる．

解答　(1)　与えられた微分方程式の同伴方程式 $y'' + 2y' + y = 0$ の特性方程式は

$$\lambda^2 + 2\lambda + 1 = (\lambda + 1)^2$$

ゆえに，p.45 **解法 4.2**(ii) により同伴方程式の 1 次独立な解は e^{-x}, xe^{-x} である．

$$W(e^{-x}, xe^{-x}) = \begin{vmatrix} e^{-x} & xe^{-x} \\ -e^{-x} & e^{-x} - xe^{-x} \end{vmatrix} = e^{-2x} \neq 0$$

であるから，p.51 の定数変化法を用いると，

$$v_1(x) = -\int \frac{xe^{-x}e^{-x}\log x}{e^{-2x}}dx = -\int x\log x dx = -\frac{x^2}{4}(2\log x - 1)$$

$$v_2(x) = \int \frac{e^{-x}e^{-x}\log x}{e^{-2x}}dx = \int \log x dx = x(\log x - 1)$$

よって，一般解は $y = C_1e^{-x} + C_2xe^{-x} + x^2e^{-x}\left(\dfrac{1}{2}\log x - \dfrac{3}{4}\right)$ である．

(2)　与式の両辺を x^2 で割り，$y'' + \dfrac{1}{x}y' - \dfrac{4}{x^2}y = x$ と書き直して $P(x) = \dfrac{1}{x}$, $Q(x) = -\dfrac{4}{x^2}$ とおき，$m(m-1) + mxP + x^2Q = 0$（⇨ p.52 の特殊解の発見法 (ii)）に代すると，$m = \pm 2$ を得る．ゆえに，$u_1 = x^2, u_2 = x^{-2}$ は $x^2y'' + xy' - 4y = 0$ の特殊解で，

$$W(u_1, u_2) = \begin{vmatrix} x^2 & x^{-2} \\ 2x & -2x^{-3} \end{vmatrix} = -\frac{4}{x} \neq 0$$

したがって，x^2, x^{-2} は 1 次独立である．よって，p.51 の定数変化法を用いると，

$$v_1(x) = -\int \frac{x \cdot x^{-2}}{-4/x}dx = \frac{x}{4}, \quad v_2(x) = \int \frac{x \cdot x^2}{-4/x}dx = -\frac{x^5}{20}$$

よって，一般解は $y = C_1x^2 + C_2/x^2 + x^3/5$ である．

問　題

8.1　次の微分方程式を解け．

(1)　$y'' - 2y' + y = e^x\cos x$　　(2)　$y'' + y = \tan x$　　(3)　$y'' - 3y' + 2y = xe^{2x}$

8.2　定数変化法で次の微分方程式を解け．

(1)　$x^2y'' - 2y = 2x^2$　　(2)　$x^2y'' - 3xy' + 3y = x^2(2x - 1)$

例題 9　　一般の 2 階線形微分方程式（標準形に変換）

微分方程式 $y'' - 4xy' + (4x^2 - 18)y = xe^{x^2}$ を標準形に直して解け．

route　$y'' + P(x)y' + Q(x)y = R(x)$ に対して，$\boldsymbol{v = \exp\left(-\frac{1}{2}\int P dx\right), y = uv}$ とおき標準形 $u'' + Iu = J$ に変換する（⇨ p.52 の**解法 4.5**）．

navi　比較的解きやすい**標準形 $u'' + Iu = J$ に変換**．

解答　$v(x) = \exp\left(\int 2x dx\right) = e^{x^2}$ をとり，$y = ue^{x^2}$ とおく．

$$P(x) = -4x, \quad Q(x) = 4x^2 - 18, \quad R(x) = xe^{x^2}$$

とおけば

$$I = Q - \frac{1}{2}P' - \frac{1}{4}P^2 = -16, \quad J = \frac{R}{v} = x$$

であるから，標準形

$$u'' - 16u = x \quad \cdots ①$$

が得られる．① の同伴方程式 $u'' - 16u = 0$ の特性方程式は

$$\lambda^2 - 16 = (\lambda - 4)(\lambda + 4) = 0$$

である．ゆえに

$$y_1 = e^{4x}, \quad y_2 = e^{-4x}$$

は ① の同伴方程式の 1 次独立な解で

$$W(y_1, y_2) = \begin{vmatrix} e^{4x} & e^{-4x} \\ 4e^{4x} & -4e^{-4x} \end{vmatrix} = -8$$

である．ゆえに，p.51 の**解法 4.4**（定数変化法）によって，

$$\begin{aligned} u &= C_1e^{4x} + C_2e^{-4x} - e^{4x}\int \frac{x \cdot e^{-4x}}{-8}dx + e^{-4x}\int \frac{x \cdot e^{4x}}{-8}dx \\ &= C_1e^{4x} + C_2e^{-4x} - \frac{x}{16} \end{aligned}$$

したがって，求める一般解は次のようになる．

$$y = ue^{x^2} = \left(C_1e^{4x} + C_2e^{-4x} - \frac{x}{16}\right)e^{x^2}$$

問　題

9.1　次の微分方程式を解け．

(1)　$y'' + 2xy' + x^2y = 0$　　(2)　$y'' - 8xy' + 16x^2y = 0$

(3)　$y'' - \frac{4x}{1 - x^2}y' - \frac{1 + x^2}{1 - x^2}y = 0$　　(4)　$y'' + \frac{1}{x}y' - \frac{1}{4x^2}y = 0$

9.2　次の微分方程式を解け．

(1)　$y'' - \frac{2}{x}y' + \left(\frac{2}{x^2} + 2\right)y = x$　　(2)　$y'' - \frac{2}{x}y' + \left(\frac{2}{x^2} + 1\right)y = xe^x$

例題 10　**2 階オイラーの微分方程式**

微分方程式

$$x^2y'' + axy' + by = R(x) \quad (a, b \text{ は定数}) \qquad \cdots ①$$

は，$x = e^t$ の変換で定数係数の線形微分方程式になることを示せ．次に，これを用いて，微分方程式

$$x^2y'' + xy' + y = \log x$$

を解け．

route 与式は**定数係数でない 2 階線形**微分方程式のうち **2 階オイラーの微分方程式** $x^2y'' + axy' + by = R(x)$（$a, b$ は定数）といわれるものである．

navi $x = e^t$ と**変数変換**して，**定数係数 2 階線形**微分方程式に**もち込む**.

解答 $x = e^t$ と変換すると，$t = \log x$ で

$$y' = \frac{dt}{dx}\frac{dy}{dt} = \frac{1}{x}\frac{dy}{dt}, \quad y'' = \frac{1}{x}\frac{d^2y}{dt^2}\frac{dt}{dx} - \frac{1}{x^2}\frac{dy}{dt} = \left(\frac{d^2y}{dt^2} - \frac{dy}{dt}\right)\frac{1}{x^2}$$

となる．これを与えられた微分方程式に代入して整理すれば，

$$\frac{d^2y}{dt^2} + (a-1)\frac{dy}{dt} + by = R(e^t)$$

を得る．これは定数係数の 2 階線形微分方程式である．

いま，$x^2y'' + xy' + y = \log x$ に上の変換をほどこせば

$$\frac{d^2y}{dt^2} + y = t$$

この同伴方程式の基本解は p.45 の**解法 4.2** により，$\cos t$, $\sin t$ である．よって p.51 の**解法 4.4**（定数変化法）により，一般解は $W(\cos t, \sin t) = 1$ より

$$\begin{aligned} y &= C_1\cos t + C_2\sin t + \cos t\int\frac{-t\sin t}{W(\cos t, \sin t)}dt + \sin t\int\frac{t\cos t}{W(\cos t, \sin t)}dt \\ &= C_1\cos t + C_2\sin t - \cos t(\sin t - t\cos t) + \sin t(\cos t + t\sin t) \\ &= C_1\cos t + C_2\sin t + t \\ &= C_1\cos(\log x) + C_2\sin(\log x) + \log x \end{aligned}$$

である．

注意 4.5　① を **2 階オイラーの微分方程式**あるいは **2 階コーシーの微分方程式**という．n 階については p.74 の例題 22 をみよ．

問　題

10.1　例題 10 の変換で次の微分方程式を解け．

(1)　$x^2y'' - xy' + y = x$　　(2)　$x^2y'' + 4xy' + 2y = e^x$

(3)　$x^2y'' + 4xy' + 2y = \dfrac{1}{x}$　　(4)　$y'' - \dfrac{3}{x}y' + \dfrac{3}{x^2}y = 2x - 1$

4.3 演算子法

◆ **微分演算子**　関数 $y=f(x)$ の導関数を Dy で表す．すなわち，$Dy=y'$ であり，この D を微分演算子《びぶんえんざんし》という．さらに $D(Dy)=D^2y$ と表す．これは y'' のことであり，一般に $D(D^{n-1})y=D^ny$ は n 次の導関数 $y^{(n)}$ のことである．ただし，$D^0y=y$ と定義する．まとめれば次のようになる．

$$D^0y=y,\quad Dy=y',\quad D^2y=y'',\quad \cdots,\quad D^ny=y^{(n)} \qquad \cdots①$$

例えば，　$y''-5y'+2y=D^2y-5Dy+2y=(D^2-5D+2)y$

などと表すことも微分の線形性を考えれば自然である．また多項式

$$P(t)=a_0t^n+a_1t^{n-1}+\cdots+a_{n-1}t+a_n \quad (a_0,a_1,\cdots,a_n\text{は定数})$$

に対して，微分演算子　$P(D)=a_0D^n+a_1D^{n-1}+\cdots+a_{n-1}D+a_n$

が定義される．すなわち

$$P(D)y=a_0\frac{d^ny}{dx^n}+a_1\frac{d^{n-1}y}{dx^{n-1}}+\cdots+a_{n-1}\frac{dy}{dx}+a_ny$$

である．この微分演算子を用いれば，定数係数線形微分方程式

$$a_0y^{(n)}+a_1y^{(n-1)}+\cdots+a_{n-1}y'+a_ny=R(x)$$

は次のように書くことができる．

定数係数線形微分方程式　$P(D)y=R(x)$　$\cdots②$

定理 4.6（微分演算子の基本定理）$P_1(t),P_2(t)$ を t の多項式とし，D を微分演算子とすると，

I　(1)　$P_1(D)[k_1y_1+k_2y_2]=k_1P_1(D)y_1+k_2P_2(D)y_2$　（k_1,k_2 は実数）

(2)　$[P_1(D)+P_2(D)]y=P_1(D)y+P_2(D)y$

(3)　$[P_1(D)P_2(D)]y=P_1(D)[P_2(D)y]=P_2(D)[P_1(D)y]$

◆ **逆演算子**　$P(D)y=f(x)$ となる関数 y を $y=\dfrac{1}{P(D)}f(x)$ と表す．この $\dfrac{1}{P(D)}$ を演算子 $P(D)$ の逆演算子《ぎゃくえんざんし》という．特に $y=\dfrac{1}{D}f(x)$ は $Dy=y'=f(x)$ つまり $y=\displaystyle\int f(x)dx$ である．

$$P(D)y=f(x)\text{ となる }y\text{ を }y=\frac{1}{P(D)}y,\quad \text{特に }\frac{1}{D}f(x)=\int f(x)dx$$

次に自然数 n に対して $\dfrac{1}{D^n}f(x)=\overbrace{\int\!\!\int\cdots\int}^{n\text{ 回}} f(x)dx$ となる（⇨ p.60 の追記 4.3, 4.4）．

定理4.7 (逆演算子の基本定理)

II (1) $\left[\dfrac{1}{P_1(D)}+\dfrac{1}{P_2(D)}\right]f(x)=\dfrac{1}{P_1(D)}f(x)+\dfrac{1}{P_2(D)}f(x)$

(2) $\dfrac{1}{P_1(D)P_2(D)}f(x)=\dfrac{1}{P_1(D)}\left[\dfrac{1}{P_2(D)}f(x)\right]$

◆ 微分演算子，逆演算子の基本性質

III (1) $P(D)\left[e^{ax}f(x)\right]=e^{ax}P(D+a)f(x)$

(2) $\dfrac{1}{P(D)}\left[e^{ax}f(x)\right]=e^{ax}\dfrac{1}{P(D+a)}f(x)\quad (P(D+a)\fallingdotseq 0)$

特に$f(x)=1$のときは，

(3) $P(D)e^{ax}=P(a)e^{ax}$　　(4) $\dfrac{1}{P(D)}e^{ax}=\dfrac{1}{P(a)}e^{ax}\quad (P(a)\fallingdotseq 0)$

(5) $P(D)[xf(x)]=P'(D)f(x)+xP(D)f(x)$

(6) $\dfrac{1}{P(D)}\left[xf(x)\right]=\left(\dfrac{1}{P(D)}\right)'f(x)+x\dfrac{1}{P(D)}f(x)$

IV (1) $P(D^2)\sin(ax+b)=P(-a^2)\sin(ax+b)$

(2) $P(D^2)\cos(ax+b)=P(-a^2)\cos(ax+b)$

(3) $\dfrac{1}{P(D^2)}\sin(ax+b)=\dfrac{1}{P(-a^2)}\sin(ax+b)\quad \left(P(-a^2)\fallingdotseq 0\right)$

(4) $\dfrac{1}{P(D^2)}\cos(ax+b)=\dfrac{1}{P(-a^2)}\cos(ax+b)\quad \left(P(-a^2)\fallingdotseq 0\right)$

V (1) $\dfrac{1}{D^2+a^2}\sin ax=-\dfrac{1}{2a}x\cos ax$　　(2) $\dfrac{1}{D^2+a^2}\cos ax=\dfrac{1}{2a}x\sin ax$

(3) $\dfrac{1}{D^2+a^2}x\sin ax=\dfrac{1}{4a^2}(x\sin ax-ax^2\cos ax)$

(4) $\dfrac{1}{D^2+a^2}x\cos ax=\dfrac{1}{4a^2}(x\cos ax+ax^2\sin ax)$

VI $f(x)$をk次の多項式とする．$P(t)=t^mP_1(t)$, $P_1(t)\fallingdotseq 0$のときは，

$\dfrac{1}{P_1(t)}=a_0+a_1t+\cdots+a_kt^k+\cdots$ とマクローリン展開する．このとき，

$$\frac{1}{P(D)}f(x)=\frac{1}{D^m}(a_0+a_1D+\cdots+a_kD^k)f(x)$$

VII　(1)　$\dfrac{1}{D-a}f(x)=e^{ax}\displaystyle\int e^{-ax}f(x)dx$

(2)　$\dfrac{1}{(D-a)^m}e^{bx}=\begin{cases} e^{bx}/(b-a)^m & (a\neq b) \\ x^m e^{ax}/m! & (a=b)\end{cases}$

追記 4.3　定数係数線形微分方程式の特殊解

$$P(D)y=f(x)\quad (P(D)=a_0D^n+a_1D^{n-1}+\cdots+a_n)\qquad\cdots ①$$

を解くには，$P(D)y=0$ の基本解 $y_1,y_2,\cdots,y_n$ と，①の特殊解 y_0 を求めればよい．それが $y_0=\dfrac{1}{P(D)}f(x)$ である．1つ求められればよいので，一意に定まらなくてよい．

追記 4.4　演算子 D とその逆演算子 D^{-1}　関数 $f(x)$ に対して，$Df(x)=f'(x)$ と定めるのが演算子 D である（➪ p.58）．また $f(x)$ に対して

$$D^{-1}f(x)=\frac{1}{D}f(x)=\int f(x)dx$$

によって D^{-1} が定義される（➪ p.58）．不定積分であるから $D^{-1}f(x)$ は $f(x)$ に対して一意には定まらない．

そこで各 $f(x)$ に対して，不定積分 $\displaystyle\int f(x)dx$ を1つずつ定めておくことにする．例えば $D^{-1}(\cos x)=\sin x$ と定める．そうすると，$DD^{-1}(\cos x)=D(\sin x)=\cos x$ であり，$DD^{-1}=1$ となる．よって D に対して D^{-1} という表し方はふさわしいが，D と D^{-1} を交換して，

$$D^{-1}D(\sin x+1)=D^{-1}(\cos x)=\sin x$$

となり，$D^{-1}D=1$ ではない．したがって D^{-1} を用いるときには，$D^{-1}D\neq 1$ に注意しなければならない．しかし，定数係数線形微分方程式の一般解を求めるのに D^{-1} を利用するときには，特殊解を1つ見つけられればよいので，演算子同士の積を考える必要がないので一応間に合っているのである．

追記 4.5　演算子に関する諸性質は複素数値関数のときもそのまま成り立つ　例えば，定数係数2階線形微分方程式 $y''+ay'+by=0\ \cdots②$ の解を実数値関数に限定しないで複素数値関数にまで広げても，いままでの基本解，一般解の理論はそのまま成り立つ．

②の特性方程式 $\lambda^2+a\lambda+b=0\ \cdots③$ が2つの実数解 λ_1,λ_2 をもつ場合②の一般解は $y=C_1e^{\lambda_1 x}+C_2e^{\lambda_2 x}$ で与えられる．

また，③が2つの虚数解 $\lambda_1=\alpha+i\beta$, $\lambda_2=\alpha-i\beta$ をもつ場合に②の一般解は

$$y=C_1e^{(\alpha+i\beta)x}+C_2e^{(\alpha-i\beta)x}\qquad\cdots ④$$

となる．これは虚数解をもつ場合に，複素数値関数にまで広げて得た解である．

④に**オイラーの公式** $e^{(\alpha+\beta i)x}=e^{\alpha x}(\cos\beta x+i\sin\beta x)$ を用いると，$y=(C_1+C_2)e^{\alpha x}\cos\beta x+i(C_1-C_2)e^{\alpha x}\sin\beta x$ となる．いま，C_1+C_2, $i(C_1-C_2)$ が実数となるように C_1, C_2 をとり，改めて，C_1+C_2, $i(C_1-C_2)$ を C_1, C_2 と書くと，p.45の**解法 4.2** (iii) のように $y=e^{\alpha x}(C_1\cos\beta x+C_2\sin\beta x)$ となる．

例題 11 **逆演算子の基本性質 VII の証明**

(1) 任意の関数 $f(x)$ に対して $\dfrac{1}{D-a}f(x) = e^{ax}\displaystyle\int e^{-ax}f(x)dx$

となることを証明せよ．これを用いて次の 2 式が成立することを示せ．

(2) $\dfrac{1}{(D-a)^m}e^{bx} = \dfrac{1}{(b-a)^m}e^{bx}\ (a \neq b)$ (3) $\dfrac{1}{(D-a)^m}e^{bx} = \dfrac{1}{m!}x^m e^{ax}\ (a = b)$

route (1) は $L(D) = D - a$ に p.59 の **III** (2) を適用する．(2) は (1) で $f(x) = e^{bx}$ とする．(3) は数学的帰納法を用いる．

navi **逆演算子の基本性質 VII**（⇨ p.60）**の証明**である．

解答 (1) p.59 の **III** (2) を $L(D) = D - a$ に適用すると，

$$\frac{1}{D-a}f(x) = \frac{1}{D-a}\left[e^{ax}e^{-ax}f(x)\right] = e^{ax}\frac{1}{D}\left[e^{-ax}f(x)\right] = e^{ax}\int e^{-ax}f(x)dx$$

(2) $f(x) = e^{bx}$ とすると，$a \neq b$ のとき，

$$\frac{1}{D-a}e^{bx} = e^{ax}\int e^{-ax}e^{bx}dx = \frac{e^{bx}}{b-a} \quad (a \neq b)$$

$$\frac{1}{(D-a)^2}e^{bx} = \frac{1}{D-a}\left[\frac{1}{D-a}e^{bx}\right] = \frac{1}{b-a}\frac{1}{D-a}e^{bx} = \frac{1}{(b-a)^2}e^{bx}$$

これを繰り返して結論が得られる．

(3) 数学的帰納法を用いる．$m = 1$ のとき，(1) より $\dfrac{1}{D-a}e^{ax} = e^{ax}\displaystyle\int e^{-ax}e^{ax}dx = xe^{ax}$ となり成立する．

$m = k$ まで正しいと仮定すると，(1) より

$$\frac{1}{(D-a)^{k+1}}e^{ax} = \frac{1}{D-a}\left[\frac{1}{(D-a)^k}e^{ax}\right] = \frac{1}{D-a}\left[\frac{1}{k!}x^k e^{ax}\right]$$
$$= \frac{1}{k!}e^{ax}\int x^k dx = \frac{1}{(k+1)!}x^{k+1}e^{ax}$$

となり，$m = k + 1$ のときも成り立つ．よってすべての m について成り立つ．

問 題

11.1 次の等式を示せ．ただし $a^2 \neq b^2$ とする．

(1) $\dfrac{1}{D^2+a^2}\sin bx = \dfrac{\sin bx}{a^2-b^2}$ (2) $\dfrac{1}{D^2+a^2}\cos bx = \dfrac{\cos bx}{a^2-b^2}$

11.2 次の計算をせよ．

(1) $\dfrac{1}{D-a}x$ (2) $\dfrac{1}{(D-a)^2}x$ (3) $\dfrac{1}{D^2-3D+2}xe^x$

(4) $\dfrac{1}{D^2-2D+1}e^x \sin x$ (5) $\dfrac{1}{D^2-2D+2}e^x \cos x$

例題 12 **逆演算子の計算**

$$\frac{1}{(D-1)(D-2)}e^{2x} \quad \cdots ①$$ を計算せよ．

route p.61 の基本性質 **VII** (1) を用いる．

navi 次の②, ③のように，逆演算子の順序交換によって，結果に差が生じることがあるが，注意 4.6 で述べたような理由で問題ない．

解答

$$\frac{1}{(D-1)(D-2)}e^{2x} = \frac{1}{D-1}\left[\frac{1}{D-\mathbf{2}}e^{2x}\right] = \frac{1}{D-1}e^{\mathbf{2}x}\int e^{-\mathbf{2}x}\cdot e^{2x}dx$$

p.60 の VII (1)

$$= \frac{1}{D-\mathbf{1}}xe^{2x} = e^{\mathbf{1}\cdot x}\int e^{-\mathbf{1}\cdot x}xe^{2x}dx = e^{x}\int xe^{x}dx$$

p.60 の VII (1)

$$= (x-1)e^{2x} \quad \cdots ②$$

注意 4.6 例題 12 の**逆演算子の順序を交換**して計算してみよう．

$$\frac{1}{(D-2)(D-1)}e^{2x} = \frac{1}{D-2}\left[\frac{1}{D-\mathbf{1}}e^{2x}\right] = \frac{1}{D-2}e^{\mathbf{1}\cdot x}\int e^{-\mathbf{1}\cdot x}e^{2x}dx$$

p.60 の VII (1)

$$= \frac{1}{D-\mathbf{2}}e^{2x} = e^{\mathbf{2}x}\int e^{-\mathbf{2}x}\cdot e^{2x}dx = xe^{2x} \quad \cdots ③$$

p.60 の VII (1)

②と③が異なるのでそのことについて考察する．

①を $y = \dfrac{1}{(D-1)(D-2)}e^{2x}$ と書くと，$(D-1)(D-2)y = e^{2x}$ つまり，$(D^2-3D+2)y = e^{2x}$ $\cdots$④と表され，これは定数係数微分方程式である．よって，p.45 の**解法 4.2** (i) によると，特性方程式 $\lambda^2-3\lambda+2=0$ の 2 つの実数解は $\lambda=1,2$ であるから基本解は e^x, e^{2x} である．ゆえに④の余関数は $Y = C_1e^x + C_2e^{2x}$ となる．次に④の特殊解 y_0 を求めるために逆演算子を用いると $y_0 = \dfrac{1}{D^2-3D+2}e^{2x}$ となる．ここで右辺について，②より

$$y_0 = \frac{1}{(D-1)(D-2)}e^{2x} = (x-1)e^{2x}$$ よって一般解は $y = (x-1)e^{2x}+C_1e^x+C_2e^{2x} \cdots$ ⑤

③より $y_0 = \dfrac{1}{(D-2)(D-1)}e^{2x} = xe^{2x}$ ゆえに一般解は $y = xe^{2x}+C_1e^x+C_2e^{2x} \cdots$ ⑥

いま，⑤, ⑥を比べると⑤は $y = xe^{2x}+C_1e^x+(C_2-1)e^{2x} = xe^{2x}+C_1e^x+C_2'e^{2x}$ となって，本質的に⑥と同じ結果になる．このように，逆演算子を使って特殊解を求める場合，やり方によって差が生じることがあるが，その差は余関数の 1 部に過ぎないので気にしなくてよい（⇨ p.60 の追記 4.3）．

例題 13 **逆演算子の基本性質 VIII**

$P(D)=(D-a)(D-b)$ で $a \neq b$ とするとき，次の公式を証明せよ．

逆演算子の基本性質 VIII $\dfrac{1}{P(D)}f(x)=\dfrac{1}{a-b}\left[\dfrac{1}{D-a}f(x)-\dfrac{1}{D-b}f(x)\right]$

次に，これを用いて $\dfrac{1}{(D+1)(D-1)(D-2)}e^x$ を示せ．

route 逆演算子の基礎性質 VIII を下記注意 4.7 を用いて証明する．

navi 逆演算子の基本公式 VIII により，**3 重の積分が 1 回の積分ですむ**のである．

解答 $P(D)=(D-a)(D-b)$ であるから，

$$P(D)\left[\frac{1}{a-b}\frac{1}{D-a}f(x)-\frac{1}{a-b}\frac{1}{D-b}f(x)\right]=\frac{1}{a-b}\left[(D-b)f(x)-(D-a)f(x)\right]=f(x)$$

$$\therefore \quad \frac{1}{P(D)}f(x)=\frac{1}{a-b}\left[\frac{1}{D-a}f(x)-\frac{1}{D-b}f(x)\right]$$

次に，$\dfrac{1}{(\lambda+1)(\lambda-1)}=\dfrac{1}{2}\left(\dfrac{1}{\lambda-1}-\dfrac{1}{\lambda+1}\right)$ であるから，

$$\frac{1}{(D+1)(D-1)(D-2)}e^x=\frac{1}{2}\left[\frac{1}{D-1}\left(\frac{1}{D-2}e^x\right)-\frac{1}{D+1}\left(\frac{1}{D-2}e^x\right)\right]$$

さらに，$\dfrac{1}{(\lambda-1)(\lambda-2)}=\dfrac{1}{\lambda-2}-\dfrac{1}{\lambda-1}$，　$\dfrac{1}{(\lambda+1)(\lambda-2)}=\dfrac{1}{3}\left(\dfrac{1}{\lambda-2}-\dfrac{1}{\lambda+1}\right)$

$$\therefore \quad \frac{1}{(D+1)(D-1)(D-2)}e^x=\frac{1}{2}\left(\frac{1}{D-2}e^x-\frac{1}{D-1}e^x\right)-\frac{1}{6}\left(\frac{1}{D-2}e^x-\frac{1}{D+1}e^x\right)$$

$$=\frac{1}{2}(-e^x-xe^x)-\frac{1}{6}\left(-e^x-\frac{1}{2}e^x\right)=-\frac{1}{4}e^x(1+2x)$$

注意 4.7

$$\frac{1}{(\lambda-a)(\lambda-b)}=\frac{1}{a-b}\left(\frac{1}{\lambda-a}-\frac{1}{\lambda-b}\right) \qquad \cdots ①$$

部分分数分解をするために $\dfrac{1}{(\lambda-a)(\lambda-b)}=\dfrac{A}{\lambda-a}+\dfrac{B}{\lambda-b}$ $\cdots$② とおいてこの両辺の分母をくくって，$1=A(\lambda-b)+B(\lambda-a)=(A+B)\lambda+(-bA-aB)$．ゆえに $A+B=0, bA+aB=-1$．これより $A=1/(a-b), B=-1/(a-b)$ となり，②に代入すると，①を得る．

問題

13.1 次の式を計算せよ．

(1) $\dfrac{1}{(D-2)(D-3)}e^{2x}$ (2) $\dfrac{1}{D^2-3D+2}xe^{2x}$ (3) $\dfrac{1}{(D-1)(D-2)(D-3)}e^x$

例題 14 **基本性質 III, IV, VI の利用**

次の式を計算せよ.

(1) $\dfrac{1}{(D+1)^2}(x^2+x)$ (2) $\dfrac{1}{D^2+4}x\cos x$

route (1) は p.59 の基本性質 **VI** $(m=0, k=2)$ を用いる. (2) は p.59 の基本性質 **III** (6) と **IV** (4) を用いる.

navi $(1+x)^\alpha$ $(|x|<1)$ のマクローリン級数展開を使うという新しい発想に着目. 基本性質 **VI** (p.59) は $f(x)$ が多項式のときは威力を発揮する.

解答 (1) p.59 の **VI** $(m=0,\ k=2)$ を用いる.

$(1+D)^{-2} = 1 + \dfrac{(-2)}{1!}D + \dfrac{(-2)(-3)}{2!}D^2 + \cdots = 1 - 2D + 3D^2 \cdots$ とマクローリン級数に展開する.

$$\frac{1}{(D+1)^2}(x^2+x) = (1-2D+3D^2)(x^2+x) \quad (D^3 \text{以上は } 0 \text{ になる})$$
$$= x^2 + x - 2(2x+1) + 3\cdot 2 = x^2 - 3x + 4$$

(2) $L(D) = D^2+4, f(x) = \cos x$ として p.59 の **III** (6) を適用すると,

$$\frac{1}{D^2+4}x\cos x = x\frac{1}{D^2+4}\cos x - \frac{2D}{(D^2+4)^2}\cos x$$

ここで, $L(D) = D+4$ とすると, $L(D^2) = D^2+4$ だから, p.59 の **IV** (4) を利用すると,

$$\frac{1}{D^2+4}\cos(1\cdot x) = \frac{1}{-1+4}\cos x = \frac{1}{3}\cos x$$

また, $L(D) = (D+4)^2$ とすると, $L(D^2) = (D^2+4)^2$ だから p.59 の **IV** (4) を利用して

$$\frac{2D}{(D^2+4)^2}1\cdot\cos x = 2D\left[\frac{1}{(-1+4)^2}\cos x\right] = \frac{2}{9}D\cos x = -\frac{2}{9}\sin x$$

$$\therefore \quad \frac{1}{D^2+4}x\cos x = \frac{1}{3}x\cos x + \frac{2}{9}\sin x$$

注意 4.8 積分定数を無視すれば, $P_1(D)\left[\dfrac{1}{P_2(D)}f(x)\right] = \dfrac{1}{P_2(D)}\left[P_1(D)f(x)\right] = \dfrac{P_1(D)}{P_2(D)}f(x)$ である.

問 題

14.1 次の式を計算せよ.

(1) $\dfrac{1}{D^2+D+1}x^2$ (2) $\dfrac{1}{D-1}x^3$ (3) $\dfrac{1}{D^3+1}(x^3+2x)$

14.2 次の式を計算せよ.

(1) $\dfrac{1}{D^2+1}x\sin 2x$ (2) $\dfrac{1}{(D^2+a^2)^2}\cos ax$ (3) $\dfrac{1}{D^2-D+1}\sin 2x$

例題 15 **逆演算子の複素数値関数計算**

次の公式を証明せよ．

$$\frac{1}{(D-a)^2+b^2}f(x)=\frac{e^{ax}\sin bx}{b}\int e^{-ax}\cos bx f(x)dx$$
$$-\frac{e^{ax}\cos bx}{b}\int e^{-ax}\sin bx f(x)dx \quad (b \neq 0)$$

route $\dfrac{1}{(D-a)^2+b^2}f(x)=\dfrac{1}{2ib}\left\{\dfrac{1}{D-(a+ib)}f(x)-\dfrac{1}{D-(a-ib)}f(x)\right\}$

と変形し，右辺のそれぞれの項に **p.60 の基本性質 VII（複素関数値の場合）** を用いる．

navi p.60 の追記 4.5 でも述べたが，**演算子に関する諸性質は実数値関数に限定しないで複素数値関数に広げてもそのまま成り立つ**．その折**オイラーの公式** $e^{(\alpha+i\beta)x}=e^{\alpha x}(\cos\beta+i\sin\beta)$ は重要なはたらきをする．

解答 $\dfrac{1}{(D-a)^2+b^2}f(x)=\dfrac{1}{2ib}\left[\dfrac{1}{D-(a+ib)}f(x)-\dfrac{1}{D-(a-ib)}f(x)\right]$

であるから，右辺のそれぞれの項に p.60 の **VII** (1)（複素関数値の場合）を用いると

$$\frac{1}{D-(a+ib)}f(x)=e^{(a+ib)x}\int e^{-(a+ib)x}f(x)dx,$$
$$\frac{1}{D-(a-ib)}f(x)=e^{(a-ib)x}\int e^{-(a-ib)x}f(x)dx$$

を得る．ここで，オイラーの公式により，

$$e^{(a+ib)x}=e^{ax}(\cos bx+i\sin bx), \qquad e^{(a-ib)x}=e^{ax}(\cos bx-i\sin bx)$$
$$e^{-(a+ib)x}=e^{-ax}(\cos bx-i\sin bx), \quad e^{-(a-ib)x}=e^{-ax}(\cos bx+i\sin bx)$$

の関係式を用いれば，

$$\frac{1}{(D-a)^2+b^2}f(x)=\frac{1}{2ib}e^{ax}(\cos bx+i\sin bx)\int e^{-ax}(\cos bx-i\sin bx)f(x)dx$$
$$-\frac{1}{2ib}e^{ax}(\cos bx-i\sin bx)\int e^{-ax}(\cos bx+i\sin bx)f(x)dx$$
$$=\frac{1}{b}e^{ax}\sin bx\int e^{-ax}\cos bx f(x)dx-\frac{1}{b}e^{ax}\cos bx\int e^{-ax}\sin bx f(x)dx$$

が得られる．

問　題

15.1 次の式を計算せよ（$\sec x=1/\cos x$ である）．

(1) $\dfrac{1}{D^2+1}\sec x$　　(2) $\dfrac{1}{D^2-2D+2}e^x\sin x$　　(3) $\dfrac{1}{D^4-1}\sin x$

4.4 定数係数線形微分方程式

◆ **定数係数線形微分方程式**　p.45 の定理 4.4 によれば，線形微分方程式

$$P(D)y = R(x) \qquad \cdots ①$$

$(P(D) = D^n + a_1D^{n-1} + \cdots + a_{n-1}D + a_n$ とし，$a_0, a_1, \cdots, a_n$ は定数)

の一般解を求めるには，1 つの特殊解と余関数を求めてその和を作ればよい．さらに p.45 の**解法 4.1** により，① の余関数は，同次方程式 $P(D)y = 0$ の特性方程式から得られる．

したがって，① の特殊解を求めることが問題になる．

◆ **演算子を用いての特殊解の計算**　① の特殊解の計算は $\dfrac{1}{P(D)}R(x)$ の計算であるから，前節の諸結果を利用することができる．ここでは，$R(x)$ の形にしたがって，特殊解の計算法を整理しておく．

(Ⅰ)　$R(x) = e^{ax}$（a は定数）の場合

p.59 の基本性質 **Ⅲ** (4)，p.60 の基本性質 **Ⅶ** を利用する．

(Ⅱ)　$R(x)$ が x の多項式の場合

$1/P(\lambda)$ の整級数展開を考えて，p.59 の基本性質 **Ⅵ** を利用する．

(Ⅲ)　$R(x) = e^{ax}Q(x)$（a は定数で，$Q(x)$ は x の多項式）の場合

p.59 の基本性質 **Ⅲ** (2) を用いて，

$$\frac{1}{P(D)}e^{ax}Q(x) = e^{ax}\frac{1}{P(D+a)}Q(x)$$

として，上記 (Ⅱ) の方法を用いる．

(Ⅳ)　$R(x) = \cos(ax+b),\ \sin(ax+b)$（$a, b$ は定数）の場合

$\dfrac{1}{P(D)} = \dfrac{P_2(D)}{P_1(D^2)}$ と変形しておけば，

$$\frac{1}{P(D)}R(x) = P_2(D)\left[\frac{1}{P_1(D^2)}R(x)\right]$$

ここで，$P_1(-a^2) \fallingdotseq 0$ ならば，p.59 の基本性質 **Ⅳ** (3), (4) を適用する（p.64 の例題 14 を参照せよ）．

(Ⅴ)　$R(x) = e^{ax}\cos(bx+c),\ e^{ax}\sin(bx+c)$（$a, b, c$ は定数）の場合

p.59 の基本性質 **Ⅲ** (2) を用いれば

$$\frac{1}{P(D)}e^{ax}\cos(bx+c) = e^{ax}\frac{1}{P(D+a)}\cos(bx+c),$$

$$\frac{1}{P(D)}e^{ax}\sin(bx+c) = e^{ax}\frac{1}{P(D+a)}\sin(bx+c)$$

となるから，ここで上記 (Ⅳ) の方法が適用できる．

(VI) $R(x) = Q(x)e^{ax}\cos bx$, $Q(x)e^{ax}\sin bx$（$Q(x)$ は x の多項式で，a, b は定数）の場合

$$\text{オイラーの公式}\quad e^{ax}\cos bx + ie^{ax}\sin bx = e^{(a+ib)x}$$

に注意して，$Q(x)e^{(a+ib)x}$ に前頁の (III) の方法を用いて $\dfrac{1}{P(D)}Q(x)e^{(a+ib)x}$ を計算する．

この実数部分，虚数部分をとれば，それぞれ

$$\frac{1}{P(D)}Q(x)e^{ax}\cos bx,\quad \frac{1}{P(D)}Q(x)e^{ax}\sin bx$$

が得られる．

注意 4.9 $R(x) = R_1(x) + R_2(x) + \cdots + R_m(x)$ のときは

$$\frac{1}{P(D)}R(x) = \frac{1}{P(D)}R_1(x) + \frac{1}{P(D)}R_2(x) + \cdots + \frac{1}{P(D)}R_m(x)$$

として，特殊解を求めればよい．

◆ **定数係数連立線形微分方程式** $P_{ij}(D)$ $(i, j = 1, 2)$ を定数係数の D に関する多項式とし，$R_i(x)$ $(i = 1, 2)$ を与えられた関数とするとき，

$$\begin{cases} P_{11}(D)y + P_{12}(D)z = R_1(x) \\ P_{21}(D)y + P_{22}(D)z = R_2(x) \end{cases} \quad \cdots ②$$

のような形の組み合された微分方程式を，**定数係数連立線形微分方程式**という．

解法 4.6 連立 1 次方程式を解く方法で未知関数の数を減らして，1 つの未知関数の微分方程式にもち込む．$L_{22}(D)$ を第 1 式に，$L_{12}(D)$ を第 2 式に作用させて両辺をそれぞれ引けば，

$$\Delta(D)y = P_{22}(D)R_1(x) - P_{12}(D)R_2(x) \quad \cdots ③$$

を得る．ただし，

$$\Delta(D) = P_{11}(D)P_{22}(D) - P_{12}(D)P_{21}(D) \quad \cdots ④$$

とする．このとき，次の順序で ② を解くことができる．

[I] $\Delta(D)$ が実際に D を含むときは，③ は定数係数線形微分方程式であるから，いままでの方法で y を求める．

[II] y についてと全く同じ方法，あるいは，上で求めた y を ② の方程式の 1 つに代入して z を求める．

[III] 上で求めた y, z が与えられた連立微分方程式の解となるように，任意定数の間の関係を求める．

例題 16　**演算子法による定数係数線形微分方程式 (1)**

次の微分方程式を解け.

(1)　$y''' - y' = e^x$　　(2)　$y''' + 4y'' + 4y' = e^{-2x}$

route　**定数係数線形微分方程式** ($R(x) = e^{ax}$) である. (1) は p.59 の **III** (4) と p.60 の **VII** (1) を用い, (2) は p.59 の **III** (4) と p.60 の **VII** (2) ($a = b$) を用いる.

navi　**定数係数線形微分方程式**　$P(D)y = R(x)$ $\cdots$ ① とすると一般解は

①の一般解 = ①の特殊解 + ①の余関数

解答　(1)　$(D^3 - D)y = e^x, D(D-1)(D+1)y = e^x$ と書けるから, 特性方程式は $\lambda(\lambda-1)(\lambda+1) = 0$. ゆえに余関数は $C_1 + C_2e^x + C_3e^{-x}$ である. また, D に 1 を代入すると, $D \fallingdotseq 0, D+1 \fallingdotseq 0$ となるので

$$\frac{1}{D^3 - D}e^x = \frac{1}{D-1}\left[\frac{1}{D(D+1)}e^{1\cdot x}\right] = \frac{1}{D-1}\left(\frac{1}{1(1+1)}e^{1\cdot x}\right)$$

p.59 の III (4)

$$= \frac{1}{2}\frac{1}{D-1}e^{1\cdot x} = \frac{1}{2}e^{1\cdot x}\int e^{-1\cdot x}\cdot e^x dx = \frac{1}{2}xe^x$$

p.60 の VII(1)

ゆえに, 一般解は　$y = C_1 + C_2e^x + C_3e^{-x} + \dfrac{1}{2}xe^x.$

(2)　$(D^3 + 4D^2 + 4D)y = e^{-2x}$, $D(D+2)^2y = e^{-2x}$ と書けるから, 特性方程式は $\lambda(\lambda+2)^2 = 0$. ゆえに余関数は $C_1 + (C_2 + C_3x)e^{-2x}$ である. また, D に -2 を代入すると, $D+2 = 0, D \fallingdotseq 0$ となるので

$$\frac{1}{(D^3 + 4D^2 + 4D)}e^{-2x} = \frac{1}{(D+2)^2}\left[\frac{1}{D}e^{-2x}\right] = \frac{1}{(D+2)^2}\left(-\frac{1}{2}e^{-2x}\right)$$

p.59 の III (4)

$$= -\frac{1}{2}\frac{1}{(D-(-2))^2}e^{-2x} = -\frac{1}{2}\cdot\frac{1}{2!}x^2e^{-2x} = -\frac{1}{4}x^2e^{-2x}$$

p.60 の VII (2)($a = b$)

ゆえに, 一般解は　$y = C_1 + (C_2 + C_3x)e^{-2x} - \dfrac{1}{4}x^2e^{-2x}.$

問　題

16.1　次の微分方程式を解け.

(1)　$(D^3 + 2D^2 - D - 2)y = e^{2x}$　　(2)　$(D^3 - 3D^2 + 3D - 1)y = e^x$

(3)　$(D^2 - 4)(D + 3)y = e^{5x}$　　(4)　$(D^3 - 6D^2 + 11D - 6)y = e^{4x}$

16.2　p.67 の注意 4.9 を参照して, 次の微分方程式を解け.

(1)　$(D^2 + 5D + 6)y = e^{5x} + e^{-x}$　　(2)　$(D^2 - 4)y = 3e^{2x} + 4e^{-x}$

例題 17 **演算子法による定数係数線形微分方程式 (2)**

微分方程式 $(D^3 + D^2 - 2D)y = x^2$ を解け.

route 定数係数線形微分方程式（$R(x) =$ 多項式）である．p.59 の **VI** を用いる．

navi 与えられた定数係数線形微分方程式の右辺が x の多項式であることに着目. p.59 の **VI** の解法でマクローリン級数展開するので，一見，項数が無限個あるようだが，実は右辺が多項式であるので，項数は有限個となる.

解答 この方程式は $D(D-1)(D+2)y = x^2$ と書き直せるから，特性方程式は $\lambda(\lambda-1)(\lambda+2) = 0$．ゆえに余関数は $C_1 + C_2e^x + C_3e^{-2x}$ である．$P_1(\lambda) = (\lambda-1)(\lambda+2)$ とおいて，まず部分分数に分解し，次にマクローリン級数に展開すると（⇨下の注意 4.10），

$$\frac{1}{P_1(\lambda)} = \frac{1}{3}\left(\frac{1}{\lambda-1} - \frac{1}{\lambda+2}\right) = \frac{1}{3}\left((-1-\lambda-\lambda^2-\cdots) - \left(\frac{1}{2} - \frac{\lambda}{4} + \frac{\lambda^2}{8} - \cdots\right)\right)$$
$$= -\frac{1}{2}\left(1 + \frac{1}{2}\lambda + \frac{3}{4}\lambda^2 + \cdots\right).$$

ゆえに，p.59 の **VI** を用いる（右辺は x^2 であるから D^3 以上は不要）．

$$\frac{1}{D^3 + D^2 - 2D}x^2 = \frac{1}{D}\left[\frac{1}{(D-1)(D+2)}x^2\right] = \frac{1}{D}\left[-\frac{1}{2}\left(1 + \frac{1}{2}D + \frac{3}{4}D^2\right)x^2\right]$$

（p.59 の VI）

$$= \frac{1}{D}\left(-\frac{1}{2}x^2 - \frac{1}{2}x - \frac{3}{4}\right) = -\left(\frac{1}{6}x^3 + \frac{1}{4}x^2 + \frac{3}{4}x\right)$$

したがって，一般解は $y = C_1 + C_2e^x + C_3e^{-2x} - \left(\frac{1}{6}x^3 + \frac{1}{4}x^2 + \frac{3}{4}x\right)$

注意 4.10 (1) $\frac{1}{(\lambda-1)(\lambda+2)} = \frac{A}{\lambda-1} + \frac{B}{\lambda+2}$ $\cdots$① とおく．両辺を通分して変形すると $A(\lambda+2) + B(\lambda-1) = 1$ となるので，$(A+B)\lambda + 2A - B = 1$.
$\therefore$ $A + B = 0,\ 2A - B = 1$．これを解いて，$A = 1/3,\ B = -1/3$．これを ① に代入する．

(2) マクローリン級数展開

$(1+x)^\alpha = 1 + \frac{\alpha}{1!}x + \frac{\alpha(\alpha-1)}{2!}x^2 + \cdots + \frac{\alpha(\alpha-1)\cdots(\alpha-n+1)}{n!}x^n + \cdots$ $(|x| < 1)$ を用いる．

$\frac{1}{\lambda-1} = -\{1 + (-\lambda)\}^{-1}$ $\alpha = -1, x = -\lambda$ とおいて，$\frac{1}{\lambda-1} = -1 - \lambda - \lambda^2 - \cdots$

$\frac{1}{\lambda-2} = \left(-\frac{1}{2}\right)\left\{1 + \left(-\frac{\lambda}{2}\right)\right\}^{-1}$ $\alpha = -1, x = -\frac{\lambda}{2}$ とおいて，$\frac{1}{\lambda-2} = -\frac{1}{2} - \frac{\lambda}{4} - \frac{\lambda^2}{8} - \cdots$

問 題

17.1 次の微分方程式を解け.

(1) $(D-1)y = x^3 + 2x$　(2) $D(D^2-4)y = 5x^3 + 2$

(3) $(D^3 - 7D^2 + 6)y = x^2$　(4) $(D^3 + 4D^2 + 3D)y = x^3$

例題 18 **演算子法による定数係数線形微分方程式 (3)**

次の微分方程式を解け．

(1) $(D-2)^3(D-1)y=(6x^2+2x)e^{2x}$ (2) $(D^4+2D^2+1)y=x^2e^x$

route **定数係数線形微分方程式**（$R(x)=e^{ax}Q(x)$，$Q(x)$ **は多項式**）である．(1)，(2) ともに p.59 の **III** (2) を用い e^{ax} と $Q(x)$ に**分離**する．次に p.59 の **VI** を用いる．

解答 (1) 左辺の形から，特性方程式は $(\lambda-2)^3(\lambda-1)=0$．ゆえに余関数は，$C_1e^x+(C_2+C_3x+C_4x^2)e^{2x}$ である．次に，p.59 の **III** (2) を用いれば，

$$\frac{1}{(D-2)^3(D-1)}(6x^2+2x)e^{2x}=e^{2x}\frac{1}{D^3(D+1)}(6x^2+2x).$$

ここで，p.59 の **VI** を適用する．$(1+D)^{-1}=1-D+D^2-D^3+\cdots$（ここでは D^3 以上は不要）より，

$$\frac{1}{D+1}(6x^2+2x)=(1-D+D^2)(6x^2+2x)=6x^2-10x+10$$

（p.59 の VI）

$$\therefore\quad \frac{1}{(D-2)^3(D-1)}(6x^2+2x)e^{2x}=e^{2x}\frac{1}{D^3}(6x^2-10x+10)=e^{2x}\left(\frac{1}{10}x^5-\frac{5}{12}x^4+\frac{5}{3}x^3\right)$$

ゆえに，一般解は $y=C_1e^x+(C_2+C_3x+C_4x^2)e^{2x}+e^{2x}\left(\dfrac{1}{10}x^5-\dfrac{5}{12}x^4+\dfrac{5}{3}x^3\right)$．

(2) 方程式は $(D^2+1)^2y=x^2e^x$ と書き直せるから，特性方程式は $(\lambda^2+1)^2=0$ となるので p.45 の**解法 4.1** より余関数は $(C_1+C_2x)\cos x+(C_3+C_4x)\sin x$ である．

次に $$\frac{1}{(D^2+1)^2}x^2e^{1\cdot x}=e^x\frac{1}{\left[(D+1)^2+1\right]^2}x^2=e^x\frac{1}{2+2D+D^2}\left(\frac{1}{2+2D+D^2}x^2\right)$$

（p.59 の III (2)）（p.59 の VI と脚注†）

$$=e^x\frac{1}{2+2D+D^2}\cdot\frac{1}{2}\left(1-D+\frac{D^2}{2}\right)x^2=\frac{e^x}{4}\frac{1}{2+2D+D^2}(x^2-2x+1)$$

（p.59 の VI と脚注†）

$$=\frac{e^x}{4}\left(1-D+\frac{D^2}{2}\right)(x^2-2x+1)=\frac{e^x}{4}(x-2)^2$$

ゆえに，一般解は $y=(C_1+C_2x)\cos x+(C_3+C_4x)\sin x+e^x(x-2)^2/4$．

問　題

18.1 次の微分方程式を解け．

(1) $(D^2-2D+1)y=x^3e^x$ (2) $(D^3-D^2-D+1)y=xe^{2x}$

(3) $(D^3-6D^2+12D-8)y=x^2e^{2x}$ (4) $(D^3+3D^2+3D+1)y=x^2e^{-2x}$

† $\dfrac{1}{2+2D+D^2}=\dfrac{1}{2}\left\{1+\left(D+\dfrac{D^2}{2}\right)\right\}^{-1}=\dfrac{1}{2}\left(1-D+\dfrac{D^2}{2}+D^3+\cdots\right)$（ここでは D^3 以上は不要）

例題 19 **演算子法による定数係数線形微分方程式 (4)**

微分方程式 $(D^3 - D^2 + D - 1)y = \cos x$ を解け.

route **定数係数線形微分方程式**（$R(x) = \cos(ax+b), \sin(ax+b)$）である. まず p.59 の **V**(2) を用い，次に $x \sin x = \mathrm{Im}\, xe^{ix}$ とおいて，p.59 の **VI** を用いる.

navi p.60 の追記 4.5 や p.65 の例題 15 でも述べたが，**演算子に関する諸性質は複素数値関数に広げてもそのまま成り立つ**. **オイラーの公式** $e^{ix} = \cos x + i \sin x$ より，$\cos x = \mathrm{Re}(e^{ix}), \sin x = \mathrm{Im}(e^{ix})$ である（$\mathrm{Re}\, z$, $\mathrm{Im}\, z$ はそれぞれ複素数 z の実部，虚部）.

解答 与式は $(D-1)(D^2+1)y = \cos x$ と書き直すと，特性方程式は $(\lambda - 1)(\lambda^2+1) = 0$ であるから余関数は $C_1 e^x + C_2 \cos x + C_3 \sin x$ である. 次に p.59 の **V**(2) を用いて特殊解を求める.

$$\frac{1}{(D-1)(D^2+1)} \cos x = \frac{1}{D-1}\left[\frac{1}{D^2+1} \cos(1 \cdot x)\right] = \frac{1}{2 \cdot 1} \frac{1}{D-1}(x \sin 1 \cdot x)$$

p.59 の V(2)

ここで $x \sin x = \mathrm{Im}\, xe^{ix}$ であることに注意し，p.59 の **VI** を用いる.

$$\frac{1}{D-1}(x \sin x) = \mathrm{Im}\left[\frac{1}{D-1} xe^{ix}\right] = \mathrm{Im}\left[e^{ix} \frac{1}{(D+i)-1} x\right]$$

p.59 の III(2)

$$= \mathrm{Im}\left[e^{ix} \frac{1}{i-1} \frac{1}{1+\frac{D}{i-1}}\right] = \mathrm{Im}\left[\frac{e^{ix}}{i-1}\left(1+\frac{1}{i-1}D\right)^{-1} x\right] = \mathrm{Im}\left[\frac{e^{ix}}{i-1}\left(1-\frac{1}{i-1}D\right)x\right]$$

$$\left(\because \quad \left(1+\frac{1}{i-1}D\right)^{-1} x = \left\{1 - \frac{1}{i-1}D + \left(\frac{1}{i-1}D\right)^2 + \cdots\right\} x = \left(1 - \frac{1}{i-1}D\right)x\right)$$

マクローリン級数展開

$$\frac{1}{2}\frac{1}{D-1}(x \sin x) = \frac{1}{2}\mathrm{Im}\left[\frac{e^{ix}}{i-1}\left(x - \frac{1}{i-1}\right)\right] = \frac{1}{2}\mathrm{Im}\left[\frac{-(i+1)e^{ix}}{2}\left(x+\frac{1}{2}+\frac{i}{2}\right)\right]$$

$$= -\frac{1}{4}x(\cos x + \sin x) - \frac{1}{4}\cos x$$

$-\cos x/4$ を余関数に含めておけば一般解は次のようになる.

$$y = C_1 e^x + C_2 \cos x + C_3 \sin x - x(\cos x + \sin x)/4$$

問　題

19.1 次の微分方程式を解け

(1) $(D^2 - 5D + 6)y = \cos 2x$

(2) $(D^4 + 2D^2 + 1)y = \sin x$

(3) $(D^4 + 5D^2 + 4)y = \sin 3x$

(4) $(D^3 + 3D^2 - 4D - 12)y = \cos 4x$

(5) $(D^3 + 6D^2 + 11D + 6)y = 2 \sin 3x$

(6) $(D^2 - 3D + 2)y = e^x + \cos x$

例題 20　**演算子法による定数係数線形微分方程式 (5)**

微分方程式 $(D^3-2D+4)y=e^x\cos x$ を解け．

route **定数係数線形微分方程式**（$R(x)=e^{ax}\cos(bx+c),\ e^{ax}\sin(bx+c)$）である．特殊解を求めるのにまず p.59 の **III**(2) を用い，演算子を $\dfrac{1}{(D^2+1)(D+3)}=\dfrac{1}{D^2+1}\cdot\dfrac{D-3}{D^2-9}$ と変形した後さらに p.59 の **V**(1), (2) を用いる．

navi p.59 の **III**(2) を用いて $e^{ax}\cdot\cos(bx+c)$ を e^{ax} と $\cos(bx+c)$ に**分離**する．また，$e^x\cos x=\mathrm{Re}\,e^{(i+1)x}$ とおいて解くという**別の方法もある**（⇨ 注意 4.11）．

解答 方程式を $(D+2)(D^2-2D+2)y=e^x\cos x$ と変形する．よって特性方程式は $(\lambda+2)(\lambda^2-2\lambda+2)=0$ であるから，余関数は $C_1e^{-2x}+e^x(C_2\cos x+C_3\sin x)$ である．次に，特殊解は

$$\frac{1}{D^3-2D+4}e^{1\cdot x}\cos x=e^{1\cdot x}\frac{1}{(D+1)^3-2(D+1)+4}\cos x=e^x\frac{1}{(D+3)(D^2+1)}\cos x$$

p.59 の III(2)

$$=e^x\frac{1}{D^2+1}\left(\frac{D-3}{D^2-9}\cos(1\cdot x)\right)=e^x\frac{1}{D^2+1}\left(\frac{D-3}{-1-9}\cos x\right)$$

p.59 の IV(4)

$$=-\frac{e^x}{10}\frac{1}{D^2+1}(D-3)\cos x=\frac{e^x}{10}\frac{1}{D^2+1}\left(\sin(1\cdot x)+3\cos(1\cdot x)\right)$$

p.59 の V(1), (2)

$$=\frac{e^x}{10}\left(\frac{3}{2\cdot 1}x\sin(1\cdot x)-\frac{1}{2\cdot 1}x\cos(1\cdot x)\right)$$

ゆえに，一般解は　$y=C_1e^{-2x}+e^x(C_1\cos x+C_3\sin x)+\dfrac{1}{20}xe^x(3\sin x-\cos x)$.

注意 4.11　特殊解の計算は，$e^x\cos x=\mathrm{Re}\,e^{(1+i)x}$ とおき，p.59 の **III**(4), p.60 の **VII**(1) より，

$$\frac{1}{D^3-2D+4}e^x\cos x=\mathrm{Re}\left[\frac{1}{D-(1+i)}\frac{1}{(D-(1-i))(D+2)}e^{(1+i)x}\right]$$
$$=\mathrm{Re}\frac{1}{D-(1+i)}\frac{1}{((1+i)-(1-i))(1+i+2)}e^{(1+i)x}$$
$$=\mathrm{Re}\frac{1}{2i(3+i)}\frac{1}{D-(1+i)}e^{(1+i)x}=\mathrm{Re}\frac{1}{2i(3+i)}xe^{(1+i)x}=\frac{1}{20}xe^x(3\sin x-\cos x).$$

問　題

20.1 次の微分方程式を解け．

(1)　$(D^2-3D+2)y=e^{4x}\sin x$　　(2)　$(D^2+6D+9)y=e^{3x}\sin 2x$

(3)　$(D^3+1)y=e^x\sin x$　　(4)　$(D^2-4D+3)y=e^x\cos 2x+\cos 4x$

例題 21 **演算子法による定数係数線形微分方程式 (6)**

微分方程式 $(D^2+1)y = xe^x \cos 2x$ を解け.

route **定数係数線形微分方程式**（$R(x) = Q(x)e^{ax}\cos bx,\ Q(x)e^{ax}\sin bx$）である．まず p.59 の III (6) を用い，次に $e^x \cos 2x = \operatorname{Re} e^{(1+2i)x}$ とおきかえさらに p.59 の III (4) を用いる.

navi **オイラー公式** $e^{(p+iq)x} = e^{px}(\cos qx + i \sin qx)$ より，$e^{px}\cos qx = \operatorname{Re} e^{(p+iq)x}$, $e^{px}\sin qx = \operatorname{Im} e^{(p+iq)x}$ である．このようにおきかえて，p.59 の III (4) を用いると，**積分を使わないで，あっさり解を求める**ことができる.

解答 特性方程式は $\lambda^2+1=0$ であるから，余関数は $C_1\cos x + C_2 \sin x$ である．特殊解を求めるために，p.59 の基本性質 III (6) を用いると，

$$\frac{1}{D^2+1}xe^x\cos 2x = x\frac{1}{D^2+1}e^x\cos 2x - \frac{2D}{(D^2+1)^2}e^x\cos 2x$$

p.59 の III(6)

$e^x \cos 2x = \operatorname{Re} e^{(1+2i)x}$ であるから，

$$\frac{1}{D^2+1}e^x\cos 2x = \operatorname{Re}\frac{1}{D^2+1}e^{(1+2i)x} = \operatorname{Re}\frac{1}{(1+2i)^2+1}e^{e(1+2i)x}$$

p.59 の III(4)

$$= -\frac{e^x}{10}\operatorname{Re}(1+2i)(\cos 2x + i\sin 2x)$$

$$= \frac{e^x}{10}(2\sin 2x - \cos 2x),$$

$$\frac{2D}{(D^2+1)^2}e^x\cos 2x = \operatorname{Re}\frac{2D}{(D^2+1)^2}e^{(1+2i)x} = \operatorname{Re}\frac{2D}{((1+2i)^2+1)^2}e^{(1+2i)x}$$

p.59 の III(4)

$$= \operatorname{Re}\frac{2}{(-2+4i)^2}(1+2i)e^{(1+2i)x}$$

$$= -\frac{e^x}{50}\operatorname{Re}(11+2i)(\cos 2x + i\sin 2x)$$

$$= -\frac{e^x}{50}(11\cos 2x - 2\sin 2x)$$

ゆえに，一般解は

$$y = C_1\cos x + C_2\sin x + \frac{xe^x}{10}(2\sin x - \cos 2x) + \frac{e^x}{50}(11\cos 2x - 2\sin 2x)$$

問　題

21.1 次の微分方程式を解け.

(1) $(D^2+1)y = x\sin x$　　(2) $(D^2+4)y = x\cos x$

(3) $(D^2-4D+3)y = xe^{-x}\cos 2x$

例題 22　　**n 階オイラーの微分方程式**

$a_1, a_2, \cdots, a_n$ を定数，$R(x)$ を x の関数とするとき，

$$x^n y^{(n)} + a_1 x^{n-1} y^{(n-1)} + \cdots + a_{n-1} x y' + a_n y = R(x) \qquad \cdots ①$$

の形の微分方程式を，**n 階オイラーの微分方程式**あるいは **n 階コーシーの微分方程式**という．この微分方程式は

$$x = e^t \quad (\text{したがって，} \log x = t)$$

と変換することにより，定数係数の線形微分方程式に帰着されることを確めよ．次に，このことを利用して，次の微分方程式を解け．

$$x^3 y''' + 4x^2 y'' - 2xy' - 4y = x^2$$

route　与式は **n 階オイラーの微分方程式**である．$x = e^t$ と**変数変換**して，**微分演算子** $D = \dfrac{d}{dx}$, $\delta = \dfrac{d}{dt}$ を用いると，①は次のように変換される．

$$\underline{x^n D^n y} + a_1 \underline{x^{n-1} D^{n-1} y} + \cdots + a_{n-2} \underline{x^2 D^2 y} + a_{n-1} \underline{x D y} + a_n y = R(e^t)$$

$x^n D^n y \to \delta(\delta-1)\cdots(\delta-n+1)y$，$x^{n-1}D^{n-1}y \to \delta(\delta-1)\cdots(\delta-n+2)y$，$x^2D^2y \to \delta(\delta-1)y$，$xDy \to \delta y$

これを整理して，**定数係数非同次微分方程式**に**もち込む**ことができる．

$$\delta^n y + b_1 \delta^{n-1} y + \cdots + b_{n-2} \delta^2 y + b_{n-1} \delta y + b_n y = Q(t)$$

$(b_1, b_2, \cdots, b_n$ は定数で $Q(t)$ は t の関数$)$

解答　$x = e^t$ と変数を変換する．$D = \dfrac{d}{dx}, \delta = \dfrac{d}{dt}$ とし，$\dfrac{d^n y}{dx^n} = D^n y$, $\dfrac{d^n y}{dt^n} = \delta^n y$ とする．
$D^n y$ と $\delta^n y$ $(n = 1, 2, \cdots)$ の関係式を示そう．

$x = e^t$ より，$\dfrac{dx}{dt} = e^t = x$ よって，$\dfrac{dt}{dx} = e^{-t} = x^{-1}$ となる．

$$Dy = \frac{dy}{dx} = \frac{dt}{dx} \cdot \frac{dy}{dt} = e^{-t}\delta y = \left[x^{-1} \cdot \delta y\right]$$

$$D^2 y = D(Dy) = \frac{d}{dx}(e^{-t}\delta y) = \frac{dt}{dx} \cdot \frac{d}{dt}(e^{-t}\delta y)$$

$$= e^{-t} \cdot e^{-t}(\delta^2 y - \delta y) = e^{-2t}\delta(\delta-1)y = \left[x^{-2}\delta(\delta-1)y\right]$$

$$D^3 y = D(D^2 y) = \frac{d}{dx}\left\{e^{-2t} \cdot \delta(\delta-1)y\right\} = \frac{dt}{dx}\frac{d}{dt}\left\{e^{-2t} \cdot \delta(\delta-1)y\right\}$$

$$= e^{-t} \cdot e^{-2t}\left\{\delta^2(\delta-1)y - 2\delta(\delta-1)y\right\}$$

$$= e^{-3t}\delta(\delta-1)(\delta-2)y = \left[x^{-3}\delta(\delta-1)(\delta-2)y\right]$$

$$\cdots$$

$$D^n y = e^{-nt}\delta(\delta-1)\cdots\left\{\delta-(n-1)\right\}y = x^{-n}\delta(\delta-1)\cdots\left\{\delta-(n-1)\right\}y$$

よって，この両辺に x^n をかけて，次の式を導くことができる．

$$x^nD^ny=\delta(\delta-1)\cdots\left\{\delta-(n-1)\right\}y\quad(n=1,2,\cdots)$$

これを①に代入して，

$$\delta(\delta-1)\cdots(\delta-n+1)y+a_1\delta(\delta-1)\cdots(\delta-n+2)y+\cdots$$
$$+a_{n-2}\delta(\delta-1)y+a_{n-1}\delta y+a_ny=R(e^t)$$

を得る．これを整理すれば

$$\delta^ny+b_1\delta^{n-1}y+\cdots+b_{n-2}\delta^2y+b_{n-1}\delta y+b_ny=Q(t)$$

（$b_1,b_2,\cdots,b_n$ は定数で，$Q(t)$ は t の関数）

となり，これは定数係数の線形微分方程式である．この方法を

$$x^3y'''+4x^2y''-2xy'-4y=x^2$$

に適用する．$x=e^t$ の変換で，この微分方程式は

$$\delta(\delta-1)(\delta-2)y+4\delta(\delta-1)y-2\delta y-4y=e^{2t}$$

となるから，これを整頓すれば，

$$(\delta^3+\delta^2-4\delta-4)y=e^{2t}$$

よって，$(\delta-2)(\delta+2)(\delta+1)y=e^{2t}$ と書き直せるから，余関数は

$$C_1e^{2t}+C_2e^{-2t}+C_3e^{-t}=C_1x^2+\frac{C_2}{x^2}+\frac{C_3}{x}$$

である．特殊解は

$$\frac{1}{(\delta-2)(\delta+2)(\delta+1)}e^{2t}=\frac{1}{\delta-2}\left[\frac{1}{(\delta+2)(\delta+1)}e^{2t}\right]=\frac{1}{\delta-2}\frac{1}{(2+2)(2+1)}e^{2t}$$

p.59 の III (4)

$$=\frac{1}{\delta-2}\left(\frac{1}{12}e^{2t}\right)=\frac{1}{12}\frac{1}{\delta-2}e^{2t}=\frac{1}{12}e^{2t}\int e^{-2t}\cdot e^{2t}dt=\frac{1}{12}te^{2t}=\frac{1}{12}x^2\log x$$

p.60 の VII (1)

となるから，一般解は次のように与えられる．

$$y=C_1x^2+\frac{C_2}{x^2}+\frac{C_3}{x}+\frac{1}{12}x^2\log x.$$

問　題

22.1 次の微分方程式を解け．

(1) $x^2y''-4xy'+6y=x$　　(2) $x^2y''-xy'+y=\log x$

(3) $x^3y'''+2x^2y''-6xy'=0$

(4) $(2x-1)^2y''-14(2x-1)y'+60y=0$　（$2x-t=e^t$ とおけ）

22.2 次の微分方程式を解け．

(1) $x^3y'''+7x^2y''+8xy'=(\log x)^2$　　(2) $x^3y'''+xy'-y=x\log x$

例題 23 **定数係数連立線形微分方程式 (1)**

次の連立微分方程式を解け.

(1) $\begin{cases} (D-1)y-2z=0 & \cdots ① \\ y+(D-4)z=0 & \cdots ② \end{cases}$ (2) $\begin{cases} Dy+2z=\cos x & \cdots ③ \\ -y+Dz=-\sin x & \cdots ④ \end{cases}$

route **定数係数連立線形微分方程式**である. (1) ① $\times (D-4)+$ ② $\times 2$ とすると, z は消去されて y だけの微分方程式になる. この解を求め, ① に代入して z を求める.

(2) ③ $\times D-$ ④ $\times 2$ とすると z は消去されて y だけの微分方程式になる. この解を求め ③ に代入して z を求める.

navi **連立 1 次方程式を解く要領で未知関数を減らして, 1 つの未知関数の微分方程式にもち込む.**

解答 (1) ① に $D-4$ を作用させたものと ② を 2 倍したものの和を作ると,

$$(D^2-5D+6)y=0$$

これは $(D-2)(D-3)y=0$ と書き直せるから, $y=C_1e^{2x}+C_2e^{3x}$.
次に, これを ① に代入すると

$$z=\frac{1}{2}(D-1)(C_1e^{2x}+C_2e^{3x})=\frac{1}{2}C_1e^{2x}+C_2e^{3x}$$

(2) ③ に D を作用させたものと ④ を 2 倍したものの差を作ると,

$$(D^2+2)y=\sin x$$

この微分方程式の余関数は $C_1\cos\sqrt{2}\,x+C_2\sin\sqrt{2}\,x$ で, 特殊解は

$$\frac{1}{D^2+2}\sin(1\cdot x)=\frac{1}{-1+2}\sin x=\sin x$$

p.59 の IV (3)

$$\therefore \quad y=C_1\cos\sqrt{2}\,x+C_2\sin\sqrt{2}\,x+\sin x$$

これを ③ に代入して,

$$z=\frac{1}{2}\cos x-\frac{1}{2}D\left(C_1\cos\sqrt{2}\,x+C_2\sin\sqrt{2}\,x+\sin x\right)$$
$$=\frac{\sqrt{2}}{2}\left(C_1\sin\sqrt{2}\,x-C_2\cos\sqrt{2}\,x\right).$$

問 題

23.1 次の連立微分方程式を解け.

(1) $\begin{cases} Dy-z=0 \\ y+(D-2)z=0 \end{cases}$ (2) $\begin{cases} (D-3)y-2z=0 \\ y+(D-1)z=0 \end{cases}$

(3) $\begin{cases} (D+1)y-2z=x^2 \\ y+(D-1)z=1 \end{cases}$ (4) $\begin{cases} (D+2)y+5z=e^{2x} \\ 4y+(D+3)z=e^x \end{cases}$

例題 24 **定数係数連立線形微分方程式 (2)**

連立微分方程式 $\begin{cases} (D^2+D+1)y+D^2z=x & \cdots① \\ Dy+(D-1)z=x^2 & \cdots② \end{cases}$ を解け.

route 定数係数連立線形微分方程式である. ①$\times(D-1)-$②$\times D^2$ とすると, D を含まない $y=x+1$ を得る. これを②に代入して, z を求める.

navi 前頁の例題 23 と同様に, 1 つの未知関数の微分方程式にもち込む.

解答 ①に $D-1$ を作用させると $(D-1)(D^2+D+1)y+D^2(D-1)z=(D-1)x$

$$\therefore\quad (D^3-1)y+D^2(D-1)z=1-x \qquad \cdots③$$

②に D^2 を作用させると $D^3y+D^2(D-1)z=D^2x^2$

$$\therefore\quad D^3y+D^2(D-1)z=2 \qquad \cdots④$$

③ − ④をつくると, D を含まない次のような式を得る.

$$y=x+1 \qquad \cdots⑤$$

次に, ⑤を②に代入すると, $D(x+1)+(D-1)z=x^2 \quad \therefore\quad (D-1)z=x^2-1$

$\dfrac{1}{D-1}=-1-D-D^2-D^3-\cdots$ (右辺は x^2-1 であるので D^3 以上は不要) であるので,

$$z=\frac{1}{D-1}(x^2-1)=(-1-D-D^2)(x^2-1)=-(x+1)^2.$$

p.59 の VI

注意 4.12 z を求めるには, y を求めたのと全く同じ方法を用いてもよい. ①に D を, ②に D^2+D+1 を作用させて差を作る.

$$\begin{array}{rl} & D(D^2+D+1)y+D^3z=Dx=1 \\ -) & D(D^2+D+1)y+(D^2+D+1)(D-1)z=(D^2+D+1)x^2=x^2+2x+2 \\ \hline & z=-x^2-2x-1=-(x+1)^2 \end{array}$$

問　題

24.1 次の連立微分方程式を解け.

(1) $\begin{cases} (D^2+D+1)y+(D^2+1)z=e^{2x} \\ (D+1)y+Dz=1 \end{cases}$
(2) $\begin{cases} (D^2+1)y+(D^2+D+1)z=x \\ Dy+(D+1)z=e^x \end{cases}$

(3) $\begin{cases} (D^2+1)y+z=e^{2x} \\ D^4y+(D^2-1)z=x \end{cases}$

24.2 連立微分方程式 $\begin{cases} (D-1)w+4y-z=0 \\ (D+2)y-z=0 \\ (D-4)z=0 \end{cases}$ を解け.

研究　定数係数の n 階同次線形微分方程式の基本解

まず 1 階線形微分方程式

$$(D-a)y=0$$

の解は Ce^{ax} である．次に 2 階線形微分方程式

$$(D^2+px+q)y=0$$

において，

$$D^2+pD+q=(D-\alpha_1)(D-\alpha_2)\quad(\alpha_1,\alpha_2\text{ は実数})$$

であるとすると，この方程式は

$$(D-\alpha_1)\{(D-\alpha_2)y\}=0$$

と表されるので

$$(D-\alpha_2)y=C_1e^{\alpha_1 x}\quad(1\text{ 階線形微分方程式})$$

$$y=\frac{1}{D-\alpha_2}C_1e^{\alpha_1 x}=C_1e^{\alpha_2 x}\int e^{-\alpha_2 x}e^{\alpha_1 x}dx$$

p.60 の VII

$$=C_1e^{\alpha_2 x}\int e^{(\alpha_1-\alpha_2)x}dx$$

ここで $\alpha_1\neq\alpha_2$ ならば

$$y=C_1e^{\alpha_2 x}\left\{\frac{1}{\alpha_1-\alpha_2}e^{(\alpha_1-\alpha_2)x}+C_2\right\}=\frac{C_1}{\alpha_1-\alpha_2}e^{\alpha_1 x}+C_1C_2e^{\alpha_2 x}$$

$$=C_1e^{\alpha_1 x}+C_2e^{\alpha_2 x}\quad(\text{定数を書きかえる})$$

また，これをくりかえして，$P(D)=D^n+a_1D^{n-1}+\cdots+a_{n-1}D+a_n$ のとき

$$P(D)y=0\qquad\cdots①$$

において，特性方程式で相異なる n 個の実数解をもつ．すなわち，

$$P(D)=(D-\alpha_1)(D-\alpha_2)\cdots(D-\alpha_n)$$

であるとすると，この微分方程式の解は次のようになる．

$$y=C_1e^{\alpha_1 x}+C_2e^{\alpha_2 x}+\cdots+C_ne^{\alpha_n x}$$

このときロンスキアン $W\neq 0$（⇨ p.44）となることを $n=3$ のときは次のようにしてわかる（n の場合も同様に示すことができる）．

$$W=\begin{vmatrix} e^{\alpha_1 x} & e^{\alpha_2 x} & e^{\alpha_3 x} \\ \alpha_1e^{\alpha_1 x} & \alpha_2e^{\alpha_2 x} & \alpha_3e^{\alpha_3 x} \\ \alpha_1^2e^{\alpha_1 x} & \alpha_2^2e^{\alpha_2 x} & \alpha_3^2e^{\alpha_3 x}\end{vmatrix}=e^{(\alpha_1+\alpha_2+\alpha_3)x}\begin{vmatrix} 1 & 1 & 1 \\ \alpha_1 & \alpha_2 & \alpha_3 \\ \alpha_1^2 & \alpha_2^2 & \alpha_3^2\end{vmatrix}$$

$$=e^{(\alpha_1+\alpha_2+\alpha_3)x}(\alpha_2-\alpha_1)(\alpha_3-\alpha_1)(\alpha_3-\alpha_2)$$

よって，$\alpha_1,\alpha_2,\alpha_3$ が相異なるときは $W\neq 0$ である．

演習問題（第4章）

1　次の微分方程式を解け．

(1)　$y'' + y' + y = x + e^x$

(2)　$y'' + 3y' + 2y = e^x + \cos x$

2　次の微分方程式において括弧内の特殊解 y_1 が与えられたとき，一般解を求めよ．

(1)　$y'' \cos x + y' \sin x + y \sec x = 0$　　$(y_1 = \cos x)$　ただし $\sec x = 1/\cos$ である．

(2)　$y'' - 4xy' + (4x^2 - 2)y = 0$　　$(y_1 = e^{x^2})$

3　次の微分方程式を解け．

(1)　$y'' + y = 2 \sin x \sin 2x$

(2)　$x^2 y'' + 4xy' + 2y = e^x$

4　次の微分方程式を解け．

(1)　$y'' - 4xy' + 4x^2 y = xe^{x^2}$　　（標準形に直す）

(2)　$x^2 y'' - xy' + y = 2 \log x$　　（2 階オイラーの微分方程式）

5　次の微分方程式を解け．

(1)　$(D^3 - 3D^2 + 4D - 2)y = x^2 + e^x$

(2)　$(D^3 - 2D)y = e^{2x} - x$

(3)　$(D^5 - 2D^4 + D^3)y = x^2 + e^{2x}$

(4)　$(D^2 - D + 1)y = \sin 2x$

(5)　$(D^3 + D^2 - D - 1)y = \sin^2 x$

(6)　$(D^4 - 1)y = e^x \cos x$

(7)　$(D^3 - D)y = x^2 e^x - e^x \cos x$

(8)　$(D^2 - 1)y = x \sin x + (1 + x^2)e^{2x}$

6　次の微分方程式を解け．

(1)　$(x-1)^2 y'' - 2(x-1)y' + 2y = 0$　　$(x - 1 = e^t$ とおけ$)$

(2)　$x^3 y''' + 3x^2 y'' + xy' + y = \sin(\log x)$

7　次の連立微分方程式を解け．

(1)　$\begin{cases} (D+3)y + Dz = \sin x \\ (D-1)y + z = \cos x \end{cases}$　　(2)　$\begin{cases} y - 2z + (D+2)w = 0 \\ y - (D+1)z = 0 \\ (D-2)y = 0 \end{cases}$

8　次の微分方程式を解け．

(1)　$y''' - y' = 0$

(2)　$y^{(4)} + y'' + 1 = 0$

5　整級数による解法

何回でも微分可能な関数について，テイラー展開やマクローリン展開ができることは微分積分学で学習した．

この章ではこのような整級数を微分方程式の解法に応用する解法を考える．

5.1　整級数による解法

◆ **係数が解析的のとき**　関数 $f(x)$ が，点 $x=a$ において，

$$f(x)=\sum_{n=0}^{\infty}a_n(x-a)^n=a_0+a_1(x-a)+a_2(x-a)^2+\cdots+a_n(x-a)^n+\cdots$$

と整級数に展開され，右辺の級数が，$|x-a|<r$ $(r>0)$ で収束するとき $f(x)$ は点 $x=a$ で**解析的**であるという．

定理 5.1（係数が解析的のとき）微分方程式 $y''+p(x)y'+q(x)y=r(x)$　$\cdots$①
において，$p(x),q(x),r(x)$ が $x=a$ において解析的であるとき，① の解は $x=a$ で解析的である．

解法 5.1　$p(x),q(x),r(x)$ が $x=a$ で解析的であれば，① の解は
$y=\sum_{k=0}^{\infty}c_k(x-a)^k\cdots$② と表される．したがって，① において $p(x),q(x),r(x)$ をそれぞれ $x=a$ のまわりで整級数に展開し，② を ① に代入してその係数を決定する．

追記 5.1　テイラー展開（マクローリン展開）について復習しておく．

テイラー展開　$f(x)$ が $x=a$ を含むある区間で何回でも微分可能であり，かつ剰余項 $R_n\to 0$ $(n\to\infty)$ のとき $f(x)$ は次のように表される．

$$f(x)=f(a)+\frac{f'(a)}{1!}(x-a)+\cdots+\frac{f^{(n)}(a)}{n!}(x-a)^n+\cdots \qquad \cdots③$$

ここで特に $a=0$ の場合を**マクローリン展開**という．次にこの典型的な例を示しておこう．

$$e^x=\sum_{k=0}^{\infty}\frac{x^k}{k!} \qquad \cdots④ \qquad\qquad \cos x=\sum_{k=0}^{\infty}\frac{(-1)^k}{(2k)!}x^{2k} \qquad \cdots⑤$$

$$\sin x=\sum_{k=0}^{\infty}\frac{(-1)^k x^{2k+1}}{(2k+1)!} \qquad \cdots⑥ \qquad\qquad \log(1+x)=\sum_{k=1}^{\infty}\frac{(-1)^{k-1}}{k}x^k \qquad \cdots⑦$$

ただし，④, ⑤, ⑥のときは $-\infty<x<\infty$，⑦のときは $-1<x\leqq 1$．

注意 5.1　$p(x),q(x),r(x)$ が解析的であるような点をこの微分方程式の**正則点**，そうでない点を**特異点**という．

例題 1 **整級数による解法（係数が解析的のとき）(1)**

$x=0$ のまわりの整級数を用いて，微分方程式 $y'=x^2+y$ …① を解け．

route $y'+\underset{p(x)}{\underline{(-1)}}y=\underset{r(x)}{\underline{x^2}}$ より，$\underline{p(x)=-1}$，$\underline{r(x)=x^2}$ は $x=0$ において**解析的**である．

（$p(x)=-1+0\cdot x+0\cdot x^2+\cdots$，$r(x)=0+0\cdot x+x^2+0\cdot x^3+\cdots$）

p.80 の定理 5.1 は 1 階線形微分方程式の場合も成立するので①は $x=0$ のまわりの整級数解をもつ．この整級数解を $y=\sum_{n=0}^{\infty}c_nx^n$ とおいて，①に代入して $c_0, c_1, \cdots, c_n, \cdots$ を決定する．

navi この章では**整級数 $a_0+a_1(x-a)+\cdots+a_n(x-a)^n+\cdots$ を用いて**微分方程式の解を求めるという**新しい整級数による解法**を身につけよう．

解答 $x=0$ はこの微分方程式の正則点であるから，p.80 の定理 5.1 は 1 階線形微分方程式の場合も成立する．よって $x=0$ のまわりの整級数解をもつ．いま，

$$y=\sum_{n=0}^{\infty}c_nx^n,\quad y'=\sum_{n=1}^{\infty}nc_nx^{n-1}$$

を与えられた微分方程式に代入すると，

$$y'-x^2-y=\sum_{n=1}^{\infty}nc_nx^{n-1}-x^2-\sum_{n=0}^{\infty}c_nx^n$$
$$=(c_1-c_0)+(2c_2-c_1)x+(3c_3-c_2-1)x^2+\cdots+(nc_n-c_{n-1})x^{n-1}+\cdots=0.$$

よって $c_1-c_0=0,\quad 2c_2-c_1=0,\quad 3c_3-c_2-1=0,\quad \cdots,\quad nc_n-c_{n-1}=0\quad (n\geqq 4).$

$$\therefore\quad c_1=c_0,\ c_2=\frac{c_0}{2},\ c_3=\frac{1+c_2}{3}=\frac{2+c_0}{3!},\ \cdots,\ c_n=\frac{c_{n-1}}{n}=\cdots=\frac{2+c_0}{n!}\ (n\geqq 4)$$

したがって一般解は（c_0 を任意定数として）次のようになる．

$$y=c_0+c_0x+\frac{c_0}{2}x^2+\frac{2+c_0}{3!}x^3+\cdots+\frac{2+c_0}{n!}x^n+\cdots$$
$$=(2+c_0)\underbrace{\left(1+x+\frac{x^2}{2!}+\frac{x^3}{3!}+\cdots+\frac{x^n}{n!}+\cdots\right)}_{e^x}-x^2-2x-2$$
$$=(2+c_0)e^x-x^2-2x-2$$

問　題

1.1 $x=0$ のまわりの整級数を用いて，次の微分方程式を解け．

(1) $y'+2xy=1$　　(2) $y'-2xy=x$

1.2 初期条件「$x=0$ のとき $y=1$」のもとで，次の微分方程式を，整級数を用いて解け．

$$y'=1+x+y$$

例題 2 **整級数による解法（係数が解析的のとき）(2)**

x の整級数を用いて微分方程式 $y''+w^2y=0$ …① を解け（w は正の定数）．

route $y''+\underset{q(x)}{\underline{w^2}}y=\underset{r(x)}{\underline{0}}$ において，$q(x)=w^2$, $r(x)=0$ は $x=0$ で**解析的**である．
($q(x)=w^2+0\cdot x+0\cdot x^2+\cdots$, $r(x)=0+0\cdot x+0\cdot x^2+\cdots$)

よって，p.80 の解法 5.1 より①の解を $y=\displaystyle\sum_{n=0}^{\infty}a_nx^n$ とおき，これを①に代入して，$c_0, c_1, \cdots, c_n, \cdots$ を決定する．

navi 注意 5.2 の方法で解くと簡単であるが，**全く新しい手法である**，**整級数による解法を用いる**．

解答 ①の解を $y=\displaystyle\sum_{k=0}^{\infty}a_kx^k$ …② とおく．②の両辺を順に 2 回微分すると，

$$y'=\sum_{k=1}^{\infty}ka_kx^{k-1}\ \cdots③,\quad y''=\sum_{k=2}^{\infty}k(k-1)a_kx^{k-2}=\sum_{k=0}^{\infty}\underline{(k+2)(k+1)a_{k+2}x^k}\ \cdots④$$

スタートを $k=0$ にそろえた

②と④を①に代入すると，

$$y''+w^2y=\sum_{k=0}^{\infty}\Big\{(k+2)(k+1)a_{k+2}+w^2a_k\Big\}x^k=0$$

すべての x に対して成り立たなくてはいけないので，$k=0,1,2,\cdots$ に対して，

$$(k+2)(k+1)a_{k+2}+w^2a_k=0\qquad\therefore\quad a_{k+2}=-\frac{w^2}{(k+2)(k+1)}a_k$$

(i) $a_0\fallingdotseq 0$ とすると，$a_2=-\dfrac{w^2}{2!}a_0,\quad a_4=-\dfrac{w^2}{4\cdot3}a_2=-\dfrac{w^2}{4\cdot3}\left(\dfrac{w^2}{2!}a_0\right)=\dfrac{w^4}{4!}a_0,$

$a_6=-\dfrac{w^2}{6\cdot5}a_4=-\dfrac{w^6}{6!}a_0,\quad\cdots,\quad a_{2n}=(-1)^n\dfrac{w^{2n}}{(2n)!}a_0$

(ii) $a_1\fallingdotseq 0$ とすると，$a_3=-\dfrac{w^2}{3!}a_1,\quad a_5=-\dfrac{w^2}{5\cdot4}a_3=-\dfrac{w^2}{5\cdot4}\left(-\dfrac{w^2}{3!}a_1\right)=\dfrac{w^4}{5!}a_1,$

$a_7=-\dfrac{w^2}{7\cdot6}a_5=-\dfrac{w^6}{7!}a_1,\quad\cdots,\quad a_{2n+1}=(-1)^n\dfrac{w^{2n}}{(2n+1)!}a_1$

$$\therefore\quad y=a_0\underbrace{\left\{1-\frac{(wx)^2}{2!}+\frac{(wx)^4}{4!}-\frac{(wx)^6}{6!}+\cdots\right\}}_{\cos wx}+\frac{a_1}{w}\underbrace{\left\{\frac{wx}{1!}-\frac{(wx)^3}{3!}+\frac{(wx)^5}{5!}-\cdots\right\}}_{\sin wx}$$

$$=C_1\cos wx+C_2\sin wx\quad(a_0=C_1, a_1/w=C_2 \text{とおく})$$

注意 5.2 ①を演算子を使って表すと，$(D^2+w^2)y=0$ となり，特性方程式 $\lambda^2+w^2=0$ を解いて，$\lambda=\pm iw$ $(w>0)$．ゆえに一般解は $y=C_1\cos wx+C_2\sin wx$ である．

問 題

2.1 x の整級数を用いて，次の微分方程式を解け．

(1) $y''-y=0$　　(2) $y''+xy'+y=0$　　(3) $y''-xy'+2y=0$

◆ **確定特異点をもつとき** 同次微分方程式 $y'' + P(x)y' + Q(x)y = 0$ $\cdots$ ①
において，$P(x), Q(x)$ が $x = a$ で解析的でないが，

$$(x-a)P(x), \quad (x-a)^2 Q(x)$$

が $x = a$ で解析的ならば点 $x = a$ を ① の**確定特異点**という．この場合
$p(x) = (x-a)P(x)$, $q(x) = (x-a)^2 Q(x)$ とおけば ① は

$$(x-a)^2 y'' + (x-a)p(x)y' + q(x)y = 0$$

となり，$p(x), q(x)$ は $x = a$ で解析的である．

定理 *5.2* （確定特異点をもつとき）2 階同次線形微分方程式

$$(x-a)^2 y'' + (x-a)p(x)y' + q(x)y = 0 \qquad \cdots ②$$

において，$p(x), q(x)$ は点 $x = a$ で解析的で，

$$p(x) = \sum_{n=0}^{\infty} a_n (x-a)^n, \quad q(x) = \sum_{n=0}^{\infty} b_n (x-a)^n \qquad \cdots ③$$

であるとする．このとき，微分方程式 ② は

$$y = (x-a)^{\lambda} \sum_{n=0}^{\infty} c_n (x-a)^n$$

の形の解をもつ．ただし，③ より $a_0 = p(a)$, $b_0 = q(a)$ のとき，λ は

$$\lambda^2 + (a_0 - 1)\lambda + b_0 = 0 \qquad \cdots ④$$

の解である．④ を微分方程式 ② の**決定方程式**という．

解法 *5.2* 微分方程式 ② において，$p(x), q(x)$ は点 $x = a$ で解析的で，それぞれ ③ の形の整級数に表されているとする．また，決定方程式 ④ の 2 つの解を λ_1, λ_2 とする．この解を**指数**という．

(i) $\lambda_1 \fallingdotseq \lambda_2$ かつ $\lambda_1 - \lambda_2 \fallingdotseq$ 整数のときは，λ_1, λ_2 に対応する整級数解

$$y_1 = (x-a)^{\lambda_1} \sum_{n=0}^{\infty} c_n (x-a)^n,$$

$$y_2 = (x-a)^{\lambda_2} \sum_{n=0}^{\infty} d_n (x-a)^n$$

は 1 次独立で，一般解は y_1, y_2 の 1 次結合で表される．

(ii) $\lambda_1 = \lambda_2$ または $\lambda_1 - \lambda_2 =$ 整数のときは，

$$y_1 = (x-a)^{\lambda_1} \sum_{n=0}^{\infty} c_n (x-a)^n,$$

$$y_2 = c y_1(x) \log x + (x-a)^{\lambda_2} \sum_{n=0}^{\infty} d_n (x-a)^n$$

の形の 1 次独立な解をもち，一般解は y_1, y_2 の 1 次結合である．

λ_1 または λ_2 に対応する解を 1 つ求め，他方の解は，p.51 の**解法 4.3**を用いてもよい．

例題 3　**整級数による解法（確定特異点をもつとき）(3)**

次の微分方程式を解け．

(1)　$y'' + \dfrac{1}{2x}y' + \dfrac{1}{4x}y = 0$　$\cdots$①　　(2)　$y'' + \dfrac{3}{x}y' - \dfrac{3}{x^2}y = 0$　$\cdots$②

route　(1), (2) ともに **$x=0$ が確定特異点**である．(1) は決定方程式の 2 つの指数 λ_1, λ_2 が **$\lambda_1 \fallingdotseq \lambda_2$, $\lambda_1 - \lambda_2 \fallingdotseq$ 整数**より p.83 の**解法 5.2 (i)** を用いる．(2) は **$\lambda_1 - \lambda_2 =$ 整数**であるので，**解法 5.2 (ii)** の前半より，1 つの解を求め，p.51 の**解法 4.3** を用いてもう 1 つの解を求める．

navi　**$y'' + P(x)y' + Q(x)y = 0$** の**級数解法**で，$P(x), Q(x)$ が**解析的でなくても確定特異点**ならば**級数解をもつ**．

解答　(1)　$P(x) = \dfrac{1}{2x}$, $Q(x) = \dfrac{1}{4x}$ とおくと，$xP(x) = \dfrac{1}{2}$, $x^2Q(x) = \dfrac{x}{4}$ より $x=0$ は①

$a_0 \to \boxed{\tfrac{1}{2}} + 0\cdot x + 0\cdot x^2 + \cdots$　　$b_0 \to \boxed{0} + \tfrac{1}{4}x + 0\cdot x + 0\cdot x^2 + \cdots$

の確定特異点で，決定方程式は $\lambda^2 + (1/2 - 1)\lambda = \lambda^2 - \lambda/2 = 0$ ゆえに，指数は $\lambda_1 = 1/2, \lambda_2 = 0$ であり，その差は整数ではない．よって p.83 の**解法 5.2** (i) を用いる．まず，$\lambda = 1/2$ から $y = x^{1/2}\displaystyle\sum_{n=0}^{\infty} c_n x^n \cdots$③ とおき，$y'$, y'' を求め，これらを①に代入すると，

$$\sum_{n=0}^{\infty}\left(n^2 - \frac{1}{4}\right)c_n x^{n-3/2} + \sum_{n=0}^{\infty}\frac{1}{2}\left(n + \frac{1}{2}\right)c_n x^{n-3/2} + \sum_{n=0}^{\infty}\frac{1}{4}c_n x^{n-1/2} = 0$$

3 番目の和において，番号を 1 つずらすと

$$\sum_{n=0}^{\infty}\left(n^2 - \frac{1}{4}\right)c_n x^{n-3/2} + \sum_{n=0}^{\infty}\frac{1}{2}\left(n + \frac{1}{2}\right)c_n x^{n-3/2} + \sum_{n=1}^{\infty}\frac{1}{4}c_{n-1} x^{n-3/2} = 0$$

$$\left\{\left(-\frac{1}{4}\right)c_0 + \frac{1}{4}c_0\right\}x^{-3/2}$$

$$+\sum_{n=1}^{\infty}\left\{\left(n^2 - \frac{1}{4}\right)c_n + \frac{1}{2}\left(n + \frac{1}{2}\right)c_n + \frac{1}{4}c_{n-1}\right\}x^{n-3/2} = 0$$

となる．これは x の恒等式であるので，次式が成り立つ．

$$\left\{\left(n^2 - \frac{1}{4}\right) + \frac{1}{2}\left(n + \frac{1}{2}\right)\right\}c_n + \frac{1}{4}c_{n-1} = 0 \quad (n = 1, 2, 3, \cdots) \qquad \cdots ④$$

よって，この漸化式に $n = 1, 2, 3, \cdots$ を順に代入すると $c_1, c_2, \cdots$ は c_0 を用いて，

$$c_1 = -\frac{c_0}{3!}, \quad c_2 = \frac{c_0}{5!}, \quad \cdots, \quad c_n = \frac{(-1)^n c_0}{(2n+1)!}, \quad \cdots \qquad \cdots ⑤$$

と表される．これを③に代入すると

$$y = c_0 \left(\underbrace{\sqrt{x} - \frac{(\sqrt{x})^3}{3!} + \frac{(\sqrt{x})^5}{5!} - \frac{(\sqrt{x})^7}{7!} + \cdots}_{\sin\sqrt{x}} \right) = c_0 \sin\sqrt{x} \qquad \cdots ⑥$$

がこの微分方程式の 1 つの解であることがわかる．

次に $\lambda = 0$ から同じように $y = \sum_{n=0}^{\infty} d_n x^n \cdots$ ⑦ とおいて y', y'' を求め，これらを ① に代入すると，

$$\sum_{n=1}^{\infty} \left\{ n(n-1) + \frac{n}{2} \right\} d_n x^n + \sum_{n=1}^{\infty} \frac{1}{4} d_{n-1} x^n = 0$$

となる．この両辺を比較して，$n(n-1/2)d_n = (-1/4)d_{n-1}$ を得る．

よって $\quad d_n = -\dfrac{1}{2n(2n-1)} d_{n-1} = \cdots = \dfrac{(-1)^n}{(2n)!} d_0 \quad (n = 1, 2, \cdots)$

$$\therefore \quad y = d_0 \left(\underbrace{1 - \frac{(\sqrt{x})^2}{2!} + \frac{(\sqrt{x})^4}{4!} - \cdots + (-1)^n \frac{(\sqrt{x})^{2n}}{(2n)!} + \cdots}_{\cos\sqrt{x}} \right) = d_0 \cos\sqrt{x} \qquad \cdots ⑧$$

ゆえに ⑥, ⑧ より求める一般解は $y = c_0 \sin\sqrt{x} + d_0 \cos\sqrt{x}$.

(2) $P(x) = \dfrac{3}{x}$, $Q(x) = \dfrac{-3}{x^2}$ とおくと，$\underline{xP(x) = 3}$, $\underline{x^2 Q(x) = -3}$ はともに $x = 0$ で解

$\uparrow \; \mathbf{3} + 0 \cdot x + 0 \cdot x^2 + \cdots \qquad \uparrow \; \mathbf{-3} + 0 \cdot x + 0 \cdot x^2 + \cdots$

析的なので $x = 0$ は ② の確定特異点である．決定方程式は $\lambda^2 + 2\lambda - 3 = 0$ で，指数は $\lambda_1 = 1$, $\lambda_2 = -3$. $\lambda_1 - \lambda_2 =$ 整数より，p.83 の**解法 5.2** (ii) の前半を用いる．

$\lambda_1 = 1$ のとき，$y = x \sum_{n=0}^{\infty} c_n x^n \cdots$ ⑨ とおいて，y', y'' を求め ② に代入する．

$$\sum_{n=0}^{\infty} \Big[n(n+1) + 3(n+1) - 3 \Big] c_n x^{n-1} = 0. \quad \text{よって} \quad (n^2 + 4n)c_n = 0.$$

ゆえに，$n = 1, 2, \cdots$ のとき，$n(n+4) > 0$ なので $c_1 = c_2 = \cdots = 0$ となり，基本解 $y_1 = x$ を得る．ここで**解法 5.2** (ii) をそのまま使わないで，p.51 の**解法 4.3**（1 つの解がわかったとき，もう 1 つの解を求める方法）を用いてもう 1 つの解を求める．

いま，$y = ux$ とおいて，与式を書き直すと，$u'' + \dfrac{5}{x} u' = 0$ となる．これは u' についての変数分離形である．よって，

$$u' = Ce^{-\int \frac{5}{x} dx} = \frac{C}{x^5} \qquad \therefore \quad y = ux = x \left(\int \frac{C}{x^5} dx + C_2 \right) = \frac{C_1}{x^3} + C_2 x$$

問 題

3.1 次の微分方程式を解け．

(1) $2xy'' + (1 - 2x)y' - y = 0$ (2) $xy'' + y = 0$

5.2 ルジャンドルの微分方程式

◆ **ルジャンドルの微分方程式**　α を任意の実数とするとき，

$$(1-x^2)y''-2xy'+\alpha(\alpha+1)y=0$$

の形の微分方程式を**ルジャンドルの微分方程式**という．この α は 0 以上の整数であることが多いので，ここでは特に $\alpha=n$ とおいて，

$$(1-x^2)y''-2xy'+n(n+1)y=0 \quad (n=0,1,2,\cdots) \qquad \cdots①$$

について考える．この ① を

$$y''-\frac{2x}{1-x^2}y'+\frac{n(n+1)}{1-x^2}y=0$$

と書き直したとき，$p(x)=-\dfrac{2x}{1-x^2}$，$q(x)=\dfrac{n(n+1)}{1-x^2}$ は $p(x)=-2x(1+x^2+x^4+\cdots)$，$q(x)=n(n+1)(1+x^2+x^4+\cdots)$ より，$x=0$ で解析的である．

よって $x=0$ は①の正則点であるので①は $y=\sum_{k=0}^{\infty}a_kx^k\cdots②$ の形の級数解をもつ．

$$y'=\sum_{k=1}^{\infty}ka_kx^{k-1} \quad \cdots③, \qquad y''=\sum_{k=2}^{\infty}k(k-1)x^{k-2} \quad \cdots④$$

であるので ②, ③, ④ を ① に代入して，

$$(1-x^2)\sum_{k=2}^{\infty}k(k-1)a_kx^{k-2}-2x\sum_{k=1}^{\infty}ka_kx^{k-1}+n(n+1)\sum_{k=0}^{\infty}a_kx^k=0$$

$\boldsymbol{k=2}$ から出発して，$\boldsymbol{x^k}$ の形に揃えると，

$$2a_2+n(n+1)a_0+\{6a_3-2a_1+n(n+1)a_1\}x$$
$$+\sum_{k=2}^{\infty}\Big\{(k+2)(k+1)a_{k+2}-\Big(k(k-1)a_k+2ka_k-n(n+1)a_k\Big)\Big\}x^k=0$$

これは x の恒等式であるから，係数はすべて 0 となるので，

$$\begin{cases} 2a_2+n(n+1)a_0=0 & \cdots⑤ \\ 6a_3-2a_1+n(n+1)a_1=0 & \cdots⑥ \\ (k+2)(k+1)a_{k+2}-\Big\{k(k+1)-n(n+1)\Big\}a_k=0 & \cdots⑦ \end{cases}$$

⑤, ⑥ はそれぞれ ⑦ で $k=0,1$ に相当するので，a_k の項をまとめると，

$$k^2-n^2+k-n=(k-n)(k+n)+k-n=-(n-k)(n+k+1)$$

$$\therefore \quad a_{k+2}=-\frac{(n-k)(n+k+1)}{(k+2)(k+1)}a_k \quad (k=0,1,2,3,\cdots) \qquad \cdots⑧$$

a_0 と a_1 を任意定数とすると，上記微分方程式 ① の一般解は次のようになる．

$$y=(a_0+a_2x^2+a_4x^4+\cdots)+(a_1x+a_3x^3+a_5x^5+\cdots) \qquad \cdots⑨$$

この各係数に p.86 の⑧を用いると,

$$y = a_0\left\{1 - \frac{n\times(n+1)}{2!}x^2 + \frac{n(n-2)\times(n+1)(n+3)}{4!}x^4 - \frac{n(n-2)(n-4)\times(n+1)(n+3)(n+5)}{6!}x^6 + \cdots\right\}$$
$$+ a_1\left\{x - \frac{(n-1)\times(n+2)}{3!}x^3 + \frac{(n-1)(n-3)\times(n+2)(n+4)}{5!}x^5 - \frac{(n-1)(n-3)(n-5)\times(n+2)(n+4)(n+6)}{7!}x^7 + \cdots\right\}$$

いま,$u_n(x) = 1 - \dfrac{n\times(n+1)}{2!}x^2 + \dfrac{n(n-2)\times(n+1)(n+3)}{4!}x^4 - \cdots$ …⑩

$v_n(x) = x - \dfrac{(n-1)\times(n+2)}{3!}x^3 + \dfrac{(n-1)(n-3)\times(n+2)(n+4)}{5!}x^5 - \cdots$ …⑪

とおくと,$u_n(x), v_n(x)$ は 1 次独立な解である($u_n(x) = Cv_n(x)$ の形になることはない).よって,p.86 の①の基本解となり得る.ゆえに

ルジャンドルの微分方程式 $(1-x^2)y'' - 2xy' + n(n+1)y = 0$ の一般解は次式のようになる.

$$y = a_0 u_n(x) + a_1 v_n(x) \quad (a_0, a_1 \text{は任意定数}) \qquad \cdots⑫$$

次に $u_n(x), v_n(x)$ のいずれか一方は無限級数であるが,他方は有限な多項式になることを示そう.

(i) $n = 2m$(偶数)のとき,

$u_{2m}(x)$ の各係数の分子の青字の部分が $2m,\ 2m(2m-1), \cdots$ と変化し,第 $(m+2)$ 項目は $2m(2m-2)(2m-4)\cdots(2m-2m) = 0$ となりそれ以降の項も 0 になる.よって,$u_{2m}(x)$ は $(m+1)$ 項の多項式になる.このとき,$v_0(x), v_2(x), v_4(x), \cdots$ は係数の分子に 0 となる要素がないから無限級数になる.

(ii) $n = 2m+1$(奇数)のとき,

$v_{2m+1}(x)$ の各係数の分子の青字の部分が,$2m+1-1,\ (2m+1-1)(2m+1-3),$ $(2m+1-1)(2m+1-3)(2m+1-5), \cdots$ と変化し,第 $(m+2)$ 項目は,

$$(2m+1-1)(2m+1-3)\cdots\bigl(2m+1-(2m+1)\bigr) = 0$$

となって,それ以降もすべて 0 となる.ゆえに $v_{2m+1}(x)$ は $(m+1)$ 項の多項式になる.このとき,$u_1(x), u_3(x), u_5(x), \cdots$ は係数の分子に 0 となる要素がないから無限級数になる.

◆ **ルジャンドルの多項式**　有限の多項式 $u_0(x)$, $v_1(x)$, $u_2(x)$, $v_3(x)$, $u_4(x)$, $v_5(x)$, $\cdots$ にある定数をかけても，ある定数で割っても，これらはルジャンドルの微分方程式（p.86 の①）に基本解であることに変りはない．それで $x=1$ のときの値が1となるように $u_0(x)$, $v_1(x)$, $u_2(x)$, $v_3(x)$, $u_4(x)$, $v_5(x)$, $\cdots$ をそれぞれ，定数 $u_0(1)$, $v_1(1)$, $u_2(1)$, $v_3(1)$, $u_4(1)$, $v_5(1)$, $\cdots$ で割った関数列を

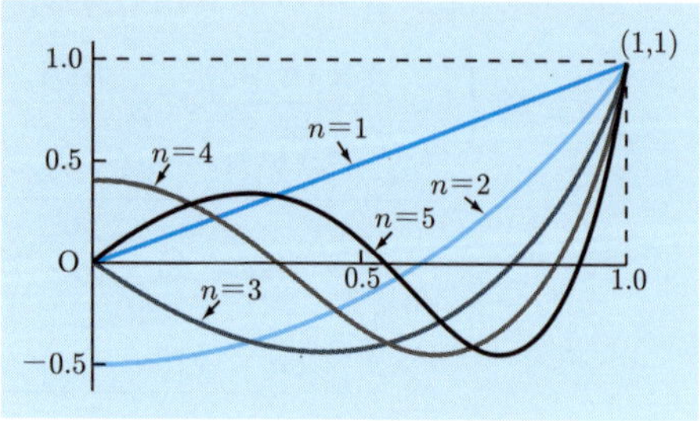

図 5.1　ルジャンドルの多項式 $P_n(x)$ のグラフ

$$P_n(x) \quad (n=0,1,2,\cdots)$$

で表し，**ルジャンドルの多項式**という．

次に p.87 の ⑩, ⑪ を用いて，具体的にルジャンドルの多項式 $P_n(x)$ を求めると，次のようになる．

$u_0(x)=1$　　$u_0(1)=1$ で割って $\Rightarrow P_0(x)=1$　　$\cdots$①

$v_1(x)=x$　　$v_1(1)=1$ で割って $\Rightarrow P_1(x)=x$　　$\cdots$②

$u_2(x)=1-3x^2$　　$u_2(1)=-2$ で割って $\Rightarrow P_2(x)=\dfrac{3}{2}x^2-\dfrac{1}{2}$　　$\cdots$③

$v_3(x)=x-\dfrac{5}{3}x^3$　　$v_3(1)=-\dfrac{2}{3}$ で割って

$\Rightarrow P_3(x)=\dfrac{5}{2}x^3-\dfrac{3}{2}x$　　$\cdots$④

$u_4(x)=1-10x^2+\dfrac{35}{3}x^4$　　$u_4(1)=\dfrac{8}{3}$ で割って

$\Rightarrow P_4(x)=\dfrac{1}{8}(35x^4-30x^2+3)$　　$\cdots$⑤

$v_5(x)=x-\dfrac{14}{3}x^3+\dfrac{21}{5}x^5$　　$v_5(1)=\dfrac{8}{15}$ で割って

$\Rightarrow P_5(x)=\dfrac{63}{8}x^5-\dfrac{70}{8}x^3+\dfrac{15}{8}x$　　$\cdots$⑥

$\cdots$

定理 *5.3*（**ロドリグの公式**）ルジャンドルの多項式は次の形に書くことができる．

ロドリグの公式　$$P_n(x)=\frac{1}{2^n n!}\frac{d^n}{dx^n}(x^2-1)^n \quad (n=0,1,2,\cdots)$$　$\cdots$⑦

例題 4 **ルジャンドルの多項式**

ロドリグの公式を利用して，ルジャンドルの多項式 $P_2(x), P_3(x), P_4(x)$ を求めよ．

route ロドリグの公式（➪ p.88 の ⑦）を用いる．

navi p.88 では p.87 の ⑩, ⑪ を用いて $u_2(x), v_3(x), u_4(x)$ 等を求め，さらにそれぞれを $u_2(1), v_3(1), u_4(1)$ 等で割ってルジャンドルの多項式 $P_2(x), P_3(x), P_4(x)$ を求めた．しかし**ロドリグの公式を用いるとルジャンドルの多項式は簡単に求まる**．**ロドリグの公式の威力**である．

解答 ロドリグの公式（➪ p.88 の ⑦）を用いる．

(1) $n=2$ のとき，

$$P_2(x) = \frac{1}{2^2\cdot 2!}\frac{d^2}{dx^2}(x^2-1)^2 = \frac{1}{2^2\cdot 2!}\frac{d^2}{dx^2}(x^4-2x^2+1) = \frac{1}{2}(3x^2-1)$$

(2) $n=3$ のとき，

$$P_3(x) = \frac{1}{2^3\cdot 3!}\frac{d^3}{dx^3}(x^2-1)^3 = \frac{1}{2^3\cdot 3!}\frac{d^3}{dx^3}(x^6-3x^4+3x^2-1) = \frac{1}{2}(5x^3-3x)$$

(3) $n=4$ のとき，

$$P_4(x) = \frac{1}{2^4\cdot 4!}\frac{d^4}{dx^4}(x^2-1)^4 = \frac{1}{2^3\cdot 3!}\frac{d^4}{dx^4}(x^8-4x^6+6x^4-4x^2+1)$$

$$= \frac{1}{2^4\cdot 4!}\cdot 48(35x^4-30x^2+3) = \frac{1}{8}(35x^4-30x^2+3)$$

注意 5.3 (i) $n=2$ のときのルジャンドルの微分方程式

$$(1-x^2)y''-2xy'+2\cdot 3y=0$$

の一般解は p.87 の ⑫ より $y = a_0u_2(x)+a_1v_2(x) = c_1\boldsymbol{P_2(x)}+c_2v_2(x)$

$$\therefore\quad y = \frac{c_1}{2}(3x^2-1)+c_2\left(x-\frac{1\times 4}{3!}x^3+\frac{1\cdot(-1)\times 4\cdot 6}{5!}x^5-\cdots\right)$$

(ii) $n=3$ のときのルジャンドルの微分方程式

$$(1-x^2)y''-2xy'+3\cdot 4y=0$$

の一般解は p.87 の ⑫ より $y = a_0u_3(x)+a_1v_3(x) = c_1u_3(x)+c_2\boldsymbol{P_3(x)}$

$$\therefore\quad y = c_1\left(1-\frac{3\times 4}{2!}x^2+\frac{3\cdot 1\times 4\cdot 6}{4!}x^4-\cdots\right)+\frac{c_2}{2}(5x^3-3x)$$

問　題

4.1 $P_m(x), P_n(x)$ をルジャンドルの多項式とするとき，次式を証明せよ．

$$\int_{-1}^{1}P_m(x)P_n(x)dx = 0 \quad (m \neq n) \quad \text{(直交性)}$$

5.3 ベッセルの微分方程式

◆ **ベッセルの微分方程式**　定数 $\alpha\,(\geqq 0)$ を用いて,

ベッセルの微分方程式　$$x^2y'' + xy' + (x^2-\alpha^2)y = 0 \quad (\alpha \geqq 0) \qquad \cdots ①$$

の形の微分方程式を**ベッセルの微分方程式**という.

$x \neq 0$ として, ①の両辺を x^2 で割って

$$y'' + \frac{1}{x}y' + \left(1-\frac{\alpha^2}{x^2}\right)y = 0$$

とし, さらに $p(x) = \dfrac{1}{x}$, $q(x) = 1-\dfrac{\alpha^2}{x^2}$ とおくと, $xp(x) = 1$, $x^2q(x) = x^2-\alpha^2$

$\underset{a_0}{1} + 0\cdot x + 0\cdot x^2 + \cdots$

$\underset{b_0}{-\alpha^2} + 0\cdot x + 1\cdot x^2 + 0\cdot x^3 + \cdots$

はいずれも $x=0$ で解析的である. よって $x=0$ は①の確定特異点であるから決定方程式は $\lambda^2-\alpha^2=0$. ゆえに指数は $\lambda = \pm\alpha$ となる.

解法 5.3（ベッセルの微分方程式）$xy'' + xy' + (x^2-\alpha^2)y = 0\ (\alpha \geqq 0)$ の一般解は次のようになる†.

(i)　$\alpha \neq n\ (n = 0, 1, 2, \cdots)$ のとき.

$$y_1 = J_\alpha(x) = \sum_{k=0}^{\infty}\frac{(-1)^k}{k!\,\Gamma(\alpha+k+1)}\left(\frac{x}{2}\right)^{2k+\alpha}$$

（$J_\alpha(x)$ は**第 1 種 α 次ベッセル関数**）

$$y_2 = J_{-\alpha}(x) = \sum_{k=0}^{\infty}\frac{(-1)^k}{k!\,\Gamma(-\alpha+k+1)}\left(\frac{x}{2}\right)^{2k-\alpha}$$

とするとき, 一般解は y_1 と y_2 の 1 次結合である.

(ii)　$\alpha = 0$ のとき. $y_1 = J_0(x)$　（$J_0(x)$ は**第 1 種 0 次ベッセル関数**）

$$y_2 = -\sum_{n=1}^{\infty}\frac{(-1)^n}{(n!)^2}\left(1+\frac{1}{2}+\cdots+\frac{1}{n}\right)\left(\frac{x}{2}\right)^{2n} + J_0(x)\log x$$

とするとき, 一般解は y_1 と y_2 の 1 次結合である.

† α が正の整数の場合は, たとえば小泉澄之著『常微分方程式』（サイエンス社）の 3.3 節を参照のこと.

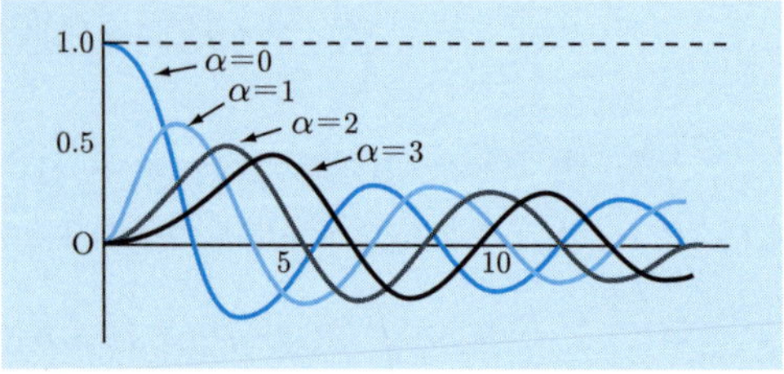

図 5.2　第 1 種 α 次ベッセル関数 $J_n(x)$ のグラフ

例題 5 ―― **ベッセルの微分方程式**

微分方程式 $x^2y'' + xy' + \left(x^2 - \frac{1}{4}\right)y = 0$ の一般解を求めよ．また
$J_{1/2}(x) = \sqrt{\frac{2}{\pi x}}\sin x$，$J_{-1/2}(x) = \sqrt{\frac{2}{\pi x}}\cos x$ となることを示せ．

route p.90 の**解法 5.3**（**ベッセルの微分方程式**）**(i)** を用いよ．

navi ベッセル関数は惑星運動に関するケプラーの方程式を解くために考えられたといわれる．光学や航空工学，宇宙工学などでも用いられる**応用上重要な関数**である．

解答 与式は $\alpha = 1/2 \neq n\,(n = 0, 1, 2, \cdots)$ 次のベッセルの微分方程式である．この一般解 y は

$$y = c_1J_{1/2}(x) + c_2J_{-1/2}(x) \quad (c_1, c_2\text{は任意定数}) \qquad \cdots①$$

である．ここで

$$J_{1/2}(x) = \sum_{k=0}^{\infty}\frac{(-1)^k}{k!\,\Gamma(k+3/2)}\left(\frac{x}{2}\right)^{2k+1/2} \qquad \cdots②$$

$$J_{-1/2}(x) = \sum_{k=0}^{\infty}\frac{(-1)^k}{k!\,\Gamma(k+1/2)}\left(\frac{x}{2}\right)^{2k-1/2} \qquad \cdots③$$

次に ② より $J_{1/2}(x)$ を求めよう．

$$J_{1/2}(x) = \sum_{k=0}^{\infty}\frac{(-1)^k}{k!\,\Gamma(k+3/2)}\left(\frac{x}{2}\right)^{2k+1/2}$$

→ $\left(\frac{x}{2}\right)^{2k+1/2} = \frac{x^{2k+1}}{2^{2k+1}}\cdot\frac{\sqrt{2}}{\sqrt{x}} = \frac{x^{2k+1}}{2^{k+1}\cdot 2^k}\frac{\sqrt{2}}{\sqrt{x}}$

$$= \sum_{k=0}^{\infty}\frac{(-1)^k}{k(k-1)\cdots 2\cdot 1\times\left(k+\frac{1}{2}\right)\left(k-\frac{1}{2}\right)\cdots\frac{3}{2}\cdot\frac{1}{2}\,\Gamma\left(\frac{1}{2}\right)}\times\frac{x^{2k+1}}{2^{k+1}\cdot 2^k}\frac{\sqrt{2}}{\sqrt{x}}$$

k 項の積　$(k+1)$ 項の積　$\sqrt{\pi}$
$(k+1)$ 項の積の各項に 2 をかける
k 項の積の各項に 2 をかける

$$= \sum_{k=0}^{\infty}\frac{(-1)^k}{2k(2k-2)\cdots 4\cdot 2\times(2k+1)(2k-1)\cdots 3\cdot 1\sqrt{\pi}}\cdot\frac{\sqrt{2}}{\sqrt{x}}x^{2k+1}$$

並べ替えて $(2k+1)(2k)(2k-1)\cdots 4\cdot 3\cdot 2\cdot 1 = (2k+1)!$

$$= \sqrt{\frac{2}{\pi x}}\sum_{k=0}^{\infty}\frac{(-1)^k}{(2k+1)!}x^{2k+1}$$

$$= \sqrt{\frac{2}{\pi x}}\left(x - \frac{x^3}{3!} + \frac{x^5}{5!} - \frac{x^7}{7!} + \cdots + \frac{(-1)^n}{(2n+1)!}x^{2n+1} + \cdots\right) = \sqrt{\frac{2}{\pi x}}\sin x \qquad \cdots④$$

（括弧内は $\sin x$）

さらに，$J_{-1/2}(x)$ は次のようになる．

$$J_{-1/2}(x)=\sum_{k=0}^{\infty}\frac{(-1)^k}{k!\,\Gamma(k+1/2)}\left(\frac{x}{2}\right)^{2k-1/2}$$

→ $\left(\frac{x}{2}\right)^{2k-1/2}=\frac{x^{2k}}{2^{2k}}\frac{\sqrt{2}}{\sqrt{x}}=\frac{x^{2k}}{2^k\cdot 2^k}\frac{\sqrt{2}}{\sqrt{x}}$

$$=\sum_{k=0}^{\infty}\frac{(-1)^k}{k(k-1)\cdots 2\cdot 1\times\left(k-\frac{1}{2}\right)\left(k-\frac{3}{2}\right)\cdots\frac{3}{2}\cdot\frac{1}{2}\,\Gamma\left(\frac{1}{2}\right)}\times\frac{x^{2k}\cdot\sqrt{2}}{2^k\cdot 2^k\sqrt{x}}$$

k 項の積　　k 項の積　　$\sqrt{\pi}$

k 項の積の各項に 2 をかける

$$=\sum_{k=0}^{\infty}\frac{(-1)^k}{2k(2k-2)\cdots 4\cdot 2\times(2k-1)(2k-3)\cdots 3\cdot 1\sqrt{\pi}}\frac{\sqrt{2}}{\sqrt{x}}x^{2k}$$

並べ替えて　$2k(2k-1)(2k-2)\cdots 3\cdot 2\cdot 1=(2k)!$

$$=\sqrt{\frac{2}{\pi x}}\sum_{k=0}^{\infty}\frac{(-1)^k}{(2k)!}x^{2k}=\sqrt{\frac{2}{\pi x}}\left(1-\frac{x^2}{2!}+\frac{x^4}{4!}-\cdots+(-1)^n\frac{(-1)^n}{(2n)!}x^{2n}+\cdots\right)$$

$\cos x$

$$=\sqrt{\frac{2}{\pi x}}\cos x \qquad \cdots⑤$$

よって，①, ②, ③, ④, ⑤ により一般解は次のようになる．

$$y=\sqrt{\frac{2}{\pi x}}(c_1\sin x+c_2\cos x).$$

追記 5.2　ガンマ関数については『新版 演習微分積分』（サイエンス社）p.89, 144 に詳しく述べているが，ここでもその定義と性質を書いておく．

(1)　ガンマ関数の定義

$$\Gamma(p)=\int_0^{\infty}x^{p-1}e^{-x}dx \quad (p>0)$$

(2)　ガンマ関数の性質

(i)　$\Gamma(p+1)=p\Gamma(p) \quad (p>0)$

(ii)　$\Gamma(1)=1$

(iii)　$\Gamma(n+1)=n! \quad (n=1,2,3,\cdots)$

(iv)　$\Gamma\left(\frac{1}{2}\right)=\sqrt{\pi}$

(3)　例 $\Gamma\left(\frac{5}{2}\right)=\frac{3}{2}\Gamma\left(\frac{3}{2}\right)=\frac{3}{2}\cdot\frac{1}{2}\boxed{\Gamma\left(\frac{1}{2}\right)}$ （$=\sqrt{\pi}$）

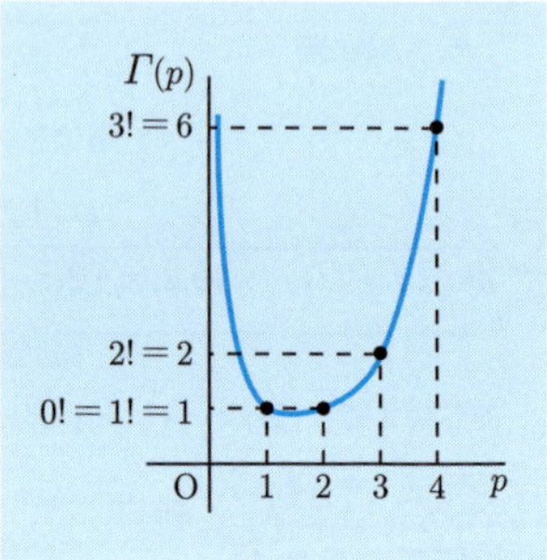

図 5.3　ガンマ関数 $\Gamma(p)$ のグラフ

問　題

5.1　$\sqrt{x}\,J_\alpha(x)$ は微分方程式 $y''+\left(1+\frac{1-4\alpha^2}{4x^2}\right)y=0$ の解であることを示せ．

演習問題（第5章）

1[†] $x=1$ のまわりの整級数を用いて，次の微分方程式を解け．

$$xy' = x + y$$

2 x の整級数を用いて，次の微分方程式を解け．

(1) $y'' - \dfrac{2x}{1-x^2}y' = 0 \quad (|x| < 1)$

(2) $y'' + xy' + 2y = x$

(3) $y'' - xy = 0$

3 次の微分方程式を解け．

$$2x^2(1+x^2)y'' + xy' - 12x^2y = 0$$

4 $P_n(x)$ をルジャンドルの多項式とするとき，次の式を証明せよ．

$$P_n'(x) - xP_{n-1}'(x) = nP_{n-1}(x)$$

5 第 1 種 α 次ベッセル関数について，次の式を証明せよ．

(1) $\left(x^\alpha J_\alpha(x)\right)' = x^\alpha J_{\alpha-1}(x)$

(2) $\left(x^{-\alpha} J_\alpha(x)\right)' = -x^{-\alpha} J_{\alpha+1}(x)$

(3) $J_{\alpha-1}(x) - J_{\alpha+1}(x) = 2J_\alpha'(x), \quad J_{\alpha-1}(x) + J_{\alpha+1}(x) = 2\alpha x^{-1} J_\alpha(x)$

(4) $x^2 J_\alpha''(x) = \left\{\alpha(\alpha-1) - x^2\right\} J_\alpha(x) + xJ_{\alpha+1}(x)$

6 $J_\alpha(x)$ をベッセルの微分方程式 $x^2y'' + xy' + (x^2 - \alpha^2)y = 0$ の解とするとき，$x^{-\alpha}J_\alpha(x)$ は微分方程式

$$xy'' + (1+2\alpha)y' + xy = 0$$

の解であることを示せ．

[†] 与式を $(x-1)y' + y' = 1 + (x-1) + y$ と変形して，$y = \sum_{n=0}^{\infty} c_n(x-1)^n$ を代入せよ．

6　全微分方程式と連立微分方程式

物理学に現れる法則の中には，全微分方程式で記述されるものも多い．2 変数に関する全微分方程式は第 2 章（⇨ p.15）で述べた．この章では，3 変数の場合の全微分方程式およびそれらを連立させた系について考える．

6.1　全微分方程式

◆ **全微分方程式**　P, Q, R がいずれも x, y, z の関数であるとき，

全微分方程式　$$P(x,y,z)dx + Q(x,y,z)dy + R(x,y,z)dz = 0 \qquad \cdots ①$$

の形の微分方程式を**全微分方程式**という．

適当な $u(x,y,z)$ があって，次の比例式

$$\frac{\partial u}{\partial x} : P(x,y,z) = \frac{\partial u}{\partial y} : Q(x,y,z) = \frac{\partial u}{\partial z} : R(x,y,z) \qquad \cdots ②$$

が成り立つとき ① は

$$\frac{\partial u}{\partial x}dx + \frac{\partial u}{\partial y}dy + \frac{\partial u}{\partial z}dz = du = 0$$

となる．ゆえに $u(x,y,z) = c$（c は任意定数）が ① の**一般解**である．このような関数 $u(x,y,z)$（**ポテンシャル関数**）が存在するとき，① は**積分可能**であるという．

定理 6.1（**積分可能の条件**）　全微分方程式 ① が積分可能であるための必要十分条件は，次の ③ が成り立つことである．

$$W_1 = P\left(\frac{\partial Q}{\partial z} - \frac{\partial R}{\partial y}\right) + Q\left(\frac{\partial R}{\partial x} - \frac{\partial P}{\partial z}\right) + R\left(\frac{\partial P}{\partial y} - \frac{\partial Q}{\partial x}\right) = 0 \qquad \cdots ③$$

全微分方程式 ① の特別の形として次のものを**正規形**の全微分方程式という．

$$dz = P(x,y,z)dx + Q(x,y,z)dy \qquad \cdots ④$$

定理 6.2（**積分可能の条件（正規形）**）　正規形の全微分方程式 ④ が積分可能であるための必要十分条件は，次の ⑤ が成り立つことである．

$$W_2 = \left(\frac{\partial P}{\partial y} + \frac{\partial P}{\partial z}Q\right) - \left(\frac{\partial Q}{\partial x} + \frac{\partial Q}{\partial z}P\right) = 0 \qquad \cdots ⑤$$

注意 6.1　前頁積分可能条件③は次のように書くことができる．

$$\begin{vmatrix} Q & R \\ \dfrac{\partial Q}{\partial x} & \dfrac{\partial R}{\partial x} \end{vmatrix} + \begin{vmatrix} R & P \\ \dfrac{\partial R}{\partial y} & \dfrac{\partial P}{\partial y} \end{vmatrix} + \begin{vmatrix} P & Q \\ \dfrac{\partial P}{\partial z} & \dfrac{\partial Q}{\partial z} \end{vmatrix} = 0$$

◆ **完全微分方程式（3 変数の場合）**　全微分方程式①に対して，

$$P(x,y,z)dx + Q(x,y,z)dy + R(x,y,z)dz = du(x,y,z) \qquad \cdots ⑥$$

を満足する関数 $u(x,y,z)$ が存在するとき，①は**完全微分方程式**であるという．

定理6.3（完全微分方程式の条件）　全微分方程式が完全微分方程式であるための必要十分条件は，次の⑦が成り立つことである．

$$\frac{\partial P}{\partial y} = \frac{\partial Q}{\partial x}, \quad \frac{\partial Q}{\partial z} = \frac{\partial R}{\partial y}, \quad \frac{\partial R}{\partial x} = \frac{\partial P}{\partial z} \qquad \cdots ⑦$$

◆ **全微分方程式の解法（変数の 1 つを定数とおく方法）**

解法6.1　全微分方程式①が積分可能であるとき，変数の 1 つ，例えば z を定数と考えると $(dz = 0)$，①は

$$P(x,y,z)dx + Q(x,y,z)dy = 0$$

となり第 2 章（⇨ p.15）で述べた方法で解くことができる．いまその一般解を

$$f(x,y,z) = C$$

とする．次に $\dfrac{\partial f}{\partial x} = \mu P$ により積分因子 μ を求め，

$$\frac{\partial f}{\partial z} - \mu R = g$$

とおく．g は f と z との関数になり，結局①は $df - gdz = 0$ の形に帰着されるから，これを解いて①の一般解が求められる．

解法6.2　正規形の全微分方程式④が積分可能であるとき，例えば，y を定数と考えると $(dy = 0)$，次のようになる．

$$\frac{\partial z}{\partial x} = P(x,y,z)$$

その一般解を $z = \varphi(x,y,f)$ とする．いま，f は y のみの関数である．このとき，

$$R = \frac{Q(x,y,\varphi) - \partial\varphi/\partial y}{\partial\varphi/\partial f} = \frac{df}{dy} \qquad \cdots ⑧$$

は y と f のみの関数であって $\dfrac{df}{dy} = R(y,f)$ の一般解 $f = \psi(y,c)$ を求めて $z = \varphi(x,y,\psi(y,c))$ とすれば，これが④の一般解である．

例題 1 **全微分方程式**

次の全微分方程式を解け

$$yzdx + xzdy + (z^2 - 2xy)dz = 0$$

route 与式は **3 変数の全微分方程式**である．これが積分可能であることを確かめた後 p.95 の**解法 6.1** を用いる．

navi **3 変数**の微分方程式に挑戦する．**変数を 3 から 2 に減らすため，z を定数**と考えて $(dz = 0)$，**解法がわかった形**（2 変数の完全微分形）**にもち込む**．

解答 $P = yz,\ Q = xz,\ R = z^2 - 2xy$ とおく．p.94 の定理 6.1③より

$$W_1 = P\left(\frac{\partial Q}{\partial z} - \frac{\partial R}{\partial y}\right) + Q\left(\frac{\partial R}{\partial x} - \frac{\partial P}{\partial z}\right) + R\left(\frac{\partial P}{\partial y} - \frac{\partial Q}{\partial x}\right)$$
$$= yz(x + 2x) + xz(-2y - y) + (z^2 - 2xy)(z - z) = 0$$

であるので，与式は積分可能である．したがって p.95 の**解法 6.1** より **z を定数**とみると，

$$yzdx + xzdy = zd(xy) = d(xyz) = 0$$
$$\therefore \quad f(x, y, z) = xyz = c$$

次に $\partial f/\partial x = \mu P$ となる μ を求めると $\partial f/\partial x = yz$ であるので，$\mu = 1$ となる．ゆえに

$$\partial f/\partial z - 1 \cdot R = g$$

とおくと，

$$g = xy - (z^2 - 2xy) = 3xy - z^2$$

となる．ゆえに与えられた全微分方程式は，

$$df - (3xy - z^2)dz = 0$$

に帰着される．これを書きかえて，

$$df - (3f/z - z^2)dz = 0$$

とする．これは**変数が 2 つ**の場合であるので p.16 の定理 2.3 (ii) により積分因子が $1/z^3$ であることがわかる．これを両辺にかけると，$(1/z^3)df + (1/z - 3f/z^4)dz = 0$ となる．ゆえに求める一般解は，

$$\frac{f}{z^3} + \log|z| = \frac{xy}{z^2} + \log|z| = C \qquad \therefore \quad z = \pm e^c \exp\left(-\frac{xy}{z^2}\right).$$

問　題

1.1 次の全微分方程式を解け．

(1) $(x - y)dx + (2x^2y + x)dy + 2x^2zdz = 0$

(2) $y^2zdx + (2xyz + z^3)dy + (4yz^2 + 2xy^2)dz = 0$

(3) $(e^xy + e^z)dx + (e^yz + e^x)dy + (e^y - e^xy - e^yz)dz = 0$

例題 2 **全微分方程式（正規形）**

次の全微分方程式を解け．

$$dz = \frac{1+yz}{1-xy}dx + \frac{1+xz}{1-xy}dy$$

route 正規形の全微分方程式である．p.94 の定理 6.2 により積分可能性を確かめ，p.95 の**解法 6.2** を用いる．

navi 変数を 3 から 2 に減らすため，y を定数と考えて $(dy=0)$ 解法がわかった形（1 階線形微分方程式）にもち込む．

解答 与式は正規形の全微分方程式である．いま，$P = \dfrac{1+yz}{1-xy}$, $Q = \dfrac{1+xz}{1-xy}$ とおくと，

$$\frac{\partial P}{\partial y} + \frac{\partial P}{\partial z}Q = \frac{z+x}{(1-xy)^2} + \frac{y}{1-xy}\cdot\frac{1+xz}{1-xy} = \frac{x+y+z+xyz}{(1-xy)^2}$$

$$\frac{\partial Q}{\partial x} + \frac{\partial Q}{\partial z}P = \frac{z+y}{(1-xy)^2} + \frac{x}{1-xy}\cdot\frac{1+yz}{1-xy} = \frac{x+y+z+xyz}{(1-xy)^2}$$

ゆえに $W_2 = 0$ であるので p.94 の定理 6.2 より積分可能である．よって，p.95 の**解法 6.2** を用いる．y を定数と考えると $(dy=0)$

$$\frac{\partial z}{\partial x} = \frac{1+yz}{1-xy} = \frac{1}{1-xy} + \frac{y}{1-xy}z$$

となる．この一般解を求めよう．これは $\dfrac{\partial z}{\partial x} - \dfrac{y}{1-xy}z = \dfrac{1}{1-xy}$ と書けるから，1 階線形微分方程式である．p.12 の解法 2.7 より

$$z = \exp\left(-\int\frac{-y}{1-xy}dx\right)\left(\int\frac{1}{1-xy}\exp\left(-\int\frac{y}{1-xy}dx\right)dx + \underline{f(y)}\right)$$

x について積分したときの積分定数であるから y のみの関数

$$= \frac{x+f}{1-xy} = \varphi(x,y,f)$$

$$\therefore\quad R = \frac{Q(x,y,\varphi) - \dfrac{\partial\varphi}{\partial y}}{\dfrac{\partial\varphi}{\partial f}} = \left(\frac{1+x\dfrac{x+f}{1-xy}}{1-xy} - \frac{x(x+f)}{(1-xy)^2}\right)\Bigg/\frac{1}{1-xy} = 1.$$

ゆえに，$\dfrac{df}{dy} = R = 1$ より $f = y + C$．ゆえに求める一般解は次で与えられる．

$$z = \frac{x+y+C}{1-xy}$$

問　題

2.1 次の全微分方程式を解け．

(1) $dz = \dfrac{z}{y}dy - ydx$　　(2) $dz = \dfrac{y+z}{x}dx + \left\{\dfrac{(y+z)^2}{x} - 1\right\}dy$

6.2 連立微分方程式

◆ **連立微分方程式** $P_1, P_2, Q_1, Q_2, R_1, R_2$ はすべて x, y, z の関数とする．いま，2つの全微分方程式を連立させた**連立微分方程式**を考える．

連立微分方程式
$$\begin{cases} P_1dx + Q_1dy + R_1dz = 0 & \cdots ① \\ P_2dx + Q_2dy + R_2dz = 0 & \cdots ② \end{cases}$$

①$\times R_2 -$ ②$\times R_1$ として，dz を消去すると，
$$\frac{dx}{Q_1R_2 - Q_2R_1} = \frac{dy}{R_1P_2 - R_2P_1}$$
①$\times Q_2 -$ ②$\times Q_1$ として，dy を消去すると
$$\frac{dx}{Q_1R_2 - Q_2R_1} = \frac{dz}{P_1Q_2 - P_2Q_1}$$
となり，連立微分方程式は次のように表すことができる．
$$\frac{dx}{Q_1R_2 - Q_2R_1} = \frac{dy}{R_1P_2 - R_2P_1} = \frac{dz}{P_1Q_2 - P_2Q_1}$$
ここで改めて，

$Q_1R_2 - Q_2R_1 = P(x, y, z)$, $R_1P_2 - R_2P_1 = Q(x, y, z)$, $P_1Q_2 - P_2Q_1 = R(x, y, z)$

とすると，上記連立微分方程式は次のように書くことができる．

連立微分方程式
$$\frac{dx}{P(x, y, z)} = \frac{dy}{Q(x, y, z)} = \frac{dz}{R(x, y, z)} \qquad \cdots ③$$

◆ **連立微分方程式の解法**

解法6.3（両方の式が積分可能の場合） 全微分方程式①, ②の両方とも積分可能の場合は，その2つの解をそれぞれ求めて，連立させたものが解である．

解法6.4（1つの式が積分可能の場合） ①, ②の一方だけが積分可能の場合はまずその解を求め，次に他の方程式から1つの変数を消去し求めた解と連立させる．

解法6.5（両方の式が積分可能でない場合） ①, ②の両方が積分可能でない場合は，任意の関数 l, m, n（x, y, z の関数）に対して
$$\frac{dx}{P} = \frac{dy}{Q} = \frac{dz}{R} = \frac{ldx + mdy + ndz}{lP + mQ + nR} \qquad \cdots ④$$
をつくり，l, m, n を適当にとって積分可能な方程式を導く．特に
$$lP + mQ + nR = 0 \quad になれば \quad ldx + mdy + ndz = 0 \qquad \cdots ⑤$$
であるから，これが積分可能となるように，l, m, n を選ぶことを試みる（➪ p.100 の例題 4）．

例題 3 連立微分方程式（両方または一方の式が積分可能の場合）

次の連立微分方程式を解け．

(1) $\begin{cases} dx + dy + (x+y)dz = 0 & \cdots ① \\ z(dx+dy) + (x+y)dz = 0 & \cdots ② \end{cases}$

(2) $\begin{cases} 2yzdx + x(zdy + ydz) = 0 & \cdots ③ \\ ydx - x^2zdy + ydz = 0 & \cdots ④ \end{cases}$

route 連立微分方程式である．(1) は両方の式が積分可能の場合（⇨ p.94 の定理 6.1）であるから p.98 の**解法 6.3** を用いる．(2) は一方の式が積分可能でない場合（③は積分可能であるが④は積分可能でない）であるから p.98 の**解法 6.4** を用いる．

navi 種々工夫して，解法のわかっている形（全微分形，2 変数の完全微分方程式等）にもち込む．

解答 (1) p.94 の定理 6.1 により，①, ② は積分可能である．よって p.98 の**解法 6.3** を用いる．① より，

$$\frac{dx+dy}{x+y} + dz = 0. \quad よって \quad \log(x+y) + z = C \qquad \therefore \quad (x+y)e^z = C_1$$

次に ② より，　$(zdx + xdz) + (zdy + ydz) = 0$

よって　$d(xy) + d(zy) = 0. \qquad \therefore \quad z(x+y) = C_2$

ゆえに求める一般解は，$(x+y)e^z = C_1$, $z(x+y) = C_2$ である．

(2) p.94 の定理 6.1 により，③ は積分可能であるが，④ は積分可能でない．よって p.98 の**解法 6.4** を用いる．まず ③ の両辺を xyz で割ると

$$\frac{2}{x}dx + \frac{1}{y}dy + \frac{1}{z}dz = 0 \qquad \therefore \quad x^2yz = C_3$$

次に ④ で変数の 1 つ y を消去するために，③ × x + ④ を計算しその両辺を y で割ると，

$$(2xz+1)dx + (x^2+1)dz = 0.$$

これは p.15 の定理 2.1 より 2 変数の完全微分方程式である．よって，p.16 の**解法 2.10** により ④ の一般解は $x^2z + x + z = C_4$ である．

ゆえに求める一般解は，$x^2yz = C_3$, $x^2z + x + z = C_4$ である．

問題

3.1 次の連立微分方程式を解け．

(1) $\begin{cases} (y+z)dx + (z+x)dy + (x+y)dz = 0 & \cdots ① \\ (x+z)dx + ydy + xdz = 0 & \cdots ② \end{cases}$

(2) $\begin{cases} yzdx + xzdy + xydz = 0 & \cdots ① \\ z^2(dx+dy) + (xz + yz - xy)dz = 0 & \cdots ② \end{cases}$

例題 4　　**連立微分方程式（両方の式が積分可能でない場合）**

連立微分方程式 $\dfrac{dx}{2x(z-y)}=\dfrac{dy}{y^2+z^2-xz}=\dfrac{dz}{xy-y^2-z^2}$ を解け．

route **連立微分方程式**の**両方の式が積分可能でない場合**である．p.98 の**解法 6.5** を用いる．

navi $\dfrac{dx}{P}=\dfrac{dy}{Q}=\dfrac{dz}{R}=\dfrac{ldx+mdy+ndz}{lP+mQ+nR}$ をつくり，l,m,n を適当にとって**積分可能な方程式を導く**．

解答 $(y^2+z^2-xz)dx-2x(z-y)dy=0$ は p.94 の定理 6.1 において
$W_1=(y^2+z^2-xz)(-2x)+(-2xz+2xy)(-2z+x)\fallingdotseq 0$ となるので積分可能でない．

$$(xy-y^2-z^2)dy=(y^2+z^2-xz)dz$$

も同様に積分可能でない．よって，p.98 の**解法 6.5** を用いる．いま，$l\cdot 2x(z-y)+m(y^2+z^2-xz)+n(xy-y^2-z^2)=0$ となるような $l,\,m,\,n$ を求める．xz の項に着目して $2l-m=0$．y^2-z^2 の項に着目に $m=n$．これらを満たすような $l,\,m,\,n$ は多くあるが，例えば $l=1$ とすると $m=n=2$ となる．p.98 の**解法 6.5** ⑤において，

$$1\cdot\underbrace{2x(z-y)}_{P}+2\underbrace{(y^2+z^2-xz)}_{Q}+2\underbrace{(xy-y^2-z^2)}_{R}=0$$

になるので，

$$dx+2dy+2dz=0.\qquad \therefore\quad x+2y+2z=c_1.$$

次に，

$$\frac{dx}{2x(z-y)}=\frac{dy}{y^2+z^2-xz}=\frac{dz}{xy-y^2-z^2}=\frac{ydy}{y(y^2+z^2-xz)}$$
$$=\frac{zdz}{z(xy-y^2-z^2)}=\frac{ydy+zdz}{y(y^2+z^2-xz)+z(xy-y^2-z^2)}=\frac{ydy+zdz}{(y-z)(y^2+z^2)}$$

第 1 式と第 4 式より

$$\frac{dx}{-x}=\frac{2ydy+2zdz}{y^2+z^2},\quad -\log x=\log(y^2+z^2)+C_2'\quad (C_2'=\log C_2^{-1}\text{ とおく})$$
$$\therefore\quad x(y^2+z^2)=C_2$$

よって，求める一般解は $x+2y+2z=C_1$，$x(y^2+z^2)=C_2$ である．

問　題

4.1　次の連立方程式を解け．

(1) $\dfrac{dx}{y-z}=\dfrac{dy}{z-x}=\dfrac{dz}{y-x}$　　(2) $\dfrac{dx}{yz}=\dfrac{dy}{xz}=\dfrac{dz}{xy}$

(3) $\dfrac{dx}{4y-3z}=\dfrac{dy}{4x-2z}=\dfrac{dz}{2y-3x}$

演習問題（第6章）

1　次の全微分方程式を解け．

(1)　$(yz+z)dx+(xz+2z)dy-(xy+x+2y)dz=0$

(2)　$\dfrac{yz}{x^2+y^2}dx-\dfrac{xz}{x^2+y^2}dy-\tan^{-1}\dfrac{y}{x}dz=0$

(3)　$y^2zdx-z^3dy-y(xy-z^2)dz=0$

2†　次の全微分方程式を解け．

(1)　$2(y+z)dx-(x+z)dy+(2y-x+z)dz=0$

(2)　$yzdx+zxdy+xydz=0$

3　次の連立微分方程式を解け．

(1)　$\begin{cases} dx+2dy-(x+2y)dz=0 & \cdots ① \\ 2dx+dy+(x-y)dz=0 & \cdots ② \end{cases}$

(2)　$\dfrac{dx}{y^2-z^2}=\dfrac{dy}{y-2z}=\dfrac{dz}{z-2y}$

(3)　$\dfrac{dx}{y}=\dfrac{dy}{-x}=\dfrac{dz}{2x-3y}$

(4)　$\dfrac{dx}{x(y^3-z^3)}=\dfrac{dy}{y(z^3-x^3)}=\dfrac{dz}{z(x^3-y^3)}$

---

† $P(x,y,z), Q(x,y,z), R(x,y,z)$ が x,y,z について同次式で，同じ次数のとき，$x=uz, y=vz$ とおくと解きやすい．

7　偏微分方程式

第 5 章までは，独立変数が 1 つの微分方程式について考えてきた．しかし，より一般の物理現象を解析するためには，時間と位置の 2 つの独立変数をもつ場合を考える必要がある．すなわち偏微分方程式が必要となってくるのである．

この章では 2 変数の場合の偏微分方程式を扱うが，その考え方は 3 変数以上の場合も同様である．

7.1　1 階偏微分方程式

◆ **偏微分方程式の一般解は任意関数を含む**　$f(x, y)$ などの多変数関数の微分方程式を偏微分方程式という（⇨ p.1）．常微分方程式と偏微分方程式の解の間には，次のような本質的な違いがある．

(i)　y が 1 変数 x の関数である場合，$\dfrac{dy}{dx} = 0 \cdots$ ① の解は $y = c$（定数）である．

(ii)　z が 2 変数 x と y の関数である場合，$\dfrac{\partial z}{\partial x} = 0 \cdots$ ② は偏微分方程式であるが，2 変数関数 z を x で偏微分して 0 となるためには z は定数関数でなくて，y の関数である．つまり ② の解は $z = f(y)$ となる．$f(y)$ は e^y, $\sin y$, $y^2 + 1$ など何でもかまわない．つまり y の**任意関数**を表す．

このように，偏微分方程式では，任意定数の代わりに**任意関数を含む解**が得られ，このような解を**一般解**という．

◆ **偏微分方程式の解の種類と解法**　1 階偏微分方程式の解には次のようなものがある．

(i)　**完全解**：2 つの任意定数を含む解 $F(x, y, z, a, b) = 0 \cdots$ ③ を**完全解**という．

(ii)　**一般解**：1 つの任意関数を含む解を**一般解**という．

> **解法 7.1**　与えられた偏微分方程式の完全解 ③ がわかっており，a, b の間には $b = \varphi(a)$（φ は任意関数）$\cdots$ ④ が存在するものとする．$\dfrac{\partial F}{\partial a} + \dfrac{\partial F}{\partial b}\varphi'(a) = 0$ と ③, ④ の 3 式から a を消去すると，一般解が得られる．

(iii)　**特異解**：(i), (ii) のどちらにも含まれない解を**特異解**という．

> **解法 7.2**　完全解 ③ および $\dfrac{\partial F}{\partial a} = 0$, $\dfrac{\partial F}{\partial b} = 0$ の 3 式から a, b を消去すれば特異解が得られる（特異解は必ず存在するとは限らない）．

例題 1　**1 階偏微分方程式の解（完全解，一般解，特異解）**

$$z^2\left(\left(\frac{\partial z}{\partial x}\right)^2+\left(\frac{\partial z}{\partial y}\right)^2+1\right)=1 \qquad \cdots ①$$

に対し

$$(x-a)^2+(y-b)^2+z^2=1 \quad (a, b \text{ は任意定数}) \qquad \cdots ②$$

は完全解であることを示せ．また，このとき ① の一般解，特異解を求めよ．

route　この章から**偏微分方程式**について学習する．**1 階偏微分方程式**は常微分方程式と異なり，**完全解**，**一般解**，**特異解**（これは必ずしも存在しない）をもつ．

navi　**偏微分方程式の一般解は任意関数 $\varphi(\cdot)$ を含む！**

解答　$(x-a)^2+(y-b)^2+z^2=1$ を x, y について偏微分すると，

$$(x-a)+z\frac{\partial z}{\partial x}=0 \quad \cdots ③ \qquad (y-b)+z\frac{\partial z}{\partial y}=0 \quad \cdots ④$$

となる．③, ④ を ② に代入して，a, b を消去すると，

$$z^2\left(\left(\frac{\partial z}{\partial x}\right)^2+\left(\frac{\partial z}{\partial y}\right)^2+1\right)=1$$

を得る．すなわち ② は ① の解であり，② は任意定数を 2 つもつので，② は ① の完全解である．次に p.102 の解法 7.1 により ① の一般解を求める．

① の完全解 ② において，$b=\varphi(a)$（φ は任意関数）として a で偏微分すると，

$$(x-a)+(y-b)\varphi'(a)=0 \qquad \cdots ⑤$$

となる．⑤, ② および $b=\varphi(a)$ の 3 式から a, b を消去したものが，一般解である．

最後に p.102 の解法 7.2 により ① の特異解を求める．与えられた偏微分方程式 ① の完全解

$$(x-a)^2+(y-b)^2+z^2=1$$

をそれぞれ a と b とで偏微分すれば，次のようになる．

$$-2(x-a)=0, \quad -2(y-b)=0.$$

これを上の完全解 ② に代入すると，$z^2=1$ すなわち $z=\pm1$ となる．これが特異解である．

問　題

1.1　$z=x\dfrac{\partial z}{\partial x}+y\dfrac{\partial z}{\partial y}+\dfrac{\partial z}{\partial x}\dfrac{\partial z}{\partial y}$ の完全解を $z=ax+by+ab$ とするとき，$z+xy=0$ がまた解であることを確かめその種類をいえ．

1.2　$z=x\dfrac{\partial z}{\partial x}+y\dfrac{\partial z}{\partial y}$ に対し $\log z=a\log x+(1-a)\log y+b$ は完全解であることを示せ．

◆ **1 階偏微分方程式の標準形の解法**　特別な工夫によって積分できるものを列挙しよう．

標準形 I　$$f\left(\frac{\partial z}{\partial x}, \frac{\partial z}{\partial y}\right) = 0 \qquad \cdots ①$$

の形の偏微分方程式を**標準形 I** という．$\dfrac{\partial z}{\partial x} = a$，$\dfrac{\partial z}{\partial y} = b$ とおき，$f(a, b) = 0$ を満足する関数 $b = \varphi(a)$ が定まったとき，

完全解：$z = ax + \varphi(a)y + c$　が完全解　(a, c は任意定数)

一般解：$\begin{cases} z = ax + \varphi(a)y + \psi(a) \\ x + \varphi'(a)y + \psi'(a) = 0 \end{cases}$　から a を消去した式が一般解　(ψ は任意関数)

標準形 II (i)　$$f\left(x, \frac{\partial z}{\partial x}, \frac{\partial z}{\partial y}\right) = 0 \qquad \cdots ②$$

の形の偏微分方程式を**標準形 II (i)** という．$\dfrac{\partial z}{\partial y} = a$ とおき，$f\left(x, \dfrac{\partial z}{\partial x}, a\right) = 0$ を満足する関数 $\dfrac{\partial z}{\partial x} = F(x, a)$ が定まったとき，

完全解：$z = \displaystyle\int F(x, a)dx + ay + b$　が完全解　(a, b は任意定数)

一般解：$\begin{cases} z = \displaystyle\int F(x, a)dx + ay + \psi(a) \\ \dfrac{\partial}{\partial a}\displaystyle\int F(x, a)dx + y + \psi'(a) = 0 \end{cases}$　から a を消去した式が一般解　(ψ は任意関数)

標準形 II (ii)　$$f\left(z, \frac{\partial z}{\partial x}, \frac{\partial z}{\partial y}\right) = 0 \qquad \cdots ③$$

の形の偏微分方程式を**標準形 II (ii)** という．$\dfrac{\partial y}{\partial x} = -\dfrac{1}{a}$ とおくと，$ay = -x + \xi$ （ξ は定数）．いま ξ を変数と考えると，$\dfrac{\partial z}{\partial x} = \dfrac{dz}{d\xi}\dfrac{\partial \xi}{\partial x} = \dfrac{dz}{d\xi}$，$\dfrac{\partial z}{\partial y} = \dfrac{dz}{d\xi}\dfrac{\partial \xi}{\partial y} = a\dfrac{dz}{d\xi}$．よって，$\dfrac{dz}{d\xi} = t$ とおくと，③ より $f(z, t, at) = 0$ を得る．これより，$t = F(z, a) \neq 0$ が定まったとき，

完全解：$x + ay + b = \displaystyle\int \frac{dz}{F(z, a)}$　が完全解　(a, b は任意定数)

一般解：$\begin{cases} x + ay + \psi(a) = \displaystyle\int \frac{dz}{F(z, a)} \\ y + \psi'(a) = \dfrac{\partial}{\partial a}\displaystyle\int \frac{dz}{F(z, a)} \end{cases}$　から a を消去した式が一般解　(ψ は任意関数)

例題 2　　**1 階偏微分方程式（標準形 I）**

次の偏微分方程式を解け．

(1)　$\dfrac{\partial z}{\partial x}\dfrac{\partial z}{\partial y}=\dfrac{\partial z}{\partial x}+\dfrac{\partial z}{\partial y}$　　(2)　$x^2\left(\dfrac{\partial z}{\partial x}\right)^2-\dfrac{\partial z}{\partial y}=0$

route　(1) は **1 階偏微分方程式の標準形 I** であるので p.104 の解法を用いる．(2) は $x=e^X$ とおいて**標準形 I にもち込む**（⇨ p.106 追記 7.1 ①）．

navi　次頁（p.106）の追記 7.1 に**適当な変換**によって，**標準形 I にもち込むことができる**ものが列挙してあるので参考にせよ．

解答　(1)　p.104 の標準形 I を用いる．$\dfrac{\partial z}{\partial x}=a$, $\dfrac{\partial z}{\partial y}=b$ とおき，$ab=a+b$ を満足するように定数 a,b を定めると，$b=a/(a-1)$ となる．よって完全解は

$$z=ax+ay/(a-1)+c\quad (a,c\text{ は任意定数})$$

次に一般解は $\left(\dfrac{a}{a-1}\right)'=\dfrac{(a-1)-a}{(a-1)^2}=\dfrac{-1}{(a-1)^2}$ であるので

$$\begin{cases} z=ax+\dfrac{a}{a-1}y+\psi(a) \\ x-\dfrac{1}{(a-1)^2}y+\psi'(a)=0 \end{cases}\quad (\psi\text{ は任意関数})$$

から a を消去した式である．

(2)　p.106 の追記 7.1 ① より $x=e^X$ とおくと，$\dfrac{\partial z}{\partial X}=x\dfrac{\partial z}{\partial x}$ より $\left(\dfrac{\partial z}{\partial X}\right)^2-\dfrac{\partial z}{\partial y}=0$ となり p.104 の標準形 I の形になる．よって 2 つの定数 a,b を $a^2-b=0$ を満足するように定める．よって求める完全解は $X=\log x$ だから，

$$z=aX+a^2y+c=a\log x+a^2y+c\quad (a,c\text{ は任意定数})$$

また一般解は

$$\begin{cases} z=a\log x+a^2y+\psi(a) \\ \log x+2ay+\psi'(a)=0 \end{cases}\quad (\psi\text{ は任意関数})$$

から a を消去した式である．

問　題

2.1[†]　次の偏微分方程式を解け．

(1)　$\dfrac{\partial z}{\partial x}-\dfrac{\partial z}{\partial y}=0$　　(2)　$x^2\left(\dfrac{\partial z}{\partial x}\right)^2-y\dfrac{\partial z}{\partial y}=0$　　(3)　$\left(\dfrac{\partial z}{\partial x}\right)^2=\dfrac{\partial z}{\partial y}z$

---

† (2)　$x=e^X$, $y=e^Y$ とおけ．　(3)　両辺を z^2 で割り，$z=e^Z$ とおけ．

例題 3 **1 階偏微分方程式（標準形 I に帰着）**

偏微分方程式 $z^2 = xy\dfrac{\partial z}{\partial x}\dfrac{\partial z}{\partial y}$ $\cdots$① を解け．

route 与式は **1 階偏微分方程式**で，$x = e^X, y = e^Y, z = e^Z$ と変数変換を行って**標準形 I にもち込む**（⇨ 下の追記 7.1 の⑦）．

navi 変数変換して「**解法がわかった形にもち込む**」ことは**数学における基本姿勢**

解答 追記 7.1 の⑦により $x = e^X$, $y = e^Y$, $z = e^Z$ とおけば，

$$\frac{\partial Z}{\partial X} = \frac{\partial Z}{\partial z}\frac{\partial z}{\partial x}\frac{\partial x}{\partial X} = \frac{1}{z}\frac{\partial z}{\partial x}x, \quad \frac{\partial Z}{\partial Y} = \frac{\partial Z}{\partial z}\frac{\partial z}{\partial y}\frac{\partial y}{\partial Y} = \frac{1}{z}\frac{\partial z}{\partial y}y$$

となり，①は $\dfrac{\partial Z}{\partial X}\dfrac{\partial Z}{\partial Y} = 1$ となる．これは p.104 の標準形 I の形である．

よって 2 つの定数 a, b を $ab = 1$ を満足するように定めると，$b = 1/a$ となる．ゆえに求める完全解は，$Z = aX + (1/a)Y + c$ となる．すなわち，

$$\log z = a\log x + (1/a)\log y + c \quad (a, c \text{ は任意定数})$$

次に一般解は，
$$\begin{cases} \log z = a\log x + (1/a)\log y + \psi(a) \\ \log x - (1/a^2)\log y + \psi'(a) \end{cases} \quad (\psi \text{ は任意関数})$$
から a を消去したものである．

追記 7.1 適当な変換によって標準形 I の形に帰着できるものを列挙する．ここでは $\dfrac{\partial z}{\partial x} = p$, $\dfrac{\partial z}{\partial y} = q$ と書くことにする．

① $f(xp, q) = 0$ のとき，$x = e^X$ とおく．

② $f(p, yq) = 0$ のとき，$y = e^Y$ とおく．

③ $f(xp, yq) = 0$ のとき，$x = e^X, y = e^Y$ とおく．

④ $f(p/z, q/z) = 0$ のとき，$z = e^Z$ とおく．

⑤ $f(xp/z, q/z) = 0$ のとき，$x = e^X, z = e^Z$ とおく．

⑥ $f(p/z, yq/z) = 0$ のとき，$y = e^Y, z = e^Z$ とおく．

⑦ $f(xp/z, yq/z) = 0$ のとき，$x = e^X, y = e^Y, z = e^Z$ とおく．

問 題

3.1† 次の偏微分方程式を解け．

(1) $x^2\left(\dfrac{\partial z}{\partial x}\right)^2 = \left(\dfrac{\partial z}{\partial y}\right)yz$ (2) $x^2\left(\dfrac{\partial z}{\partial x}\right)^2 + y^2\left(\dfrac{\partial z}{\partial y}\right)^2 = z^2$

† $x = e^X$, $y = e^Y$, $z = e^Z$ とおけ．

例題 4 **1階偏微分方程式（標準形 II (i)）**

次の偏微分方程式を解け．

(1) $\dfrac{\partial z}{\partial x} = x\dfrac{\partial z}{\partial y}$ (2) $\left(\dfrac{\partial z}{\partial x}\right)^2 = y\dfrac{\partial z}{\partial y}$

route (1) は **1 階偏微分方程式の標準形 II (i)** であるから，p.104 の解法に従う．(2) は標準形 II (i) で x の代わりに y とおいた形であるから，$\dfrac{\partial z}{\partial x} = a$ とおいて同様に考えよ．

navi (1) は **y がない形**で $\dfrac{\partial z}{\partial y} =$ **定数**とおき，(2) は **x がない形**で $\dfrac{\partial z}{\partial x} =$ **定数**とおいて解くことができる．この解法は**定数変化法**といえる．

解答 (1) p.104 の 1 階偏微分方程式の標準形 II (i) の形であるので $\dfrac{\partial z}{\partial y} = a$ とおいて，これを与式に代入すると $\dfrac{\partial z}{\partial x} = ax$ である．よって求める完全解は，

$$z = \int axdx + ay + b = \frac{1}{2}ax^2 + ay + b \quad (a, b \text{ は任意定数})$$

次に一般解は

$$\begin{cases} z = \dfrac{1}{2}ax^2 + ay + \psi(a) \\ \dfrac{1}{2}x^2 + y + \psi'(a) = 0 \end{cases} \text{から } a \text{ を消去したものである} \quad (\psi \text{ は任意関数})$$

(2) p.104 の 1 階偏微分方程式の標準形 II (i) で x の代わりに y とした形である．$\dfrac{\partial z}{\partial x} = a$ とおくと，与えられた偏微分方程式は $\dfrac{\partial z}{\partial y} = \dfrac{a^2}{y}$ となる．よって完全解は

$$z = \int \frac{a^2}{y}dy + ax + b = a^2 \log y + ax + b \quad (a, b \text{ は任意定数})$$

一般解は

$$\begin{cases} z = a^2 \log y + ax + \psi(a) \\ 2a \log y + x + \psi'(a) = 0 \end{cases} \text{から } a \text{ を消去したものである} \quad (\psi \text{ は任意関数})$$

問題

4.1† 次の偏微分方程式を解け．

(1) $\sqrt{\dfrac{\partial z}{\partial x}} - \sqrt{\dfrac{\partial z}{\partial y}} = x$ (2) $1 + \dfrac{\partial z}{\partial y} = 2y\left(\dfrac{\partial z}{\partial x}\right)^n$ （n は自然数）

---

† (1) $\sqrt{\dfrac{\partial z}{\partial y}} = a$ とおけ． (2) $\dfrac{\partial z}{\partial x} = a$ とおけ．

例題 5 **1 階偏微分方程式（標準形 II (ii)）**

偏微分方程式 $z^2\left\{\left(\dfrac{\partial z}{\partial x}\right)^2+\left(\dfrac{\partial z}{\partial y}\right)^2+1\right\}=1$ …① の完全解を求めよ．

route 与式は **1 階偏微分方程式**で，**標準形 II (ii)** であるから，p.104 の解法に従う．

navi 標準形 II (i) では y がない形を解くのに，$q=\dfrac{\partial z}{\partial y}=$ 定数とおき，x がない形を解くのに $p=\dfrac{\partial z}{\partial x}=$ 定数とおいた．ここでは，$\dfrac{p}{q}=$ 定数，つまり $\dfrac{\partial y}{\partial x}=-\dfrac{1}{a}$ とおく．

解答 p.104 の標準形 II (ii) であるから，$\dfrac{\partial y}{\partial x}=-\dfrac{1}{a}$ とおくと，$ay=-x+\xi$（ξ は定数）となる．ここで ξ を変数と考えると，

$\dfrac{\partial z}{\partial x}=\dfrac{dz}{d\xi}\dfrac{\partial \xi}{\partial x}=\dfrac{dz}{d\xi}$，$\dfrac{\partial z}{\partial y}=\dfrac{dz}{d\xi}\dfrac{\partial \xi}{\partial y}=a\dfrac{dz}{d\xi}$ となる．いま $\dfrac{dz}{d\xi}=t$ とおくと，①は $z^2(t^2+a^2t^2+1)-1=0$．これを t について解くと，$t=\pm\dfrac{\sqrt{1-z^2}}{z\sqrt{1+a^2}}$．

よって求める完全解は，$$x+ay+b=\pm\int\frac{z\sqrt{1+a^2}}{\sqrt{1-z^2}}dz=\mp\sqrt{1+a^2}\sqrt{1-z^2}$$

$$\therefore\quad (x+ay+b)^2=(1+a^2)(1-z^2)\quad (a,b \text{ は任意定数}) \qquad \cdots②$$

追記 7.2 p.103 の例題 1 の②とこの例題 5 の②は一見異なるが，次のように計算すると同じ形になる．上記②において，$b=-\alpha-\beta a$（α,β は任意定数）とおけば，

$$(x+ay-\alpha-\beta a)^2=(1+a^2)(1-z^2) \qquad \cdots③$$

これを a について偏微分すると，$(x+ay-\alpha-\beta a)(y-\beta)=a(1-z^2)$ …④

③, ④より，$a=\dfrac{y-\beta}{x-\alpha}$．これを④に代入すると

$$\left\{x-\alpha+\frac{y-\beta}{x-\alpha}(y-\beta)\right\}(y-\beta)=\frac{y-\beta}{x-\alpha}(1-z^2)$$

$$\therefore\quad (x-\alpha)^2+(y-\beta)^2+z^2=1\quad (\alpha,\beta \text{ は任意定数})$$

これは 1 つの完全解である．

問　題

5.1 次の偏微分方程式の完全解を求めよ．

(1) $\left(\dfrac{\partial z}{\partial x}\right)^3+\left(\dfrac{\partial z}{\partial y}\right)^3=27z^3$　　(2)† $x^2\left(\dfrac{\partial z}{\partial x}\right)^2+y^2\left(\dfrac{\partial z}{\partial y}\right)^2=z$

† (2) $x=e^X$，$y=e^Y$ とおけ．

標準形 III（変数分離形）　$f\left(x, \dfrac{\partial z}{\partial x}\right) = g\left(y, \dfrac{\partial z}{\partial y}\right)$　$\cdots$④

の形の偏微分方程式を**標準形 III（変数分離形）**という．

$f\left(x, \dfrac{\partial z}{\partial x}\right) = a,\ g\left(y, \dfrac{\partial z}{\partial y}\right) = a$ を満足する $\dfrac{\partial z}{\partial x} = P(x, a), \dfrac{\partial z}{\partial y} = Q(y, a)$ が定まったとき

完全解：$z = \int P(x,a)dx + \int Q(y,a)dy + b$ が完全解　（a, b は任意定数）

一般解：$\begin{cases} z = \int P(x,a)dx + \int Q(y,a)dy + \psi(a) \\ \dfrac{\partial}{\partial a}\int P(x,a)dx + \dfrac{\partial}{\partial a}\int Q(y,a)dy + \psi'(a) = 0 \end{cases}$ から a を消去した式が一般解（ψ は任意関数）

特異解は存在しない．

標準形 IV（クレロー型）　$z = \dfrac{\partial z}{\partial x}x + \dfrac{\partial z}{\partial y}y + f\left(\dfrac{\partial z}{\partial x}, \dfrac{\partial z}{\partial y}\right)$　$\cdots$⑤

の形の偏微分方程式を**標準形 IV（クレロー型の偏微分方程式）**という．

完全解：$z = ax + by + f(a, b)$ が完全解（a, b は任意定数）

一般解：$\begin{cases} z = ax + \psi(a)y + f\big(a, \psi(a)\big) \\ x + \psi'(a)y + f_a\big(a, \psi(a)\big) + f_b\big(a, \psi(a)\big)\psi'(a) = 0 \end{cases}$

から a を消去した式が一般解（ψ は任意関数）

特異解：$\begin{cases} z = ax + by + f(a,b) \\ x + f_a(a,b) = 0 \\ y + f_b(a,b) = 0 \end{cases}$　から a, b を消去した式が特異解

◆ ラグランジュの偏微分方程式（準線形偏微分方程式）

ラグランジュの微分方程式　$P(x,y,z)\dfrac{\partial z}{\partial x} + Q(x,y,z)\dfrac{\partial z}{\partial y} = R(x,y,z)$　$\cdots$⑥

をラグランジュの偏微分方程式（準線形偏微分方程式）という．まず，連立微分方程式

$$\frac{dx}{P} = \frac{dy}{Q} = \frac{dz}{R} \qquad (\Rightarrow \text{p.98 の ③}) \qquad \cdots ⑦$$

の 2 つの解 $u(x,y,z) = a, v(x,y,z) = b$ を求め，任意の 2 変数の関数 f に対して，$f(u,v) = 0$（または $u = F(v)$，F は任意関数）が求める**一般解**である（a, b は任意定数）

上記 ⑦ を与えられた準線形偏微分方程式の**補助方程式**という．

例題 6　　**1 階偏微分方程式（標準形 III (変数分離形)）**

次の偏微分方程式を解け．

$$\frac{\partial z}{\partial y}\left(\frac{\partial z}{\partial x}+\sin x\right)=-\sin y$$

route　与式は **1 階偏微分方程式**で**標準形 III**（**変数分離形**）である．よって，p.109 の方法を用いる．

navi　$\dfrac{\partial z}{\partial x}+\sin x=a,\ -\sin y\Big/\dfrac{\partial z}{\partial y}=a$ とおくが，この a は**媒介変数**である．このような媒介変数表示はいたるところで使われている．例えばよく知られている円 $x^2+y^2=1$ は，t を媒介変数とすれば $x=\cos t,\ y=\sin t$ で表される．

解答　$\dfrac{\partial z}{\partial x}+\sin x=-\sin y\Big/\dfrac{\partial z}{\partial y}$ と変形すると標準形 III（変数分離形）（⇨ p.109）である．よって，p.109 の標準型 III の方法にしたがって解く．

$$\frac{\partial z}{\partial x}+\sin x=a,\quad -\sin y\Big/\frac{\partial z}{\partial y}=a$$

とおくと，

$$\frac{\partial z}{\partial x}=a-\sin x,\quad \frac{\partial z}{\partial y}=-\frac{1}{a}\sin y$$

となる．よって求める完全解は，a,b を任意定数として，

$$\begin{aligned}z&=\int(a-\sin x)dx+\int\left(-\frac{1}{a}\sin y\right)dy+b\\&=ax+\cos x+(1/a)\cos y+b\end{aligned}$$

である．また一般解は，

$$\begin{cases}z=ax+\cos x+\dfrac{1}{a}\cos y+\psi(a)\\ x-\dfrac{\cos y}{a^2}+\psi'(a)=0\end{cases}$$

から a を消去したものである（ψ は任意関数）．

問　題

6.1　次の偏微分方程式を解け．

(1)　$\dfrac{\partial z}{\partial x}-x=\dfrac{\partial z}{\partial y}+y$　　(2)　$\dfrac{\partial z}{\partial x}\left(\dfrac{\partial z}{\partial y}-\cos y\right)=\cos x$

(3)　$\dfrac{\partial z}{\partial x}-\dfrac{\partial z}{\partial y}=x^2+y^2$

例題 7 **1 階偏微分方程式（標準形 IV (クレロー型)）**

次の偏微分方程式を解け.

$$z = x\frac{\partial z}{\partial x} + y\frac{\partial z}{\partial y} + \left(\frac{\partial z}{\partial x}\right)^2 + \frac{\partial z}{\partial x}\frac{\partial z}{\partial y} + \left(\frac{\partial z}{\partial y}\right)^2$$

route 与式は **1 階偏微分方程式**で**標準形 IV**（**クレロー型**）であるから，p.109 の方法を用いる.

navi 常微分方程式で学んだ**クレローの微分方程式**（⇨ p.22）の **2 変数関数への拡張形**である.

解答 与えられた偏微分方程式は標準形 **IV**（クレロー型）であるから p.109 の標準形 **IV** の方法にしたがって解く．まず完全解は a, b を任意定数として，

$$z = ax + by + a^2 + ab + b^2$$

となる．次に一般解は，ψ を任意関数として，

$$\begin{cases} z = ax + \psi(a)y + a^2 + a\psi(a) + (\psi(a))^2 \\ x + \psi'(a)y + 2a + \psi(a) + a\psi'(a) + 2\psi(a)\psi'(a) = 0 \end{cases}$$

から a を消去したものである．さらに特異解は

$$\begin{cases} z = ax + by + a^2 + ab + b^2 & \cdots ① \\ x + 2a + b = 0 & \cdots ② \\ y + a + 2b = 0 & \cdots ③ \end{cases}$$

から a, b を消去したものである．①, ②, ③ から a, b を消去するために，

$$② - ③ \times 2 \quad x - 2y - 3b = 0 \qquad \therefore \quad b = \frac{x - 2y}{3}$$

$$② \times 2 - ③ \quad 2x - y + 3a = 0 \qquad \therefore \quad a = \frac{y - 2x}{3}$$

これらを ① に代入すると，

$$z = -\frac{x^2 - xy + y^2}{3}$$

となる．これが与えられた偏微分方程式の特異解である.

問　題

7.1 次の偏微分方程式を解け.

(1) $z = \dfrac{\partial z}{\partial x}x + \dfrac{\partial z}{\partial y}y + \dfrac{\partial z}{\partial x}\dfrac{\partial z}{\partial y}$

(2) $z = \dfrac{\partial z}{\partial x}x + \dfrac{\partial z}{\partial y}y + \sqrt{\left(\dfrac{\partial z}{\partial x}\right)^2 + \left(\dfrac{\partial z}{\partial y}\right)^2 + 1}$

例題 8 **ラグランジュの偏微分方程式**

次のラグランジュの偏微分方程式の一般解を求めよ.

$$(y+z)\frac{\partial z}{\partial x}+(z+x)\frac{\partial z}{\partial y}=x+y$$

route 与式は**ラグランジュの偏微分方程式**である. p.109 の方法を用いる.

navi ラグランジュの偏微分方程式を解くのに, 第 6 章で学習した, **連立微分方程式**（⇨ p.98）$\dfrac{dx}{P}=\dfrac{dy}{Q}=\dfrac{dz}{R}$ の **2 つの解**を用いる.

解答 補助方程式は

$$\frac{dx}{y+z}=\frac{dy}{z+x}=\frac{dz}{x+y} \quad \cdots ①$$

下記注意 7.1 より,

$$\frac{dx}{y+z}=\frac{dy}{z+x}=\frac{dx-dy}{y-x} \quad \cdots ②, \qquad \frac{dy}{z+x}=\frac{dz}{x+y}=\frac{dy-dz}{z-y} \quad \cdots ③$$

$$\frac{dz}{y+z}=\frac{dy}{z+x}=\frac{dz}{x+y}=\frac{dx+dy+dz}{2(x+y+z)} \quad \cdots ④$$

②, ③, ④より

$$\frac{d(x-y)}{-(x-y)}=\frac{d(y-z)}{-(y-z)}=\frac{d(x+y+z)}{2(x+y+z)} \quad \cdots ⑤$$

第 1 式と第 2 式より,

$$\log(x-y)-\log(y-z)=a_1 \qquad \therefore \quad \frac{x-y}{y-z}=a \quad (e^{a_1}=a) \quad \cdots ⑥$$

次に第 1 式と第 3 式より, $\dfrac{d(x+y+z)}{x+y+z}+\dfrac{2d(x-y)}{x-y}=0$

よって,

$$\log(x+y+z)+\log(x-y)^2=b_1$$

$$\therefore \quad (x+y+z)(x-y)^2=b \quad (e^{b_1}=b) \quad \cdots ⑦$$

したがって, ⑥, ⑦ より求める一般解は,

$$f\left(\frac{x-y}{y-z},(x-y)^2(x+y+z)\right)=0 \quad (f \text{ は任意関数})$$

注意 7.1 P,Q,R,l,m,n を x,y,z の関数とするとき, 次式が成立する（⇨ p.98 の ④）.

$$\frac{dx}{P}=\frac{dy}{Q}=\frac{dz}{R}=\frac{ldx+mdy+ndz}{lP+mQ+nR}$$

問　題

8.1 次のラグランジュの偏微分方程式の一般解を求めよ.

(1) $x(y-z)\dfrac{\partial z}{\partial x}+y(z-x)\dfrac{\partial z}{\partial y}=z(x-y)$ (2) $x\dfrac{\partial z}{\partial x}+z\dfrac{\partial z}{\partial y}=y$

7.2 2階偏微分方程式

◆ **2階線形偏微分方程式**　R, S, T, P, Q, Z, U を x, y の関数とするとき，

$$R\frac{\partial^2 z}{\partial x^2} + S\frac{\partial^2 z}{\partial x \partial y} + T\frac{\partial^2 z}{\partial y^2} + P\frac{\partial z}{\partial x} + Q\frac{\partial z}{\partial y} + Zz = U$$

を **2階線形偏微分方程式**という．この2階線形偏微分方程式のうち簡単なものの一般解（任意関数を2個含む解）を求める．ここでは任意関数を f, g とする．

基本形 I（直接積分できる形）

$$\frac{\partial^2 z}{\partial x^2} = P(x)$$

この形の場合，x について2回積分すると，次のような一般解を得る．

$$\frac{\partial z}{\partial x} = \int P(x)dx + f(y), \quad z = \int dx \int P(x)dx + f(y)x + g(y)$$

基本形 II（階数を下げて，1階線形常微分方程式に帰着できる形）

$$\frac{\partial^2 z}{\partial x^2} + P(x, y)\frac{\partial z}{\partial x} = Q(x, y)$$

この形の場合，y を定数とみれば $\dfrac{\partial z}{\partial x}$ に関する1階線形常微分方程式であるから，

$\dfrac{\partial z}{\partial x} = \exp\left(-\displaystyle\int Pdx\right)\left(\displaystyle\int Qe^{\int Pdx}dx + f(y)\right)$ となり，さらに x で積分して，

$$z = \int \left\{\exp\left(-\int Pdx\right)\left(\int Qe^{\int Pdx}dx + f(y)\right)\right\} dx + g(y)$$

基本形 III（階数を下げて，ラグランジュの偏微分方程式に帰着できる形）

$$R\frac{\partial^2 z}{\partial x^2} + S\frac{\partial^2 z}{\partial x \partial y} + P\frac{\partial z}{\partial x} = U \quad (R, S, P, U \text{ は } x, y \text{ の関数})$$

この形の場合，$\dfrac{\partial z}{\partial x} = p$ とすると，$R\dfrac{\partial p}{\partial x} + S\dfrac{\partial p}{\partial y} = U - Pp$．これはラグランジュの偏微分方程式と考えられる．これを解いて $p\left(= \dfrac{\partial z}{\partial x}\right)$ を求め，さらに x で積分すればよい．

基本形 IV（2階線形常微分方程式に帰着できる形）

$$R\frac{\partial^2 z}{\partial x^2} + P\frac{\partial z}{\partial x} + Zz = U \quad (R, P, Z, U \text{ は } x, y \text{ の関数})$$

この形の場合，y を定数とみれば，z に関する2階線形常微分方程式と考えられる．その一般解を求め，そのうちの任意定数を y の任意関数と考えればそれが求める解である．

例題 9　　2 階線形偏微分方程式（階数が下げられる形・基本形 II, III）

次の 2 階線形偏微分方程式の一般解を求めよ．

(1)　$y\dfrac{\partial^2 z}{\partial y^2}+\dfrac{\partial z}{\partial y}=xy$　　(2)　$\dfrac{\partial^2 z}{\partial x\partial y}+\dfrac{\partial^2 z}{\partial y^2}+\dfrac{\partial z}{\partial y}=0$

route　2 階線形偏微分方程式で (1) は基本形 II で，(2) は基本形 III である．その解法に従う（⇨ p.113）．

navi　(1)　x について微分した項がないので x を定数と考えると，$\dfrac{\partial z}{\partial y}$ に関する 1 階線形常微分方程式になる．

(2)　$\dfrac{\partial z}{\partial y}=q$ とおくと，ラグランジュの偏微分方程式になる．このように階数を下げて知っている形にもち込むという数学における基本姿勢を思いだそう．

解答　(1)　p.113 の基本形 II の場合である．x を定数と考えれば，$\dfrac{\partial z}{\partial y}$ に関する 1 階線形常微分方程式であるから，p.12 の**解法 2.7** により，

$$\frac{\partial z}{\partial y}=e^{-\int 1/y dx}\left\{\int e^{\int 1/y dy}x dy+f(x)\right\}=\frac{1}{y}\left\{\int yx dy+f(x)\right\}=\frac{xy}{2}+\frac{f(x)}{y}$$

これを y について積分すると，一般解は

$$z=\frac{xy^2}{4}+f(x)\log y+g(x)\quad (f, g \text{ は任意関数})$$

(2)　p.113 の基本形 III の場合である．$\dfrac{\partial z}{\partial y}=q$ とおくと，与式は $\dfrac{\partial q}{\partial x}+\dfrac{\partial q}{\partial y}=-q\cdots$① となる．これは q に関するラグランジュの偏微分方程式（⇨ p.109）である．p.109 の解法より補助方程式は，

$$\frac{dx}{1}=\frac{dy}{1}=\frac{dq}{-q}$$

となるので，$dx=dy, qdy=-dq$ を解いて，$x-y=a, e^y q=b$ を得る．したがって①の一般解は $f(x-y, qe^y)=0$ となる．これを変形して $qe^y=\varphi(x-y)$（φ は任意関数）と表してもよい．これから求める偏微分方程式の一般解は

$$z=\int e^{-y}\varphi(x-y)dy+\psi(x)\quad (\varphi, \psi \text{ は任意関数})$$

問　題

9.1　次の 2 階線形偏微分方程式の一般解を求めよ．

(1)　$\dfrac{\partial^2 z}{\partial x^2}-\dfrac{\partial^2 z}{\partial x\partial y}+\dfrac{\partial z}{\partial x}=0$　　(2)　$x\dfrac{\partial^2 z}{\partial x^2}=\dfrac{\partial z}{\partial x}$　　(3)　$\dfrac{\partial^2 z}{\partial y^2}-\dfrac{\partial z}{\partial y}=xy$

例題 10 ―― **2 階線形偏微分方程式（基本形 I, IV）**

次の 2 階線形偏微分方程式の一般解を求めよ．

(1)　$xy\dfrac{\partial^2 z}{\partial x \partial y} - \dfrac{\partial z}{\partial x}x = y^2 \quad \cdots ①$　　(2)　$\dfrac{\partial^2 z}{\partial y^2} - 2x\dfrac{\partial z}{\partial y} + x^2 z = 1 \quad \cdots ②$

route 2 階線形偏微分方程式で，(1) は基本形 I であり，(2) は基本形 IV である．その解法に従う（⇨ p.114）．

navi (1) は直接積分を行い，(2) は x を定数とみて，定数係数の 2 階線形常微分方程式にもち込む．

解答 (1)　① の両辺を xy^2 で割ると，$\dfrac{1}{y^2}\left(y\dfrac{\partial^2 z}{\partial x \partial y} - \dfrac{\partial z}{\partial x}\right) = \dfrac{1}{x}$．いま，$p = \dfrac{\partial z}{\partial x}$ とおくと，$\left(y\dfrac{\partial p}{\partial y} - p\right)\Big/ y^2 = \dfrac{1}{x}$．これを y で積分すると，

$$\frac{p}{y} = \frac{y}{x} + f(x) \qquad \therefore \quad p = \frac{\partial z}{\partial x} = \frac{y^2}{x} + yf(x) \qquad \cdots ③$$

ゆえに求める一般解は ③ の両辺を x で積分して，

$$z = y^2 \log x + y\int f(x)dx + g(y).$$

(2)　x を定数とみれば，② は定数係数の 2 階線形微分方程式（⇨ p.45）である．次に $\dfrac{\partial^2 z}{\partial y^2} - 2x\dfrac{\partial z}{\partial y} + x^2 z = 0 \cdots ④$ の特性方程式 $\lambda^2 - 2x\lambda + x^2 = 0$ の特性解は $\lambda = x$（重複解）であるので ④ の一般解は，

$$z = e^{xy}\left\{C_1(x) + C_2(x)y\right\}$$

となる．また，p.50 の追記 4.2 (iv) により，② の特殊解は $z = \dfrac{1}{x^2}$ となる．

ゆえに，求める ② の一般解は，

$$z = e^{xy}\left\{C_1(x) + C_2(x)y\right\} + \frac{1}{x^2}$$

である．

問　題

10.1　次の 2 階線形偏微分方程式の一般解を求めよ．

(1)　$\dfrac{\partial^2 z}{\partial x \partial y} = 2x + 3y$　　(2)　$\dfrac{\partial^2 z}{\partial x^2} = 2y^3$

(3)　$\dfrac{\partial^2 z}{\partial y^2} - \dfrac{\partial z}{\partial y} - \dfrac{1}{x}\left(\dfrac{1}{x} - 1\right)z = xy^2 - x^2y^2 + 2x^3y - 2x^3$

◆ **定数係数 2 階線形偏微分方程式**　定数係数の線形常微分方程式について，微分演算子を用いた記号的解法を 4.4 節（⇨ p.66）で学んだ．同様のことが偏微分方程式でも考えられる．

$a, \alpha_1, \alpha_2, \beta_1, \beta_2$ $(a \fallingdotseq 0)$ を実数とし，$\dfrac{\partial}{\partial x} = D_x, \dfrac{\partial}{\partial y} = D_y$ とするとき，

$$F(D_x, D_y)z = a(D_x - \alpha_1 D_y - \beta_1)(D_x - \alpha_2 D_y - \beta_2)z = f(x, y) \qquad \cdots ①$$

の形の偏微分方程式を**定数係数 2 階線形偏微分方程式**という．

定理 7.1（定数係数 2 階線形偏微分方程式の一般解）
$F(D_x, D_y)z = f(x, y)$ の一般解は $F(D_x, D_y)z = 0$ の一般解（それを**余関数**《よかんすう》という）と $F(D_x, D_y)z = f(x, y)$ の特殊解の和として表される．

定理7.2（$\boldsymbol{F(D_x, D_y)z = 0}$ の一般解）

(i)　$(D_x - \alpha D_y - \beta)z = 0$ の一般解は

$$z = e^{\beta x}\varphi(\alpha x + y) \quad (\varphi \text{ は任意関数})$$

(ii)　$(D_x - \alpha D_y - \beta)^2 z = 0$ の一般解は

$$z = e^{\beta x}\left\{\varphi_1(\alpha x + y) + x\varphi_2(\alpha x + y)\right\} \quad (\varphi_1, \varphi_2 \text{ は任意関数})$$

(iii)　$(D_x - \alpha_1 D_y - \beta_1)(D_x - \alpha_2 D_y - \beta_2)z = 0$ の一般解は，$(D_x - \alpha_1 D_y - \beta_1)z = 0$ の一般解と $(D_x - \alpha_2 D_y - \beta_2)z = 0$ の一般解との和として表される．

定理7.3（$\boldsymbol{F(D_x, D_y)z = f(x, y)}$ の特殊解）

(i)　$(D_x - \alpha D_y - \beta)z = f(x, y)$ の特殊解は

$$z = \frac{1}{D_x - \alpha D_y - \beta} f(x, y) = e^{\beta x}\int e^{-\beta x} f(x, k - \alpha x)dx$$

（k を定数とみて積分した後，$k = \alpha x + y$ とおく）

(ii)　$F(D_x, D_y)$ が 2 つの因数を含むときは，(i) の計算をくり返して行えばよい．

注意 7.2　上記①で，$\beta_1 = \beta_2 = 0$ のとき，つまり，$a(D_x - \alpha_1 D_y)(D_x - \alpha_2 D_y) = f(x, y)$，これを書き直して，$a\dfrac{\partial^2 z}{\partial x^2} + b\dfrac{\partial^2 z}{\partial x \partial y} + c\dfrac{\partial^2 z}{\partial y^2} = f(x, y)$ を**定数係数 2 階線形同次偏微分方程式**といい，$\beta_1 \fallingdotseq 0$, $\beta_2 \fallingdotseq 0$ のとき**定数係数 2 階線形非同次偏微分方程式**という．

例題 11 **定数係数 2 階同次線形偏微分方程式**

次の偏微分方程式の一般解を求めよ．

(1) $(D_x - 2D_y)(D_x - 3D_y)z = 2x - y$

(2) $(D_x^2 - 6D_xD_y + 9D_y^2)z = 24x^2 + 18xy$

route **定数係数 2 階同次線形偏微分方程式**である．p.116 の 3 つの定理を用いる．

navi **D を文字式とみると式変形が容易**で便利であった（⇨ 第 4 章の 4.3, 4.4 節）．
ここでも $\dfrac{\partial}{\partial x} = D_x, \dfrac{\partial}{\partial y} = D_y$ を**導入**して**見通しよく解く**ことができる．

解答 (1) p.116 の 3 つの定理を用いる．φ_1, φ_2 を任意関数として，

$(D_x - 2D_y)z = 0$ の一般解は $\alpha = 2,\ \beta = 0$ より，　$z = \varphi_1(2x + y)$ 　$\cdots$①

$(D_x - 3D_y)z = 0$ の一般解は $\alpha = 3,\ \beta = 0$ より，　$z = \varphi_2(3x + y)$ 　$\cdots$②

ゆえに余関数は①と②の和である．次に与式の特殊解を求める．

$$\frac{1}{D_x - 3D_y}(2x - y) = \int \Big\{2x - (k - 3x)\Big\}dx = -\frac{1}{2}x^2 - xy \quad (k \text{ に } y + 3x \text{ を代入})$$

$$\frac{1}{D_x - 2D_y}\left(-\frac{1}{2}x^2 - xy\right) = \int \left(\frac{3}{2}x^2 - kx\right)dx = \frac{1}{2}x^3 - \frac{k}{2}x^2 = -\frac{1}{2}x^3 - \frac{x^2y}{2}$$
$$(k \text{ に } y + 2x \text{ を代入})$$

ゆえに求める一般解は $z = \varphi_1(2x + y) + \varphi_2(3x + y) - x^3/2 - x^2y/2$

(2) p.116 の 3 つの定理を用いる．左辺は $(D_x - 3D_y)^2 z$ であるから余関数は $z = \varphi_1(3x + y) + x\varphi_2(3x + y)$.

次に与式の特殊解を求める．

$$\begin{aligned}\frac{1}{D_x - 3D_y}(24x^2 + 18xy) &= \int \Big(24x^2 + 18x(k - 3x)\Big)dx \\ &= 9x^2y + 17x^3 \quad (k \text{ に } y + 3x \text{ を代入する})\end{aligned}$$

$$\therefore \quad \frac{1}{(D_x - 3D_y)^2}(24x^2 + 18xy) = \frac{1}{D_x - 3D_y}(9x^2y + 17x^3)$$
$$= \int \Big(9x^2(k - 3x) + 17x^3\Big)dx = 3x^3y + \frac{13}{2}x^4 \quad (k \text{ に } y + 3x \text{ を代入する})$$

ゆえに求める一般解は，次のようになる．

$$z = \varphi_1(3x + y) + x\varphi_2(3x + y) + 3x^3y + 13x^4/2.$$

問　題

11.1 次の偏微分方程式の一般解を求めよ．

(1) $(D_x - D_y)^2 z = x + y$ 　　(2) $(D_x + 2D_y)(D_x - 2D_y)z = \sin(2x + y)$

例題 12 **定数係数 2 階非同次線形偏微分方程式**

次の偏微分方程式の一般解を求めよ．

(1) $(D_x+1)(D_x+D_y-1)z=e^{3x-y}$

(2) $(D_x-D_y)(D_x-3D_y+4)z=\sin(3x+y)$

route 定数係数 2 階非同次線形偏微分方程式である．p.116 の 3 つの定理を用いる．

navi 非同次の場合も，同次の場合と同様に微分演算子 D_x, D_y を導入した記号的解法は有効である．

解答 (1) p.116 の 3 つの定理を用いる．余関数は $(D_x+1)z=0$ の一般解と $(D_x+D_y-1)z=0$ の一般解との和である．よって，$z=e^{-x}\varphi_1(y)+e^x\varphi_2(-x+y)$.

次に特殊解を求める．

$$\frac{1}{D_x+D_y-1}e^{3x-y}=e^x\int e^{-x}\cdot e^{3x-(k+x)}dx=e^x\int e^{x-k}dx$$
$$=e^{2x-k}=e^{3x-y}\quad(k \text{ に } y-x \text{ を代入})$$
$$\frac{1}{D_x+1}e^{3x-y}=e^{-x}\int e^x\cdot e^{3x-k}dx$$
$$=(1/4)e^{3x-k}=(1/4)e^{3x-y}\quad(k \text{ に } y \text{ を代入})$$

ゆえに求める一般解は $z=e^{-x}\varphi_1(y)+e^x\varphi_2(-x+y)+(1/4)e^{3x-y}$.

(2) p.116 の 3 つの定理を用いる．余関数は $(D_x-D_y)z=0$ の一般解と $(D_x-3D_y+4)z=0$ の一般解との和である．よって，$z=\varphi_1(x+y)+e^{-4x}\varphi_2(3x+y)$.

次に特殊解を求める．

$$\frac{1}{D_x-3D_y+4}\sin(3x+y)=e^{-4x}\int e^{4x}\sin(3x+k-3x)dx$$
$$=e^{-4x}\sin k\int e^{4x}dx=\frac{\sin k}{4}=\frac{\sin(y+3x)}{4}\quad(k \text{ に } y+3x \text{ を代入})$$
$$\frac{1}{D_x-D_y}\frac{\sin(3x+y)}{4}=\frac{1}{4}\int\sin(3x+k-x)dx=-\frac{1}{8}\cos(k+2x)$$
$$=(-1/8)\cos(3x+y)\quad(k \text{ に } x+y \text{ を代入})$$

ゆえに求める一般解は，$z=\varphi_1(x+y)+e^{-4x}\varphi_2(3x+y)-(1/8)\cos(3x+y)$.

問 題

12.1 次の偏微分方程式の一般解を求めよ．

(1) $(D_x-D_y-2)^2z=0$

(2) $(D_x+D_y+1)(D_x-2D_y-1)z=x+y$

(3) $(D_x-1)(D_x-D_y-1)z=\sin(x+y)$

演習問題（第7章）

1 $b\dfrac{\partial z}{\partial x} = a\dfrac{\partial z}{\partial y}$ の一般解は $z = f(ax+by)$ で与えられることを示せ（$u = ax+by,\ v = y$ とおけ．$f(u)$ は u の任意関数とする）．

2 次の偏微分方程式を解け．

(1) $\dfrac{\partial z}{\partial y} = x\left(\dfrac{\partial z}{\partial x}\right) + \left(\dfrac{\partial z}{\partial x}\right)^2$

(2) $\left(\dfrac{\partial z}{\partial x}\right)^2 - x = \left(\dfrac{\partial z}{\partial y}\right)^2 - y$

(3) $z = \left(\dfrac{\partial z}{\partial x}\right)x + \left(\dfrac{\partial z}{\partial y}\right)y + \left(\dfrac{\partial z}{\partial x}\right)^2\left(\dfrac{\partial z}{\partial y}\right)^2$

3 次のラグランジュの微分方程式の一般解を求めよ．

(1) $(y-z)\dfrac{\partial z}{\partial x} + (z-x)\dfrac{\partial z}{\partial y} = x - y$

(2) $y^2\dfrac{\partial z}{\partial x} + xy\dfrac{\partial z}{\partial y} = xz$

4 次の 2 階線形偏微分方程式を解け．

(1) $\dfrac{\partial^2 z}{\partial x^2} + \dfrac{\partial^2 z}{\partial x \partial y} - \dfrac{\partial z}{\partial x} = 0$

(2) $x\dfrac{\partial^2 z}{\partial x \partial y} + y\dfrac{\partial^2 z}{\partial y^2} + \dfrac{\partial z}{\partial y} = 10x^3 y$

5 次の偏微分方程式の一般解を求めよ．

(1) $(D_x + 2D_y)(D_x - 3D_y)z = x + y$

(2) $(D_x^2 - 2D_xD_y + D_y^2)z = xe^{3x+5y}$

(3)† $(x^2D_x^2 + 2xyD_xD_y + y^2D_y^2)z = 0$

---

† $x = e^X, y = e^Y$ と変数変換せよ．

8 フーリエ解析とその応用

フーリエ解析（フーリエ級数，フーリエ変換）はフランスの数学者フーリエ（1768－1830）によって創始されたものである．

この章ではフーリエ級数やフーリエ変換について学習し，それらが偏微分方程式を解く上でどのように使われるかについて学習する．最後にまとめてある研究I, II, III を丁寧に読んでフーリエをはじめ多くの先人達の足跡をじっくり味わってほしい．

8.1 フーリエ級数

◆ **区分的に連続な関数**　$[a,b]$ で定義された関数 $f(x)$ が，有限個の点を除いて連続で，いずれの不連続点 $x_0, x_1, \cdots, x_n$ において $\lim\limits_{x \to x_i - 0} f(x)$ と $\lim\limits_{x \to x_i + 0} f(x)$ $(i = 0, 1, \cdots, n)$ が存在し，両端点においても，$\lim\limits_{x \to a+0} f(x)$, $\lim\limits_{x \to b-0} f(x)$ が存在するとき，$f(x)$ を区間 $[a,b]$ で**区分的に連続な関数**という（⇨ 図 8.1）．

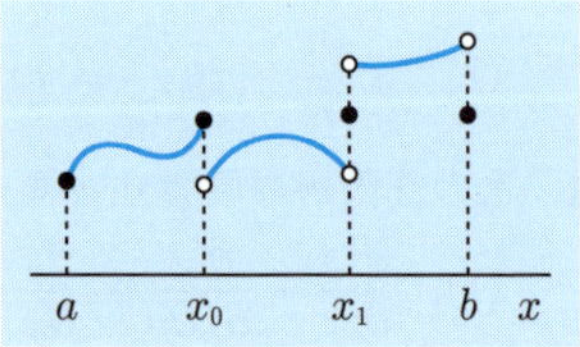

図8.1

◆ **区分的に滑らかな関数**　区間 $[a,b]$ で定義された関数 $f(x)$ と $f'(x)$ がともに区分的に連続であるとき，$f(x)$ を区間 $[a,b]$ で**区分的に滑らかな関数**という（⇨ p.122 の図 8.5）．

◆ **フーリエ級数**　区間 $[-\pi, \pi]$ で $f(x)$ が積分可能のとき，

$$a_n = \frac{1}{\pi}\int_{-\pi}^{\pi} f(x)\cos nx\,dx, \quad b_n = \frac{1}{\pi}\int_{-\pi}^{\pi} f(x)\sin nx\,dx \qquad \cdots ①$$

を $f(x)$ の**フーリエ係数**という．そのフーリエ係数からつくった級数

$$\frac{a_0}{2} + \sum_{n=1}^{\infty}(a_n \cos nx + b_n \sin nx) \qquad \cdots ②$$

を $f(x)$ の**フーリエ級数**または**フーリエ展開**といい，次のように表す．

$$f(x) \sim \frac{a_0}{2} + \sum_{n=1}^{\infty}(a_n \cos nx + b_n \sin nx) \qquad \cdots ③$$

この場合，右辺の無限級数の収束や発散については考慮せず形式的に書いたものである．このような意味のとき "=" と書かないで "∼" と書くことにする．

◆ **フーリエ級数の収束** a_n, b_n が前頁の①のとき次の定理が成り立つ.

定理 8.1（フーリエ級数の基本定理）関数 $f(x)$ が $[-\pi, \pi]$ で区分的に滑らかな周期関数であるとする. 点 $x \in [-\pi, \pi]$ において $f(x)$ が連続ならば, そのフーリエ級数は $f(x)$ に収束し

$$f(x) = \frac{a_0}{2} + \sum_{n=1}^{\infty}(a_n \cos nx + b_n \sin nx) \qquad \cdots ④$$

と書く. また点 $x \in [-\pi, \pi]$ において $f(x)$ が不連続であっても, そのフーリエ級数は次に収束する.

$$\frac{f(x-0)+f(x+0)}{2} \qquad \cdots ⑤$$

◆ **一般区間でのフーリエ級数** 前定理では周期 2π の周期関数を考えたが, 次の定理では周期 $2l$ $(l \neq \pi)$ の関数について述べる.

定理 8.2（一般区間でのフーリエ級数）$f(x)$ は $[-l, l]$ で区分的に滑らかな, $2l$ を周期とする周期関数とする.

(i) そのフーリエ級数は $f(x)$ が連続な点では $f(x)$ に収束し, 次のように書く.

$$f(x) = \frac{a_0}{2} + \sum_{n=1}^{\infty}\left(a_n \cos\frac{n\pi x}{l} + b_n \sin\frac{n\pi x}{l}\right) \qquad \cdots ⑥$$

$$a_n = \frac{1}{l}\int_{-l}^{l} f(x)\cos\frac{n\pi x}{l}dx, \quad b_n = \frac{1}{l}\int_{-l}^{l} f(x)\sin\frac{n\pi x}{l}dx \qquad \cdots ⑦$$

(ii) $f(x)$ が不連続な点では, そのフーリエ級数は次に収束する.

$$\frac{f(x+0)+f(x-0)}{2} \qquad \cdots ⑧$$

定理 8.3（フーリエ余弦級数・フーリエ正弦級数）$f(x)$ は $[-l, l]$ で区分的に滑らかな, $2l$ を周期とする周期関数とする.

(i) 偶関数のときは, 次のような**フーリエ余弦級数**に展開される.

$$f(x) = \frac{a_0}{2} + \sum_{n=1}^{\infty} a_n \cos\frac{n\pi x}{l}, \quad a_n = \frac{2}{l}\int_0^l f(x)\cos\frac{n\pi x}{l}dx \qquad \cdots ⑨$$

(ii) 奇関数のときは, 次のような**フーリエ正弦級数**に展開される.

$$f(x) = \sum_{n=1}^{\infty} b_n \sin\frac{n\pi x}{l}, \quad b_n = \frac{2}{l}\int_0^l f(x)\sin\frac{n\pi x}{l}dx \qquad \cdots ⑩$$

区分的に滑らかな関数のイメージ図

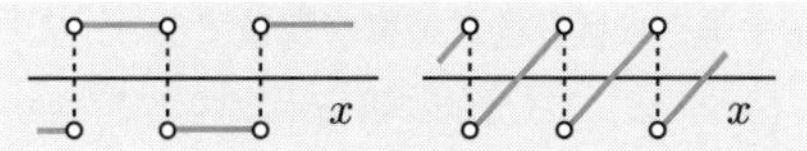

> **定理*8.3*の系**　$f(x)$ が $[0,l]$ で区分的に滑らかな関数ならば，$f(x)$ はフーリエ余弦級数にも，フーリエ正弦級数にも展開できる．

◆ 偶関数・奇関数と定積分

① $y=f(x)$ が偶関数　• 定義 $f(-x)=f(x)$

- y 軸に関して対称なグラフになる（⇨ 図 8.2）．
- $\displaystyle\int_{-l}^{l} f(x)dx = 2\int_{0}^{l} f(x)dx \quad (l>0)$

② $y=f(x)$ が奇関数　• 定義 $f(-x)=-f(x)$

- 原点に関して対称なグラフになる（⇨ 図 8.3）
- $\displaystyle\int_{-l}^{l} f(x)dx = 0 \quad (l>0)$

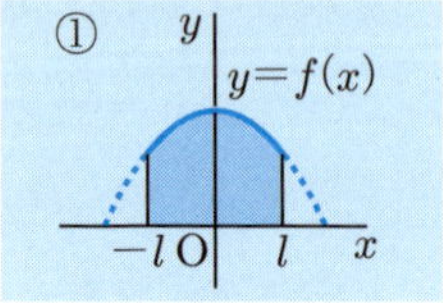

図8.2

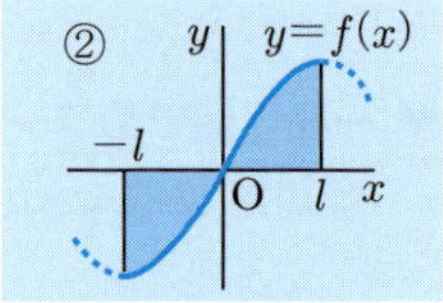

図8.3

注意 *8.1*　(1)　**区分的に連続でない関数**　区分的に連続な関数 $f(x)$ は p.120 で述べたように区間内に複数の不連続点があってもよいが，その不連続点における左右の極限と，両端点における極限が存在しなければならない．図 8.4 に示すように，この極限が $+\infty$ や $-\infty$ に発散するものがある場合は区分的に連続な関数とはいえない．

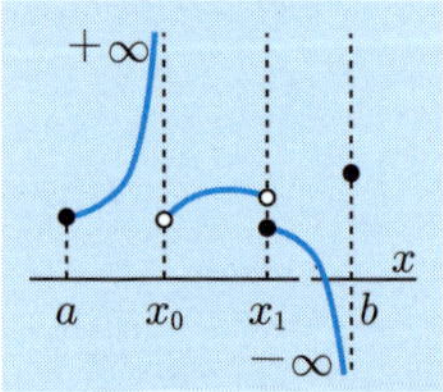

図8.4

(2)　**区分的に滑らかな関数の例**　$(-\infty,\infty)$ で定義された周期 2 の周期関数

$$g(x)=\frac{1}{2}x^2 \quad (-1<x\leqq 1)$$

は，図 8.5 (i) のように，$(-\infty,\infty)$ で区分的に連続な関数である．

次に $g'(x)=x$ も図 8.5 (ii) のように，$(-\infty,\infty)$ で区分的に連続な関数である．よって，$y=g(x)$ と $y=g'(x)$ が共に区分的に連続な関数であるから，$y=g(x)$ は区分的に滑らかな関数となる．

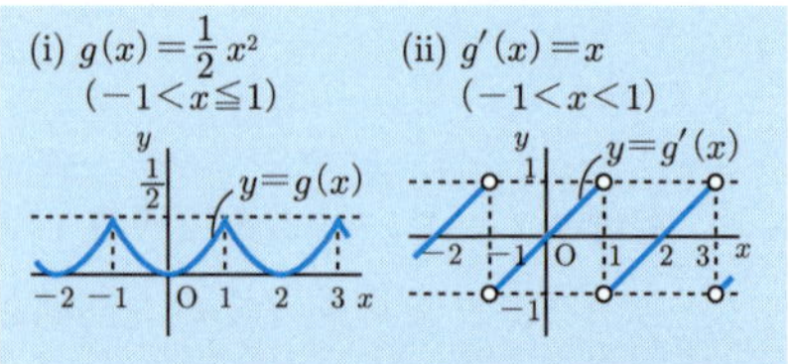

図8.5　区分的に滑らかな関数の例

(3)　**区分的に滑らかでない関数の例**　$(-\infty,\infty)$ で定義された周期 2 の周期関数

$$h(x)=\sqrt{1-x^2} \quad (-1<x\leqq 1)$$

は，図 8.6 (i) のように $(-\infty,\infty)$ で区分的に連続な関数であるが，$h'(x)=-\dfrac{x}{\sqrt{1-x^2}}$ $(-1<x<1)$ は図 8.6 (ii) に示すように区分的に連続な関数でない．よって，$h(x)$ は $(-\infty,\infty)$ で区分的に滑らかな関数でない．

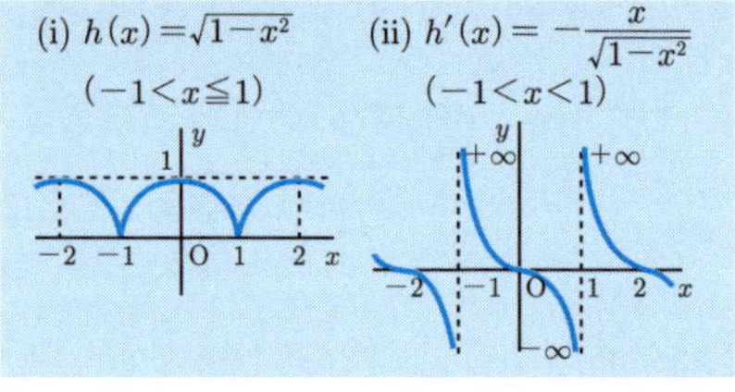

図8.6　区分的に滑らかでない関数の例

例題 1　　**フーリエ展開（周期 2π）**

$f(x)=e^x\ (-\pi<x<\pi)$ をフーリエ展開せよ．

route　$f(x)=e^x$ は $-\pi<x<\pi$ で**連続**で，**区分的に滑らかな周期 2π の周期関数**である．さらに**点 x で連続である**から p.121 の定理 8.1 ④ のようにフーリエ展開できる．

navi

$$f(x)=\frac{a_0}{2}+\sum_{n=1}^{\infty}(a_n\cos nx+b_n\sin nx)$$

$$a_n=\frac{1}{\pi}\int_{-\pi}^{\pi}f(x)\cos nx dx,\quad b_n=\frac{1}{\pi}\int_{-\pi}^{\pi}f(x)\sin nx dx$$

解答　$f(x)=e^x$ は $-\pi<x<\pi$ で区分的に滑らかな周期 2π の周期関数である．ゆえに p.121 の定理 8.1 より

$$a_0=\frac{1}{\pi}\int_{-\pi}^{\pi}e^x dx=\frac{1}{\pi}\Big[e^x\Big]_{-\pi}^{\pi}=\frac{1}{\pi}(e^{\pi}-e^{-\pi})$$

$$\begin{aligned}a_n&=\frac{1}{\pi}\int_{-\pi}^{\pi}e^x\cos nx\,dx\\&=\frac{1}{\pi}\Big[e^x\cos nx\Big]_{-\pi}^{\pi}+\frac{n}{\pi}\int_{-\pi}^{\pi}e^x\sin nx\,dx\\&=\frac{1}{\pi}\Big[e^x\cos nx+ne^x\sin nx\Big]_{-\pi}^{\pi}-\underline{\frac{n^2}{\pi}\int_{-\pi}^{\pi}e^x\cos nx\,dx}.\end{aligned}$$

↑これを左辺に移項する

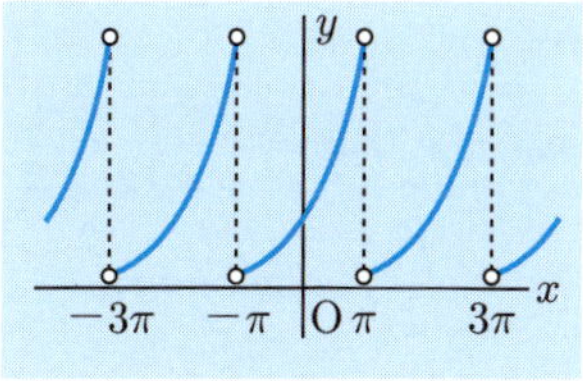

図8.7

よって　$(1+n^2)a_n=\dfrac{1}{\pi}(-1)^n(e^{\pi}-e^{-\pi})$　　$\therefore\quad a_n=\dfrac{(-1)^n}{\pi(1+n^2)}(e^{\pi}-e^{-\pi})$.

$$\begin{aligned}b_n&=\frac{1}{\pi}\int_{-\pi}^{\pi}e^x\sin nx\,dx=\frac{1}{\pi}\Big[e^x\sin nx\Big]_{-\pi}^{\pi}-\frac{n}{\pi}\int_{-\pi}^{\pi}e^x\cos nx\,dx\\&=\frac{1}{\pi}\Big[e^x\sin nx-ne^x\cos nx\Big]_{-\pi}^{\pi}-\frac{n^2}{\pi}\int_{-\pi}^{\pi}e^x\sin nx\,dx\end{aligned}$$

よって　$(1+n^2)b_n=\dfrac{(-1)^n n}{\pi}(-e^{\pi}+e^{-\pi})$　　$\therefore\quad b_n=-\dfrac{n(-1)^n}{\pi(1+n^2)}(e^{\pi}-e^{-\pi})$

ゆえに求めるフーリエ展開は，

$$e^x=\frac{e^{\pi}-e^{-\pi}}{\pi}\left(\frac{1}{2}+\sum_{n=1}^{\infty}\frac{(-1)^n}{1+n^2}(\cos nx-n\sin nx)\right).$$

問　題

1.1　次の関数をフーリエ展開せよ．

(1)　$f(x)=x\quad(-\pi\leqq x\leqq\pi)$　　(2)　$f(x)=x^2\quad(-\pi\leqq x\leqq\pi)$

(3)　$f(x)=|x|\quad(-\pi\leqq x\leqq\pi)$　　(4)　$f(x)=e^x\quad(0<x<\pi)$

例題 2　　**フーリエ展開（周期 $2l$）**

次の関数をフーリエ展開せよ．

$$f(x) = \begin{cases} x & (0 \leqq x \leqq 1) \\ 0 & (-1 \leqq x \leqq 0) \end{cases}$$

route　$f(x)$ は $[-1, 1]$ で**区分的に滑らかな，周期 2** の周期関数である．$f(x)$ が連続な点では，p.121 の⑧のようにフーリエ展開できる．

navi

$$f(x) = \frac{a_0}{2} + \sum_{n=1}^{\infty}\left(a_n \cos\frac{n\pi x}{l} + b_n \sin\frac{n\pi x}{l}\right)$$

$$a_n = \frac{1}{l}\int_{-l}^{l} f(x)\cos\frac{n\pi x}{l}dx, \quad b_n = \frac{1}{l}\int_{-l}^{l} f(x)\sin\frac{n\pi x}{l}dx$$

解答　$f(x)$ は区分的に滑らかな周期 2 の関数である．

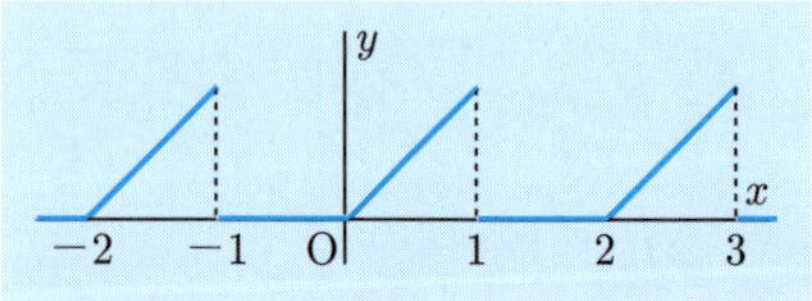

図8.8

$$a_0 = \int_0^1 x dx = \left[\frac{x^2}{2}\right]_0^1 = \frac{1}{2}$$

$$a_n = \int_{-1}^{1} f(x)\cos n\pi x\, dx = \int_0^1 x\cos n\pi x\, dx$$

$$= \left[\frac{x}{n\pi}\sin n\pi x\right]_0^1 - \frac{1}{n\pi}\int_0^1 \sin n\pi x\, dx = \left[\frac{1}{n^2\pi^2}\cos n\pi x\right]_0^1$$

$$= \frac{\cos n\pi - 1}{n^2\pi^2} = \begin{cases} -\dfrac{2}{n^2\pi^2} & (n\ :\ \text{奇数}) \\ 0 & (n\ :\ \text{偶数}) \end{cases}$$

$$b_n = \int_{-1}^{1} f(x)\sin n\pi x\, dx = \int_0^1 x\sin n\pi x\, dx$$

$$= \left[-\frac{x}{n\pi}\cos n\pi x\right]_0^1 + \int_0^1 \frac{1}{n\pi}\cos n\pi x\, dx$$

$$= -\frac{\cos n\pi}{n\pi} + \frac{1}{n^2\pi^2}\left[\sin n\pi x\right]_0^1 = -\frac{\cos n\pi}{n\pi} = (-1)^{n+1}\frac{1}{n\pi}.$$

したがって $f(x)$ のフーリエ展開は，

$$f(x) = \frac{1}{4} - \frac{2}{\pi^2}\sum_{n=1}^{\infty}\frac{\cos(2n-1)\pi x}{(2n-1)^2} + \frac{1}{\pi}\sum_{n=1}^{\infty}(-1)^{n+1}\frac{\sin n\pi x}{n}$$

問　題

2.1　次の関数をフーリエ展開せよ．

(1)　$f(x) = \begin{cases} \pi x & (0 \leqq x \leqq 1) \\ \pi(2-x) & (1 \leqq x \leqq 2) \end{cases}$　　(2)　$f(x) = x^2 + x \quad (-1 < x < 1)$

8.2 フーリエ変換・フーリエ逆変換・フーリエの重積分公式

◆ フーリエ変換・フーリエ逆変換・フーリエの重積分公式

定義 8.1（フーリエ変換）関数 $f(x)$ が区間 $(-\infty, \infty)$ で区分的に滑らかで，絶対可積分[†]とする．点 $x \in (-\infty, \infty)$ において f が連続のとき

$$F(u) = \frac{1}{\sqrt{2\pi}} \int_{-\infty}^{\infty} f(t) e^{-iut} dt \quad (i \text{ は虚数単位}) \qquad \cdots ①$$

を $f(t)$ の**フーリエ変換**という．

オイラーの公式 $(e^{i\theta} = \cos\theta + i\sin\theta)$ を用いれば

$$F(u) = \frac{1}{\sqrt{2\pi}} \int_{-\infty}^{\infty} f(t) \cos ut \, dt + i \frac{1}{\sqrt{2\pi}} \int_{-\infty}^{\infty} f(t) \sin ut \, dt$$

であるから，このフーリエ変換は「無限区間のフーリエ係数」とみることもできる．

定理 8.4（フーリエ逆変換）関数 $f(x)$ が区間 $(-\infty, \infty)$ で区分的に滑らかで絶対可積分とする．このとき，点 $x \in (-\infty, \infty)$ において f が連続ならば

$$f(x) = \frac{1}{\sqrt{2\pi}} \int_{-\infty}^{\infty} F(u) \, e^{iux} du \qquad \cdots ②$$

不連続点においてもこの右辺は $\{f(x-0) + f(x+0)\}/2$ に等しい．

② の積分は**フーリエ逆変換**といわれる．次に ① を ② に代入して，オイラーの公式を使って整理すると，**フーリエの重積分公式**が得られる．

定理 8.5（フーリエの重積分公式）$f(x)$ が $(-\infty, \infty)$ で区分的に滑らかで，絶対可積分とする．このとき，点 $x \in (-\infty, \infty)$ において f が連続ならば

$$f(x) = \frac{1}{\pi} \int_0^{\infty} \left(\int_{-\infty}^{\infty} f(t) \cos u(t-x) dt \right) du \qquad \cdots ③$$

不連続点においてもこの右辺は $\{f(x-0) + f(x+0)\}/2$ に等しい．

注意 8.2　**複素関数の積分**　$G(x)$ が実変数 x の複素関数 $G(x) = g_1(x) + ig_2(x)$ のとき，定積分を次のように定める．$\int_a^b G(x)dx = \int_a^b g_1(x)dx + i\int_a^b g_2(x)dx$．ただし $g_1(x), g_2(x)$ は実数値関数．

注意 8.3　フーリエ変換，フーリエの重積分公式では 2 重積分，広義の 2 重積分を用いるので，例えば『新版 演習微分積分』（サイエンス社）p.132 の第 5 章を学習すること．

---

† $\int_{-\infty}^{\infty} |f(x)| dx$ が収束するとき，$f(x)$ は**絶対可積分**であるという．

例題 3 **フーリエの重積分公式**

$$f(x)=\begin{cases}\pi e^{-x} & (x>0)\\ \pi/2 & (x=0)\\ 0 & (x<0)\end{cases} \quad \text{のとき} \quad f(x)=\int_0^\infty \frac{\cos us+u\sin us}{1+u^2}du \quad \text{を示せ.}$$

route $f(x)$ は $(-\infty,\infty)$ で**区分的に滑らか**で，**絶対可積分**であり，また点 $x\neq 0$ で連続で，$x=0$ で不連続である．p.125 の定理 8.5 の**フーリエの重積分公式**を用いる．

navi **フーリエの重積分公式** $\boldsymbol{f(x)=\dfrac{1}{\pi}\int_0^\infty\left(\int_{-\infty}^\infty f(t)\cos u(t-x)dt\right)du}$

解答 $f(x)$ は区分的なめらかで，

$$\int_{-\infty}^\infty \left|f(x)\right|dx=\int_0^\infty \pi e^{-x}dx=\pi$$

は収束するので p.125 の定理 8.5 より，

$$f(x)=\frac{1}{\pi}\int_0^\infty du\int_{-\infty}^\infty f(t)\cos u(t-x)dt=\frac{1}{\pi}\int_0^\infty du\int_0^\infty \pi e^{-t}\cos u(t-x)dt.$$

$$\begin{aligned}\int_0^\infty e^{-t}\cos u(t-x)dt&=\cos ux\int_0^\infty e^{-t}\cos ut\,dt+\sin ux\int_0^\infty e^{-t}\sin ut\,dt\\&=I_1\cos ux+I_2\sin ux\end{aligned}$$

$$I_1=\int_0^\infty e^{-t}\cos ut\,dt=\frac{1}{1+u^2},\quad I_2=\int_0^\infty e^{-t}\sin ut\,dt=\frac{u}{1+u^2}$$

$$\because\quad \int e^{ax}\sin bx\,dx=\frac{e^{ax}}{a^2+b^2}(a\sin bx-b\cos bx) \qquad \cdots①$$

$$\int e^{ax}\cos bx\,dx=\frac{e^{ax}}{a^2+b^2}(a\cos bx+b\sin bx) \qquad \cdots②$$

（⇨ 例えば『新版 演習微分積分』（サイエンス社）p.59）

$$\therefore\quad f(x)=\int_0^\infty \frac{\cos ux+u\sin ux}{1+u^2}du$$

原点において，左辺 $=\dfrac{f(-0)+f(+0)}{2}=\dfrac{\pi}{2}$，右辺 $=\displaystyle\int_0^\infty \frac{1}{1+u^2}du=\Big[\tan^{-1}u\Big]_0^\infty=\frac{\pi}{2}$

ゆえに原点においても等号が成立するので，

$$f(x)=\int_0^\infty \frac{\cos ux+u\sin ux}{1+u^2}du.$$

問 題

3.1 次の関係を証明せよ．

(1) $\displaystyle\int_0^\infty \frac{\cos ux\,du}{u^2+1}=\frac{\pi}{2}e^{-|x|}$ (2) $\displaystyle\int_0^\infty \frac{u\sin ux\,du}{(u^2+1)(u^2+4)}=\frac{\pi}{6}(e^{-x}-e^{-2x})$ $(x\geqq 0)$

例題 4 **フーリエ変換**

$f(x)$ は $(-\infty, \infty)$ で微分可能，絶対可積分，$f(x) \to 0$ $(x \to \pm\infty)$ とする．$f(x)$ のフーリエ変換を $F(\alpha)$ とすれば，$f'(x)$ のフーリエ変換は

$$i\alpha F(\alpha)$$

であることを示せ．

route $f'(x)$ を p.125 の定義 8.1 より計算せよ．

navi **フーリエ変換が計算できる関数**は**絶対可積分**という厳しい制限をうけ，フーリエ級数のときとちがい，$x^n (n \geqq 0)$, e^x, $\sin x$, $\cos x$ 等の**フーリエ変換は求められない**．これはフーリエ変換の理論の大きな欠点である．それにもかかわらず**確率論**，**量子力学等の理論的な考察ではフーリエ変換の理論は決定的な重要性をもっている**．

解答 $f'(x)$ のフーリエ変換は，部分積分法により

$$\frac{1}{\sqrt{2\pi}}\int_{-\infty}^{\infty} f'(x)e^{-i\alpha x}dx = \frac{1}{\sqrt{2\pi}}\left\{\lim_{\substack{M\to\infty \\ K\to-\infty}} \left[f(x)e^{-i\alpha x}\right]_K^M + i\alpha\int_{-\infty}^{\infty} f(x)e^{-i\alpha x}dx\right\}$$

$$= \frac{1}{\sqrt{2\pi}}\left\{\lim_{M\to\infty} f(M)e^{-i\alpha M} - \lim_{K\to-\infty} f(K)e^{-i\alpha K} + i\alpha\underbrace{\int_{-\infty}^{\infty} f(x)e^{-i\alpha x}dx}_{=F(\alpha)}\right\}$$

$|e^{-i\alpha M}| = 1$ であるので，$|f(M)e^{-i\alpha M}| = |f(M)||e^{-i\alpha M}| = |f(M)|$ となり，仮定から，$f(M) \to 0$ $(M \to \infty)$ であるので，

$$f(M)e^{-i\alpha M} \to 0 \quad (M \to \infty)$$

同様にして，$|e^{-i\alpha K}| = 1$, $|f(K)e^{-i\alpha K}| = |f(K)| \to 0$ $(K \to -\infty)$ より，

$$f(K)e^{-i\alpha K} \to 0 \quad (K \to -\infty)$$

よって，

$$\frac{1}{\sqrt{2\pi}}\int_{-\infty}^{\infty} f'(x)e^{-i\alpha x}dx = i\alpha F(\alpha)$$

問題

4.1 次の関数のフーリエ変換を求めよ．

(1) $f(x) = \begin{cases} 1 & (-1 < x < 1) \\ 0 & (x < -1, 1 < x) \end{cases}$

(2) $f(x) = \begin{cases} -1 & (-1 < x < 0) \\ 1 & (0 < x < 1) \\ 0 & (x < -1, 1 < x) \end{cases}$

(3) $f(x) = \begin{cases} 1 - x^2 & (-1 \leqq x \leqq 1) \\ 0 & (x < -1, 1 < x) \end{cases}$

8.3 偏微分方程式の初期値問題，境界値問題

◆ 双曲型偏微分方程式

I　波動方程式の初期値・境界値問題　（両端を固定した長さ l の弦の振動の問題）

$$\frac{\partial^2 u}{\partial t^2} = c^2 \frac{\partial^2 u}{\partial x^2} \quad (u = u(x,t)\ ;\ 0 < x < l, t > 0) \qquad \cdots ①$$

初期条件：$u(x,0) = f(x),\ \dfrac{\partial}{\partial t}u(x,0) = F(x) \quad (0 \leqq x \leqq l)$ $\cdots ②$

境界条件：$u(0,t) = 0,\ u(l,\,t) = 0 \quad (t \geqq 0)$ $\cdots ③$

解：
$$\begin{cases} u(x,t) = \displaystyle\sum_{n=1}^{\infty} \sin\frac{n\pi x}{l}\left(a_n \cos\frac{n\pi ct}{l} + \frac{l}{n\pi c} b_n \sin\frac{n\pi ct}{l}\right) \\ a_n = \dfrac{2}{l}\displaystyle\int_0^l f(x)\sin\frac{n\pi x}{l}dx, \quad b_n = \dfrac{2}{l}\displaystyle\int_0^l F(x)\sin\frac{n\pi x}{l}dx \end{cases} \qquad \cdots ④$$

ただし，$f(x), F(x)$ は連続で区分的に滑らかな関数とする（⇨ p.136 研究 I (1)）．

II　波動方程式の初期値問題　（両側に十分長くのびた弦の振動の問題）

$$\frac{\partial^2 u}{\partial t^2} = c^2 \frac{\partial^2 u}{\partial x^2} \quad (u = u(x,t)\ ;\ -\infty < x < \infty, t > 0) \qquad \cdots ⑤$$

初期条件：$u(x,0) = f(x),\ \dfrac{\partial}{\partial t}u(x,0) = F(x) \quad (-\infty < x < \infty)$ $\cdots ⑥$

解：$u(x,t) = \dfrac{1}{2}\{f(x+ct) + f(x-ct)\} + \dfrac{1}{2c}\displaystyle\int_{x-ct}^{x+ct} F(\lambda)d\lambda$ $\cdots ⑦$

（ストークスの公式）

ただし，$f(x), F(x)$ は連続で区分的に滑らかな関数とする．さらに，
$\displaystyle\int_{-\infty}^{\infty}\left|f(x)\right|dx$ と $\displaystyle\int_{-\infty}^{\infty}\left|F(x)\right|dx$ は収束するものとする（⇨ p.139 研究 I (3)）．

注意 8.4　両側に十分長くのびた弦の問題は，数学的には無限区間の問題と考える．

重ね合わせの原理　$u_n(x,y)\,(n = 1, 2, \cdots)$ が

$$a\frac{\partial^2 u}{\partial x^2} + 2b\frac{\partial^2 u}{\partial x \partial y} + c\frac{\partial^2 u}{\partial y^2} + h\frac{\partial u}{\partial x} + k\frac{\partial u}{\partial y} + lu = 0 \qquad \cdots ⑧$$

の解であれば，それらの一次結合 $\displaystyle\sum_{n=1}^{\infty} a_n u_n(x,y)$ も ⑧ の解である（a_n は任意定数）．

連続で区分的に滑らかな関数のイメージ図

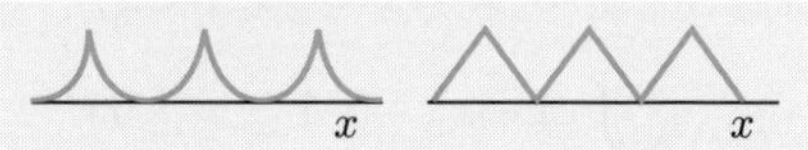

◆ **変数分離法**　偏微分方程式の初期値問題や初期値・境界値問題を解くにあたって大切な方法の一つに次のような**変数分離法**がある．次の例でそれを説明する．

例 1（変数分離法）$\dfrac{\partial^2 u}{\partial t^2} = c^2 \dfrac{\partial^2 u}{\partial x^2} \quad (0 < x < l,\ t > 0)$ …①

境界条件：$u(0,t) = u(l,t) = 0 \quad (t \geqq 0)$ …②

のとき，②を満たす①の解で　$u(x,t) = g(x)h(t)$ …③

のように変数が分離している解を求めよ．

解答　③を①に代入すると，$g(x)h''(t) = c^2 g''(x)h(t)$ となる．よって，

$$\frac{g''(x)}{g(x)} = \frac{1}{c^2}\frac{h''(t)}{h(t)}$$

この式の右辺は t だけの関数であり，左辺は x だけの関数である．この両辺が等しいということは，上式は定数（λ とおく）に他ならない．すなわち

$$g''(x) = \lambda g(x) \quad \cdots ④ \qquad h''(x) = c^2 \lambda h(t) \quad \cdots ⑤$$

である．ここで $\lambda < 0$ であることを示そう．

$$0 \leqq \int_0^l \left(g'(x)\right)^2 dx = \int_0^l g'(x)g'(x)dx = \Big[g(x)g'(x)\Big]_0^l - \int_0^l g(x)g''(x)dx$$

$$= -\int_0^l g(x)g''(x)dx \quad (②より\ g(l) = g(0) = 0)$$

$$= -\lambda \int_0^l \left(g(x)\right)^2 dx \quad (④より\ g''(x)\ に\ \lambda g(x)\ を代入)$$

よって $\lambda < 0$ である．いま $\lambda = -\mu^2$ とおくと，④, ⑤はそれぞれ

$$g''(x) + \mu^2 g(x) = 0, \quad h''(t) + c^2\mu^2 h(t) = 0$$

となる．これらは定数係数の 2 階線形常微分方程式であるので，p.45 の**解法 4.2** (iii) より a, b, A, B を任意定数として，次のような $g(x), h(t)$ が得られる．

$$g(x) = a\cos\mu x + b\sin\mu x, \quad h(t) = A\cos c\mu t + B\sin c\mu t$$

②より $g(l) = g(0) = 0$．よって $a = 0$ となるので $b\sin\mu l = 0$．すなわち $\mu = n\pi/l$．いま $\mu = n\pi/l\ (n = 1, 2, \cdots)$ に対し $g(x), h(t)$ を改めて

$$g_n(x) = b_n \sin\frac{n\pi x}{l}, \quad h_n(t) = A_n\cos\frac{n\pi ct}{l} + B_n \sin\frac{n\pi ct}{l}$$

と書くとする．このとき，次のような②を満たす①の解が得られる．

$$g_n(x)h_n(t) = \sin\frac{n\pi x}{l}\left(C_n\cos\frac{n\pi ct}{l} + D_n\sin\frac{n\pi ct}{l}\right) \quad (n = 1, 2, \cdots) \quad \cdots ⑥$$

例題 5 **波動方程式の初期値・境界値問題**

次の偏微分方程式を解け.

$$\frac{\partial^2 u}{\partial t^2} = c^2 \frac{\partial^2 u}{\partial x^2} \quad (u = u(x,t)\ ;\ 0 < x < 2,\ t > 0)$$

初期条件：$u(x,0) = \begin{cases} x & (0 \leqq x \leqq 1) \\ -x+2 & (1 \leqq x \leqq 2) \end{cases}, \quad \dfrac{\partial u(x,0)}{\partial t} = 0 \quad (0 \leqq x \leqq 2)$

境界条件：$u(0,t) = u(2,t) = 0 \quad (t \geqq 0)$

route 与えられた偏微分方程式は**波動方程式の初期値・境界値問題**である（⇨ p.128 の **I**）．$f(x), F(x)$ が連続で区分的に滑らかな関数であることを確かめ，解を求める.

navi この偏微分方程式は両端を固定し，水平に張られた弦が鉛直方向に振動する場合，弦の平衡状態からの変化 $u(x,t)$ を表している.

解答 p.128 の **I** 波動方程式の初期値・境界値問題で

$$f(x) = \begin{cases} x & (0 \leqq x \leqq 1) \\ -x+2 & (1 \leqq x \leqq 2) \end{cases}, \quad l = 2, \quad F(x) = 0$$

とした場合である．$f(x)$ は連続で区分的に滑らかであり，$F(x)$ は微分可能である．よって p.128 の ④ より，解は

$$u(x,t) = \sum_{n=1}^{\infty} a_n \sin\frac{n\pi x}{2}\cos\frac{n\pi ct}{2}, \quad F(x) = 0 \quad \text{より} \quad b_n = 0$$

$$a_n = \int_0^1 x\sin\frac{n\pi x}{2}dx + \int_1^2 (-x+2)\sin\frac{n\pi x}{2}dx$$

$$= \left[-x\frac{2}{n\pi}\cos\frac{n\pi x}{2}\right]_0^1 + \int_0^1 \frac{2}{n\pi}\cos\frac{n\pi x}{2}dx$$

$$+ \left[-(-x+2)\frac{2}{n\pi}\cos\frac{n\pi x}{2}\right]_1^2 - \int_1^2 \frac{2}{n\pi}\cos\frac{n\pi x}{2}dx = \frac{8}{n^2\pi^2}\sin\frac{n\pi}{2}$$

$$\therefore \quad a_{2n-1} = (-1)^{n-1}8/\left\{(2n-1)^2\pi^2\right\}, \quad a_{2n} = 0 \quad (n = 1, 2, \cdots)$$

$$\therefore \quad u(x,t) = \sum_{n=1}^{\infty} a_{2n-1}\sin\frac{(2n-1)\pi x}{2}\cos\frac{(2n-1)\pi ct}{2}, \quad a_{2n-1} = (-1)^{n-1}\frac{8}{(2n-1)^2\pi^2}$$

問　題

5.1 次の偏微分方程式を解け.

$$\frac{\partial^2 u}{\partial t^2} = \frac{\partial^2 u}{\partial x^2} \quad (u = u(x,t)\ ;\ 0 < x < \pi,\ t > 0)$$

初期条件：$u(x,0) = 0, \quad \dfrac{\partial u(x,0)}{\partial t} = \sin x + \sin 2x \quad (0 < x < \pi)$

境界条件：$u(0,t) = 0,\ u(\pi,t) = 0 \quad (t > 0)$

例題 6 **波動方程式の初期値問題（ストークスの公式）**

次の偏微分方程式を解け．

$$\frac{\partial^2 u}{\partial t^2}=\frac{\partial^2 u}{\partial x^2}\quad (u=u(x,t)\ ;\ -\infty<x<\infty,\ t>0)$$

初期条件：$u(x,0)=e^{-x^2},\ \dfrac{\partial}{\partial t}u(x,0)=0\quad(-\infty<x<\infty)$

route 与えられた偏微分方程式は**波動方程式の初期値問題（ストークスの公式）**である（⇨ p.128 の II）．$f(x), F(x)$ が連続で区分的に滑らかな関数であることを確かめ，解を求める．

navi 長さが無限の場合の弦の振動の問題である．

解答 波動方程式の初期値問題（**ストークスの公式**⇨ p.128 の II）で $f(x)=e^{-x^2}$, $F(x)=0$, $c=1$ とした場合である．$f(x)$ は明らかに微分可能（当然連続で，区分的に滑らか）であり，$\displaystyle\int_{-\infty}^{\infty}|f(x)|dx$ は収束するので[†]，p.128 の⑦より

$$\begin{aligned}u(x,t)&=\frac{1}{2}\Big\{f(x+t)+f(x-t)\Big\}+\frac{1}{2}\int_{x-t}^{x+t}F(\lambda)d\lambda\\&=\frac{1}{2}\Big\{e^{-(x+t)^2}+e^{-(x-t)^2}\Big\}=e^{-(x^2+t^2)}\frac{e^{-2xt}+e^{2xt}}{2}\\&=e^{-(x^2+t^2)}\cosh 2xt\quad(\cosh x \text{ は双曲線余弦関数⇨ 次の追記 8.1})\end{aligned}$$

追記 *8.1* 次の各式で定義される関数を**双曲線関数**という．

$$\cosh x=\frac{e^x+e^{-x}}{2},\quad \sinh x=\frac{e^x-e^{-x}}{2}$$

前者が**双曲線余弦関数**（ハイパボリックコサイン）で，後者が**双曲線正弦関数**（ハイパボリックサイン）である．

問 題

6.1 次の波動方程式の初期値問題を解け．

$$\frac{\partial^2 u}{\partial t^2}=\frac{\partial^2 u}{\partial x^2}\quad (u=u(x,t)\ ;\ -\infty<x<\infty,\ t>0)$$

初期条件：$u(x,0)=e^{-|x|},\ \dfrac{\partial}{\partial t}u(x,0)=0\quad(-\infty<x<\infty)$

---

† $\displaystyle\int_{-\infty}^{\infty}e^{-x^2}dx=2\int_0^{\infty}e^{-x^2}dx=\sqrt{\pi}$ （⇨ 例えば『新版 演習微分積分』（サイエンス社）p.143 の追記 5.1）

◆ 放物型偏微分方程式

III 熱伝導方程式の初期値・境界値問題 (長さ c の針金に初期温度分布 $f(x)$ $(0 < x < c)$ を与えたとき，t 時間後の温度の分布の問題)

$$\frac{\partial u}{\partial t} = k^2 \frac{\partial^2 u}{\partial x^2} \quad (u = u(x, t)\ ;\ 0 < x < c,\ t > 0) \qquad \cdots ①$$

初期条件：$u(x, 0) = f(x) \quad (0 < x < c)$ $\cdots ②$

境界条件：$u(0, t) = 0, u(c, t) = 0 \quad (t > 0)$ $\cdots ③$

解： $$u(x, t) = \sum_{n=1}^{\infty} c_n e^{-(kn\pi/c)^2 t} \sin \frac{n\pi}{c} x, \quad c_n = \frac{2}{c} \int_0^c f(\lambda) \sin \frac{n\pi}{c} \lambda d\lambda \qquad \cdots ④$$

ただし $f(x)$ は連続で区分的に滑らかな関数とする（⇨ p.140 の研究 II (1)）.

IV 熱伝導方程式の初期値問題 (直線状の熱伝導体が両側に十分長い場合)

$$\frac{\partial u}{\partial t} = k^2 \frac{\partial^2 u}{\partial t^2} \quad (u = u(x, t)\ ;\ -\infty < x < \infty,\ t > 0) \qquad \cdots ⑤$$

初期条件：$u(x, 0) = f(x) \quad (-\infty < x < \infty)$ $\cdots ⑥$

解：$$u(x, t) = \frac{1}{2k\sqrt{\pi t}} \int_{-\infty}^{\infty} f(\lambda) e^{-(x-\lambda)^2/4k^2 t} d\lambda \qquad \cdots ⑦$$

ただし $f(x)$ は区分的に滑らかで，絶対可積分とする（⇨ p.142 研究 II (2)）.

◆ 楕円型偏微分方程式

V ラプラス方程式の境界値問題 (長方形領域に関するディリクレ問題)

$$\Delta u = \frac{\partial^2 u}{\partial x^2} + \frac{\partial^2 u}{\partial y^2} = 0 \quad (u = u(x, y)\ ;\ 0 < x < a,\ 0 < y < b) \qquad \cdots ⑧$$

境界条件：$$\begin{cases} u(0, y) = 0,\ u(a, y) = 0 & (0 < y < b) \\ u(x, b) = 0,\ u(x, 0) = f(x) & (0 < x < a) \end{cases} \qquad \cdots ⑨$$

解：$$\begin{cases} u(x, y) = \displaystyle\sum_{n=1}^{\infty} d_n \sinh \frac{n\pi(b-y)}{a} \sin \frac{n\pi x}{a} \Big/ \sinh \frac{n\pi b}{a} \\ d_n = \dfrac{2}{a} \displaystyle\int_0^a f(\lambda) \sin \frac{n\pi\lambda}{a} d\lambda \end{cases} \qquad \cdots ⑩$$

ただし $f(x)$ は連続で区分的に滑らかで，$f(0) = f(a) = 0$（⇨ p.146 研究 III (1)）.

連続で区分的に滑らかな関数のイメージ図

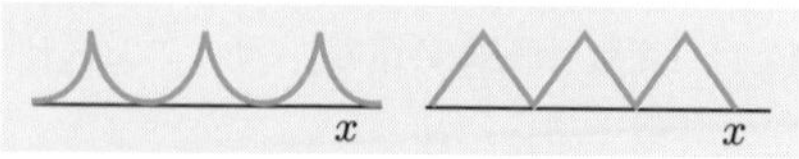

区分的に滑らかな関数のイメージ

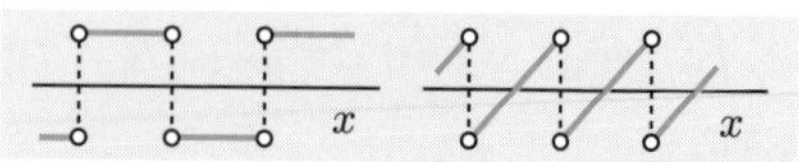

例題 7 **熱伝導方程式の初期値・境界値問題（有限区間）**

次の偏微分方程式を解け.

$$\frac{\partial u}{\partial t}=k^2\frac{\partial^2 u}{\partial x^2}\quad (u=u(x,t)\ ;\ 0<x<\pi,\ t>0)$$

初期条件：$u(x,0)=f(x)\quad (0<x<\pi)$

境界条件：$u(0,t)=0, u(\pi,t)=A\quad (t>0, A$ は与えられた定数である)

route 与えられた境界条件は，両端点における温度が $x=0$ のときは 0 [°C]，$x=\pi$ のときは A [°C] に保たれていることを意味している．この場合，両端点から外に熱が流出することになる．このとき，長さ π の針金に初期分布 $f(x)$ を与えたとき，t 時間後における針金の温度分布 $u(x,t)$ を求める問題である．

navi $u(x,t)=v(x,t)+\varphi(x)$ とおいて，$v(x,t)$ についての**熱伝導方程式の初期値・境界値問題**（⇨ p.132 の **III**）**にもち込む**.

解答

$$u(x,t)=v(x,t)+\varphi(x) \qquad \cdots ①$$

とおき，与えられた偏微分方程式，初期条件，境界条件に代入すると，

$$\frac{\partial v}{\partial t}=k^2\frac{\partial^2 v}{\partial x^2}+k^2\varphi''(x),\quad v(x,0)+\varphi(x)=f(x)$$

$$v(0,t)+\varphi(0)=0,\qquad v(\pi,t)+\varphi(\pi)=A$$

$\varphi(x)$ として，$\varphi''(x)=0, \varphi(0)=0, \varphi(\pi)=A$ を満たすものを選ぶと，$\varphi(x)=Ax/\pi$ となる.

このとき，$v(x,t)$ は次の条件を満足する.

$$\frac{\partial v}{\partial t}=k^2\frac{\partial^2 v}{\partial x^2},\quad v(x,0)=f(x)-\frac{A}{\pi}x,\quad v(0,t)=0,\quad v(\pi,t)=0$$

p.132 の **III** で，$f(x)$ の代わりに $f(x)-Ax/\pi$ を考えると，

$$v(x,t)=\sum_{n=1}^{\infty}c_n e^{-k^2n^2t}\sin nx,\qquad c_n=\frac{2}{\pi}\int_0^{\pi}\left(f(\lambda)-\frac{A}{\pi}\lambda\right)\sin n\lambda d\lambda$$

$$\therefore\quad u(x,t)=\frac{A}{\pi}x+\sum_{n=1}^{\infty}c_n e^{-k^2n^2t}\sin nt,\quad c_n=\frac{2}{\pi}\int_0^{\pi}\left(f(\lambda)-\frac{A}{\pi}\lambda\right)\sin n\lambda d\lambda$$

問　題

7.1 次の熱伝導方程式の初期値・境界値問題を解け.

$$\frac{\partial u}{\partial t}=\frac{1}{2}\frac{\partial^2 u}{\partial x^2}\quad (u=u(x,t)\ ;\ 0<x<2,\ t>0)$$

初期条件：$u(x,0)=\begin{cases}10x & (0\leqq x\leqq 1)\\ 10(2-x) & (1\leqq x\leqq 2)\end{cases}$

境界条件：$u(0,t)=u(2,t)=0$

例題 8　　**熱伝導方程式の初期値問題（無限区間）**

次の熱伝導方程式の初期値問題を解け．

$$\frac{\partial u}{\partial t} = k^2 \frac{\partial^2 u}{\partial x^2} \quad (u = u(x, t)\ ;\ -\infty < x < \infty,\ t > 0)$$

$$\text{初期条件}：u(x, 0) = \begin{cases} 1 & (-1 \leqq x \leqq 1) \\ 0 & (\text{その他}) \end{cases}$$

route　与えられた偏微分方程式は**熱伝導方程式の初期値問題（無限区間）**（⇨ p.132 の Ⅳ）である．$f(x)$ が区分的に滑らかな関数であり，$f(x)$ が絶対可積分であることを確かめ，解を求める．

navi　無限の長さの 1 次元の物体の温度分布を調べるのであるから，初期条件は当然必要であるが，両端がないので境界条件はない．

解答　$f(x) = \begin{cases} 1 & (-1 \leqq x \leqq 1) \\ 0 & (\text{その他}) \end{cases}$　とおくと，

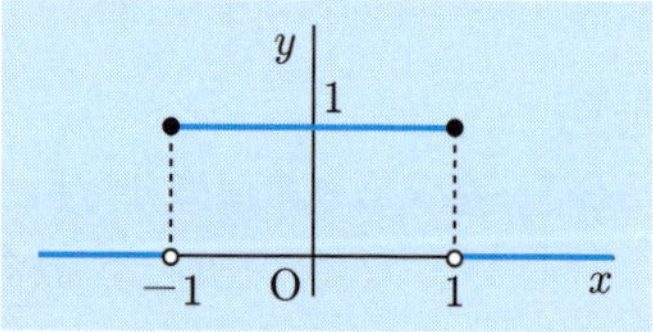

図8.9

$f(x)$ は区分的に滑らか（⇨ **図 8.9**）で，

$$\int_{-\infty}^{\infty} \left| f(x) \right| dx = \int_{-1}^{1} 1 dx = \Big[x \Big]_{-1}^{1} = 2$$

であるので，p.132 の熱伝導方程式の初期値問題を用いることができる．p.132 の ⑦ より，

$$u(x, t) = \frac{1}{2k\sqrt{\pi t}} \int_{-1}^{1} e^{-(x-\lambda)^2/4k^2 t} d\lambda$$

ここで $\dfrac{\lambda - x}{2k\sqrt{t}} = \xi$ と変数変換すると，$d\lambda = 2k\sqrt{t}\, d\xi$ であるので，

$$u(x, t) = \frac{1}{\sqrt{\pi}} \int_{-(1+x)/2k\sqrt{t}}^{(1-x)/2k\sqrt{t}} e^{-\xi^2} d\xi = \frac{1}{\sqrt{\pi}} \left\{ \int_0^{(1-x)/2k\sqrt{t}} e^{-\xi^2} d\xi + \int_0^{(1+x)/2k\sqrt{t}} e^{-\xi^2} d\xi \right\}$$

問　題

8.1　次の熱伝導方程式の初期値問題（無限区間）を解け．

$$\frac{\partial u}{\partial t} = \frac{\partial^2 u}{\partial x^2} \quad (-\infty < x < \infty,\ t > 0)$$

$$\text{初期条件}：u(x, 0) = \delta(x)^{\dagger}$$

---

† $\delta_r(x) = \begin{cases} 1/2r & (-r \leqq x \leqq r) \\ 0 & (x < -r,\ r < x) \end{cases}$　のとき，$\delta_r(x) \to \delta(x)\quad (r \to +0)$．このとき，$\delta(x)$ を**デルタ関数**という．この特殊な関数を区分的に滑らかで絶対可積分と考える．

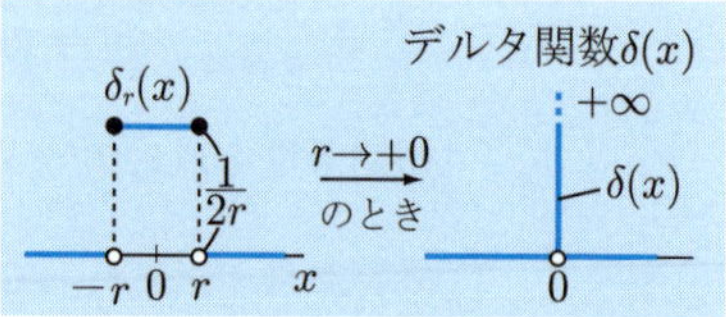

図8.10

例題 9 ―――― **ラプラス方程式の境界値問題**

次のラプラス方程式の境界値問題（長方形領域に関するディリクレ問題）を解け．

$$\Delta u = \frac{\partial^2 u}{\partial x^2} + \frac{\partial^2 u}{\partial y^2} = 0 \cdots ① \quad (u = u(x, y)\ ;\ 0 < x < a,\ 0 < y < b)$$

$$\text{境界条件:} \begin{cases} u(0, y) = u(a, y) = 0 & (0 < y < b) \\ u(x, b) = 0,\ u(x, 0) = \sin(\pi x/a) & (0 < x < a) \end{cases}$$

①を満たす関数 u を**調和関数**という．また Δ は**ラプラシアン**（ラプラス作用素）である．

route 与えられた偏微分方程式は**ラプラス方程式の境界値問題**である（⇨ p.132 の **V**）．$f(x)$ が連続で区分的に滑らかであることを確め，解を求める．

navi 長方形領域 $0 < x < a,\ 0 < y < b$ を D とし，その境界を C とする．C の $y = 0\ (0 < x < a)$ の上だけで $\sin(\pi x/a)$ で，他ではすべて 0 であるという境界条件のもとで D 内の定常状態の温度分布を求める問題である．

解答 与えられた偏微分方程式は，p.132 ⑨ の境界条件の中の $f(x)$ が $\sin(\pi x/a)$ の場合である．この $f(x)$ は連続で，微分可能であり，$f(0) = f(a) = 0$ であるので，p.132 ⑩ より，

$$u(x, y) = \sum_{n=1}^{\infty} d_n \frac{\sinh\{n\pi(b-y)/a\}}{\sinh(n\pi b/a)} \sin\frac{n\pi x}{a}, \quad d_n = \frac{2}{a}\int_0^a \sin\frac{\pi\lambda}{a}\sin\frac{n\pi\lambda}{a}d\lambda$$

$n = 1$ のとき $\quad d_1 = \dfrac{2}{a}\displaystyle\int_0^a \left(\sin\frac{\pi\lambda}{a}\right)^2 d\lambda = \frac{2}{a}\int_0^a \frac{1}{2}\left(1 - \cos\frac{2\pi\lambda}{a}\right) d\lambda = 1$

$n \geqq 2$ のとき $\quad d_n = \dfrac{2}{a}\displaystyle\int_0^a \sin\frac{\pi\lambda}{a}\sin\frac{n\pi\lambda}{a}d\lambda = \frac{2}{a}\frac{1}{2}\int_0^a \left\{\cos\frac{\pi(1-n)\lambda}{a} - \cos\frac{\pi(1+n)\lambda}{a}\right\} d\lambda$

$$= \frac{1}{a}\left[\frac{a}{\pi(1-n)}\sin\frac{\pi(1-n)\lambda}{a} - \frac{a}{\pi(1+n)}\sin\frac{\pi(1+n)\lambda}{a}\right]_0^a = 0$$

$$\therefore \quad u(x, y) = \frac{\sinh \pi(b-y)}{a}\sin\frac{\pi x}{a} \Big/ \frac{\sinh \pi b}{a}$$

追記 8.2 有界な領域を D とし，その境界を C（閉曲線）とする．境界 C 上に与えられた関数 f に対して，$\Delta u = 0$（D において），$u = f$（C 上で）を満たす u を求めることを**ディリクレ問題**という．「C 上で $u = f$」という条件を**ディリクレ条件**という．上記例題 9 は長方形領域に関するディリクレ問題である．

問 題

9.1 次のラプラス方程式の境界値問題（長方形領域に関するディリクレ問題）を解け．

$$\Delta u = \frac{\partial^2 u}{\partial x^2} + \frac{\partial^2 u}{\partial y^2} = 0 \quad (u = u(x, y)\ ;\ 0 < x < a,\ 0 < y < b)$$

$$\text{境界条件：} \begin{cases} u(x, 0) = \alpha\sin(\pi x/a) + \beta\sin(2\pi x/a) & (\alpha, \beta\ \text{は定数}) \\ u(x, b) = 0, \quad u(0, y) = 0, \quad u(a, y) = 0 \end{cases}$$

研究I　波動方程式の初期値問題，初期値・境界値問題

(1)　波動方程式の初期値・境界値問題（有限区間）（⇨ p.128 の I）

例 2　次の偏微分方程式を解け.

$$\frac{\partial^2 u}{\partial t^2} = c^2 \frac{\partial^2 u}{\partial x^2} \quad (u = u(x,t)\,;\, 0 < x < l,\, t > 0) \qquad \cdots ①$$

$$\text{境界条件：} u(0,t) = u(l,t) = 0 \quad (t \geqq 0) \qquad \cdots ②$$

$$\text{初期条件：} u(x,0) = f(x), \quad \frac{\partial}{\partial t}u(x,0) = F(x) \quad (0 \leqq x \leqq l) \qquad \cdots ③$$

ただし $f(x), F(x)$ は連続で区分的に滑らかな関数とする.

変数分離法（⇨ p.129），**重ね合わせの原理**（⇨ p.128），**フーリエ級数**（⇨ p.121）を用いる.

解答　p.129 の例 1 に上記初期条件 ③ を追加したものが与えられた偏微分方程式である．p.129 の ⑥ に重ね合せの原理（⇨ p.128）を用いて次のような解を考える.

$$u(x,t) = \sum_{n=1}^{\infty} \sin\frac{n\pi x}{l}\left(c_n \cos\frac{n\pi ct}{l} + d_n \sin\frac{n\pi ct}{l}\right) \qquad \cdots ④$$

$t = 0$ のとき，与えられた条件③の前半の条件より $u(x,0) = f(x)$ であるので,

$$u(x,0) = \sum_{n=1}^{\infty} c_n \sin\frac{n\pi x}{l} = f(x)$$

項別積分可能とすると，③ の後半の条件より $\dfrac{\partial}{\partial t}u(x,0) = F(x)$ であるので,

$$\frac{\partial}{\partial t}u(x,0) = \sum_{n=1}^{\infty} d_n \frac{n\pi c}{l} \sin\frac{n\pi x}{l} = F(x)$$

$f(x), F(x)$ は $0 \leqq x \leqq l$ で連続で区分的に滑らかで，$f(0) = F(0) = f(l) = F(l) = 0$ とし，$f(x), F(x)$ を $[-l, l]$ で奇関数となるように接続し,

$$\varphi(x) = \begin{cases} f(x) & (0 \leqq x \leqq l) \\ -f(-x) & (-l \leqq x \leqq 0) \end{cases}, \quad \psi(x) = \begin{cases} F(x) & (0 \leqq x \leqq l) \\ -F(-x) & (-l \leqq x \leqq 0) \end{cases}$$

と定義すれば，$\varphi(x), \psi(x)$ は $[-l, l]$ で連続な奇関数となり，これを周期 $2l$ で接続すれば，$\varphi(x), \psi(x)$ は $-\infty < x < \infty$ で連続な奇関数で，区分的に滑らかな関数となっている．このとき**フーリエ係数**は p.121 の定理 8.3 の (ii) より,

$$c_n = \frac{2}{l}\int_0^l f(x) \sin\frac{n\pi x}{l}dx \quad \cdots ⑤ \qquad d_n\frac{n\pi c}{l} = \frac{2}{l}\int_0^l F(x) \sin\frac{n\pi x}{l}dx \quad \cdots ⑥$$

⑤, ⑥を ④ に代入して,

$$u(x,t) = \frac{2}{l}\sum_{n=1}^{\infty} \sin\frac{n\pi x}{l}\left(\cos\frac{n\pi ct}{l}\int_0^l f(x)\sin\frac{n\pi x}{l}dx \right.$$
$$\left. + \frac{l}{n\pi c}\sin\frac{n\pi ct}{l}\int_0^l F(x)\sin\frac{n\pi x}{l}dx\right)$$

が求まる.

(2)　**波動方程式の初期値・境界値問題（有限区間）— 外力項がある場合 —**

例 3　次の偏微分方程式を解け．

$$\frac{\partial^2 u}{\partial t^2} = c^2 \frac{\partial^2 u}{\partial x^2} + F(x,t) \quad (0 < x < l,\ t > 0) \qquad \cdots ①$$

境界条件：$u(0,t) = 0, \quad u(l,t) = 0 \quad (t \geqq 0) \qquad \cdots ②$

初期条件：
$$\begin{cases} u(x,0) = f(x) & \cdots ③ \\ \dfrac{\partial}{\partial t} u(x,0) = g(x) & \cdots ④ \end{cases} \quad (0 \leqq x \leqq l)$$

これは両端が固定された長さ l の弦に対して，外力 F が働いている場合の振動を表している．フーリエ展開（⇨ p.121）を用いる．

解答　$F(x,t)$, $F_x(x,t)$ は x について区分的に連続とし，周期 $2l$ で奇関数となるように接続したとき，$F(x,t)$ のフーリエ展開（⇨ p.121 定理 8.3 (ii)）は

$$F(x,t) = \sum_{n=1}^{\infty} F_n(t) \sin \frac{n\pi x}{l}$$

$$F_n(t) = \frac{2}{l} \int_0^l F(\xi, t) \sin \frac{n\pi\xi}{l} d\xi \quad (n = 1, 2, \cdots)$$

となる．

$u_n(t)$ $(n = 1, 2, \cdots)$ として 2 階線形微分方程式

$$u_n''(t) + \frac{n^2\pi^2c^2}{l^2} u_n(t) = F_n(t) \qquad \cdots ⑤$$

を満足するものを選ぶと，関数

$$u(x,t) = \sum_{n=1}^{\infty} u_n(t) \sin \frac{n\pi x}{l} \qquad \cdots ⑥$$

は与えられた偏微分方程式 ① の解になっている．すなわち

$$u_{tt} = \sum_{n=1}^{\infty} u_n''(t) \sin \frac{n\pi x}{l},$$

$$u_{xx} = -\sum_{n=1}^{\infty} u_n(t) \frac{n^2\pi^2}{l^2} \sin \frac{n\pi x}{l}$$

であるので，これらを ① に代入すると，⑤ より

$$\begin{aligned} u_{tt} - c^2 u_{xx} &= \sum_{n=1}^{\infty} \left(u_n''(t) + \frac{n^2\pi^2c^2}{l^2} u_n(t) \right) \sin \frac{n\pi x}{l} \\ &= \sum_{n=1}^{\infty} F_n(t) \sin \frac{n\pi x}{l} \\ &= F(x,t). \end{aligned}$$

$f(x), g(x)$ はその導関数とともに区分的に連続とし，周期 $2l$ で奇関数となるように接続するとき，$t = 0$ に対しては与えられた初期条件から

$$f(x) = u(x,0) = \sum_{n=1}^{\infty} u_n(0) \sin \frac{n\pi x}{l}$$
$$g(x) = u_t(x,0) = \sum_{n=1}^{\infty} u_n'(0) \sin \frac{n\pi x}{l}$$

となるから，

$$u_n(0) = \frac{2}{l}\int_0^l f(\xi)\sin\frac{n\pi\xi}{l}d\xi, \quad u_n'(0) = \frac{2}{l}\int_0^l g(\xi)\sin\frac{n\pi\xi}{l}d\xi.$$

これらを初期値にもつ定数係数 2 階線形微分方程式⑤を解こう（➪ p.45 の**解法 4.2** (iii)）．

まず $u_n''(t) + \dfrac{n^2\pi^2c^2}{l^2}u_n(t) = 0$ の一般解は

$$u_n(t) = c_1 \cos\frac{n\pi c}{l}t + c_2 \sin\frac{n\pi c}{l}t$$

となり，$t=0$ とおくと，$c_1 = u_n(0)$．また

$$u_n'(t) = -c_1\frac{n\pi c}{l}\sin\frac{n\pi ct}{l} + c_2\frac{n\pi c}{l}\cos\frac{n\pi ct}{l}$$

より $t=0$ とおくと，$c_2 = \dfrac{l}{n\pi c}u_n'(0)$ となる．次に特殊解 $Y(t)$ を求める．

$$y_1 = \cos\frac{n\pi c}{l}t \quad \text{とおくと} \quad y_1' = -\frac{n\pi c}{l}\sin\frac{n\pi c}{l}t$$
$$y_2 = \frac{1}{n\pi c}\sin\frac{n\pi ct}{l} \quad \text{とおくと} \quad y_2' = \frac{1}{l}\cos\frac{n\pi c}{l}t.$$

よって

$$y_1y_2' - y_1'y_2 = \frac{1}{l}$$

ゆえに p.51 の**解法 4.4** により，

$$Y(t) = l\cos\frac{n\pi ct}{l}\int_0^t\left(-\frac{1}{n\pi c}\sin\frac{n\pi c\xi}{l}\right)F_n(\xi)d\xi + \frac{l}{n\pi c}\sin\frac{n\pi ct}{l}\int_0^t\cos\frac{n\pi c\xi}{l}F_n(\xi)d\xi$$
$$= \frac{l}{n\pi c}\int_0^t F_n(\xi)\sin\frac{n\pi c(t-\xi)}{l}d\xi$$

よって⑤の解は，

$$u_n(t) = u_n(0)\cos\frac{n\pi ct}{l} + \frac{l}{n\pi c}u_n'(0)\sin\frac{n\pi ct}{l} + \frac{l}{n\pi c}\int_0^t F_n(\xi)\sin\frac{n\pi c(t-\xi)}{l}d\xi$$
$$(n = 1, 2, \cdots)$$

と表され，これを⑥に代入すれば求める解が得られる．

(3)　**波動方程式の初期値問題（無限区間）**　（ストークスの公式⇨ p.128 の **II**）

例 4　次の偏微分方程式

$$\frac{\partial^2 u}{\partial t^2}=c^2\frac{\partial^2 u}{\partial x^2}\quad (u=u(x,t)\,;\ -\infty<x<\infty,\ t>0)\qquad \cdots ①$$

$$\textbf{初期条件：}\begin{cases} u(x,0)=f(x) & \cdots ② \\ \dfrac{\partial u(x,0)}{\partial t}=F(x) & \cdots ③ \end{cases}\quad(-\infty<x<\infty)$$

の解が次のようになることを示せ．

$$u(x,t)=\frac{1}{2}\{f(x-ct)+f(x+ct)\}+\frac{1}{2c}\int_{x-ct}^{x+ct}F(\lambda)d\lambda\qquad \cdots ④$$

（ストークスの公式）

ただし $f(x), F(x)$ は連続で区分的に滑らかな関数とする．

証明　① の解は p.116 の定理 7.2（**定数係数 2 階線形微粉方程式の一般解**）より，次のようになる．

$$u(x,t)=\varphi(x-ct)+\psi(x+ct)\quad (\varphi,\psi \text{ は任意関数})\qquad \cdots ⑤$$

この解が初期条件 ②, ③ を満たすように φ, ψ を決定してゆく．⑤ を ② に代入して，

$$u(x,0)=\varphi(x)+\psi(x)=f(x)\qquad \cdots ⑥$$

次に⑤を t について偏微分すれば，

$$\frac{\partial u(x,t)}{\partial t}=-c\varphi'(x-ct)+c\psi'(x+ct)\qquad \cdots ⑦$$

これに ③ を用いて，

$$\frac{\partial(x,0)}{\partial t}=-c\varphi'(x)+c\psi'(x)=F(x)\qquad \cdots ⑧$$

この式の両辺を積分すれば，

$$-c\varphi(x)+c\psi(x)=\int_{x_0}^{x}F(\lambda)d\lambda+C\quad (C=-c\varphi(x_0)+c\psi(x_0))$$

$$\therefore\quad \psi(x)-\varphi(x)=\frac{1}{c}\int_{x_0}^{x}F(\lambda)d\lambda+\frac{C}{c}\qquad \cdots ⑨$$

⑥ − ⑨ より

$$\varphi(x)=\frac{1}{2}\left\{f(x)-\frac{1}{c}\int_{x_0}^{x}F(\lambda)d\lambda-\frac{C}{c}\right\}\qquad \cdots ⑩$$

⑥ + ⑨ より

$$\psi(x)=\frac{1}{2}\left\{f(x)+\frac{1}{c}\int_{x_0}^{x}F(\lambda)d\lambda+\frac{C}{c}\right\}\qquad \cdots ⑪$$

⑩, ⑪ を ⑤ に代入すると，$u(x,t)=\dfrac{1}{2}\Big\{f(x-ct)+f(x+ct)\Big\}+\dfrac{1}{2c}\displaystyle\int_{x-ct}^{x+ct}F(\lambda)d\lambda$ となる．

研究II 熱伝導方程式の初期値・境界値問題，初期値問題

(1) 熱伝導方程式の初期値・境界値問題（有限区間 ⇨ p.132 の III）

例 5 次の偏微分方程式

$$\frac{\partial u}{\partial t} = k^2 \frac{\partial^2 u}{\partial x^2} \quad (u = u(x,t)\ ;\ 0 < x < c,\ t > 0) \qquad \cdots ①$$

初期条件：$u(x,0) = f(x) \quad (0 < x < c)$ $\cdots ②$

境界条件：$u(0,t) = u(c,t) = 0 \quad (t > 0)$ $\cdots ③$

のとき，解が

$$\begin{cases} u(x,t) = \displaystyle\sum_{n=1}^{\infty} c_n e^{-(kn\pi/c)^2 t} \sin \frac{n\pi}{c} x \\ c_n = \displaystyle\frac{2}{c} \int_0^c f(\lambda) \sin \frac{n\pi}{c} \lambda d\lambda \end{cases} \qquad \cdots ④$$

となることを証明せよ．

ただし $f(x)$ は連続で区分的に滑らかな関数とする．また $f(0) = f(c) = 0$ とする．

長さ c の針金に初期温度分布 $f(x)\ (0 < x < c)$ を与えたとき，t 時間後の針金の温度分布 $u(x,y)$ を求める問題である．初期条件 ②，境界条件 ③ のもとで，① の解が ④ となることを示す．

証明には**変数分離法**（⇨ p.129）および**フーリエ級数**（⇨ p.121）を用いる．

証明 まず変数分離法（⇨ p.129）によって ③ を満たす ① の解を求めよう．

$$u(x,t) = g(x)h(t)$$

としてこれを ① に代入すれば，

$$\frac{g''(x)}{g(x)} = \frac{h'(t)}{k^2 h(t)}$$

を得る．

左辺は t を含まず，右辺は x を含まないから上式は定数（$= \lambda$ とおく）である．

$$\therefore \quad g''(x) - \lambda g(x) = 0, \quad h'(t) - \lambda k^2 h(t) = 0 \qquad \cdots ⑤$$

$$0 \leqq \int_0^c \left(g'(x)\right)^2 dx = \left[g(x)g'(x)\right]_0^c - \int_0^c g(x)g''(x)dx$$

$$= -\int_0^c g(x)g''(x)dx \quad (③ より\ g(0) = g(c) = 0)$$

$$= -\lambda \int_0^c \left(g(x)\right)^2 dx \quad (⑤ の第 1 式より\ g''(x)\ に\ \lambda g(x)\ を代入)$$

よって $\lambda < 0$ である．ゆえに ⑤ の第 1 式は定数係数の 2 階線形常微分方程式であるので，p.45 の**解法 4.2** の (iii) によりこれを解くと，次のようになる．

$$g(x) = B_1 \cos \sqrt{-\lambda}\, x + C_1 \sin \sqrt{-\lambda}\, x.$$

一方 ③ から $g(0)=g(c)=0$．ゆえに

$$B_1=0, \quad \sin\sqrt{-\lambda}\,c=0, \quad \sqrt{-\lambda}=\frac{n\pi}{c} \qquad \therefore \quad \lambda=-\frac{n^2\pi^2}{c^2}$$

したがって，

$$g(x)=C_1\sin\frac{n\pi}{c}x \quad (n=1,2,\cdots)$$

また，$\lambda=-\dfrac{n^2\pi^2}{c^2}$ として ⑤ の第 2 式は 1 階同次線形常微分方程式（⇨ p.12）であるので，これを解けば

$$h(t)=C_2e^{-(kn\pi/c)^2t}$$

ゆえに ①, ③ を満たす $u(x,t)$ として

$$\begin{aligned} u(x,t)&=C_1\sin\frac{n\pi}{c}x\cdot C_2e^{-(kn\pi/c)^2t}\\ &=A_ne^{-(kn\pi/c)^2t}\sin\frac{n\pi}{c}x \end{aligned}$$

を得る．いま

$$u(x,t)=\sum_{n=1}^{\infty}A_ne^{-(kn\pi/c)^2t}\sin\frac{n\pi}{c}x \qquad \cdots ⑥$$

としてこれが求める解となるように A_n を定めよう．$t=0$ とすると

$$u(x,0)=\sum_{n=1}^{\infty}A_n\sin\frac{n\pi}{c}x$$

これが $f(x)$ に等しくなるためには A_n を $f(x)$†のフーリエ係数（⇨ p.121 の定理 8.3）

$$A_n=\frac{2}{c}\int_0^c f(\lambda)\sin\frac{n\pi}{c}\lambda d\lambda$$

とすればよい．このとき ⑥ は

$$u(x,t)=\frac{2}{c}\sum_{n=1}^{\infty}e^{-(kn\pi/c)^2t}\sin\frac{n\pi}{c}x\int_0^c f(\lambda)\sin\frac{n\pi}{c}\lambda d\lambda \qquad \cdots ⑦$$

となる．⑦ が ②, ③ を満足することは容易にわかる．次に，

$$\frac{\partial u(x,t)}{\partial t}=\frac{2}{c}\sum_{n=1}^{\infty}\left\{-\left(\frac{kn\pi}{c}\right)^2\right\}e^{-(kn\pi/c)^2t}\sin\frac{n\pi}{c}x\int_0^c f(\lambda)\sin\frac{n\pi}{c}\lambda d\lambda$$

および

$$k^2\frac{\partial^2u(x,t)}{\partial x^2}=\frac{2}{c}\sum_{n=1}^{\infty}\left\{-\left(\frac{kn\pi}{c}\right)^2\right\}e^{-(kn\pi/c)^2t}\sin\frac{n\pi}{c}x\int_0^c f(\lambda)\sin\frac{n\pi}{c}\lambda d\lambda$$

より ⑦ が ① を満たすことが示された．よって ⑦ が求める解である．

---

† $f(x)$ は $[-c,c]$ で奇関数となるように接続，さらに周期 $2c$ で $(-\infty,\infty)$ まで接続する．

(2) **熱伝導方程式の初期値問題（無限区間，コーシー問題⇨ p.132 の IV）**

例 6 次の偏微分方程式

$$\frac{\partial u}{\partial t} = k^2 \frac{\partial^2 u}{\partial x^2} \quad (u = u(x,t)\ ;\ -\infty < x < \infty,\ t > 0) \qquad \cdots ①$$

初期条件：$u(x,0) = f(x) \quad (-\infty < x < \infty)$

のとき解は
$$u(x,t) = \frac{1}{2k\sqrt{\pi t}} \int_{-\infty}^{\infty} f(\lambda) e^{-(x-\lambda)^2/4k^2 t} d\lambda \qquad \cdots ②$$
であることを証明せよ．

さらに $\xi = \dfrac{x-t}{2k\sqrt{t}}$ とおくと，$u(x,t) = \dfrac{1}{\sqrt{\pi}} \displaystyle\int_{-\infty}^{\infty} f\big(x + 2k\xi\sqrt{t}\big) e^{-\xi^2} d\xi$．ただし，$f(x)$ は区分的に滑らかで，絶対可積分である．

直線状の熱伝導体が両側に十分長い場合を考える．証明には**変数分離法**（⇨ p.129），**フーリエの重積分公式**（⇨ p.125）を用いる．

証明 変数分離法（⇨ p.129）を用いるため，
$$u(x,t) = g(x)h(t) \qquad \cdots ③$$
として ① に代入すると，
$$\frac{g''(x)}{g(x)} = \frac{h'(t)}{k^2 h(t)}$$
を得る．これの左辺は t を含まず右辺は x を含まないので定数（$=\lambda$ とおく）である．

p.129 と同様にして λ は負となるので $-\alpha^2$ $(\alpha > 0)$ とおく．よって，

$$g''(x) + \alpha^2 g(x) = 0, \quad h'(t) + \alpha^2 k^2 h(t) = 0 \qquad \cdots ④$$

となる．④ の第 1 式は定数係数 2 階同次線形常微分方程式（⇨ p.45 の**解法 4.2**）であり，第 2 式は定数係数 1 階同次線形常微分方程式（⇨ p.12 の**解法 2.6**）であるので，それぞれ解いて ③ に代入すると，① を満たす解として，

$$u(x,t) = e^{-k^2\alpha^2 t}(A\cos\alpha x + B\sin\alpha x)$$

を得る．いま $A = C\cos\alpha\lambda$, $B = C\sin\alpha\lambda$ とおけば

$$u(x,t) = Ce^{-k^2\alpha^2 t}\cos\alpha(x-\lambda)$$

したがって改めて

$$u(x,t) = \frac{1}{\pi}\int_0^{\infty} d\alpha \int_{-\infty}^{\infty} e^{-k^2\alpha^2 t}\cos\alpha(x-\lambda) f(\lambda) d\lambda \qquad \cdots ⑤$$

とおくとき，微分と積分の順序交換ができるとすると ⑤ は ① を満たすことがわかる．

また $t=0$ とすれば

$$u(x,0) = \frac{1}{\pi}\int_0^{\infty} d\alpha \int_{-\infty}^{\infty} \cos\alpha(x-\lambda) f(\lambda) d\lambda$$

となる．これはフーリエの積分公式（⇨ p.125 の定理 8.5）より $f(x)$ に等しい．このように形式的に得られた ⑤ が ① を満たすことを示すために ⑤ をさらに変形しよう．そのために次頁の注意 8.5 の

$$\psi(x)=\int_0^{\infty}e^{-p^2\alpha^2}\cos\alpha(x-\lambda)d\alpha=\frac{\sqrt{\pi}}{2p}e^{-(x-\lambda)^2/4p^2} \quad \cdots ⑥$$

を用いる．⑤ において積分順序の交換を仮定すると

$$u(x,t)=\frac{1}{\pi}\int_{-\infty}^{\infty}f(\lambda)d\lambda\int_0^{\infty}e^{-k^2\alpha^2t}\cos\alpha(x-\lambda)d\alpha \quad \cdots ⑦$$

となり ⑥ において $p=k\sqrt{t}$ とおくと ⑥, ⑦ より

$$u(x,t)=\frac{1}{2k\sqrt{\pi t}}\int_{-\infty}^{\infty}f(\lambda)e^{-(x-\lambda)^2/4k^2t}d\lambda \quad \cdots ⑧$$

ここで $\dfrac{\lambda-x}{2k\sqrt{t}}=\xi$ とおけば,

$$u(x,t)=\frac{1}{\sqrt{\pi}}\int_{-\infty}^{\infty}f\left(x+2k\xi\sqrt{t}\right)e^{-\xi^2}d\xi \quad \cdots ⑨$$

⑨ が ① を満たすことを示そう．

$$\begin{aligned}\frac{\partial u}{\partial t}&=\frac{k}{\sqrt{\pi t}}\int_{-\infty}^{\infty}f'\left(x+2k\xi\sqrt{t}\right)e^{-\xi^2}\xi d\xi\\ \frac{\partial^2 u}{\partial x^2}&=\frac{1}{\sqrt{\pi}}\int_{-\infty}^{\infty}f''\left(x+2k\xi\sqrt{t}\right)e^{-\xi^2}d\xi\\ &=\frac{1}{2k\sqrt{\pi t}}\left[f'\left(x+2k\xi\sqrt{t}\right)e^{-\xi^2}\right]_{-\infty}^{\infty}+\frac{1}{k\sqrt{\pi t}}\int_{-\infty}^{\infty}f'\left(x+2k\xi\sqrt{t}\right)\xi e^{-\xi^2}d\xi\\ &=\frac{1}{k\sqrt{\pi t}}\int_{-\infty}^{\infty}f'\left(x+2k\xi\sqrt{t}\right)\xi e^{-\xi^2}d\xi\end{aligned}$$

これから ⑨ が ① を満たすことがわかる．

注意 8.5 $\psi(x)=\displaystyle\int_0^{\infty}e^{-p^2\alpha^2}\cos\alpha(x-\lambda)d\alpha=\frac{\sqrt{\pi}}{2p}e^{-(x-\lambda)^2/4p^2}$ を証明する．

証明

$$\begin{aligned}\frac{d}{dx}\psi(x)&=\int_0^{\infty}\frac{d}{dx}e^{-p^2\alpha^2}\cos\alpha(x-\lambda)d\alpha=\int_0^{\infty}\left(-e^{-p^2\alpha^2}\right)\alpha\sin\alpha(x-\lambda)d\alpha\\ &=\left[\frac{e^{-p^2\alpha^2}}{2p^2}\sin\alpha(x-\lambda)\right]_0^{\infty}-\int_0^{\infty}\frac{e^{-p^2\alpha^2}}{2p^2}(x-\lambda)\cos\alpha(x-\lambda)d\alpha\\ &=-\frac{x-\lambda}{2p^2}\int_0^{\infty}e^{-p^2\alpha^2}\cos\alpha(x-\lambda)d\alpha=-\frac{x-\lambda}{2p^2}\psi(x)\end{aligned}$$

したがって，$\psi'(x)+\dfrac{x-\lambda}{2p^2}\psi(x)=0$ という 1 階同次線形常微分方程式を解けばよい．これを解くと，$\psi(x)=ce^{\int\{-(x-\lambda)/2p^2\}dx}$，ゆえに $\psi(x)=ce^{-(x-\lambda)^2/4p^2}$ $\cdots$ ⑩

$x=\lambda$ とすると，$\psi(\lambda)=c$ となるので,

$$c=\int_0^{\infty}e^{-p^2\alpha^2}d\alpha=\frac{1}{p}\int_0^{\infty}e^{-u^2}du=\frac{\sqrt{\pi}}{2p}$$

（⇨ 例えば『新版 演習微分積分』（サイエンス社）p.143）

これを ⑩ に代入すると求める式が得られる．

(3)　**熱伝導方程式の初期値問題（無限区間）**

例 7　次の偏微分方程式

$$\frac{\partial u}{\partial t} = k^2 \frac{\partial^2 u}{\partial x^2} + f(x,t) \quad (u = u(x,t)\ ;\ -\infty < x < \infty,\ t > 0) \qquad \cdots ①$$

初期条件: $u(x,0) = 0 \quad (-\infty < x < \infty)$　　$\cdots ②$

の解は　$$u(x,t) = \frac{1}{2k\sqrt{\pi}} \int_0^t \frac{d\tau}{\sqrt{t-\tau}} \int_{-\infty}^{\infty} f(\xi,\tau) \exp\left(-\frac{(x-\xi)^2}{4k^2(t-\tau)}\right) d\xi \qquad \cdots ③$$

であることを証明せよ．

与えられた偏微分方程式は，無限に長い熱伝導体に外部からの**熱源**があるときの熱伝導方程式の初期値問題である．

この証明には，**フーリエ変換**，**フーリエ逆変換**（⇨ p.125）を用いる．

証明　x の関数 $u(x,t)$, $f(x,t)$, $\dfrac{\partial u(x,t)}{\partial t}$ にフーリエ変換をほどこす（それぞれの関数は p.125 の定義 8.1 の条件を満たしているものとする）．

$$U(\alpha,t) = \frac{1}{\sqrt{2\pi}} \int_{-\infty}^{\infty} u(\xi,t) e^{-i\alpha\xi} d\xi \qquad \cdots ④$$

$$F(\alpha,t) = \frac{1}{\sqrt{2\pi}} \int_{-\infty}^{\infty} f(\xi,t) e^{-i\alpha\xi} d\xi \qquad \cdots ⑤$$

$$\frac{\partial}{\partial t} U(\alpha,t) = \frac{1}{\sqrt{2\pi}} \int_{-\infty}^{\infty} \frac{\partial}{\partial t} u(\xi,t) e^{-i\alpha\xi} d\xi \qquad \cdots ⑥$$

次に $u(x,t)$ に p.127 の例題 4 を 2 回使う（p.127 の例題 4 が使える条件は仮定しておく）．よって，

$$(i\alpha)^2 U(\alpha,t) = \frac{1}{\sqrt{2\pi}} \int_{-\infty}^{\infty} \frac{\partial^2}{\partial x^2} u(\xi,t) e^{-i\alpha\xi} d\xi \qquad \cdots ⑦$$

⑦に①を代入すると，

$$-\alpha^2 U(\alpha,t) = \frac{1}{\sqrt{2\pi}} \int_{-\infty}^{\infty} \frac{1}{k^2} \left\{ \frac{\partial}{\partial t} u(\xi,t) - f(\xi,t) \right\} e^{-i\alpha\xi} d\xi$$

となる．よって，⑤, ⑥より，

$$\frac{\partial U(\alpha,t)}{\partial t} = -k^2\alpha^2 U(\alpha,t) + F(\alpha,t) \qquad \cdots ⑧$$

を得る．また②より，

$$U(\alpha,0) = \frac{1}{\sqrt{2\pi}} \int_{-\infty}^{\infty} u(\xi,0) e^{-i\alpha\xi} d\xi = 0$$

よって，t についての U の 1 階線形常微分方程式⑧を初期条件 $U(\alpha,0) = 0$ のもとに解くと（⇨ p.12 の**解法 2.7**）

$$U(\alpha,t)=e^{-\int k^2\alpha^2 dt}\left(\int_0^t F(\alpha,\tau)e^{\int k^2\alpha^2 d\tau}d\tau+C\right)$$

$$U(\alpha,t)=e^{-k^2\alpha^2 t}\left(\int_0^t F(\alpha,\tau)e^{k^2\alpha^2\tau}d\tau+C\right)$$

これに初期条件を入れると，$U(\alpha,0)=C=0$ となるので，求める解は，

$$U(\alpha,t)=\int_0^t F(\alpha,\tau)e^{-k^2\alpha^2(t-\tau)}d\tau$$

となる．よって，⑤より，

$$U(\alpha,t)=\frac{1}{\sqrt{2\pi}}\int_0^t e^{-k^2\alpha^2(t-\tau)}d\tau\int_{-\infty}^{\infty}f(\xi,\tau)e^{-i\alpha\xi}d\xi \qquad \cdots ⑨$$

$U(\alpha,t)$ のフーリエの逆変換（➪ p.125 の定理 8.4）を求めると，

$$\begin{aligned}u(x,t)&=\frac{1}{\sqrt{2\pi}}\int_{-\infty}^{\infty}U(\alpha,t)e^{i\alpha x}d\alpha\\&=\frac{1}{2\pi}\int_{-\infty}^{\infty}e^{i\alpha x}d\alpha\int_0^t e^{-k^2\alpha^2(t-\tau)}d\tau\int_{-\infty}^{\infty}f(\xi,\tau)e^{-i\alpha\xi}d\xi\\&=\frac{1}{2\pi}\int_{-\infty}^{\infty}d\xi\int_0^t f(\xi,\tau)d\tau\int_{-\infty}^{\infty}e^{-k^2\alpha^2(t-\tau)+i\alpha(x-\xi)}d\alpha\end{aligned}$$

いま，$e^{-k^2\alpha^2(t-\tau)+i\alpha(x-\xi)}=e^{-k^2\alpha^2(t-\tau)}\big(\cos\alpha(x-\xi)+i\sin\alpha(x-\xi)\big)$ であるので $e^{-k^2\alpha^2(t-\tau)}\cos\alpha(x-\xi)$ は偶関数であり，$e^{-k^2\alpha^2(t-\tau)}\sin\alpha(x-\xi)$ は奇関数である．よって

$$\int_{-\infty}^{\infty}e^{-k^2\alpha^2(t-\tau)}\sin\alpha(x-\xi)d\alpha=0$$

$$\begin{aligned}\int_{-\infty}^{\infty}e^{-k^2(t-\tau)\alpha^2+i\alpha(x-\xi)}d\alpha&=2\int_0^{\infty}e^{-k^2(t-\tau)\alpha^2}\cos\alpha(x-\xi)d\alpha\\&=\frac{\sqrt{\pi}}{k\sqrt{t-\tau}}\exp\left(-\frac{(x-\xi)^2}{4k^2(t-\tau)}\right)\end{aligned}$$

最後の積分は p.143 の注意 8.5 で $p=k\sqrt{t-\tau}$, $\lambda=\xi$ とおきかえればよい．

ゆえに，

$$\begin{aligned}u(x,t)&=\frac{1}{2k\sqrt{\pi}}\int_{-\infty}^{\infty}d\xi\int_0^t f(\xi,\tau)\frac{1}{\sqrt{t-\tau}}\exp\left(\frac{-(x-\xi)^2}{4k^2(t-\tau)}\right)d\tau\\&=\frac{1}{2k\sqrt{\pi}}\int_0^t\frac{d\tau}{\sqrt{t-\tau}}\int_{-\infty}^{\infty}f(\xi,\tau)\exp\left(-\frac{(x-\xi)^2}{4k^2(t-\tau)}\right)d\xi\end{aligned} \qquad \cdots ⑩$$

研究III　ラプラス方程式の境界値問題

(1)　ラプラス方程式の境界値問題（長方形領域に関するディリクレ問題 ⇨ p.132 の **V**）

例 8　次の偏微分方程式（ラプラス方程式）

$$\Delta u = \frac{\partial^2 u}{\partial x^2} + \frac{\partial^2 u}{\partial y^2} = 0 \quad (u = u(x, y)\ ;\ 0 < x < a,\ 0 < y < b) \qquad \cdots ①$$

$$\text{境界条件：}\begin{cases} u(0, y) = 0,\ u(a, y) = 0 & (0 < y < b) \quad \cdots ② \\ u(x, b) = 0,\ u(x, 0) = f(x) & (0 < x < a) \quad \cdots ③ \end{cases}$$

のとき，解が

$$\begin{cases} u(x, y) = \displaystyle\sum_{n=1}^{\infty} d_n \frac{\sinh(n\pi(b-y)/a)}{\sinh(n\pi b/a)} \sin\frac{n\pi x}{a}\ ^{\dagger} \\ d_n = \displaystyle\frac{2}{a}\int_0^a f(\lambda)\sin\frac{n\pi\lambda}{a}d\lambda \end{cases}$$

となることを証明せよ．ただし $f(x)$ は連続で区分的に滑らか，$f(0) = f(a) = 0$ とする．

証明には，**変数分離法**（⇨ p.129），**重ね合わせの原理**（⇨ p.128），**フーリエ級数**（⇨ p.121）を用いる．このラプラス方程式 ① の解 $u(x, y)$ を**調和関数**という．

証明　変数分離法によって ② を満たす ① の解を求める．

$$u(x, y) = g(x)h(y)$$

として ① に代入するとき，

$$\frac{g''(x)}{g(x)} = -\frac{h''(y)}{h(y)}$$

左辺は y を含まず，右辺は x を含まないから上式は定数（$= \lambda$ とおく）である．

$$\therefore \quad g''(x) = \lambda g(x), \quad h''(y) = -\lambda h(y)$$

第 1 式から

$$0 \leqq \int_0^a \left(g'(x)\right)^2 dx = \left[g(x)g'(x)\right]_0^a - \int_0^a g(x)g''(x)dx = -\lambda\int_0^a \left(g(x)\right)^2 dx$$

（② より，$g(0) = g(a) = 0$）

よって $\lambda < 0$ である．

$$g''(x) - \lambda g(x) = 0, \quad h''(y) + \lambda h(y) = 0 \qquad \cdots ④$$

この第 1 式は 2 階線形同次常微分方程式であるので p.45 の**解法 4.2** の (iii) によりこれを解くと，

$$g(x) = C_1\cos\sqrt{-\lambda}\,x + C_2\sin\sqrt{-\lambda}\,x$$

$g(0) = g(a) = 0$ から

$$C_1 = 0, \quad \sin\sqrt{-\lambda}\,a = 0, \quad \lambda = -\left(\frac{n\pi}{a}\right)^2 \quad (n = 1, 2, \cdots)$$

を得る．$C_2 = 1$ としてさしつかえないから，次式を得る．

---

† $\sinh x = (e^x - e^{-x})/2$

$$g_n(x) = \sin\frac{n\pi x}{a} \quad (n = 1, 2, \cdots) \qquad \cdots ⑤$$

④の第 2 式も 2 階線形同次常微分方程式であるので，$\lambda = -\left(\dfrac{n\pi}{a}\right)^2$ とすると，p.45 の**解法 4.2** (i) より

$$\begin{aligned} h_n(y) &= A_n e^{(n\pi/a)y} + B_n e^{-(n\pi/a)y} \\ &= (A_n + B_n)\cosh\frac{n\pi}{a}y \ ^{\dagger} + (A_n - B_n)\sinh\frac{n\pi}{a}y \end{aligned}$$

A_n, B_n は任意定数であるので，$A_n + B_n, A_n - B_n$ を改めて A_n, B_n と書くことにすれば，

$$h_n(y) = A_n\cosh\frac{n\pi}{a}y + B_n\sinh\frac{n\pi}{a}y \quad (n = 1, 2, \cdots)$$

次に $u(x, y) = g_n(x)h_n(y)$ が③の $u(x, b) = 0$ を満たすことから

$$\frac{A_n}{B_n} = -\sinh\frac{n\pi b}{a} \Big/ \cosh\frac{n\pi b}{a}$$

したがって

$$\begin{aligned} h_n(y) &= -\frac{B_n}{\cosh(n\pi b/a)}\left(\sinh\frac{n\pi b}{a}\cosh\frac{n\pi y}{a} - \cosh\frac{n\pi b}{a}\sinh\frac{n\pi y}{a}\right) \\ &= C_n\sinh\frac{n\pi(b-y)}{a} \ ^{\dagger\dagger} \end{aligned} \qquad \cdots ⑥$$

⑤, ⑥より

$$u(x, y) = C_n\sin\frac{n\pi x}{a}\sinh\frac{n\pi(b-y)}{a}$$

と表すことができる．ゆえに求める解は重ね合わせの原理（⇨ p.128）より

$$u(x, y) = \sum_{n=1}^{\infty} C_n\sin\frac{n\pi x}{a}\sinh\frac{n\pi(b-y)}{a} \qquad \cdots ⑦$$

と書ける．一方 $f(0) = f(a) = 0$ であるから $[-a, a]$ で $f(x)$ が奇関数となるように接続し，さらに x について周期 $2a$ で $(-\infty, \infty)$ まで接続する．このとき $f(x)$ をフーリエ展開（⇨ p.121 の定理 8.3）して，

$$f(x) = \frac{2}{a}\sum_{n=1}^{\infty}\sin\frac{n\pi x}{a}\int_0^a f(\lambda)\sin\frac{n\pi\lambda}{a}d\lambda \qquad \cdots ⑧$$

⑦が③の第 2 式を満たすことから⑦と⑧の係数を比べて，

$$C_n\sinh\frac{n\pi b}{a} = \frac{2}{a}\int_0^a f(\lambda)\sin\frac{n\pi\lambda}{a}d\lambda$$

以上から解は

$$u(x, y) = \frac{2}{a}\sum_{n=1}^{\infty}\frac{\sinh\{n\pi(b-y)/a\}}{\sinh(n\pi b/a)}\sin\frac{n\pi x}{a}\int_0^a f(\lambda)\sin\frac{n\pi\lambda}{a}d\lambda \qquad \cdots ⑨$$

となる．

---

† $\cosh x = (e^x + e^{-x})/2$

†† $\sinh x(x - y) = \sinh x\cosh y - \cosh x\sinh y$ （加法定理）

演習問題（第8章）

1　次の関数をフーリエ展開せよ．

(1)　$f(x) = \begin{cases} 0 & (-\pi \leqq x \leqq 0) \\ \sin x & (0 < x \leqq \pi) \end{cases}$

(2)　$f(x) = \begin{cases} \pi x & (0 \leqq x < 1) \\ 0 & (x = 1) \\ \pi(x-2) & (1 < x \leqq 2) \end{cases}$

(3)　$f(x) = \begin{cases} 1 - x & (0 < x \leqq 2) \\ x - 3 & (2 < x \leqq 4) \end{cases}$

2　$f(x) = \begin{cases} 1 & (|x| \leqq 1) \\ 0 & (|x| > 1) \end{cases}$ のとき，$\dfrac{2}{\pi}\displaystyle\int_0^\infty \dfrac{\sin u \cos ux}{u} du = \begin{cases} 1 & (|x| < 1) \\ 1/2 & (|x| = 1) \\ 0 & (|x| > 1) \end{cases}$ を示せ．

3　次の関数のフーリエ変換を求めよ．

(1)　$f(x) = \begin{cases} -2x & (-1 \leqq x \leqq 1) \\ 0 & (x < -1, 1 < x) \end{cases}$

(2)　$f(x) = \begin{cases} e^{-px} & (x \geqq 0) \\ e^{px} & (x < 0) \end{cases}$　（ただし，p は正の定数）

4†　次の偏微分方程式（波動方程式の初期値・境界値問題）を解け．

$$\frac{\partial^2 u}{\partial t^2} = a^2 \frac{\partial^2 u}{\partial x^2} + x \quad (u = u(x,t)\ ;\ 0 < x < l,\ t > 0)$$

初期条件：$u(x,0) = 0, \quad \dfrac{\partial u(x,0)}{\partial t} = 0 \quad (0 \leqq x \leqq l)$

境界条件：$u(0,t) = u(l,t) = 0 \quad (t \geqq 0)$

5　次の偏微分方程式（熱伝導方程式の初期値・境界値問題）を解け．

$$\frac{\partial u}{\partial t} = k^2 \frac{\partial^2 u}{\partial x^2} \quad (u = u(x,t)\ ;\ 0 < x < c,\ t > 0)$$

初期条件：$u(x,0) = f(x) \quad (0 \leqq x \leqq c)$

境界条件：$\dfrac{\partial u(0,t)}{\partial x} = 0, \quad \dfrac{\partial u(c,t)}{\partial x} = 0 \quad (t \geqq 0)$

ただし $f(x)$ は連続で区分的に滑らかな関数とする．この境界条件を**ノイマン条件**という．

---

† $u(x,t) = v(x,t) + \varphi(x)$ とおけ．

6　次の偏微分方程式（ラプラス方程式）を解け．

$$\Delta u = \frac{\partial^2 u}{\partial x^2} + \frac{\partial^2 u}{\partial y^2} = 0 \quad (u = u(x, y)\ ;\ 0 < x < 1,\ 0 < y < 1)$$

境界条件：$\begin{cases} u(x,0) = u(x,1) = u(1,y) = 0 \\ u(0,y) = 10 \end{cases}$

7　次の偏微分方程式（熱伝導方程式の初期値・境界値問題）を解け．

$$\frac{\partial u}{\partial t} = \frac{1}{2}\frac{\partial^2 u}{\partial x^2} \quad (u = u(x, t)\ ;\ 0 < x < 2,\ t > 0)$$

初期条件：$u(x, 0) = 10x(2 - x)$

境界条件：$u(0, t) = u(2, t) = 0$

9　ラプラス変換とその応用

第 8 章で学んだフーリエ変換と並んで重要な変換であるラプラス変換について考察する．これまでの章で見てきたように，微分方程式を解くためには，多くの場合微分積分の複雑な計算をしなくてはならない．しかし，ラプラス変換を用いることにより，簡単な代数計算に置き換えて計算できることのすばらしさを味わってほしい．

9.1 ラプラス変換

◆ **ラプラス変換**　$y = f(x)$ を $x \geqq 0$ で定義された区分的に連続な関数（⇨ p.120）とし，s を実数とするとき，

ラプラス変換の定義　$$F(s) = \int_0^\infty e^{-sx} f(x)dx \quad \cdots ①$$

が定まるならば，それによって定義される関数 $F(s)$ を f の**ラプラス変換**といい，$L\big(f(x)\big), L(f)$ で表す．また，

$$L\big(f(x)\big) = \int_0^\infty e^{-sx} f(x)dx \quad \cdots ②$$

において，x の関数 $f(x)$ を**原関数**《げんかんすう》，s の関数 $L\big(f(x)\big)$ を**像関数**《ぞうかんすう》という．

◆ **ラプラス変換の基本法則**

定理 9.1（ラプラス変換の存在）$f(x)$ が $0 \leqq x < \infty$ で連続で，次式を満たす正の実数 M, k が存在するとき，ラプラス変換①は $s > k$ で収束し，$L\big(f(x)\big)$ が定まる．

$$|f(x)| \leqq Me^{kx} \quad \cdots ③$$

③のとき，$f(x)$ は**指数型**といわれる．

定理 9.2　a, b は定数とする．

I　（線形法則）　$L(af + bg) = aL(f) + bL(g)$

II　（相似法則）　$L\big(f(ax)\big) = \dfrac{1}{a} F\left(\dfrac{s}{a}\right) \quad (a > 0)$

III　（像の移動法則）　$L\big(e^{ax} f(x)\big) = F(s - a)$

定理9.3 **IV**（微分法則） $f(x)$ が微分可能で

$$\lim_{x\to\infty} e^{-sx} f(x) = 0 \quad \text{ならば} \quad L\big(f'(x)\big) = sF(s) - f(0)$$

V（高階の微分法則） $f(x)$ が n 回微分可能で

$$\lim_{x\to\infty} e^{-sx} f^{(k)}(x) = 0 \quad (k = 0, 1, \cdots, n-1) \quad \text{ならば}$$

$$L\big(f^{(n)}\big) = s^n F(s) - f(0)s^{n-1} - f'(0)s^{n-2} - \cdots - f^{(n-1)}(0) \quad (n = 1, 2, \cdots)$$

定理9.4 **VI**（積分法則）

$$\lim_{x\to\infty} e^{-sx} \int_0^x f(u)du = 0 \quad \text{ならば} \quad L\left(\int_0^x f(u)du\right) = \frac{1}{s}F(s)$$

定理9.5 **VII**（像の微分法則） $L\big(xf(x)\big) = -\dfrac{d}{ds}F(s)$

VIII（像の積分法則） $\displaystyle\lim_{x\to 0}\frac{f(x)}{x}$ が存在すれば

$$L\left(\frac{f(x)}{x}\right) = \int_s^\infty F(s)ds$$

◆ ラプラス変換の基本公式の表 (1) （a は実数，$b > 0$）

$f(x)$	$L\big(f(x)\big) = F(s)$	$f(x)$	$L\big(f(x)\big) = F(s)$
ⓐ $H(x)$†	$\dfrac{1}{s}$ $(s > 0)$	ⓖ $\sinh bx$	$\dfrac{b}{s^2 - b^2}$ $(s > b)$
ⓑ x^n	$\dfrac{n!}{s^{n+1}}$ $\begin{pmatrix} s > 0 \\ n = 1, 2, \cdots \end{pmatrix}$	ⓗ $e^{ax}x^n$	$\dfrac{n!}{(s-a)^{n+1}}$ $(n = 1, 2, \cdots)$
ⓒ e^{ax}	$\dfrac{1}{s-a}$ $(s > a)$	ⓘ $e^{ax}\sin bx$	$\dfrac{b}{(s-a)^2 + b^2}$
ⓓ $\cos bx$	$\dfrac{s}{s^2 + b^2}$ $(s > 0)$	ⓙ $e^{ax}\cos bx$	$\dfrac{s-a}{(s-a)^2 + b^2}$
ⓔ $\sin bx$	$\dfrac{b}{s^2 + b^2}$ $(s > 0)$	ⓚ $e^{ax}\sinh bx$	$\dfrac{b}{(s-a)^2 - b^2}$
ⓕ $\cosh bx$	$\dfrac{s}{s^2 - b^2}$ $(s > b)$	ⓛ $e^{ax}\cosh bx$	$\dfrac{s-a}{(s-a)^2 - b^2}$

† $H(x) = \begin{cases} 1 & (x \geqq 0) \\ 0 & (x < 0) \end{cases}$ と定義された関数 $H(x)$ をヘビサイドの関数という．

例題 1　　**ラプラス変換の定義**

次の関数のラプラス変換を求めよ（a は定数，$s > a > 0$）．

(1)　$f(x) = e^{ax} + \sin ax$　　(2)　$f(x) = \cos 3x$

(3)　$f(x) = e^{ax} \sin 2x$

route　題意によりラプラス変換の定義（⇨ p.150 の①）を用いる．さらにラプラス変換の基本法則 **I**（線形法則），**II**（相似法則），**III**（像の移動法則）を用いる．

navi　ラプラス変換の定義や基本法則をマスターしよう.

解答　(1)　p.150 の定義①を $e^{ax}, \sin ax$ に用いる．

$$L(e^{ax}) = \int_0^\infty e^{-sx} e^{ax} dx = \int_0^\infty e^{-(s-a)x} dx = \left[\frac{e^{-(s-a)x}}{-(s-a)}\right]_0^\infty = \frac{1}{s-a} \quad (s > a)$$

$$L(\sin ax) = \int_0^\infty e^{-sx} \sin ax dx = \left[-\frac{e^{-sx}}{s} \sin ax\right]_0^\infty + \frac{a}{s}\int_0^\infty e^{-sx} \cos ax dx$$

$$= \frac{a}{s}\left[-\frac{e^{-sx}}{s} \cos ax\right]_0^\infty \underbrace{- \frac{a^2}{s^2}\int_0^\infty e^{-sx} \sin ax dx}_{\text{左辺に移項}} \qquad \therefore\ L(\sin ax) = \frac{a}{s^2 + a^2} \quad \cdots①$$

ゆえに線形法則（⇨ p.150 **I**）により，$L(e^{ax} + \sin ax) = L(e^{ax}) + L(\sin ax) = \dfrac{1}{s-a} + \dfrac{a}{s^2+a^2}$

(2)　定義①（⇨ p.150）より

$$L(\cos x) = \int_0^\infty e^{-sx} \cos x dx = \left[-\frac{e^{-sx}}{s} \cos x\right]_0^\infty - \frac{1}{s}\int_0^\infty e^{-sx} \sin x dx$$

$$= \frac{1}{s} - \frac{1}{s}\left\{\left[-\frac{e^{-sx}}{s} \sin x\right]_0^\infty \underbrace{+ \frac{1}{s}\int_0^\infty e^{-sx} \cos x dx}_{\text{左辺に移項}}\right\} \qquad \therefore\ L(\cos x) = \frac{s}{s^2+1}$$

ゆえに相似法則（⇨ p.150 **II**）により，$L(\cos 3x) = \dfrac{1}{3}\dfrac{s/3}{(s/3)^2 + 1} = \dfrac{s}{s^2+9}$

(3)　上記 (1) の①より $L(\sin 2t) = \dfrac{2}{s^2+4}$.

ゆえに像の移動法則（⇨ p.150 **III**）により，$L(e^{ax} \sin 2x) = \dfrac{2}{(s-a)^2 + 4} \quad (a > 0)$

問　題

1.1　$f(x) = 1 + x^\alpha$ のラプラス変換を求めよ $(s > 0, \alpha > -1)$.

1.2　(1)　$L(e^{-x^2})\ (x \geqq 0)$ はすべての s に対して収束することを示せ.

(2)　$L(e^{x^2})\ (x \geqq 0)$ はすべての s に対して発散することを示せ.

(3)　$L\bigl(H(x)\bigr)$ は $s > 0$ のとき $1/s$ に収束し，$s < 0$ のとき発散することを示せ．$H(x)$ はヘビサイドの関数とする.

例題 2 **ラプラス変換の計算**

次の関数のラプラス変換を求めよ ($a>0$).

(1) $f(x)=\cos ax \quad (s>0)$ (2) $f(x)=x\cos ax$

(3) $\mathrm{Si}(x)=\displaystyle\int_0^x \frac{\sin u}{u}du$ （$\mathrm{Si}(x)$ を**正弦積分関数**という）

route (1) ラプラス変換の定義から直接求めてもよいが，**微分法則**（➪ p.151 **IV**）を用いて求めることができる． (2) **像の微分法則**（➪ p.151 **VII**）を用いよ．
(3) **像の積分法則**（➪ p.151 **VIII**）と**積分法則**（➪ p.151 **VI**）を用いよ．

navi **ラプラス変換**の**基本法則**（➪ p.150〜151）を**マスターしよう**.

解答 (1) $f(x)=\cos ax$ は微分可能．$|e^{-sx}\cos ax| \leqq e^{-sx}$ $(s>0)$ より $e^{-sx}\cos ax \to 0$ $(x\to\infty)$ であるので微分法則 (➪ p.151 **IV**) より

$L(-a\sin ax)=sL(\cos ax)-1$ 例題 1 (1)（前頁）より $L(\sin ax)=a/(s^2+a^2)$.

よって，$sL(\cos ax)=1-aL(\sin ax)=1-\dfrac{a^2}{s^2+a^2}$ $\quad\therefore\quad L(\cos ax)=\dfrac{s}{s^2+a^2}$

(2) 像の微分法則（➪ p.151 **VII**）と上の (1) より

$$L(x\cos ax)=-\frac{d}{ds}L(\cos ax)=-\frac{1}{ds}\frac{s}{s^2+a^2}=\frac{s^2-a^2}{s^2+a^2} \quad (s>0)$$

(3) $\sin x/x \to 1$ $(x\to 0)$ であるから，像の積分法則（➪ p.151 **VIII**）と例題 1 (1)（前頁）により

$$L\left(\frac{\sin x}{x}\right)=\int_s^\infty \frac{1}{s^2+1}ds=\left[\tan^{-1}s\right]_s^\infty=\frac{\pi}{2}-\tan^{-1}s \qquad \cdots ①$$

次に† $\displaystyle\lim_{x\to\infty} e^{-sx}\int_0^x \frac{\sin u}{u}du=0$ $(s>0)$ より，積分法則（➪ p.151 **VI**）と①により，

$$L\left(\int_0^x \frac{\sin u}{u}du\right)=\frac{1}{s}L\left(\frac{\sin x}{x}\right)=\frac{1}{s}\left(\frac{\pi}{2}-\tan^{-1}s\right) \quad (s>0).$$

問 題

2.1 次の関数のラプラス変換を求めよ．

(1) $f(x)=x\sin ax \qquad (s>0)$

(2) $f(x)=\dfrac{e^{-ax}-e^{-bx}}{x} \qquad (s>\max(-a,-b))$

† $\displaystyle\int_0^\infty \frac{\sin x}{x}dx=\frac{\pi}{2}$（➪ 例えば坂田浩著『基本 複素関数論』（サイエンス社）p.102 の例題 1）

例題 3 **ラプラス変換**

(1) $L\big(f(x)\big)=F(s)$ とすると，

$$L\big(f(x-\alpha)H(x-\alpha)\big)=e^{-\alpha s}F(s)$$

が成立することを示せ．ただし $H(x)$ はヘビサイドの関数（⇨ p.151）とする．

(2) $y(0)=3,\ y'(0)=-2$ のとき，$L(y''+2y'+y)$ を $L(y)$ で表せ．

route (1) **ラプラス変換の定義**を用いる．

(2) **微分法則**（p.151 の **IV**），**高階の微分法則**（p.151 の **V**）を用いる．

navi $L\big(f(x-\alpha)H(x-\alpha)\big)=e^{-\alpha s}F(s)$ **は公式**の仲間に入れよう．

解答 (1) ラプラス変換の定義から

$$L\big(f(x-\alpha)H(x-\alpha)\big)=\int_0^\infty f(x-\alpha)H(x-\alpha)e^{-sx}dx$$

$\left(\text{p.151 のヘビサイドの関数の定義式より } H(x-\alpha)=\begin{cases}1 & (x\geqq\alpha)\\ 0 & (x<\alpha)\end{cases} \text{ となる．}\right)$

$$=\int_\alpha^\infty f(x-\alpha)e^{-sx}dx=\int_0^\infty f(\tau)e^{-s(\tau+\alpha)}d\tau \quad (x-\alpha=\tau \text{ とおく})$$

$$=e^{-\alpha s}\int_0^\infty f(\tau)e^{-s\tau}d\tau=e^{-\alpha s}L\big(f(\tau)\big)=e^{-\alpha s}F(s)$$

(2) p.150 の **I** より $L(y''+2y'+y)=L(y'')+2L(y')+L(y)$ ⋯①

p.151 の **V** $(n=2)$ より $L(y'')=s^2L(y)-y(0)s-y'(0)$

$=s^2L(y)-3s+2$ ⋯②

p.151 の **IV** より $L(y')=sL(y)-y(0)=sL(y)-3$ ⋯③

①, ②, ③ より

$$L(y''+2y'+y)=(s^2+2s+1)L(y)-3s-4.$$

問 題

3.1 次のラプラス変換を求めよ．

(1) $f(x)=x^2-3x^4+2$ (2) $f(x)=e^{3x}-2e^{-x}$

(3) $f(x)=\cos(2x+\pi/6)$ (4) $f(x)=\sin(3x+\pi/4)$

(5) $f(x)=\begin{cases}0 & (x<-2)\\ (x+2)^2 & (x\geqq-2)\end{cases}$ (6) $f(x)=\begin{cases}0 & (0\leqq x<\pi/6)\\ \cos(x-\pi/6) & (\pi/6\leqq x<\infty)\end{cases}$

(7) $f(x)=e^{-2x}\cos 3x$ (8) $f(x)=x^2e^{3x}$

3.2 $y=f(x)$ が指数型のとき，次式のラプラス変換を $L(y)$ で表せ．

$$y'+3y-2\int_0^x f(t)dt \quad \text{ただし} \quad f(0)=2 \text{ とする．}$$

追記 9.1　p.150 で述べた定理 9.1（ラプラス変換の収束）を証明する．

証明　まず $x \geqq 0$ で連続な関数 $g(x)$ に対して，$N>0$ のとき，

$$\left|\int_0^N g(x)dx\right| \leqq \int_0^N |g(x)|dx \qquad \cdots ①$$

を示しておこう．これは例えば図 9.1 で見る性質であり，一般に $-|g(x)| \leqq g(x) \leqq |g(x)|$ が成立する．

$$\therefore \quad -\int_0^N |g(x)| \leqq \int_0^N g(x)dx \leqq \int_0^N |g(x)|dx$$

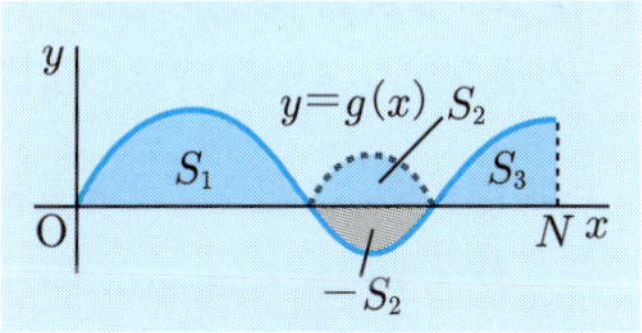

図 9.1

これを書き直せば上記の ① である．① により，

$$\left|\int_0^N e^{-sx}f(x)dx\right| \leqq \int_0^N e^{-sx}|f(x)|dx$$

であり，p.150 の ③ を用いると，右辺は

$$\leqq \int_0^N Me^{(k-s)x}dx = \frac{M}{k-s}\left(e^{(k-s)N}-1\right). \qquad \cdots ②$$

$k-s<0$ であるから $N\to\infty$ のとき $e^{(k-s)N}\to 0$ となり，

$$\frac{M}{k-s}\left(e^{(k-s)N}-1\right) \to \frac{M}{s-k} \quad (N\to\infty)$$

よって ② も収束し，$L\bigl(f(x)\bigr)$ が定まる．

◆ ラプラス変換の基本公式の表 (2)　ラプラス変換の基本公式を追加する．

$f(x)$	$L\bigl(f(x)\bigr)=F(s)$	$f(x)$	$L\bigl(f(x)\bigr)=F(s)$
ⓜ　$x\cos ax \quad (a \neq 0)$	$\dfrac{s^2-a^2}{(s^2+a^2)^2}$	ⓞ　$x^\alpha \quad (\alpha>-1)$	$\dfrac{\Gamma(\alpha+1)}{s^{\alpha+1}}$
ⓝ　$x\sin ax \quad (a \neq 0)$	$\dfrac{2as}{(s^2+a^2)^2}$	ⓟ　$\dfrac{1}{a}f\left(\dfrac{x}{a}\right) \quad (a>0)$	$F(as)$

追記 9.2　$L(x^\alpha)=\displaystyle\int_0^\infty e^{-sx}x^\alpha dx \quad (\alpha>-1)$ を証明しておこう．

証明　$sx=t$ と変数変換すると，

$$L(x^\alpha)=\int_0^\infty e^{-t}\left(\frac{t}{s}\right)^\alpha \frac{1}{s}dt = \frac{1}{s^{\alpha+1}}\int_0^\infty e^{-t}t^\alpha dt$$

$$=\frac{\Gamma(\alpha+1)}{s^{\alpha+1}} \quad (\alpha>-1) \qquad \cdots ③$$

ここで $\Gamma(p)=\displaystyle\int_0^\infty e^{-x}x^{p-1}dx \ (p>0)$ はガンマ関数（⇨ 例えば『新版 演習微分積分』（サイエンス社）p.89）である．

9.2 逆ラプラス変換と微分方程式への応用

◆ **逆ラプラス変換**　$L\left(f(x)\right)=F(s)$ のとき，次の $f(x)$ を $F(s)$ の逆ラプラス変換という．

$$f(x)=L^{-1}\left(F(s)\right) \qquad \cdots①$$

◆ **逆ラプラス変換の基本法則**　ラプラス変換の基本法則 **I**（⇨ p.150 の定理 9.2）から次の逆ラプラス変換の線形法則が得られる．

定理9.6　（逆ラプラス変換の線形法則）a, b は定数とする．

IX　$L^{-1}\{aF(s)+bG(s)\}=aL^{-1}\left(F(s)\right)+bL^{-1}\left(G(s)\right)$

◆ **ラプラス変換の基本公式の表 (3)**　ラプラス変換の基本公式を追加する（a は実数，$b>0$）．

	$f(x)$	$L\left(f(x)\right)=F(s)$
ⓠ	$f(x-\alpha)H(x-\alpha)$　（$H(x)$ はヘビサイドの関数）	$e^{-\alpha s}F(s)$
ⓡ	$\dfrac{1}{2b}xe^{ax}\sin bx$	$\dfrac{s-a}{\{(s-a)^2+b^2\}^2}$
ⓢ	$\dfrac{e^{ax}}{2b^2}\left\{(a+b^2x)\dfrac{1}{b}\sin bx-ax\cos bx\right\}$	$\dfrac{s}{\{(s-a)^2+b^2\}^2}$
ⓣ	$\dfrac{e^{ax}}{2b^3}(\sin bx-bx\cos bx)$	$\dfrac{1}{\{(s-a)^2+b^2\}^2}$

◆ **合成積（たたみこみ）の定義**　2 つの関数 $f(x), g(x)$ $(0 \leqq x<\infty)$ に対して

$$\text{合成積}\quad f(x)*g(x)=\int_0^x f(x-t)g(t)dt \qquad \cdots②$$

を，f と g の**合成積**または**たたみこみ**という．合成積について，次のような交換法則が成り立つ．

定理9.7　**X**（合成積の交換法則）　$f(x)*g(x)=g(x)*f(x)$

◆ **合成積のラプラス変換・逆変換**　合成積のラプラス変換・逆変換について，次のような合成法則が成り立つ．

定理9.8　$L\left(f(x)\right)=F(s)$, $L\left(g(x)\right)=G(s)$ とすると，次が成り立つ

XI　（合成積のラプラス変換）　$L\left(f(x)*g(x)\right)=F(s)\cdot G(s)$

XII　（合成積の逆ラプラス変換）　$L^{-1}\left(F(s)\cdot G(s)\right)=f(x)*g(x)$

例題 4 **逆ラプラス変換 (1)**

次の関数の逆ラプラス変換を求めよ．

(1) $\dfrac{s}{s^2-3}$ (2) $\dfrac{2s-3}{s^2+4}$ (3) $\dfrac{3}{s^2-1}$ (4) $\dfrac{1}{s^2(s+1)}$

route **逆ラプラス変換**は，ラプラス変換の基本公式の表 (1)（⇨ p.151），(2)（⇨ p.155），(3)（⇨ p.156）**の $L(f(x))$ から見ての $f(x)$ が $L^{-1}(F(s))$** である．

navi **逆ラプラス変換をマスターしよう．**

解答 (1) $L^{-1}\left(\dfrac{s}{s^2-3}\right)=\cosh\sqrt{3}\,x$ （p.151 の基本公式ⓕ）

(2) $L(\cos 2x)=\dfrac{s}{s^2+2^2}$, $L(\sin 2x)=\dfrac{2}{s^2+2^2}$ （p.151 の基本公式ⓓ, ⓔ）より，

$$\frac{2s-3}{s^2+2^2}=2\frac{s}{s^2+2^2}-\frac{3}{2}\frac{2}{s^2+2^2}$$

と変形して，両辺の逆ラプラス変換をとる．

$$L^{-1}\left(\frac{2s-3}{s^2+4}\right)=L^{-1}\left(2\frac{s}{s^2+4}\right)-L^{-1}\left(\frac{3}{2}\frac{2}{s^2+4}\right)$$
$$=2\cos 2x-\frac{3}{2}\sin 2x$$

(3) $L^{-1}\left(\dfrac{3}{s^2-1}\right)=3\sinh x$ （p.151 の基本公式ⓖ）

(4) 部分分数に分解する（⇨ 例えば『新版 演習微分積分』（サイエンス社），p.60）．

$$\frac{1}{s^2(s+1)}=\frac{A}{s^2}+\frac{B}{s}+\frac{C}{s+1}$$

とおいて，A,B,C を決めると $A=1, B=-1, C=1$ となる．

$$\therefore\quad L^{-1}\left(\frac{1}{s^2(s+1)}\right)=L^{-1}\left(\frac{1}{s^2}-\frac{1}{s}+\frac{1}{s+1}\right)$$
$$=L^{-1}\left(\frac{1}{s^2}\right)-L^{-1}\left(\frac{1}{s}\right)+L^{-1}\left(\frac{1}{s+1}\right)$$
$$=x-1+e^{-x}$$
（p.151 の基本公式ⓑ, ⓐ, ⓒ）

問　題

4.1 次の関数の逆ラプラス変換を求めよ．

(1) $\dfrac{s+6}{s^2+3s}$ (2) $\dfrac{2}{s^2+5}$ (3) $\dfrac{s}{s^2+4}$ (4) $\dfrac{1}{s^2}$

4.2 $L^{-1}\left(\dfrac{e^{-2s}}{(s+1)^2+1}\right)=e^{-(x-2)}\sin(x-2)H(x-2)$ を示せ（$H(x)$ はヘビサイドの関数）．

例題 5　　　　**逆ラプラス変換 (2)**

(1)　$L(\sin ax) = \dfrac{a}{s^2+a^2}$ を用いて，次の式を示せ．

$$L^{-1}\left(\frac{s}{(s^2+a^2)^2}\right) = \frac{1}{2a}x\sin ax \quad (a \neq 0)$$

(2)　$L(\cos ax) = \dfrac{s}{s^2+a^2}$ を用いて，次の式を示せ．

$$L^{-1}\left(\frac{1}{(s^2+a^2)^2}\right) = \frac{1}{2a^3}(\sin ax - ax\cos ax) \quad (a \neq 0)$$

route　**像の微分法則**（p.151 の VII）$\boldsymbol{L\big(xf(x)\big) = -F'(s)}$ において，(1) は $f(x) = \sin ax$，(2) は $f(x) = \cos ax$ とおき，次に逆ラプラス変換を考える．

navi　**ラプラス変換，逆ラプラス変換を自由に使いこなせるようになろう．**

証明　(1)　像の微分法則（⇨ p.151 **VII**）によって

$$L(x\sin ax) = -\frac{d}{ds}\frac{a}{s^2+a^2} = \frac{2as}{(s^2+a^2)^2}$$

$$\therefore \quad L^{-1}\left(\frac{s}{(s^2+a^2)^2}\right) = \frac{1}{2a}x\sin ax$$

(2)　像の微分法則（⇨ p.151 **VII**）によって

$$L(x\cos ax) = -\frac{d}{ds}\left(\frac{s}{s^2+a^2}\right) = \frac{s^2-a^2}{(s^2+a^2)^2}$$

いま，$\dfrac{s^2-a^2}{(s^2+a^2)^2} = \dfrac{s^2+a^2-2a^2}{(s^2+a^2)^2} = \dfrac{1}{s^2+a^2} - \dfrac{2a^2}{(s^2+a^2)^2}$ と書けることに注意すれば

$L(x\cos ax) = \dfrac{1}{a}L(\sin ax) - \dfrac{2a^2}{(s^2+a^2)^2}$ となる．

$$\therefore \quad L^{-1}\left(\frac{1}{(s^2+a^2)^2}\right) = \frac{1}{2a^3}(\sin ax - ax\cos ax)$$

問　題

5.1　像の積分法則を用いて，$\dfrac{s}{(s-1)^3}$ の逆ラプラス変換を求めよ．

5.2　$L\big(f(x)\big) = F(s)$ のとき，像の微分法則を用いて次の値を求めよ．

(1)　$L^{-1}\left(\log\dfrac{s+1}{s-1}\right)$　　　(2)　$L^{-1}\left(\log\dfrac{s^2+1}{s(s+1)}\right)$　$(s>0)$

例題 6 **合成積とそのラプラス変換**

(1) 2つの関数 $f(x), g(x)$ $(0 \leqq x < \infty)$ に対して，次式が成り立つことを示せ．

$$L\big(f(x) * g(x)\big) = L\big(f(x)\big) \cdot L\big(g(x)\big)$$

(2) $f(x) = \cos x, g(x) = \sin x$ のとき $f(x) * g(x)$ を求めよ．

route (1) 微分積分で学習した**2重積分の変数変換**，**広義積分**を用いる（⇨ 例えば『新版 演習微分積分』（サイエンス社）p.138〜139）． (2) **合成積の定義**を用いる．

navi **合成積のラプラス変換**，**逆ラプラス変換**にチャレンジしよう．

解答 (1) $L\big(f(x)\big) \cdot L\big(g(x)\big) = \displaystyle\int_0^\infty e^{-su} f(u) du \int_0^\infty e^{-sv} g(v) dv$

$$= \int_0^\infty \int_0^\infty e^{-s(u+v)} f(u) g(v) du dv$$

ここで (u, v) の領域は $u \geqq 0,\ v \geqq 0$ である（⇨ 図 9.2）．いま

$$u + v = x, \quad v = t$$

のように変数変換をすると，ヤコビアンは

$$\frac{\partial(u, v)}{\partial(x, t)} = \begin{vmatrix} 1 & 0 \\ -1 & 1 \end{vmatrix} = 1$$

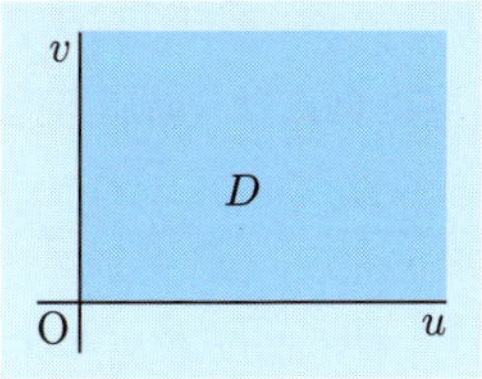

図 9.2

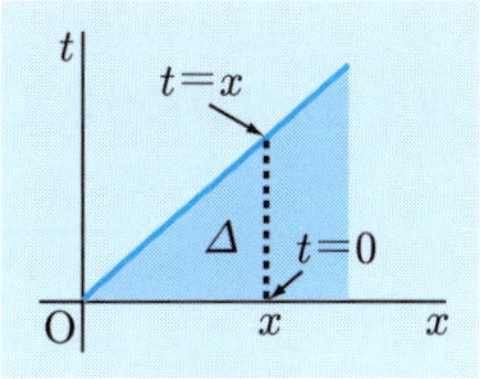

図 9.3

となり，(x, t) の領域は $x \geqq t \geqq 0$ となる（⇨ 図 9.3）．よって上の定積分は

$$\int_0^\infty e^{-sx} \left\{ \int_0^x f(x-t) g(t) dt \right\} dx = \int_0^\infty e^{-sx} \big(f(x) * g(x)\big) dx = L\big(f(x) * g(x)\big)$$

(2) $f(x) * g(x) = \displaystyle\int_0^x \cos(x - t) \sin t dt$

$$= \int_0^x \frac{1}{2} \{\sin x + \sin(2t - x)\} dt = \frac{1}{2} \left[t \sin x - \frac{1}{2} \cos(2t - x) \right]_0^x = \frac{x \sin x}{2}$$

問 題

6.1 次のそれぞれの2つの関数の合成積を求めよ．

(1) $f(x) = x^2,\ g(x) = e^x$ (2) $f(x) = e^{ax} \cos bx,\ g(x) = e^{ax} \sin bx$

6.2 $L\big(f(x)\big) = F(s),\ L\big(g(x)\big) = G(s)$ のとき

$$L^{-1}\big(F(s)G(s)\big) = f(x) * g(x)$$

であることを用いて $L^{-1}\left(\dfrac{1}{s^2} \cdot \dfrac{1}{s - a}\right)$ を求めよ．

例題 7 **常微分方程式の初期値問題への応用**

次の常微分方程式をラプラス変換を用いて解け．

$$y'' + 2y' + y = \sin x\ ;\quad y(0) = 0,\quad y'(0) = 1$$

route 微分方程式の**解法の基本パターン 両辺のラプラス変換をとる ⇒ $L(y)$ を s の関数で表す ⇒ 逆ラプラス変換で y を求める**に従って解を求める．

navi **常微分方程式**に**解法の基本パターン**を適用して解を求める．

解答 与えられた微分方程式の**両辺のラプラス変換をとる**．

$$L(y'') + 2L(y') + L(y) = L(\sin x)$$
$$s^2L(y) - \{y(0)s + y'(0)\} + 2\{sL(y) - y(0)\} + L(y) = L(\sin x)$$

初期条件を代入して整理して，**$L(y)$ を s の関数で表すと，**

$$(s^2 + 2s + 1)L(y) = 1 + \frac{1}{s^2+1} \qquad \therefore\quad L(y) = \frac{s^2+2}{(s+1)^2(s^2+1)}$$

左辺を部分分数に分解する（⇨例えば『新版 演習微分積分』（サイエンス社）p.60）

$$\frac{A}{(s+1)^2} + \frac{B}{s+1} + \frac{Cs+D}{s^2+1} = \frac{s^2+2}{(s+1)^2(s^2+1)}$$
$$\therefore\quad A(s^2+1) + B(s+1)(s^2+1) + (Cs+D)(s+1)^2 = s^2+2$$

より，A, B, C, D を定める．

$s = 0$ とおくと，　$A + B + D = 2$
$s = -1$ とおくと，　$2A = 3$
s^3の項の係数より，　$B + C = 0$
s の項の係数より，　$B + C + 2D = 0$

この 4 つの式より $A = \dfrac{3}{2}, B = \dfrac{1}{2}, C = -\dfrac{1}{2}$, $D = 0$ を得る．

$$\therefore\quad L(y) = \frac{1}{2}\left\{\frac{3}{(s+1)^2} + \frac{1}{s+1} - \frac{s}{s^2+1}\right\}$$

この両辺の**逆ラプラス変換で y を求める**と

$$y = \frac{3}{2}xe^{-x} + \frac{1}{2}e^{-x} - \frac{1}{2}\cos x$$

問　題

7.1 次の微分方程式をラプラス変換を用いて解け．

(1) $y'' + 4y' + 13y = 2e^{-x}$;　$y(0) = 0,\quad y'(0) = 1$

(2) $y'' + 2y' + 5y = H(x)$;　$y(0) = -1,\quad y'(0) = 0$　（$H(x)$ はヘビサイドの関数）

(3) $y''' + y' = 2e^{-x}$;　$y(0) = 0,\quad y'(0) = 1,\quad y''(0) = -2$

(4) $y' + y = \sin 2x;\quad y(0) = -1$

例題 8 微分方程式（積分を含む）への応用

$y' + 2y + 2\int_0^x y(x)dx = H(x-2)$; $y(0) = -2$ を p.157 の問題 4.2 を用いて解け．ただし $H(x)$ はヘビサイドの関数である．

route 積分を含む微分方程式に前頁と同様の解法の基本パターンを適用する．

navi 第 8 章までには，積分を含む微分方程式はなかった．このような微分方程式でも，前頁の解法の基本パターンを適用して解を求めることができる．すばらしい．

解答 両辺のラプラス変換をとると，

$$L(y') + 2L(y) + 2L\left(\int_0^x y(x)dx\right) = L\big(H(x-2)\big)$$

p.151 **IV**, **VI**，p.156 の基本公式 ⑨ により，$L(y)$ を s の関数で表す．

$$sL(y) - y(0) + 2L(y) + \frac{2L(y)}{s} = \frac{e^{-2s}}{s}$$

$\left(\because\quad \text{p.156 の基本公式 ⑨ より } L\big(H(x-2)\big) = L\big(1\cdot H(x-2)\big) = e^{-2s}L(1) = \frac{e^{-2s}}{s}\right)$

$$\therefore\quad L(y)\left(s + 2 + \frac{2}{s}\right) = \frac{e^{-2s}}{s} - 2$$

よって，$L(y) = \dfrac{e^{-2s}}{(s+1)^2+1} - 2\dfrac{s}{(s+1)^2+1}$．この逆ラプラス変換で y を求める．

$$y = L^{-1}\left(\frac{e^{-2s}}{(s+1)^2+1}\right) - 2L^{-1}\left(\frac{s}{(s+1)^2+1}\right) \qquad \cdots ①$$

$\dfrac{s}{(s+1)^2+1} = \dfrac{s+1}{(s+1)^2+1} - \dfrac{1}{(s+1)^2+1}$ より，

$$L^{-1}\left(\frac{s}{(s+1)^2+1}\right) = L^{-1}\left(\frac{s+1}{(s+1)^2+1}\right) - L^{-1}\left(\frac{1}{(x+1)^2+1}\right)$$

$$= e^{-x}\cos x - e^{-x}\sin x \qquad \cdots ②$$

また，p.157 の問題 4.2 より

$$L^{-1}\left(\frac{e^{-2s}}{(s+1)^2+1}\right) = e^{-(x-2)}\sin(x-2)H(x-2) \qquad \cdots ③$$

①, ②, ③ より　$y = e^{-(x-2)}\sin(x-2)H(x-2) - 2e^{-x}(\cos x - \sin x)$

問　題

8.1 次の微分方程式

$$y' + 3y + 2\int_0^x y(x)dx = 2H(x-1) - 2H(x-2)\,;\quad y(0) = 1$$

をラプラス変換を用いて解け（ただし $H(x)$ はヘビサイドの関数）．

例題 9 **連立微分方程式への応用**

x, y が t の関数のとき，ラプラス変換を用いて次の初期値問題を解け．

$$\begin{cases} x' + 2y = \cos t & \cdots① \\ x - y' = \sin t & \cdots② \end{cases} \quad ; \quad x(0) = 1, \quad y(0) = -\sqrt{2}$$

route 与えられた微分方程式は連立微分方程式である．①, ② のそれぞれの両辺のラプラス変換をとり，$L(x), L(y)$ に関する連立方程式をつくる．これらの式から $L(x), L(y)$ を s の関数で表し，逆ラプラス変換を用いて x, y を求める．

navi **連立微分方程式**の場合もこれまでと同様に**解法の基本パターン**（⇨ p.160）を適用して解く．

解答 ①, ② のそれぞれの両辺のラプラス変換を考える．

$$\begin{cases} sL(x) - x(0) + 2L(y) = \dfrac{s}{s^2+1} & \cdots③ \\ L(x) - \left\{ sL(y) - y(0) \right\} = \dfrac{1}{s^2+1} & \cdots④ \end{cases}$$

③, ④ に初期条件を代入すると，

$$\begin{cases} sL(x) + 2L(y) = \dfrac{s}{s^2+1} + 1 & \cdots⑤ \\ L(x) - sL(y) = \dfrac{1}{s^2+1} + \sqrt{2} & \cdots⑥ \end{cases}$$

⑤, ⑥ より $L(y)$ を消去すると，

$$L(x) = \frac{1}{s^2+1} + \frac{s}{s^2+2} + \frac{2\sqrt{2}}{s^2+2}$$

ここで逆ラプラス変換をとると， $x = \sin t + \cos\sqrt{2}\,t + 2\sin\sqrt{2}\,t$

次に⑤, ⑥ より $L(x)$ を消去すると，

$$L(y) = \frac{1}{s^2+2} - \frac{\sqrt{2}\,s}{s^2+2}$$

ここで逆ラプラス変換をとると， $y = \dfrac{1}{\sqrt{2}} \sin\sqrt{2}\,t - \sqrt{2}\cos\sqrt{2}\,t$

問　題

9.1 x, y が t の関数のとき，ラプラス変換を用いて次の初期問題を解け．

$$\begin{cases} x' = x + 2y \\ y' = -x + 4y \end{cases} \quad ; \quad x(0) = 1, \quad y(0) = -1$$

例題 10 **偏微分方程式（波動方程式）への応用**

次の弦の振動の問題をラプラス変換を用いて解け．

$$\frac{\partial^2 u}{\partial t^2} = \frac{\partial^2 u}{\partial x^2} \quad (u = u(x,t)\ ;\ 0 < x < \infty,\ t > 0) \qquad \cdots ①$$

初期条件：$u(x,0) = 0, \quad \dfrac{\partial u(x,0)}{\partial t} = 0$ ⋯②

境界条件：$u(0,t) = f(t), \quad \lim_{x \to \infty} u(x,t) = 0$ ⋯③

route p.160 の**解法の基本パターン**を適用する．この問題は「十分遠い点で固定され，原点で強制振動されている十分長い弦の振動の様子」を表している．

navi p.128 で述べた **I 波動方程式の初期値・境界値問題**をフーリエ級数ではなく，**ラプラス変換を用いて解く**ことを考える．

解答 $u(x,t)$ の t に関するラプラス変換を

$$U(x,s) = L\bigl(u(x,t)\bigr) = \int_0^\infty e^{-st} u(x,t)\,dt \quad (s > 0) \qquad \cdots ④$$

とする．① の両辺のラプラス変換を考えると，

$$L\left(\frac{\partial^2 u}{\partial t^2}\right) = L\left(\frac{\partial^2 u}{\partial x^2}\right)$$

p.151 **V** と ② より，

$$L\left(\frac{\partial^2 u}{\partial t^2}\right) = s^2 L\bigl(u(x,t)\bigr) - su(x,0) - u_t(x,0) = s^2 U(x,s)$$

また，$L\left(\dfrac{\partial^2 u}{\partial x^2}\right) = \displaystyle\int_0^\infty e^{-st} u_{xx}(x,t)\,dt = \frac{\partial^2}{\partial x^2} U(x,s) \qquad \therefore\ s^2 U(x,s) = \frac{\partial^2}{\partial x^2} U(x,s)$

これは変数 x の関数 U の 2 階線形常微分方程式である．p.45 の**解法 4.2** より

$$U(x,s) = \varphi(s)e^{sx} + \psi(s)e^{-sx} \quad (\varphi, \psi \text{ は任意関数}) \qquad \cdots ⑤$$

③ の後半の条件より $\lim_{x \to \infty} u(x,t) = 0$ であるので，④ より $\lim_{x \to \infty} U(x,s) = 0$ ⋯⑥

ゆえに，⑤, ⑥ より，$\varphi(s) = 0$ でなければならない．③ の前半の条件 $u(0,t) = f(t)$ を ④ に代入して $\psi(s) = L\bigl(f(t)\bigr)$．これらを ⑤ に代入すると，

$$U(x,s) = L\bigl(f(t)\bigr)e^{-sx}$$

となる．さらに両辺の逆ラプラス変換を考えると（p.156 の基本公式 ⑨），

$$u(x,t) = f(t-x)H(t-x) \quad (H(x) \text{ はヘビサイドの関数})$$

となり与えられた偏微分方程式の解を得る．

例題 11　**偏微分方程式（熱伝導方程式）への応用**

次の熱伝導方程式の初期値・境界値問題をラプラス変換を用いて解け.

$$\frac{\partial u}{\partial t}=k^2\frac{\partial^2 u}{\partial x^2}\quad (u=u(x,t)\ ;\ 0<x<\infty,\ t>0)\qquad \cdots①$$

初期条件：$u(x,0)=0\quad (0<x<\infty)$　$\cdots②$

境界条件：$u(0,t)=f(t),\quad \lim_{x\to\infty}u(x,t)=0\quad (t>0)$　$\cdots③$

route　p.160 の**解法の基本パターン**を適用する．与えられた微分方程式は，片側 $(x>0)$ に十分長い針金上で，$t=0$ で温度 0 [°C] のとき，この境界条件のもとで温度分布 $u(x,t)$ を求める問題である.

navi　p.132 で述べた **III 熱伝導の初期値・境界値問題**をフーリエ級数ではなく**ラプラス変換を用いて解く**ことを考える.

解答　$u(x,t)$ の t に関するラプラス変換を

$$U(x,s)=\int_0^\infty e^{-st}u(x,t)dt\qquad \cdots④$$

とする．次に①の両辺のラプラス変換を考えると，$L\left(\frac{\partial u}{\partial t}\right)=k^2L\left(\frac{\partial^2 u}{\partial x^2}\right)$

$$L\left(\frac{\partial u}{\partial t}\right)=sU(x,s)-u(x,0)=sU(x,s)$$

$$L\left(\frac{\partial^2 u}{\partial x^2}\right)=\int_0^\infty e^{-st}u_{xx}(x,t)dt=\frac{\partial^2}{\partial x^2}U(x,s)$$

$$U(0,s)=\int_0^\infty e^{-st}u(0,t)dt=\int_0^\infty e^{-st}f(t)dt=F(s)$$

$$0=\int_0^\infty e^{-st}\lim_{x\to\infty}u(x,t)dt=\lim_{x\to\infty}\int_0^\infty e^{-st}u(x,t)dt=\lim_{x\to\infty}U(x,s)$$

$$\therefore\quad sU(x,s)=k^2U_{xx}(x,s)\quad\cdots⑤,\quad U(0,s)=F(s),\quad \lim_{x\to\infty}U(x,s)=0$$

⑤は変数 x の関数 U の 2 階線形常微分方程式なので，これを解くと（⇨ p.45 の**解法 4.2**）

$$U(x,s)=\varphi(s)e^{\sqrt{s}\,x/k}+\psi(s)e^{-\sqrt{s}\,x/k}\quad (\varphi(s),\ \psi(s)\ \text{は任意関数})$$

$U(x,s)\to 0\ (x\to\infty)$ だから $\varphi(s)=0$ でなければならない．ここで $x=0$ とすると $F(s)=\psi(s)$ となる.　　$\therefore\quad U(x,s)=F(s)e^{-\sqrt{s}\,x/k}$

$$L\left(\frac{x}{2\sqrt{\pi k^2t^3}}e^{-x^2/4k^2t}\right)=e^{-\sqrt{s}\,x/k}\quad (\text{⇨ 次頁の注意 9.1 で証明する})$$

を用いると，次の合成積の逆ラプラス変換の性質（⇨ p.156 の **XII**）により，

$u(x,t)=L^{-1}\left(F(s)e^{-\sqrt{s}\,x/k}\right)=\dfrac{x}{2\sqrt{\pi}\,k}\displaystyle\int_0^t\frac{f(\tau)}{(t-\tau)^{3/2}}e^{-x^2/4k^2(t-\tau)}d\tau$ を得る.

注意 9.1 $L\left(\dfrac{x}{2\sqrt{\pi k^2 t^3}}e^{-x^2/4k^2t}\right)=e^{-\sqrt{s}\,x/k}$ $(k \geqq 0, s>0)$ を証明する．

$$L\left(\frac{1}{\sqrt{\pi t}}e^{-k^2/4t}\right)=\int_0^\infty \frac{1}{\sqrt{\pi t}}e^{-k^2/4t}\cdot e^{-st}dt \quad \left(t=\frac{\tau^2}{s}\text{とおく}\right)$$
$$=\frac{1}{\sqrt{\pi}}\int_0^\infty e^{-(sk^2/4\tau^2+\tau^2)}\frac{2}{\sqrt{s}}d\tau$$
$$=\frac{2}{\sqrt{\pi s}}e^{-k\sqrt{s}}\int_0^\infty e^{-(\tau-k\sqrt{s}/2\tau)^2}d\tau$$

$\dfrac{k\sqrt{s}}{2}=a$ とおき，さらに $\dfrac{a}{\tau}=\lambda\,(a>0)$ とおくと，

$$\int_0^\infty e^{-(\tau-a/\tau)^2}d\tau=\int_0^\infty \frac{a}{\lambda^2}e^{-(\lambda-a/\lambda)^2}d\lambda$$
$$\therefore\quad 2\int_0^\infty e^{-(\tau-a/\tau)^2}d\tau=\int_0^\infty e^{-(\tau-a/\tau)^2}d\tau+\int_0^\infty e^{-(\tau-a/\tau)^2}d\tau$$
$$=\int_0^\infty e^{-(\lambda-a/\lambda)^2}d\lambda+\int_0^\infty \frac{a}{\lambda^2}e^{-(\lambda-a/\lambda)^2}d\lambda$$
$$=\int_0^\infty\left(1+\frac{a}{\lambda^2}\right)e^{-(\lambda-a/\lambda)^2}d\lambda \quad \left(\lambda-\frac{a}{\lambda}=\mu\text{とおく}\right)$$
$$=\int_{-\infty}^\infty e^{-\mu^2}d\mu=\sqrt{\pi}$$

（➪ 例えば『新版 演習微分積分』（サイエンス社）p.143）

ゆえに

$$L\left(\frac{1}{\sqrt{\pi t}}e^{-k^2/4t}\right)=\frac{2}{\sqrt{\pi s}}e^{-k\sqrt{s}}\frac{\sqrt{\pi}}{2}=\frac{1}{\sqrt{s}}e^{-k\sqrt{s}}$$

が示された．次に

$$L\left(\frac{x}{2\sqrt{\pi k^2 t^3}}e^{-x^2/4k^2t}\right)=e^{-x\sqrt{s}/k}$$

を示そう．上記結果で k の代わりに $\dfrac{x}{k}$ を代入すると，

$$L\left(\frac{1}{\sqrt{\pi t}}e^{-x^2/4k^2t}\right)=\frac{1}{\sqrt{s}}e^{-x\sqrt{s}/k}$$

を得る．像の積分法則 **VIII**（➪ p.151）により，

$$L\left(\frac{1}{\sqrt{\pi t^3}}e^{-x^2/4k^2t}\right)=\int_s^\infty \frac{1}{\sqrt{\sigma}}e^{-x\sqrt{\sigma}/k}d\sigma=\frac{2k}{x}e^{-x\sqrt{s}/k}$$

この両辺を $\dfrac{2k}{x}$ で割ると，求める結果が得られる．

演習問題（第9章）

1 図 9.4 のグラフで示される関数 $f(x)$ のラプラス変換を求めよ．

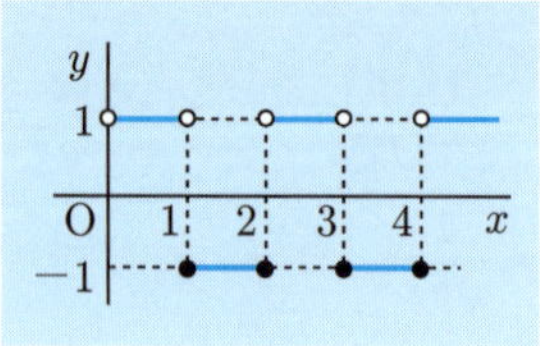

図 9.4

2 次の関数のラプラス変換を求めよ．

$$f(x) = \begin{cases} 0 & (x < 1) \\ (x-1)(x-2) & (1 \leqq x \leqq 2) \\ 0 & (x > 2) \end{cases}$$

3 次のラプラス変換を求めよ．

(1) $\displaystyle\int_0^t xe^{2x}dx$

(2) $\displaystyle\int_0^t x\sin ax dx$

4 次の逆ラプラス変換を求めよ．

(1) $\dfrac{s}{(s^2-1)^2}$

(2) $\dfrac{1}{(s^2-a^2)^2}$ $(a \neq 0)$

5 $L^{-1}\left\{\dfrac{1}{(s-1)\sqrt{s}}\right\} = e^x \mathrm{Erf}(\sqrt{x})$ を示せ $\left(\Gamma\left(\dfrac{1}{2}\right) = \pi \text{を用いよ}\right)$．また

$$\mathrm{Erf}(x) = \frac{2}{\sqrt{\pi}}\int_0^x e^{-x^2}dx$$

であり，これは**誤差関数**と呼ばれる．

6 ラプラス変換を用いて，次の初期値問題を解け．

$x = x(t)$, $y = y(t)$ で

$$\begin{cases} x' = x + y \\ y' = 4x - 2y \end{cases} ; \quad x(0) = 1, \quad y(0) = -1$$

7 質量 m の物体がばね定数 k のばねの先端についている．ばねの他端は固定されている．物体は摩擦のない平面上で自由に運動できるとき，初期変位 x_0，初速度 v_0 とする物体の運動について考える．

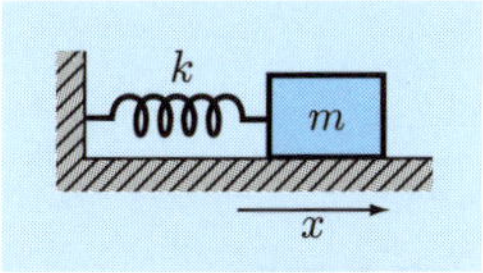

図 9.5

この物体の変位を $x(t)$（t は時刻を表す）とすると，**運動方程式**

$$m\frac{d^2x}{dt^2} = -kx$$

が成り立つ．いま初期条件 $x(0) = x_0, x'(0) = v_0$ とすると，$x(t)$ はどのような運動をするか．

8 次の偏微分方程式（波動方程式）をラプラス変換を用いて解け．

$$\frac{\partial^2 u}{\partial t^2} = c^2\frac{\partial^2 u}{\partial x^2} \quad (u = u(x,t)\ ;\ t \geqq 0,\ 0 < x < l)$$

初期条件：$u(x,0) = 0, \quad \dfrac{\partial u(x,0)}{\partial t} = \sin\dfrac{\pi x}{l}$

境界条件：$u(0,t) = 0, \quad u(l,t) = 0$

問題解答

1 章の解答

1.1　曲線群は図 **A.1.1**，与式を x で微分すると

$$2yy' = 4c \quad よって \quad c = yy'/2.$$

これを与式に代入して整頓すれば，

$$y^2 = 2yy'\left(x + \frac{yy'}{2}\right), \quad すなわち$$

$$y^2 = yy'(2x + yy')$$

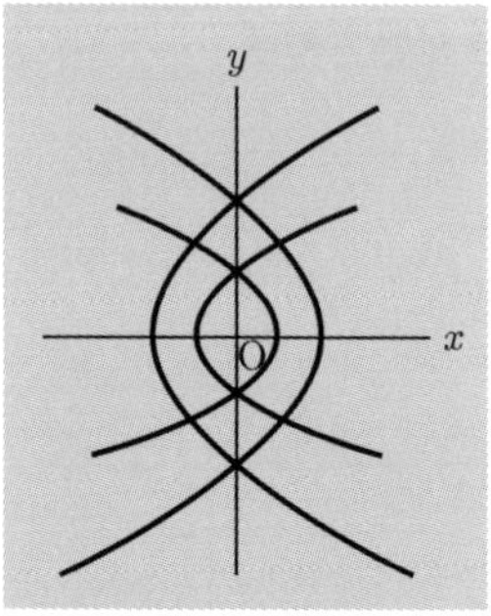

図 **A.1.1**　問題 1.1

1.2　(1)　条件を満たす直線群は，θ を任意定数として，

$$x\cos\theta + y\sin\theta = 1 \quad (⇨ 図 \mathbf{A.1.2})$$

と表される．これを x で微分して，

$$\cos\theta + y'\sin\theta = 0, \quad \cos\theta = -y'\sin\theta.$$

ゆえに，$x(-y'\sin\theta) + y\sin\theta = 1$ を得る．よって，$(y - xy')\sin\theta = 1$．また，$(y')^2\sin^2\theta = \cos^2\theta = 1 - \sin^2\theta$ より $\left((y')^2 + 1\right)\sin^2\theta = 1$．したがって，

$$(y - xy')^2 = y'^2 + 1.$$

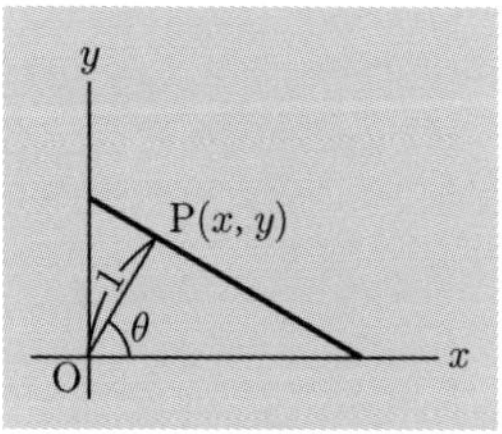

図 **A.1.2**　問題 1.2 (1)

(2)　直線 $y = x$ 上に中心をもつ円群は $(x - c)^2 + (y - c)^2 = r^2$（$c$ は任意定数）と書ける．x で 2 回微分を行って整理すると，

$$x + yy' = c(1 + y'), \quad 1 + (y')^2 + yy'' = cy''$$

この 2 式から c を消去すると，$(x + yy')y'' = (1 + y'^2 + yy'')(1 + y')$ である．これをまとめて，$(y - x)y'' + (y')^3 + (y')^2 + y' + 1 = 0$.

1.3　(1)　$y = cx + x^3$ を x で微分して，$y' = c + 3x^2$．これら 2 式から c を消去して，$y = x(y' - 3x^2) + x^3$，すなわち $y = xy' - 2x^3$.

(2)　$y = (ae^x + b)^2$ を x で 2 回微分すると

$$y' = 2ae^x(ae^x + b), \quad y'' = 2ae^x(2ae^x + b)$$

これから，$y'' - y' = 2a^2e^{2x}$ を得る．ゆえに

$$2(y'' - y')y = 4a^2e^{2x}(ae^x + b)^2 = (y')^2, \quad 2yy'' - 2y'y - (y')^2 = 0$$

2.1　$y^2 = Cx$ を x で微分すると，$2yy' = C$ となるから，$y' = C/2y$．これを与式に代入すれば，$2xy' - y = \dfrac{Cx}{y} - y = \dfrac{Cx - y^2}{y} = 0$ である．よって，$y^2 = Cx$ は 1 つの任意定数を含む $2xy' - y = 0$ の解である．すなわち，一般解である．次に，$x = 1$, $y = 4$ の初期条件を代入す

ると，$C=16$．ゆえに，求める解は，$y^2=16x$．

2.2 $y=C_1e^x+C_2e^{-x}+C_3e^{2x}$ を 3 回微分すれば，

$$y'=C_1e^x-C_2e^{-x}+2C_3e^{2x},\quad y''=C_1e^x+C_2e^{-x}+4C_3e^{2x},$$
$$y'''=C_1e^x-C_2e^{-x}+8C_3e^{2x}$$

これらを，$y'''-2y''-y'+2y$ に代入してみれば，$y=C_1e^x+C_2e^{-x}+C_3e^{2x}$ が一般解であることはすぐわかる．

次に，上の y',y'',y''' に初期条件を代入すれば，

$$C_1+C_2+C_3=3,\quad C_1-C_2+2C_3=2,\quad C_1+C_2+4C_3=6$$

これから C_1,C_2,C_3 を求めれば，$C_1=1,C_2=1,C_3=1$ となる．したがって求める特殊解は，$y=e^x+e^{-x}+e^{2x}$ である．

◆ 演習問題（第 1 章）の解答

1. (1) 点 (x,y) における法線の長さは $\left|y\sqrt{1+(y')^2}\right|$ である（p.26 の 2.6 節，参照）から，$\left|y\sqrt{1+(y')^2}\right|=a$．ゆえに，$y^2\bigl(1+(y')^2\bigr)=a^2$．

(2) x 軸上に中心をもつ円群の方程式は，$(x-c)^2+y^2=r^2$（c は任意定数）である．これを x で微分して，$x-c+yy'=0$．さらに微分して，$1+(y')^2+yy''=0$．

2. (1) $y=xe^{cx}$ を x で微分すると，$y'=(1+cx)e^{cx}$，よって，$xy'=(1+cx)y$．また与式の対数をとれば，$\log y=\log x+cx$ であるから，$cx=\log(y/x)$ となる．ゆえに，$xy'=\left(1+\log\dfrac{y}{x}\right)y$ を得る．

(2) $x^2y^2=c(c-x^2)$ を x で微分して，$c=-(y^2+xyy')$ を得る．ゆえに，$x^2y^2=-(y^2+xyy')(-y^2-xyy'-x^2)$，よって $y^3+(2xy^2+x^3)y'+x^2y(y')^2=0$．

(3) $y=ax+\dfrac{b}{x}$ を x で 2 回微分すれば，$y'=a-\dfrac{b}{x^2},y''=\dfrac{2b}{x^3}$ となる．この 2 式を a,b について解けば，$a=y'+\dfrac{xy''}{2},b=\dfrac{x^3y''}{2}$ となる．これを与式に代入して整頓すれば，$y=xy'+x^2y''$ を得る．

(4) $ax^2-by^2=c$ を x で 2 回微分すれば

$$ax-byy'=0,\quad a-b\bigl((y')^2+yy''\bigr)=0$$

ゆえに，$ax-b\bigl((y')^2+yy''\bigr)x=0$, $byy'=b\bigl((y')^2+yy''\bigr)x=0$．したがって，

$$yy'=\bigl((y')^2+yy''\bigr)x$$

3. (1) $z=ax+by$ を x, y で偏微分すると

$$\frac{\partial z}{\partial x}=a,\quad \frac{\partial z}{\partial y}=b$$

この 2 式を $z=ax+by$ に代入して a, b を消去すれば，

$$x\frac{\partial z}{\partial x}+y\frac{\partial z}{\partial y}-z=0$$

(2) $z=(x+a)(y+b)$ を x, y で偏微分すれば，$\dfrac{\partial z}{\partial x}=y+b$, $\dfrac{\partial z}{\partial y}=x+a$．ゆえに，$\dfrac{\partial z}{\partial x}\cdot\dfrac{\partial z}{\partial y}=z$．

(3) $z^2 = ax^2 + by^2$ を x, y で偏微分すれば，$z\dfrac{\partial z}{\partial x} = ax$, $z\dfrac{\partial z}{\partial y} = by$．ゆえに，

$$xz\frac{\partial z}{\partial x} + yz\frac{\partial z}{\partial y} = ax^2 + by^2 = z^2, \quad x\frac{\partial z}{\partial x} + y\frac{\partial z}{\partial y} = z$$

4. $y = C_1 \sin x + C_2 \cos x - x\cos x$ を 2 回微分すれば，

$$y' = (C_1 - 1)\cos x - C_2 \sin x + x \sin x$$
$$y'' = (2 - C_1)\sin x - C_2 \cos x + x\cos x$$

であるから，$y'' + y = 2\sin x$．ゆえに，$y = C_1 \sin x + C_2 \cos x - x\cos x$ は $y'' + y = 2\sin x$ の一般解である．

5. $y = C_1 + C_2 e^{-x}$ を 2 回微分して，与式に代入してみれば，これが一般解であることはすぐわかる．

次に，境界条件を代入すれば，

$$C_1 + C_2 e^{-1} = 2, \quad C_1 + C_2 e = 1 + e$$

これを C_1, C_2 について解けば，$C_1 = \dfrac{2e+1}{e+1}$, $C_2 = \dfrac{e}{e+1}$ であるから，求める特殊解は，$y = \dfrac{2e+1}{e+1} + \dfrac{e}{e+1}e^{-x}$ である．

6. $32x^3 + 27y^4 = 0$ $\cdots$ ① が $y = 2x\dfrac{dy}{dx} + y^2\left(\dfrac{dy}{dx}\right)^3$ $\cdots$ ② の解であることを示す．

① の両辺を x で微分すると $96x^2 + 108y^3\dfrac{dy}{dx} = 0$ すなわち $\dfrac{dy}{dx} = -\dfrac{8x^2}{9y^3}$ $\cdots$ ③ となる．また ① より $x^3 = -\dfrac{3^3}{2^5}y^4$ $\cdots$ ④ である．

③, ④ を ② の右辺に代入すると

$$
\begin{aligned}
\text{右辺} &= 2x\frac{dy}{dx} + y^2\left(\frac{dy}{dx}\right)^3 \\
&= 2x\left(-\frac{8x^2}{9y^3}\right) + y^2\left(-\frac{8x^2}{9y^3}\right)^3 \\
&= -\frac{2^4}{3^2}\frac{x^3}{y^3} - \frac{2^9}{3^6}\frac{x^6}{y^7} \\
&= \frac{3}{2}y - \frac{1}{2}y = y = \text{左辺}
\end{aligned}
$$

となって，与えられた微分方程式が成り立つので，$32x^3 + 27y^4 = 0$ が ② の解になることがわかる．

注意　ここで「解」と呼んだ式は $y = f(x)$ の形になっていないが，この式から導かれる陰関数（のうち微分可能なもの）は ③ を満たすので上の計算から ② を満たすことがわかる．すなわち，その陰関数が ② の解であることがわかる．

一般にこのようなとき，単に「$32x^3 + 27y^4 = 0$ は ② の解である」という．

2 章の解答

1.1 直接積分形である．$\dfrac{dy}{dx}=\dfrac{\sqrt{x^2+1}-1}{\sqrt{x^2+1}}$ より

$$y=\int\frac{\sqrt{x^2+1}-1}{\sqrt{x^2+1}}dx=\int\left(1-\frac{1}{\sqrt{x^2+1}}\right)dx=x-\log\left|x+\sqrt{x^2+1}\right|$$

$$\therefore\quad y=x-\log\left|x+\sqrt{x^2+1}\right|+C$$

初期条件 $y(0)=1$ を満たすものは，　$1=\log 1+C$　$\therefore$　$C=1$.

ゆえに求める特殊解は　$y=x-\log\left|x+\sqrt{x^2+1}\right|+1$

2.1 (1) 変数分離形である．$y^2+y\fallingdotseq 0$ とする．このとき両辺を y^2+y で割って $\dfrac{1}{y^2+y}\dfrac{dy}{dx}=1$ を得る．この両辺を x で積分する．$\displaystyle\int\frac{dy}{y^2+y}=\int dx+C_0$, $\displaystyle\int\frac{dy}{y(y+1)}=\int\left(\frac{1}{y}-\frac{1}{y+1}\right)dy=\log|y|-\log|y+1|=\log\left|\frac{y}{y+1}\right|$. よって $\log\left|\dfrac{y}{y+1}\right|=x+C_0$（$C_0$ は積分定数）となることから，改めて $C=\pm e^{C_0}$ とおくことによって次の一般解を得る．

$$\frac{y}{y+1}=Ce^x\quad すなわち\quad y=\frac{Ce^x}{1-Ce^x}\quad（C は任意定数）\qquad\cdots①$$

次に $y^2+y=0$ の場合を考える．このときは $y=0,\ y=-1$ という定数関数が得られるが，これらはすぐにわかるとおり与式の解である．ここで $y=0$ は一般解において $C=0$ とおいて得られる特殊解となるので，一般解に含まれるとみる．$y=-1$ は一般解からは得られない特異解である．

(2) 直接積分形である．$y=\displaystyle\int\sqrt{a^2-x^2}\,dx+C$，よって $y=\dfrac{1}{2}\left(x\sqrt{a^2-x^2}+a^2\sin^{-1}\dfrac{x}{a}\right)+C$

(3) 変数分離形である．$\dfrac{1}{1+y^2}\dfrac{dy}{dx}=\dfrac{1}{1+x^2}$，よって $\displaystyle\int\frac{dy}{1+y^2}=\int\frac{dx}{1+x^2}+C_1$．ゆえに，$\tan^{-1}y=\tan^{-1}x+C_1$．これを y について解けば，

$$y=\tan(\tan^{-1}x+C_1)=\frac{\tan(\tan^{-1}x)+\tan C_1}{1-\tan(\tan^{-1}x)\tan C_1}=\frac{x+C}{1-Cx}\quad(C=\tan C_1).$$

(4) 変数分離形である．$\dfrac{1}{\sqrt{1+y^2}}\dfrac{dy}{dx}+\dfrac{1}{x}=0$，よって $\displaystyle\int\frac{dy}{\sqrt{1+y^2}}+\int\frac{dx}{x}=C_1$．ゆえに，$\log\left(y+\sqrt{1+y^2}\right)+\log|x|=C_1$．したがって，$x\left(y+\sqrt{1+y^2}\right)=C$.

(5) 変数分離形である．$y\fallingdotseq 0$ のとき $\dfrac{y'}{y}+\dfrac{1}{2x}=0$，よって $\displaystyle\int\frac{dy}{y}+\int\frac{dx}{2x}=C_1$．ゆえに，$\log|y|+\dfrac{1}{2}\log|x|=C_1$．したがって，$yx^{1/2}=C$　$\therefore\ y=Cx^{-1/2}$．$C=0$ とおくと，$y=0$ となるので，$y=0$ は一般解に含まれる．

2.2 (1) $x+y=u$ とおくと，$1+y'=u'$ であるから与えられた微分方程式は

$$(u'-1)\cos u = 1, \quad \frac{du}{dx} = \frac{1}{\cos u}+1 \qquad \therefore \quad \frac{du}{dx} = \frac{1+\cos u}{\cos u}$$

これは変数分離形である．$\displaystyle\int \frac{\cos u}{1+\cos u}du = x + C_1$ より

$$\int \frac{\cos u}{1+\cos u}du = \int \left(1-\frac{1}{1+\cos u}\right)du = u - I_1 \text{とおく}$$

$$I_1 = \int \frac{1}{1+\cos u}du = \int \frac{1-\cos u}{1-\cos^2 u}du = \int \frac{1}{\sin^2 u}du - \int \frac{\cos u}{\sin^2 u}du = -\cot u - \int \frac{\cos u}{\sin^2 u}du$$

$$\int \frac{\cos u}{\sin^2 u}du = \int \frac{1}{t^2}dt = -\frac{1}{t} = -\mathrm{cosec}\, u \qquad \therefore \quad \int \frac{\cos u}{1+\cos u}du = u + \cot u - \mathrm{cosec}\, u$$

$\boldsymbol{\sin u = t}$

よって　$u+\cot u - \mathrm{cosec}\, u = x + C_1$．$u=x+y$ を代入して任意定数を整理すれば，

$$y + C = \mathrm{cosec}\,(x+y) - \cot(x+y) = \frac{1-\cos(x+y)}{\sin(x+y)}$$

(2) $xy=u$ とおくと $xy'+y=u'$．これを与えられた微分方程式に代入すると，$u'+x=0$ となる．これは直接積分形である．ゆえに，

$$u + \frac{x^2}{2} = C \quad \text{よって} \quad xy + \frac{x^2}{2} = C.$$

(3) $xy=u$ とおいて $y=\dfrac{u}{x}$ を与えられた微分方程式に代入して y を消去すれば $\dfrac{u+1}{u}\dfrac{du}{dx} = \dfrac{2}{x}$．これは変数分離形である．ゆえに，$\displaystyle\int \frac{u+1}{u}du = \int \frac{2}{x}dx + C$, $u + \log|u| = \log x^2 + C$．$u=xy$ を代入して整理すると，$xy + \log|y/x| = C$ を得る．

3.1 (1), (2) いずれも同次形であるから $y=xu$, $y'=xu'+u$ とおく．

(1) 与えられた微分方程式は $\dfrac{1-u}{u}u' + \dfrac{1}{x} = 0$ となるから変数分離形である．よって $\displaystyle\int \frac{1-u}{u}du + \int \frac{dx}{x} = C_1$．ゆえに，$\log|u| - u + \log|x| = C_1$ より $\log|xu| = u + C_1$．

$$\text{したがって} \quad y = Ce^u \qquad \therefore \quad y = Ce^{y/x}$$

(2) 与えられた微分方程式は $\dfrac{2u}{u^2+1}u' + \dfrac{1}{x} = 0$ となるから，$\displaystyle\int \frac{2u}{u^2+1}du + \int \frac{dx}{x} = C_1$．よって，$\log(u^2+1) + \log|x| = C_1$，ゆえに $x(u^2+1) = C$, $x^2+y^2 = Cx$．

3.2 前問と同様に (1), (2), (3) は同次形だから $y=xu$, $y'=xu'+u$ とおく．

(1) 与えられた微分方程式は $\dfrac{1-u^2}{u+u^3}u' = \dfrac{1}{x}$ となるから，$\displaystyle\int \frac{1-u^2}{u(u^2+1)}du = \int \frac{dx}{x} + C_1$．ここで，$\dfrac{1-u^2}{u(u^2+1)} = \dfrac{1}{u} - \dfrac{2u}{u^2+1}$ であるから，$\log|u| - \log(u^2+1) = \log|x| + C_1$ を得る．よって，

$$\frac{u}{u^2+1} = Cx, \quad \frac{y}{x^2+y^2} = C$$

(2)　与えられた微分方程式は $\dfrac{u^2+3}{u(u^2+1)}u'+\dfrac{1}{x}=0$ となるから，$\displaystyle\int\frac{u^2+3}{u(u^2+1)}du+\int\frac{dx}{x}=C_1$.

$\dfrac{u^2+3}{u(u^2+1)}=\dfrac{A}{u}+\dfrac{Bu+C}{u^2+1}$ とおく．$A(u^2+1)+(Bu+C)u=u^2+3$ となるように A,B,C を定める．u^2 の項 $A+B=1$，u の項 $C=0$，定数項 $A=3$　$\therefore$　$B=-2$

$$\therefore\quad \frac{u^2+3}{u(u^2+1)}=\frac{3}{u}+\frac{-2u}{u^2+1}$$

$$\int\frac{u^2+3}{u(u^2+1)}du=\int\frac{3}{u}du-\int\frac{2u}{u^2+1}du=3\log|u|-\log(u^2+1)$$

$$3\log|u|-\log(u^2+1)+\log|x|=C$$

よって，
$$\frac{u^3x}{u^2+1}=C,\quad y^3=C(x^2+y^2)$$

(3)　与えられた微分方程式は $\cos u\cdot u'+\dfrac{1}{x}=0$ となるから $\displaystyle\int\cos u\,du+\int\frac{dx}{x}=C_1$.

よって，$\sin u=C_1-\log|x|$．したがって，$x=Ce^{-\sin(y/x)}$.

4.1　(1)　$aq-bp=0$ より $x+2y=u$ とおくと $1+2y'=u'$ であるから，与えられた微分方程式は

$$u-1=(u+1)\frac{u'-1}{2}\quad すなわち\quad \frac{u+1}{3u-1}u'=1$$

となる．ゆえに，

$$\int\frac{u+1}{3u-1}du=\int dx+C_1\quad よって\quad \frac{u}{3}+\frac{4}{9}\log\left|u-\frac{1}{3}\right|=x+C_1$$

これを x,y の式に戻せば，　$3x-3y+C=2\log|3x+6y-1|$.

(2)　$aq-bp=0$ より $2x-y=u$ とおくと $2-y'=u'$ であるから，与えられた微分方程式は

$$2u+1=(u-1)(2-u')\quad すなわち\quad (u-1)u'+3=0$$

となる．ゆえに，

$$\int(u-1)du+\int 3dx=C_1\quad よって\quad \frac{u^2}{2}-u+3x=C_1$$

$u=2x-y$ を代入して整理すれば，　$(2x-y)^2-2(2x-y)+6x=C$.

(3)　$aq-bp\fallingdotseq 0$ より，連立方程式 $\begin{cases}2x-y+1=0\\x-2y+3=0\end{cases}$ を解けば，$x=\dfrac{1}{3}$, $y=\dfrac{5}{3}$ となるから，$x=u+\dfrac{1}{3}, y=v+\dfrac{5}{3}$ とおいて与式を書き直すと，$(2u-v)-(u-2v)\dfrac{dv}{du}=0$ となる（同次形），$v=ut$ とおいてさらに書き直せば，

$$\frac{1}{2}\frac{2t-1}{t^2-t+1}\frac{dt}{du}+\frac{1}{u}=0\quad よって\quad \frac{1}{2}\int\frac{2t-1}{t^2-t+1}dt+\int\frac{du}{u}=C_1$$

ゆえに，$\dfrac{1}{2}\log(t^2-t+1)+\log|u|=C_1$．したがって，$u\sqrt{t^2-t+1}=C_2$．$x,y$ の式に戻して任意定数を整理すれば，　$x^2-xy+x+y^2-3y=C$.

(4)　$aq-bp\fallingdotseq 0$ より連立方程式 $\begin{cases}5x-7y=0\\x-3y+2=0\end{cases}$ を解くと，$x=\dfrac{7}{4}$, $y=\dfrac{5}{4}$ となるから，$x=u+\dfrac{7}{4}$, $y=v+\dfrac{5}{4}$ とおいて与式を書き直せば，$(5u-7v)=(u-3v)\dfrac{dv}{du}$ となる．さらに，

$v=ut$ とおいてこれを書き直せば，$\dfrac{3t-1}{3t^2-8t+5}\dfrac{dt}{du}+\dfrac{1}{u}=0$.

ここで $\dfrac{3t-1}{3t^2-8t+5}=\dfrac{3t-1}{(3t-5)(t-1)}=\dfrac{A}{3t-5}+\dfrac{B}{t-1}$ とおいて A,B を定める．

$$A(t-1)+B(3t-5)=3t-1,\quad A+3B=3,-A-5B=-1 \quad \text{より} \quad A=6,B=-1$$

よって $\displaystyle\int\left(\frac{6}{3t-5}-\frac{1}{t-1}\right)dt+\int\frac{du}{u}=C_1$ ゆえに，$2\log|3t-5|-\log|t-1|+\log|u|=C_1$.

したがって，$u(3t-5)^2=C(t-1)$．これを x,y の式に戻せば，$(3y-5x+5)^2=C(y-x+1/2)$.

(5) 連立方程式 $\begin{cases} 6x-2y-3=0 \\ 2x+2y-1=0 \end{cases}$ を解くと，$x=\dfrac{1}{2}, y=0$ となるから，$x=u+\dfrac{1}{2}, y=v$ とおいて与式を書き直せば，$(3u-v)=(u+v)\dfrac{dv}{du}$ となる．さらに，$v=ut$ とおいてこれを書き直せば，

$$\frac{t+1}{t^2+2t-3}\frac{dt}{du}+\frac{1}{u}=0$$

ここで $\dfrac{t+1}{t^2+2t-3}=\dfrac{t+1}{(t-1)(t+3)}=\dfrac{A}{t-1}+\dfrac{B}{t+3}$ とおいて A,B を定める．

$$A(t+3)+B(t-1)=t+1,\quad A+B=1,3A-B=1 \quad \text{より} \quad A=\frac{1}{2},B=\frac{1}{2}$$

よって $\displaystyle\frac{1}{2}\int\left(\frac{1}{t-1}+\frac{1}{t+3}\right)dt+\int\frac{du}{u}=C_1$ ゆえに，$\log|t-1|+\log|t+3|+2\log|u|=C_1$.

したがって，$(t^2+2t-3)u^2=C$．これを x,y の式に戻せば，$y^2+2xy-3x^2-y+3x=C$.

5.1 (1)〜(6) は 1 階線形微分方程式である．

(1) $\displaystyle y=e^{-\int 2xdx}\left(\int xe^{\int 2xdx}dx+C\right)=e^{-x^2}\left(\int xe^{x^2}dx+C\right)=e^{-x^2}\left(\frac{1}{2}e^{x^2}+C\right)=Ce^{-x^2}+\frac{1}{2}$

(2) $\displaystyle y=e^{-\int e^x dx}\left(\int 3e^x e^{\int e^x dx}dx+C\right)=e^{-e^x}\left(\int 3e^x e^{e^x}dx+C\right)$

$\displaystyle\quad =e^{-e^x}\left(3e^{e^x}+C\right)=Ce^{-e^x}+3$

(3) $\displaystyle y=e^{-\int(1/x)dx}\left(\int(1-x^2)e^{\int(1/x)dx}dx+C\right)=e^{-\log x}\left(\int(1-x^2)e^{\log x}dx+C\right)$

$\displaystyle\quad =\frac{1}{x}\left(\int(1-x^2)xdx+C\right)=\frac{x}{2}-\frac{x^3}{4}+\frac{C}{x}$

(4) $\displaystyle y=e^{-\int 2xdx}\left(\int xe^{-x^2}e^{\int 2xdx}dx+C\right)=e^{-x^2}\left(\int xe^{-x^2}e^{x^2}dx+C\right)$

$\displaystyle\quad =e^{-x^2}\left(\int xdx+C\right)=e^{-x^2}\left(C+\frac{x^2}{2}\right)$

(5) $\displaystyle y=e^{\int\tan xdx}\left(\int e^{\sin x}e^{-\int\tan xdx}dx+C\right)=\frac{1}{\cos x}\left(\int e^{\sin x}\cos xdx+C\right)=\frac{1}{\cos x}(e^{\sin x}+C)$

(6) $\displaystyle y=e^{-\int\frac{dx}{x+1}}\left(\int\sin xe^{\int\frac{dx}{x+1}}dx+C\right)=\frac{1}{x+1}\left(\int(x+1)\sin xdx+C\right)$

$\displaystyle\quad =\frac{1}{x+1}\left(\sin x-(x+1)\cos x+C\right)=\frac{\sin x}{x+1}-\cos x+\frac{C}{x+1}$

5.2 (1) $y'+xy=x\cdots$① の 1 つの解を $y=Ax+B$ と予想して ① に代入すると，$A+Ax^2+Bx=x$ となり，$A=0,\ B=1$ を得る．ゆえに 1 つの解は 1 である．よって p.12 の**解法 2.8** により

$$y=1+Ce^{-\int xdx}=1+Ce^{-x^2/2}$$

(2) $y'+y=e^x\cdots$② の 1 つの解を $y=Ae^x$ と予想して ② に代入すると，$Ae^x+Ae^x=e^x$ となり $A=1/2$．ゆえに 1 つの解は $e^x/2$ である．よって p.12 の**解法 2.8** により

$$y=\frac{1}{2}e^x+Ce^{-\int dx}=\frac{1}{2}e^x+Ce^{-x}.$$

(3) $y'+2y\tan x=\sin x\cdots$③ の 1 つ解を $y=A\cos x$ と予想して ③ に代入すると，$-A\sin x+2A\sin x=\sin x$ となり，$A=1$．ゆえに 1 つの解は $y=\cos x$ である．よって p.12 の**解法 2.8** により

$$y=\cos x+Ce^{-2\int\tan xdx}=\cos x+Ce^{2\log\cos x}=\cos x+C\cos^2 x$$

6.1 (1)〜(4) はベルヌーイの微分方程式である．

(1) $n=2$ の場合である．$u=y^{-1}$ とおいて与えられた微分方程式を書き直すと $u'+xu=xe^{-x^2}$ を得る．ゆえに，

$$y^{-1}=u=e^{-\int xdx}\left(\int xe^{-x^2}e^{\int xdx}dx+C\right)=e^{-x^2/2}\left(\int xe^{-x^2/2}dx+C\right)$$
$$=e^{-x^2/2}\left(-e^{-x^2/2}+C\right)=Ce^{-x^2/2}-e^{-x^2}$$

よって，$y\left(Ce^{-x^2/2}-e^{-x^2}\right)=1.$

(2) $n=4$ の場合である．$u=y^{-3}$ とおいて与えられた微分方程式を書き直せば，$u'+3u\tan x=-3\sec x$ を得る．ゆえに，

$$y^{-3}=u=e^{-3\int\tan xdx}\left(-3\int\sec xe^{3\int\tan xdx}dx+C\right)=\cos^3 x\left(-3\int\frac{dx}{\cos^4 x}+C\right)$$

(ここで $\displaystyle\int\frac{1}{\cos^4 x}dx$ の計算は漸化式 $\displaystyle I(m,n)=\int(\sin x)^m(\cos x)^n dx=-\frac{(\sin x)^{m+1}(\cos x)^{n+1}}{n+1}+\frac{m+n+2}{n+1}I(m,n+2)$ を用いよ（⇨ 例えば『新版 演習微分積分』（サイエンス社）p.63 の (3)）．)

$$=\cos^3 x\left(-\frac{\sin x}{\cos^3 x}-\frac{2\sin x}{\cos x}+C\right)=-\sin x-2\sin x\cos^2 x+C\cos^3 x$$

よって，　$(-\sin x-2\sin x\cos^2 x+C\cos^3 x)y^3=1$

(3) $n=3$ の場合である．$u=y^{-2}$ とおいて与えられた微分方程式を書き直せば，$u'-\dfrac{2}{x}u=-2x^2$ を得る．ゆえに，

$$y^{-2}=u=e^{\int(2/x)dx}\left(-2\int x^2e^{-\int(2/x)dx}dx+C\right)=x^2\left(-2\int dx+C\right)=-2x^3+Cx^2$$

よって，　$-2x^3y^2+Cx^2y^2=1.$

(4) $n=-1$ の場合である．$u=y^2$ とおいて与えられた微分方程式を書き直せば，$u'-\dfrac{1}{x^2}u=e^{(x-1/x)}$ を得る．ゆえに，

$$y^2=u=e^{\int(1/x^2)dx}\left(\int e^{x-(1/x)}e^{-\int(1/x^2)dx}dx+C\right)=e^{-1/x}\left(\int e^x dx+C\right)=e^{-1/x}(e^x+C)$$

よって，　$y^2e^{1/x}=e^x+C.$

2

6.2 (1) ベルヌーイの微分方程式で $n=2$ の場合である．$u=y^{-1}$ とおいて与えられた微分方程式を書き直すと，$u'+2xu=-x\cdots$① を得る．①の解を p.12 の**解法 2.8** を用いて求める．①に $u=Ax+B$ を代入して A,B を求めると，$A=0, B=-1/2$ となる．よって $-1/2$ はこの方程式の 1 つの解であるから

$$y^{-1}=u=-\frac{1}{2}+Ce^{-\int 2xdx}=-\frac{1}{2}+Ce^{-x^2},\quad y\left(-\frac{1}{2}+Ce^{-x^2}\right)=1$$

(2) ベルヌーイの微分方程式で $n=3$ の場合である．$u=y^{-2}$ とおいて与えられた微分方程式を書き直すと，$u'-2u=-6e^x\cdots$② を得る．②の解を p.12 の**解法 2.8** を用いて求める．②に $u=Ae^x$ を代入して，A を求めると，$A=6$ となる．よって，$6e^x$ はこの方程式の 1 つの解であるから

$$y^{-2}=u=6e^x+C\int e^{2x}dx=6e^x+Ce^{2x},\quad y^2(6e^x+Ce^{2x})=1$$

7.1 (1) $\dfrac{\partial}{\partial y}(2xy-\cos x)=\dfrac{\partial}{\partial x}(x^2-1)=2x$ であるから，完全微分方程式である．p.16 の**解法 2.10**③を用いると，$\displaystyle\int_0^x(2xy-\cos x)dx-\int_0^y dy=x^2y-\sin x-y$．よって，一般解は

$$x^2y-\sin x-y=C$$

(2) $\dfrac{\partial}{\partial y}(2x+y)=\dfrac{\partial}{\partial x}(x+2y)=1$ であるから，完全微分方程式である．p.16 の**解法 2.10**③を用いると，$\displaystyle\int_0^x(2x+y)dx+\int_0^y 2ydy=x^2+xy+y^2$．よって，一般解は

$$x^2+xy+y^2=C$$

(3) $\dfrac{\partial}{\partial y}(y+e^x\sin y)+\dfrac{\partial}{\partial x}(x+e^x\cos y)=1+e^x\cos y$ であるから，完全微分方程式である．p.16 の**解法 2.10**③を用いると，$\displaystyle\int_0^x(y+e^x\sin y)dx+\int_0^y\cos ydy=xy+e^x\sin y-\sin y+\sin y$．よって，一般解は

$$xy+e^x\sin y=C$$

8.1 (1) $P=y-\log x,\ Q=x\log x$ とおくと，$\dfrac{\partial P}{\partial y}=1,\ \dfrac{\partial Q}{\partial x}=1+\log x$ であるから完全微分方程式でない．よって，p.16 の定理 2.3 (i) より $\dfrac{1}{Q}(P_y-Q_x)=-\dfrac{1}{x}$ であるから，$\exp\left(-\displaystyle\int\frac{dx}{x}\right)=\dfrac{1}{x}$ は積分因子である．ゆえに，$\dfrac{y-\log x}{x}dx+\log xdy=0$ は完全微分方程式である．

$$\int_{x_0}^x\frac{y-\log x}{x}dx+\int_{y_0}^y\log x_0dy=C,\quad \left[y\log x-\frac{1}{2}(\log x)^2\right]_{x_0}^x+\left[y\log x_0\right]_{y_0}^y=C$$

$$y\log x-\frac{1}{2}(\log x)^2-y\log x_0+\frac{1}{2}(\log x_0)^2+y\log x_0-y_0\log x_0=C.$$

ゆえに $\dfrac{1}{2}(\log x_0)^2-y_0\log x_0$ は任意定数に含めて一般解は　$y\log x-\dfrac{1}{2}(\log x)^2=C$

(2) $P=y+xy+\sin y,\ Q=x+\cos y$ とおくと，$\dfrac{\partial P}{\partial y}=1+x+\cos y,\ \dfrac{\partial Q}{\partial x}=1$ であるので，

このままでは完全微分方程式でない．しかし $\dfrac{1}{Q}\left(\dfrac{\partial P}{\partial y}-\dfrac{\partial Q}{\partial x}\right)=1$ となるので x だけの関数となる．p.16 の定理 2.3 (i) より，$\exp\left(\int 1dx\right)=e^x$ がこの全微分方程式の積分因子である．$e^x(y+xy+\sin y)dx+e^x(x+\cos y)dy=0$ は完全微分方程式である．よって，

$$\int_0^x e^x(y+xy+\sin y)dx+\int_0^y \cos y dy=C \qquad \therefore \quad e^x(xy+\sin y)=C$$

(3) $P=2xy,\ Q=y^2-x^2$ とおくと $\dfrac{\partial P}{\partial y}=2x,\ \dfrac{\partial Q}{\partial x}=-2x$ であるのでこのままでは完全微分方程式でない．p.16 の定理 2.3 (ii) より $\dfrac{1}{P}(P_y-Q_x)=\dfrac{2}{y}$（$y$ だけの関数）より $\exp\left(-\int\dfrac{2}{y}dy\right)=\dfrac{1}{y^2}$ が全微分方程式の積分因子である．

$$2xy\cdot\frac{1}{y^2}dx-(x^2-y^2)\frac{1}{y^2}dy=0 \quad \text{すなわち} \quad 2\frac{x}{y}dx-\frac{x^2-y^2}{y^2}dy=0$$

は完全微分方程式である．よって，

$$\int_{x_0}^x\frac{2x}{y}dx+\int_{y_0}^y\frac{y^2-x_0^2}{y^2}dy=C \qquad \therefore \quad \frac{x^2}{y}-\frac{x_0^2}{y}+y+\frac{x_0^2}{y}-y_0-\frac{x_0^2}{y_0}=C$$

$-y_0-\dfrac{x_0^2}{y_0}$ は任意定数に含めて，一般解は　$x^2+y^2=Cy.$

9.1 (1) y^2 の項があるから，リッカチの微分方程式であるので p.19 の**解法 2.11** を用いる．$y=u+1$ とおいて与えられた微分方程式を書き直すと，$u'-5u=u^2$．これはベルヌーイの微分方程式 $(n=2)$ であるからさらに，$v=u^{-1}$ とおいて，この微分方程式を書き直せば，$v'+5v=-1$ を得る．これは 1 階線形微分方程式である．よって，

$$\frac{1}{u}=v=e^{-\int 5dx}\left(-\int e^{\int 5dx}dx+C_1\right)=C_1e^{-5x}-\frac{1}{5}$$
$$\therefore \quad \frac{1}{y-1}=C_1e^{-5x}-\frac{1}{5} \quad \text{すなわち} \quad y=\frac{C+4e^{5x}}{C-e^{5x}} \quad (C=5C_1).$$

(2) y^2 の項があるから，リッカチの微分方程式であるので p.19 の**解法 2.11** を用いる．$y=1+u$ とおいて与えられた微分方程式を書き直せば，$u'+u=(x-1)u^2$ を得る．これはベルヌーイの微分方程式 $(n=2)$ であるからさらに $v=u^{-1}$ とおいてこの微分方程式を書き直すと，$v'-v=1-x$ となる．これは 1 階線形微分方程式である．よって，

$$\frac{1}{u}=v=e^{\int dx}\left(\int(1-x)e^{-\int dx}dx+C\right)=x+Ce^x$$
$$\therefore \quad \frac{1}{y-1}=x+Ce^x \quad \text{すなわち} \quad y=1+\frac{1}{Ce^x+x}$$

(3) y^2 の項があるから，リッカチの微分方程式であるので p.19 の**解法 2.11** を用いる．まず $y=1+u$ とおいて与えられた微分方程式を書き直すと，$u'+\dfrac{1-4x}{2x^2-x}u+\dfrac{1}{2x^2-x}u^2=0$．これはベルヌーイの微分方程式であるのでさらに，$v=u^{-1}$ とおいてこの方程式を書き直すと，

$v' + \dfrac{4x-1}{2x^2-x}v = \dfrac{1}{2x^2-x}$ を得る．これは 1 階線形微分方程式である．ゆえに，

$$\frac{1}{u} = v = \exp\left(-\int \frac{4x-1}{2x^2-x}dx\right)\left(\int \frac{1}{2x^2-x}\exp\left(\int \frac{4x-1}{2x^2-x}dx\right)dx + C\right)$$
$$= \frac{1}{2x^2-x}\left(\int dx + C\right) = \frac{x+C}{2x^2-x}$$
$$\therefore \quad \frac{1}{y-1} = \frac{x+C}{2x^2-x} \quad \text{すなわち} \quad y = \frac{2x^2+C}{x+C}$$

9.2 (1) リッカチの微分方程式であるので p.19 の**解法 2.11** を用いる．$y = x$ は 1 つの特殊解であるから，$y = x + u$ とおいて与えられた微分方程式を書き直すと，$u' - u + xu^2 = 0$ を得る．これはベルヌーイの微分方程式であるのでさらに，$v = u^{-1}$ とおいて，この微分方程式を書き直せば，$v' + v = x$ となる．これは 1 階線形微分方程式である．ゆえに，

$$\frac{1}{y-x} = v = e^{-\int dx}\left(\int xe^{\int dx}dx + C\right) = e^{-x}(xe^x - e^x + C) = x - 1 + Ce^{-x}$$

よって，　$y = x + \dfrac{1}{Ce^{-x} + x - 1}$

(2) リッカチの微分方程式であるから，p.19 の**解法 2.11** を用いる．$y = \sin x$ が 1 つの特殊解であるから，$y = \sin x + u$ とおいて与えられた微分方程式を書き直すと，$u' - u\sin x = u^2$ を得る．これはベルヌーイの微分方程式であるから，さらに，$v = u^{-1}$ とおいてこの微分方程式を書き直せば $v' + v\sin x + 1 = 0$ となる．これは 1 階線形微分方程式である．ゆえに，

$$\frac{1}{y-\sin x} = v = e^{-\int \sin x dx}\left(-\int e^{\int \sin x dx}dx + C\right) = e^{\cos x}\left(C - \int e^{-\cos x}dx\right)$$

よって，　$y = \sin x + e^{-\cos x}\left(C - \displaystyle\int e^{-\cos x}dx\right)^{-1}$　（**注意**　このように解を関数の形で具体的に表すことができない場合がある．）

(3) リッカチの微分方程式であるから p.19 の**解法 2.11** を用いる．$y = x^3$ が 1 つの特殊解であるから，$y = x^3 + u$ とおいて与えられた微分方程式を書き直すと，$u' - 4x^{-1}u = 2x^{-4}u^2$ を得る．これはベルヌーイの微分方程式であるから，$v = u^{-1}$ とおいてこの微分方程式を書き直すと，$v' + 4x^{-1}v = -2x^{-4}$ となる．これは 1 階線形微分方程式である．ゆえに，

$$\frac{1}{y-x^3} = v = \exp\left(-\int \frac{4}{x}dx\right)\left(-\int \frac{2}{x^4}\exp\left(\int \frac{4}{x}dx\right)dx + C\right) = \frac{C}{x^4} - \frac{2}{x^3}$$

よって，　$y = x^3 + \dfrac{x^4}{C - 2x}$

10.1 (1) 与式は $(xp - y)(p + xy) = 0$ と分解できる．$xp - y = 0$ から

$$\int \frac{dy}{y} = \int \frac{dx}{x} + C_1, \quad \log|y| = \log|x| + C_1 \quad \text{よって} \quad y = Cx$$

また，$p + xy = 0$ からは

$$\int \frac{dy}{y} + \int xdx = C_1, \quad \log|y| + \frac{x^2}{2} = C_1 \quad \text{よって} \quad y = Ce^{-x^2/2}$$

ゆえに，一般解は　$(y - Cx)(y - Ce^{-x^2/2}) = 0.$

(2) 与式は $p(p-2x)(p-y)=0$ と分解できる．$p=0$ から $y=C$．$p=2x$ から，$y=\int 2xdx+C=x^2+C$，また $p-y=0$ からは $\int \frac{dy}{y}=x+C_1$，よって $y=Ce^x$ を得る．したがって，一般解は　$(y-C)(y-x^2-C)(y-Ce^x)=0$.

(3) 与式は $(x^2p+2)(p-3y^3)=0$ と分解できる．$x^2p+2=0$ から，$y+\int \frac{2}{x^2}dx=C$ よって $y=\frac{2}{x}+C$．また，$p-3y^3=0$ から，$\int \frac{dy}{y^3}-3x=C$，よって $-\frac{1}{2y^2}-3x=C$．ゆえに，一般解は　$\left(y-\frac{2}{x}-C\right)\left(\frac{1}{2y^2}+3x+C\right)=0$.

(4) 与式は $(yp+x)(p-1)=0$ と分解できる．$p-1=0$ から $y=x+C$ を得る．また，$yp+x=0$ から，$\int ydy+\int xdx=C_1$，よって $x^2+y^2=C$ を得る．ゆえに，一般解は $(y-x-C)(x^2+y^2-C)=0$.

(5) 与式は $p(p-x)(p-y)=0$ と分解できる．$p=0$ からは $y=C$．$p=x$ からは $y=x^2/2+C$．また，$p=y$ からは $\log|y|=x+C$，よって $y=Ce^x$ を得る．ゆえに，一般解は　$(y-C)(2y-x^2-C)(y-Ce^x)=0$.

(6) 与式は $(p+y-e^x)(p-y+e^x)=0$ と分解できる．$p+y-e^x=0$ を解くと，

$$y=e^{-\int dx}\left(\int e^x e^{\int dx}dx+C\right)=e^{-x}\left(\int e^{2x}dx+C\right)=\frac{1}{2}e^x+Ce^{-x}$$

また，$p-y+e^x=0$ を解けば，

$$y=e^{\int dx}\left(-\int e^x e^{-\int dx}dx+C\right)=e^x\left(-\int dx+C\right)=-xe^x+Ce^x$$

ゆえに，一般解は　$(y-e^x/2-Ce^{-x})(y+xe^x-Ce^x)=0$.

11.1 (1) 与式より，$y=2+\frac{1}{2}\log(p^2+1)$．この両辺を x で微分すると，

$$p=\frac{p}{p^2+1}\frac{dp}{dx}\quad よって\quad p\left(1-\frac{1}{p^2+1}\frac{dp}{dx}\right)=0$$

$1-\frac{1}{p^2+1}\frac{dp}{dx}=0$ は変数分離形であるから，$\int \frac{dp}{p^2+1}=\int dx+C$，よって $\tan^{-1}p=x+C$，$p=\tan(x+C)$．$y=2+\frac{1}{2}\log(p^2+1)$ に代入して整頓すれば，　$y=2+\log|\sec(x+C)|$.

また，$p=0$ を与式に代入すれば，$y=2$．これは一般解から得られない特異解である．

(2) 与式の両辺を x で微分すると，$x\frac{dp}{dx}+p=p-1$，よって $\frac{1}{x}+\frac{dp}{dx}=0$ を得る．ゆえに，

$$\int \frac{dx}{x}+\int dp=C_1,\quad p+\log|x|=C_1$$

この式と与式から p を消去すれば，　$y=x(C-\log|x|)\quad (C=C_1+1)$.

(3) 与式の両辺を x で微分すると，$p=2px\cdot\frac{dp}{dx}+p^2+\frac{dp}{dx}$，よって，$p-p^2=(2px+1)\frac{dp}{dx}$．$p$ を独立変数とみて整理すると，$\frac{dp}{dx}=\frac{p(1-p)}{2px+1}$, $\frac{dx}{dp}=\frac{2px+1}{p(1-p)}$　$\therefore$　$\frac{dx}{dp}=\frac{2px}{p(1-p)}+\frac{1}{p(1-p)}$.

よって $\dfrac{dx}{dp}+\dfrac{2}{p-1}x=\dfrac{1}{p(1-p)}$ となる．ゆえに1階線形微分方程式である．

$$\therefore\ x=\exp\left(-\int\frac{2}{p-1}dp\right)\left(\int\frac{1}{p(1-p)}\exp\left(\int\frac{2}{p-1}dp\right)dp+C\right)=\frac{\log|p|-p+C}{(p-1)^2}$$

よって，一般解は $\begin{cases} x=\dfrac{\log|p|-p+C}{(p-1)^2} \\ y=p^2x+p \end{cases}$ （p は媒介変数）．

(4)　与式の両辺を y で微分すると，$\dfrac{2p}{1+p^2}\dfrac{dp}{dy}-\dfrac{2}{p}\dfrac{dp}{dy}-\dfrac{2}{p}=0$.

$$\left(\frac{2p}{1+p^2}-\frac{2}{p}\right)\frac{dp}{dy}=\frac{2}{p},\ \frac{-2}{p(1+p^2)}\frac{dp}{dy}=\frac{2}{p},\ \frac{dp}{dy}=-(1+p^2)\qquad\therefore\quad\frac{dy}{dp}+\frac{1}{1+p^2}=0$$

$$y+\int\frac{dp}{1+p^2}=C,\quad y+\tan^{-1}p=C\quad よって\quad p=\tan(C-y)$$

これを，与えられた微分方程式に代入する．

$$\log\left(1+\tan^2(C-y)\right)-2\log\left(\tan(C-y)\right)-2x+4=0$$

$$\log\frac{1/\cos^2(C-y)}{\tan^2(C-y)}-2x+4=0,\ \log\frac{1}{\sin^2(C-y)}=2x-4\ \ \therefore\ x=-\log\sin(C-y)+2$$

(5)　与式の両辺を y で微分すると，$\dfrac{1}{p}=\dfrac{1}{\sqrt{1+p^2}}\dfrac{dp}{dy},\ \dfrac{dp}{dy}=\dfrac{\sqrt{1+p^2}}{p}\quad\therefore\quad\dfrac{dy}{dp}=\dfrac{p}{\sqrt{1+p^2}}$

$$y=\int\frac{p}{\sqrt{1+p^2}}dp+C\quad よって\quad y=\sqrt{1+p^2}+C$$

したがって，一般解は $\begin{cases} x=5+\log\left(p+\sqrt{1+p^2}\right) \\ y=\sqrt{1+p^2}+C \end{cases}$ （p は媒介変数）

12.1　(1)　クレローの微分方程式である．p.22 の**解法 2.16** を用いる．$y=xp+\sqrt{1+p^2}$ …①

の両辺を x で微分して，$p=p+x\dfrac{dp}{dx}+\dfrac{1}{2}\dfrac{2p}{\sqrt{1+p^2}}\dfrac{dp}{dx},\quad \dfrac{dp}{dx}\left(x+\dfrac{p}{\sqrt{1+p^2}}\right)=0$

よって，$p'=0$ または $x+\dfrac{p}{\sqrt{1+p^2}}=0$ である．

(i)　$p'=0$ より $p=C$ (定数)　…②

②を①に代入して，①の一般解は

$$y=Cx+\sqrt{1+C^2}$$

(ii)　$x=-\dfrac{p}{\sqrt{1+p^2}}$　…③ を①に代入して，

$$y=-\frac{p^2}{\sqrt{1+p^2}}+\sqrt{1+p^2}$$
$$=\frac{1}{\sqrt{1+p^2}}\quad(>0)\ \cdots④$$

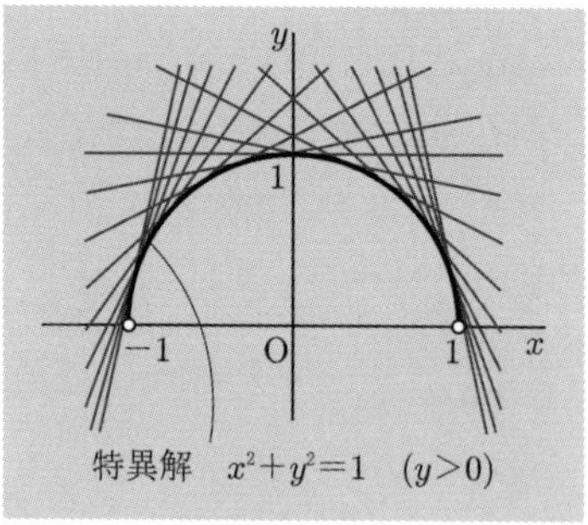

図 **A.2.1**

③^2＋④^2 より $x^2+y^2=1$．よって①の特異解は $x^2+y^2=1\,(y>0)$ である（⇨図 **A.2.1**）．

(2) クレローの微分方程式である．p.22 の**解法 2.16** を用いる．

$$y = px + \sqrt{1-p^2} \quad (-1 < p < 1) \quad \cdots ① \quad \text{の両辺を } x \text{ で微分して，}$$

$$p = p + x\frac{dp}{dx} + \frac{1}{2}\frac{-2p}{\sqrt{1-p^2}}\frac{dp}{dx}, \quad \frac{dp}{dx}\left(x - \frac{p}{\sqrt{1-p^2}}\right) = 0$$

よって， $\dfrac{dp}{dx} = 0$ または $x - \dfrac{p}{\sqrt{1-p^2}} = 0$

(i) $\dfrac{dp}{dx} = 0$ より $p = C$（定数） $\cdots$②

②を①に代入して①の一般解は

$$y = Cx + \sqrt{1-C^2}.$$

(ii) $x = \dfrac{p}{\sqrt{1-p^2}}$ $\cdots$③を①に代入して，

$$\begin{aligned} y &= \frac{p^2}{\sqrt{1-p^2}} + \sqrt{1-p^2} \\ &= \frac{1}{\sqrt{1-p^2}} \quad (>0) \quad \cdots ④ \end{aligned}$$

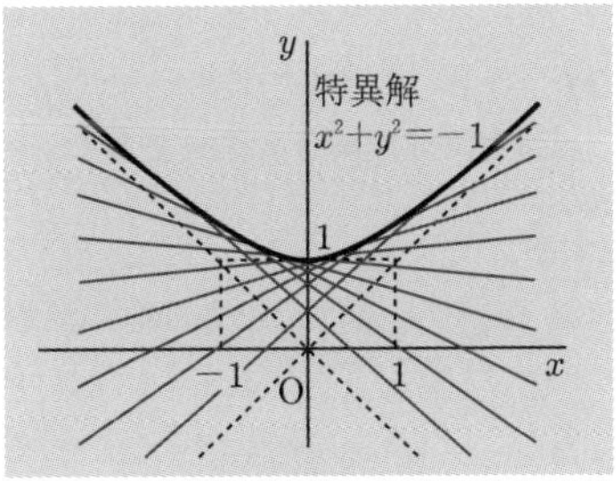

図 **A.2.2**

③^2 − ④^2 より $x^2 - y^2 = -1$．よって①の特異解は $x^2 - y^2 = -1\ (y > 0)$ である（⇨ 図 **A.2.2**）．

12.2 (1) ラグランジュの微分方程式である．p.22 の**解法 2.17** を用いる．

$$y = (p+1)x + p^2 \quad \cdots ① \quad \text{の両辺を } x \text{ で微分すると，}$$

$$p = \frac{dp}{dx}x + p + 1 + 2p\frac{dp}{dx}, \quad 1 = -(x+2p)\frac{dp}{dx} \quad \cdots ②$$

$\dfrac{dp}{dx} \fallingdotseq\!\!\!\!/\ 0$ のときは，②より $\dfrac{dx}{dp} = -x - 2p$． $\therefore$ $\dfrac{dx}{dp} + x = -2p$

これは x を p の関数と考えると，1 階線形微分方程式となる．よって，

$$\begin{aligned} x &= e^{-\int 1dp}\left\{\int(-2p)e^{\int 1dp}dp + C\right\} = e^{-p}\left\{\int(-2p)e^{p}dp + C\right\} \\ &= e^{-p}(-2e^{p}(p-1) + C) \end{aligned}$$

$$\therefore \quad x = -2(p-1) + Ce^{-p} \quad \cdots ③$$

①と③から p を消去するのは難しいので，①の一般解は媒介変数 p を用いて次のように表す．

$$\begin{cases} y = (p+1)x + p^2 \\ x = 2 - 2p + Ce^{-p} \end{cases}$$

(2) ラグランジュの微分方程式である．p.22 の**解法 2.17** を用いる．

$$y = 2px + p^2 \quad (p \neq 0) \quad \cdots ① \quad \text{の両辺を } x \text{ で微分する．}$$

$$p = 2\frac{dp}{dx}\cdot x + 2p + 2p\frac{dp}{dx}, \quad p = -(2x+2p)\frac{dp}{dx}$$

2

いま $p \neq 0$, $\dfrac{dp}{dx} \neq 0$ より $\dfrac{dx}{dp} + \dfrac{2}{p}x = -2$. これは1階線形微分方程式である．よって

$$x = e^{-\int (2/p)dp}\left\{\int (-2)e^{\int (2/p)dp}dp + C\right\} = \frac{1}{p^2}\left(-2\int p^2 dp + C_1\right) = \frac{1}{p^2}\left(-\frac{2}{3}p^3 + C_1\right)$$

$$\therefore \quad 3xp^2 + 2p^3 = 3C_1$$

① の一般解は $\begin{cases} y = 2px + p^2 \\ 3xp^2 + 2p^3 = C \quad (3C_1 = C) \end{cases}$ （p は媒介変数）

13.1 点 P における接線の傾きは y' であるから，題意より，$y' = x + y$ を得る．よって，$y' - y = x$ は1階線形微分方程式である．

$$\therefore \quad y = e^{\int dx}\left(\int xe^{-\int dx}dx + C\right) = Ce^x - (x+1)$$

13.2 点 P(x, y) における接線の長さは p.26 の ① より $\left|y\sqrt{1+(y')^2}/y'\right|$ であるから，題意より，$\left|y\sqrt{1+(y')^2}/y'\right| = a$，すなわち $y^2\bigl(1+(y')^2\bigr) = a^2(y')^2$ を得る．これを整理すれば，

$$y^2 = (a^2 - y^2)(y')^2 \quad \text{よって} \quad y' = \pm\frac{y}{\sqrt{a^2 - y^2}}.$$ これは変数分離形である．

よって，$\displaystyle\int \frac{\sqrt{a^2-y^2}}{y}dy = \pm\int 1dx + C$ となる．左辺を I とおき，その積分を計算する．$\sqrt{a^2-y^2} = t$ とおくと，$a^2 - y^2 = t^2$. 両辺を t で微分して，$\dfrac{dy}{dt} = -\dfrac{t}{y}$.

$$\begin{aligned} I &= \int \frac{t}{y}\left(-\frac{t}{y}\right)dt = -\int \frac{t^2}{y^2}dt = \int \frac{t^2}{t^2 - a^2}dt = \int \left(1 + \frac{a^2}{t^2 - a^2}\right)dt \\ &= t + \frac{a}{2}\log\left|\frac{t-a}{t+a}\right| = t - \frac{a}{2}\log\left|\frac{t+a}{t-a}\right| = \sqrt{a^2-y^2} - \frac{a}{2}\log\left|\frac{\sqrt{a^2-y^2}+a}{\sqrt{a^2-y^2}-a}\right| \\ &= \sqrt{a^2-y^2} - \frac{a}{2}\log\left|\frac{\bigl(\sqrt{a^2-y^2}+a\bigr)^2}{-y^2}\right| = \sqrt{a^2-y^2} - a\log\left|\frac{\sqrt{a^2-y^2}+a}{y}\right| \end{aligned}$$

$$\therefore \quad \sqrt{a^2-y^2} - a\log\left|\frac{\sqrt{a^2-y^2}+a}{y}\right| = \pm x + C$$

14.1 この曲線群の方程式の両辺を x で微分すると $x + yy' = 0$ となる．p.28 の例題 14 により，y' の代わりに $\dfrac{y' - \tan(\pi/4)}{1 + y'\tan(\pi/4)} = \dfrac{y'-1}{y'+1}$ を代入すると，$(x+y)y' + x - y = 0$ となる．これは同次形である．よって，

$$y' = \frac{y-x}{x+y} = \frac{(y/x)-1}{1+(y/x)}, \quad f(u) - u = \frac{u-1}{u+1} - u = -\frac{u^2+1}{u+1}, \quad \frac{du}{dx} = \left(-\frac{u^2+1}{u+1}\right)\Big/x$$

これは変数分離形である．ゆえに $\displaystyle\int \frac{u+1}{u^2+1}du = -\int \frac{1}{x}dx + C$

$$\int \frac{1}{2}\frac{2u}{u^2+1}du + \int \frac{1}{u^2+1}du = -\int \frac{1}{x}dx + C_1$$

$$\frac{1}{2}\log(u^2+1)+\tan^{-1}u=-\log|x|+C_1$$
$$\therefore\quad \log(u^2+1)+2\tan^{-1}u=-2\log|x|+C$$

よって，$\log(u^2+1)+2\log|x|=-2\tan^{-1}u+\log a$ $(C=\log a)$．変数をもとに戻すと，

$$\log\left(\left(\frac{y}{x}\right)^2+1\right)x^2=-2\tan^{-1}\frac{y}{x}+\log a\qquad\therefore\quad x^2+y^2=a\exp\left(-2\tan^{-1}\frac{y}{x}\right)$$

これが求める等交曲線の方程式である．

15.1 (1) 放物線群 $y=Cx^2\cdots$① の微分方程式（⇨ p.3 の追記 1.1）は ① の両辺を x で微分して，$y'=2Cx\cdots$② を求め，① と ② から C を消去して得られる．つまり $xy'=2y\cdots$③ である．p.28 の注意 2.2 により，③ の y' の代わりに $-\dfrac{1}{y'}$ を代入した $x\left(-\dfrac{1}{y'}\right)=2y$，すなわち，$2yy'=-x\cdots$④ を解いて問題の直交曲線群を求める．

これは変数分離形であるので，

$$\int 2ydy=-\int xdx+C_1,\quad y^2=-\frac{1}{2}x^2+C_1$$
$$\therefore\quad \frac{x^2}{2}+y^2=C^2\quad (C_1=C^2\text{とおく})$$

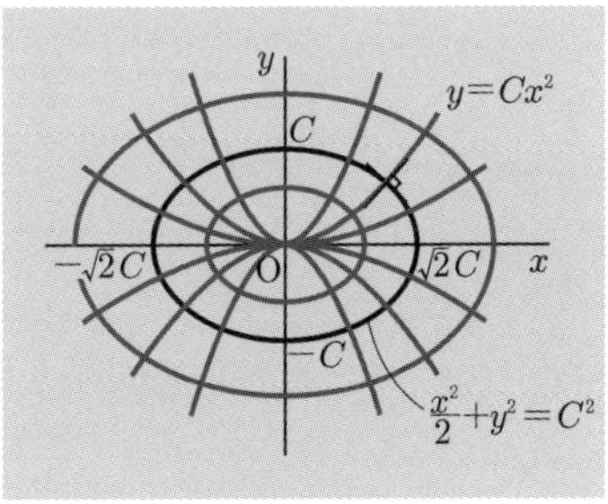

図 **A.2.3**

(2) $y^2=cx$ の両辺を x で微分すると，$2yy'=c$．これを与えられた微分方程式に代入して c を消去すると

$$y'=y/(2x).$$

ゆえに，求める直交曲線の微分方程式は

$$-\frac{1}{y'}=\frac{y}{2x}\quad\text{つまり}\quad y'=-\frac{2x}{y}.$$

これは変数分離形である．これを解いて

$$\int ydx=-\int 2xdx+C_1\quad (C_1\text{は任意定数})$$
$$\therefore\quad \frac{y^2}{2}=-x^2+C_1$$

よって求める直交曲線群は次の楕円群である（C を種々変化させて楕円群となる）．

$$2x^2+y^2=C\quad (2C_1=C\text{ とおく}).$$

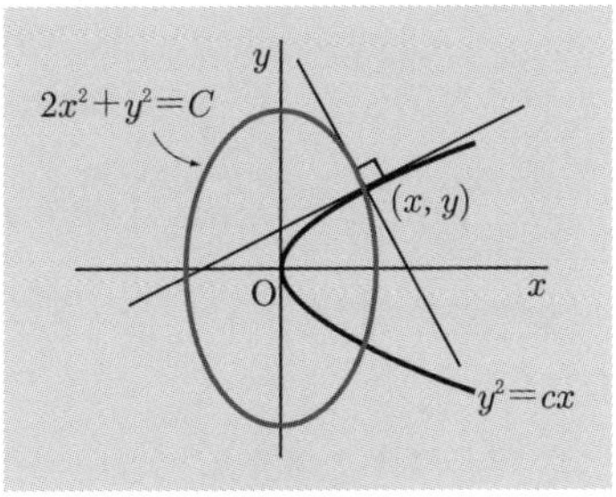

図 **A.2.4**

◆ 演習問題（第 2 章）の解答

1. (1) $\dfrac{dy}{dx}=2x(y^2+y)\cdots$① は変数分離形であるので，この両辺を $y^2+y\neq 0$ で割って $\dfrac{1}{y^2+y}\dfrac{dy}{dx}=2x$ とし，積分する．

$$\int\frac{1}{y(y+1)}dy=2\int xdx+C_1,\qquad \int\left(\frac{1}{y}-\frac{1}{y+1}\right)dy=x^2+C_1$$

$$\log\left|\frac{y}{y+1}\right| = x^2 + C_1, \quad \frac{y}{y+1} = Ce^{x^2} \quad (C = \pm e^{C_1} \text{ とおく})$$

$$\therefore \quad y = \frac{Ce^{x^2}}{1 - Ce^{x^2}} \quad (C \text{ は定数})$$

次に $y(y+1) = 0$ のとき，すなわち $y = 0$, $y = -1$ を①に代入してみると①の解であることは明らかである．いま $C = 0$ とすると，$y = 0$ となるので $y = 0$ は一般解に含まれる．$y = -1$ の場合は C にどのような値を代入しても得られないので特異解である．

(2)　与えられた微分方程式は同次形だから，両辺を x^2 で割って，整理すると，

$$\frac{dy}{dx} = \frac{-(y/x)^2}{\sqrt{1+(y/x)^2} - y/x} \quad \text{となる．いま } y = xu \text{ とおくと，} \quad \frac{du}{dx} = \frac{1}{x}\frac{-u\sqrt{1+u^2}}{\sqrt{1+u^2} - u}$$

であり，これは変数分離形である．$\dfrac{\sqrt{1+u^2} - u}{u\sqrt{1+u^2}}u' + \dfrac{1}{x} = 0$ となるから，

$$\int \frac{\sqrt{1+u^2} - u}{u\sqrt{1+u^2}}du + \int \frac{dx}{x} = C_1.$$

ここで，$\dfrac{\sqrt{1+u^2} - u}{u\sqrt{1+u^2}} = \dfrac{1}{u} - \dfrac{1}{\sqrt{1+u^2}}$ であるから，$\log|u| - \log\left(u + \sqrt{1+u^2}\right) + \log|x| = C_1$

$$\text{ゆえに} \quad \frac{xu}{u + \sqrt{u^2+1}} = C \qquad \therefore \quad xy = C\left(y + \sqrt{x^2+y^2}\right).$$

(3)　与えられた微分方程式は同次形だから，$y = xu$ の変換を行う．

$$\frac{1}{\sqrt{x^2 + x^2u^2}} + \left(\frac{1}{xu} - \frac{x}{xu\sqrt{x^2+x^2u^2}}\right)(xu' + u) = 0$$

$$\therefore \quad \left(\frac{1}{u} - \frac{1}{u\sqrt{1+u^2}}\right)\frac{du}{dx} + \frac{1}{x} = 0$$

積分して，　　　　**この積分は $u = 1/t$ とおいて計算せよ**

$$\int\left(\frac{1}{u} - \frac{1}{u\sqrt{1+u^2}}\right)du + \int\frac{dx}{x} = C_1, \quad \log|u| - \log\left|\frac{\sqrt{1+u^2} - 1}{u}\right| + \log|x| = C_1$$

対数記号を取り去って，$u = y/x$ に代入すれば，一般解は

$$y^2 = C\left(\sqrt{x^2+y^2} - x\right)$$

(4)　与えられた微分方程式はベルヌーイの微分方程式 $(n = 2)$ である．$u = y^{-1}$ とおいて書き直すと，$u' - \dfrac{1}{x}u = -\dfrac{\log x}{x}$ を得る．これは 1 階線形微分方程式である．したがって，

$$y^{-1} = u = e^{\int\frac{dx}{x}}\left(-\int\frac{\log x}{x}e^{-\int\frac{dx}{x}}dx + C\right) = x\left(-\int\frac{\log x}{x^2}dx + C\right)$$
$$= \log x + 1 + Cx$$

よって，$(\log x + 1 + Cx)y = 1$.

2.　$f(y) = u$ とおけば $du = f'(y)dy$ であるから与えられた微分方程式は $\dfrac{du}{dx} + P(x)u = Q(x)$ となり，1 階線形微分方程式に帰着される．

(1)　$y'\sec^2 y + \tan y = x \cdots$① において $\tan y = u$ とおけば $du = \sec^2 y dy$．ゆえに①は次の 1 階線形微分方程式に帰着する．

$$\frac{du}{dx}+u=x$$

$$\therefore \quad \tan y=u=e^{-\int dx}\left(\int xe^{\int dx}dx+C\right)=e^{-x}\left(\int xe^{x}dx+C\right)$$
$$=e^{-x}(xe^x-e^x+C)=x-1+Ce^{-x}$$
$$\therefore \quad y=\tan^{-1}(x-1+Ce^{-x})$$

(2) $3y^2y'+y^3=x-1\cdots$② において $y^3=u$ とおけば $du=3y^2dy$．ゆえに次の 1 階線形微分方程式に帰着される．

$$\frac{du}{dx}+u=x-1$$

$$\therefore \quad y^3=u=e^{-\int dx}\left(\int (x-1)e^{\int dx}dx+C\right)=e^{-x}\left(\int (x-1)e^{x}dx+C\right)$$
$$=e^{-x}(xe^x-2e^x+C)=x-2+Ce^{-x}$$

3. (1) $u=\tan y$ とおいて与えられた微分方程式を書き直すと，$u'+\dfrac{2x}{1+x^2}u=x$ となる．ゆえに，1 階線形微分方程式となる．したがって

$$\tan y=u=\exp\left(-\int\frac{2x}{1+x^2}dx\right)\left(\int x\exp\left(\int\frac{2x}{1+x^2}dx\right)dx+C_1\right)$$
$$=\frac{1}{1+x^2}\left(\int x(1+x^2)dx+C_1\right)=\frac{2x^2+x^4+C}{4(1+x^2)}$$

よって，$y=\tan^{-1}\dfrac{2x^2+x^4+C}{1+x^2}$ である．

(2) $u=y^2$ とおいて与えられた微分方程式を書き直せば，$u'-\dfrac{1}{x^2}u=e^{x-(1/x)}$ となる．ゆえに，1 階線形微分方程式となる．よって

$$y^2=u=e^{\int(1/x^2)dx}\left(\int e^{x-(1/x)}e^{-\int(1/x^2)dx}dx+C\right)=e^{-1/x}\left(\int e^{x}dx+C\right)=e^{x-(1/x)}+Ce^{-1/x}$$

(3) $x+y=u$ とおくと与えられた微分方程式は $(xu+1)(u'-1)=yu+1$ となる．これを u を独立変数とみて書き直せば，$\dfrac{dx}{du}-\dfrac{u}{u^2+2}x=\dfrac{1}{u^2+2}$ を得る．ゆえに，1 階線形微分方程式である．よって

$$x=\exp\left(\int\frac{u}{u^2+2}du\right)\left(\int\frac{1}{u^2+2}\exp\left(-\int\frac{u}{u^2+2}du\right)du+C_1\right)$$
$$=(u^2+2)^{1/2}\left(\int\frac{du}{(u^2+2)^{3/2}}+C_1\right)=\sqrt{u^2+2}\left(\frac{u}{2\sqrt{u^2+2}}+C_1\right)$$
$$=u/2+C_1\sqrt{u^2+2}$$

↑ **この積分は $u=\sqrt{2}\tan\theta$ とおいて計算せよ**

これを x,y の式に直して任意定数を整理すれば，$(x-y)^2=C\big((x+y)^2+2\big)$．

4. (1) $P=x^3-2xy-y,\ Q=y^3-x^2-x$ とおく．$\dfrac{\partial P}{\partial y}=-2x-1,\ \dfrac{\partial Q}{\partial x}=-2x-1$ より，$\dfrac{\partial P}{\partial y}=\dfrac{\partial Q}{\partial x}$．ゆえに与えられた微分方程式は完全微分方程式である．p.16 の**解法 2.10**③ により

$$\int_0^x (x^3-2xy-y^2)dx+\int_0^y y^3dy=\frac{x^4}{4}-x^2y-xy^2+\frac{y^4}{4}$$

よって，一般解は　　　　　$x^4-4x^2y-4xy^2+y^4=C$

(2)　$P=2x-y+1,\ Q=2y-x-1$ とおく．$\dfrac{\partial P}{\partial y}=-1,\ \dfrac{\partial Q}{\partial x}=-1$ より $\dfrac{\partial P}{\partial y}=\dfrac{\partial Q}{\partial x}$．ゆえに与えられた微分方程式は完全微分方程式である．p.16 の**解法 2.10** ③により

$$\int_0^x (2x-y+1)dx+\int_0^y (2y-1)dy=x^2-xy+x+y^2-y$$

よって，一般解は　　　　　$x^2-xy+y^2+x-y=C$

(3)　$P=y,\ Q=-x-y^2$ とおく．

$\dfrac{\partial P}{\partial y}=1,\ \dfrac{\partial Q}{\partial x}=-1$ より $\dfrac{\partial P}{\partial y}\neq\dfrac{\partial Q}{\partial x}$ から与えられた微分方程式は完全微分方程式でない．p.16 の定理 2.3 により $\dfrac{1}{P}\left(\dfrac{\partial P}{\partial y}-\dfrac{\partial Q}{\partial x}\right)=\dfrac{2}{y}$ と y だけの関数となるので，与えられた微分方程式の積分因子は $\mu(y)=e^{-\int(2/y)dy}=e^{-2\log|y|}=\dfrac{1}{y^2}$ となる．ゆえに与えられた微分方程式の両辺に $\mu(y)=1/y^2$ をかけると，

$$\frac{1}{y}dx-\left(\frac{x}{y^2}+1\right)dy=0$$

は完全微分方程式となる．$y\neq 0$ より基点 $(x_0,y_0)=(0,1)$ とおくと，

$$\int_0^x \frac{1}{y}dx-\int_1^y 1dy=C_1,\quad \left[\frac{x}{y}\right]_0^x-\left[y\right]_1^y=C_1\qquad \therefore\quad \frac{x}{y}-(y-1)=C_1$$

いま，$C_1-1=C$ とおくと，求める一般解は $x=Cy+y^2$ となる．

5．y^2 の項があるので，リッカチの微分方程式である．p.19 の**解法 2.11** を用いる．題意より $y=\sec x$ が 1 つの特殊解であるから，$y=\sec x+u$ とおいて与えられた微分方程式を書き直すと，$u'+2u\tan x+u^2\sin x=0$ を得る．これは $n=2$ のベルヌーイの微分方程式であるから，さらに，$v=u^{-1}$ とおいてこの微分方程式を書き直せば，$v'-2v\tan x+\sin x=0$ を得る．これは 1 階線形微分方程式となる．ゆえに，

$$\frac{1}{y-\sec x}=v=e^{2\int\tan x dx}\left(-\int\sin x\cdot e^{-2\int\tan x dx}dx+C_1\right)$$

$$=\frac{1}{\cos^2 x}\left(-\int\sin x\cos^2 x dx+C_1\right)$$

$$\left(\text{ここで}-\int\sin x\cos^2 x dx=\int t^2dt=\frac{t^3}{2}=\frac{\cos^3 x}{3}\right)$$

$\cos x=t$ とおく

$$=\frac{1}{\cos^2 x}\left(\frac{1}{3}\cos^3 x+C_1\right)=\frac{1}{3}\cos x+\frac{C_1}{\cos^2 x}$$

よって，　　　$y=\sec x+\dfrac{3\cos^2 x}{\cos^3 x+C}$

6．与式を $p=y'$ についての 2 次方程式とみて，解の公式を用いると，

$$p=-y\cot x\pm\sqrt{y^2\cot^2 x+y^2}=-y\cot x\pm y\,\mathrm{cosec}\,x$$

ゆえに，$p+(\cot x-\mathrm{cosec}\,x)y=0$ または，$p+(\cot x+\mathrm{cosec}\,x)y=0$ となる．前者から，両辺を y で割って，

$$\frac{p}{y}+(\cot x-\mathrm{cosec}\,x)=0 \quad \text{よって} \quad \int\frac{dy}{y}+\int\cot x dx-\int\mathrm{cosec}\,x dx=C_1$$

ゆえに，$\log|y|+\log|\sin x|-\log\left|\tan\frac{x}{2}\right|=C_1$，$y\sin x=C\tan\frac{x}{2}$ を得る．

後者から，両辺を y で割って，

$$\frac{p}{y}+\cot x+\mathrm{cosec}\,x=0 \quad \text{よって} \quad \int\frac{dy}{y}+\int\cot x dx+\int\mathrm{cosec}\,x dx=C_1$$

ゆえに，$\log|y|+\log|\sin x|+\log\left|\tan\frac{x}{2}\right|=C_1$，$y\sin x\tan\frac{x}{2}=C$ を得る．したがって，

一般解は $\quad \left(y\sin x\tan\frac{x}{2}-C\right)\left(y\sin x-C\tan\frac{x}{2}\right)=0.$

7. (1) 与えられた微分方程式を $2x=\frac{y}{p}-y^2p^2$ と変形して，両辺を y で微分すると

$$\frac{2}{p}=\frac{1}{p}-\frac{y}{p^2}\frac{dp}{dy}-\left(2yp^2+2y^2p\frac{dp}{dy}\right) \quad \text{よって} \quad \left(\frac{1}{p^2}+2yp\right)\left(p+y\frac{dp}{dy}\right)=0$$

$$\therefore \quad p+y\frac{dp}{dy}=0 \quad \text{または} \quad \frac{1}{p^2}+2yp=0$$

まず $p+y\frac{dp}{dy}=0$ は変数分離形である．よって，$\int\frac{dy}{y}+\int\frac{dp}{p}=\log C \quad \therefore \quad yp=C.$

これを与えられた微分方程式に代入して整理すれば，$y^2=2Cx+C^3$ を得る．

次に $1/p^2+2yp=0$ ···① と与えられた微分方程式 $y=2xp+y^2p^3$ ···② から p を消去する．

① から $p^3=-\frac{1}{2y}$，よって $\quad p=\sqrt[3]{-\frac{1}{2y}}$ ···③

③ を ② に代入すると，$y^2\left(-\frac{1}{2y}\right)+2x\sqrt[3]{-\frac{1}{2y}}-y=0 \quad \therefore \quad \frac{3}{2}y=2x\sqrt[3]{-\frac{1}{2y}}$ これを整理すれば，$27y^4+32x^3=0$（特異解）を得る．

(2) 与式の両辺を y で微分すると，$\frac{1}{p}=(2+\cos p)\frac{dp}{dy}$ となる．よって $\frac{dy}{dp}=p(2+\cos p)$ となり，直接積分形である．

$$y=\int p(2+\cos p)dp+C=p^2+p\sin p+\cos p+C$$

したがって，一般解は $\begin{cases} x=2p+\sin p \\ y=p^2+p\sin p+\cos p+C \end{cases}$ （p は媒介変数）

(3) クレローの微分方程式である．p.22 の**解法 2.16** を用いる．一般解は $y=Cx+2C^2-C$. $x+4p-1=0$ と与えられた微分方程式から p を消去すれば，特異解 $8y=-(x-1)^2$ を得る．

(4) クレローの微分方程式である．p.22 の**解法 2.16** を用いる．一般解は $y=Cx-\sin C$. $x-\cos p=0$ と与えられた微分方程式から p を消去すれば，特異解 $y=x\cos^{-1}x-\sin(\cos^{-1}x)=x\cos^{-1}x-\sqrt{1-x^2}$ を得る（$\because$ $\sin^2(\cos^{-1}x)+\cos^2(\cos^{-1}x)=1$, $\sin^2(\cos^{-1}x)=1-x^2$, $\sin(\cos^{-1}x)=\sqrt{1-x^2}$）.

(5) 両辺の対数をとると，クレローの微分方程式 $y - xp = \log p^2$ を得る．よって，p.22 の**解法 2.16** を用いると，一般解は $y = Cx + \log C^2$，すなわち $e^{y-Cx} = C^2$ である．$x + 2/p = 0$ と与えられた微分方程式から p 消去すると，特異解 $x^2 e^{y+2} = 4$ を得る．

(6) ラグランジュの微分方程式である．p.22 の**解法 2.17** を用いる．両辺を x で微分すると，$-p = 2(x-p)\dfrac{dp}{dx}$ を得る．$p \fallingdotseq 0$ のとき，p を独立変数とみて，$\dfrac{dx}{dp} + \dfrac{2}{p}x = 2$ となるから，1 階線形微分方程式である．よって，

$$x = e^{-\int (2/p)dp}\left\{\int 2e^{\int (2/p)dp}dp + C\right\} = \frac{2}{3}p + \frac{C}{p^2},\quad 3xp^2 = 2p^3 + 3C \qquad \cdots ①$$

与えられた微分方程式を変形した $p^2 = 2xp - y$ を ① に代入して p^3 を p^2 に下げもう 1 度代入して，$p = \dfrac{xy + C}{2(x^2 - y)}$ を得る．これを与えられた微分方程式に代入して，
$4(x^2 - y)^2 y = (xy + C)(4x^3 - 5xy - C)$ と一般解を得る．

$p = 0$ のときは，特異解 $y = 0$ を得る．

8. $y^2 = u$ とおくと，$2yp = u'$，$p = \dfrac{u'}{2y}$ となる．したがって，与えられた微分方程式は
$y = 2x\dfrac{u'}{2y} - 2y\left(\dfrac{u'}{2y}\right)^2$．$y^2 = xu' - \dfrac{1}{2}(u')^2$．ここで $y^2 = u$ であり，$u' = v$ とおくと，
$u = xv - v^2/2\,(v = u')$．これはクレローの微分方程式だから，一般解は $y^2 = u = Cx - C^2/2$．
$x - v = 0$ と $u = xv - v^2/2$ から v を消去すれば特異解 $2y^2 = x^2$ を得る．

9. (1) $y' - 2y = 1 \cdots ①$ の解を $y = A$ と予想して ① に代入すると，$-2A = 1$ より $A = -1/2$．ゆえに $y_1 = -1/2$ は ① の 1 つの解である．p.12 の**解法 2.8** により，一般解は

$$y = -\frac{1}{2} + Ce^{-\int (-1/2)dx} = -\frac{1}{2} + Ce^{2x}$$

(2) $y' + \dfrac{2}{x}y = 8x \cdots ①$ の解を $y = Ax^2$ と予想して ① に代入すると，

$$2Ax + \frac{2}{x}Ax^2 = 8x,\quad 4A = 8 \qquad \therefore\quad A = 2$$

ゆえに $y_1 = 2x^2$ は 1 つの解である．p.12 の**解法 2.8** により，一般解は

$$y = 2x^2 + Ce^{-\int (2/x)dx} = 2x^2 + \frac{C}{x^2}$$

(3) $(1 + x^2)y' - xy = 1 \cdots ①$ の解を $y = Ax + B$ と予想して ① に代入する．
$(1 + x^2)A - x(Ax + B) = 1$ となるように A, B を定める．$A + Ax^2 - Ax^2 - Bx = 1$ より $A = 1, B = 0$ となる．
ゆえに $y_1 = x$ が 1 つの特殊解である．① を書き直して，$y' - \dfrac{x}{1+x^2}$，$y = \dfrac{1}{1+x^2}$ より p.12 の**解法 2.8** を用いて，一般解は

$$y = x + Ce^{\frac{1}{2}\int \frac{2x}{1+x^2}dx} = x + C\sqrt{1 + x^2}$$

10. 曲線群の方程式 $y(x-1) = C \cdots ①$ の両辺を x で微分すると $y'(x-1) + y = 0$ となる．① の曲線群と $\pi/4$ で交わるのだから，y' の代わりに $\dfrac{y' - \tan(\pi/4)}{1 + y'\tan(\pi/4)} = \dfrac{y' - 1}{y' + 1}$ で置き換えると，$\dfrac{y'-1}{y'+1}(x-1) + y = 0$，整理して $\dfrac{dy}{dx} = \dfrac{x - y - 1}{x + y - 1} \cdots ②$ が得られる．この微分方程式を

p.7 の**解法 2.5**（$aq - bp \fallingdotseq 0$ の場合）に従って解く．$\begin{cases} x-y-1=0 \\ x+y-1=0 \end{cases}$ の解は $\alpha = 1$, $\beta = 0$. よって $\begin{cases} u = x-1 \\ v = y \end{cases}$ $\cdots$③とおく．これを②に代入して，$\dfrac{dv}{du} = \dfrac{u-v}{u+v}$. これは同次形である．よって，$\dfrac{v}{u} = t$ $\cdots$④とおくと $\dfrac{dt}{du} = \left(\dfrac{1-t}{1+t} - t\right)\Big/ u$ となり，変数分離形となる．これを解いて，$\sqrt{t^2+2t-1} = \dfrac{C}{u}$. ④により $v^2 + 2uv - u^2 = C$. さらに③により $(x-1)^2 - 2(x-1)y - y^2 = C \cdots$④となる．この④が求める①の $\pi/4$-等交曲線である．

11. $x^2 - y^2 = C$（C は正の定数）$\cdots$①の直交曲線群を求める．この曲線群①は，$y = \pm x$ を漸近線とした双曲線である．まずこの曲線群を特徴づける微分方程式を求める．

①の両辺を x で微分すると

$$2x - 2y\frac{dy}{dx} = 0 \quad \text{すなわち} \quad \frac{dy}{dx} = \frac{x}{y} \qquad \cdots②$$

となる．ここに p.28 の注意 2.2 を適用する．すなわち，$\dfrac{dy}{dx}$ の代わりに $-\dfrac{1}{y'}$ を代入すると，微分方程式

$$\frac{dy}{dx} = -\frac{y}{x} \qquad \cdots③$$

を得る．これが求める直交曲線群の微分方程式である．これは変数分離形である．これを解いて

$$\int \frac{1}{y}dy + \int \frac{1}{x}dx = \log C, \quad \log|y| + \log|x| = \log C \qquad \therefore \quad xy = C$$

すなわち，x, y 軸を漸近線とする双曲線が，①の直交曲線群である．

3 章の解答

1.1 (1)〜(5) は $y^{(n)}$ と x だけを含む微分方程式である．p.32 の**解法 3.1** を用いる．

(1) 積分を 2 回繰り返して，

$$y' = \int ax\,dx + C_1 = \frac{a}{2}x^2 + C_1, \quad y = \int \left(\frac{a}{2}x^2 + C_1\right)dx + C_2 = \frac{a}{6}x^3 + C_1x + C_2$$

(2) 与えられた微分方程式を $y'' = e^x - e^{-x}$ と書き直して，積分を繰り返せば，

$$y' = \int (e^x - e^{-x})dx + C_1 = e^x + e^{-x} + C_1,$$

$$y = \int (e^x + e^{-x} + C_1)dx + C_2 = e^x - e^{-x} + C_1x + C_2$$

(3) $y''' = 1/x$ と書き直して，積分を 3 回繰り返せば，

$$y'' = \int \frac{dx}{x} + C_1' = \log|x| + C_1',$$

$$y' = \int (\log|x| + C_1')dx + C_2 = x\log|x| - x + C_1'x + C_2,$$

$$y = \int \left(x\log|x| + (C_1' - 1)x + C_2\right)dx + C_3 = \frac{x^2}{2}\left(\log|x| - \frac{1}{2}\right) + \frac{C_1' - 1}{2}x^2 + C_2x + C_3$$

任意定数を整理して，$y = x^2\log|x|/2 + C_1x^2 + C_2x + C_3$.

(4) $y'' = \int xe^x dx + C_1' = (x-1)e^x + C_1',$

$$y' = \int \big((x-1)e^x + C_1'\big)dx + C_2 = (x-2)e^x + C_1'x + C_2,$$

$$y = \int \big((x-2)e^x + C_1'x + C_2\big)dx + C_3 = (x-3)e^x + C_1x^2 + C_2x + C_3$$

(5) $y'' = \int x^2e^x dx + C_1' = (x^2-2x+2)e^x + C_1',$

$$y' = \int \big((x^2-2x+2)e^x + C_1'\big)dx + C_2 = (x^2-4x+6)e^x + C_1'x + C_2,$$

$$y = \int \big((x^2-4x+6)e^x + C_1'x + C_2\big)dx + C_3 = (x^2-6x+12)e^x + C_1x^2 + C_2x + C_3$$

1.2 (1) y'' と y だけを含む微分方程式である．p.32 の**解法 3.2** を用いる．両辺に $2y'$ をかけると $2y'y'' = 4yy'$．これを積分して，$(y')^2 = 2y^2 + 2C_1'$, $y' = \pm\sqrt{2y^2 + 2C_1'}$.

これは変数分離形であるから $\pm\int \dfrac{dy}{\sqrt{2y^2+2C_1'}} = x + C_2'$, $\pm\log\left|y + \sqrt{y^2+C_1'}\right| = \sqrt{2}(x+C_2')$ を得る．ゆえに，$y + \sqrt{y^2+C_1'} = Ce^{\sqrt{2}x}$ $(C = e^{\sqrt{2}C_2'})$．これを y について解いて任意定数を整理すれば，$y = C_1e^{\sqrt{2}x} + C_2e^{-\sqrt{2}x}$ $(C_1 = C/2,\ C_2 = -C_1'/2C)$.

(2) y'' と y' だけを含む微分方程式である．p.33 の**解法 3.3** を用いる．$y' = p$ とおけば，与えられた微分方程式は $p' = p^2$ となる．これは変数分離形だから．$p \neq 0$ のとき

$$\int \frac{dp}{p^2} = x + C_1 \quad \text{よって} \quad -\frac{1}{p} = x + C_1, \quad y' = \frac{-1}{x + C_1}.$$

両辺を積分して，一般解 $y = -\log|x + C_1| + C_2$ を得る．$p = 0$ のときは $y' = 0$ より特異解 $y = C$ を得る．

(3) y'' と y' だけを含む微分方程式である．p.33 の**解法 3.3** を用いる．$y' = p$ とおくと，与えられた微分方程式は $p' = \sqrt{1+p^2}$ となる．これは変数分離形だから，

$$\int \frac{dp}{\sqrt{1+p^2}} = x + C_1 \quad \text{よって} \quad \log\big(p + \sqrt{1+p^2}\big) = x + C_1$$

これを p について解けば，$y' = p = \big(e^{x+C_1} - e^{-(x+C_1)}\big)/2 = \sinh(x + C_1)$ となる．再び x で積分して，$y = \cosh(x + C_1) + C_2$.

(4) y'' と y だけを含む微分方程式である．p.32 の**解法 3.2** を用いる．両辺に $2y'$ をかけて積分すると $(y')^2 = 4\sqrt{y} + 4C_1$ を得る．これは変数分離形である．したがって，

$$y' = \pm 2\big(\sqrt{y} + C_1\big)^{1/2} \quad \text{よって} \quad \int \frac{dy}{\big(\sqrt{y} + C_1\big)^{1/2}} = \pm 2(x + C_2)$$

左辺の積分を計算して，$4\big(\sqrt{y} + C_1\big)^{1/2}\big(\sqrt{y} - 2C_1\big)/3 = \pm 2(x + C_2)$．これを整理すれば，

$$\big(\sqrt{y} + C_1\big)\big(\sqrt{y} - 2C_1\big)^2 = 9(x + C_2)^2/4$$

2.1 (1)〜(3) は p.33 の ⑥ の形であるから，p.33 の**解法 3.3** を用いる．

(1)　$y' = p$ とおくと与えられた微分方程式は $p' - p = 0$ と変数分離形になる．ゆえに，

$$y' = p = C_1 e^x, \quad y = C_1 e^x + C_2$$

(2)　$y'' = p$ とおくと，与えられた微分方程式は $p'p = 1$ と変数分離形になる．ゆえに，

$$\int p dp = \int dx + C_1', \quad p^2/2 = x + C_1' \quad よって \quad p = \pm\sqrt{2}(x + C_1')^{1/2}$$

これは p.32 の ① の形であるから，**解法 3.1** より

$$y' = \pm\sqrt{2}\int (x + C_1')^{1/2} dx + C_2 = \pm\frac{2\sqrt{2}}{3}(x + C_1)^{3/2} + C_2,$$

$$\therefore \quad y = \pm\frac{2\sqrt{2}}{3}\int (x + C_1')^{3/2} dx + C_2 x + C_3 = \pm\frac{1}{15}(2x + C_1)^{5/2} + C_2 x + C_3$$

(3)　$y' = p$ とおくと，与えられた微分方程式は $p' = p^2 + 1$ と変数分離形になる．ゆえに，

$$\int \frac{dp}{p^2 + 1} = x + C_1 \quad よって \quad \tan^{-1} p = x + C_1, \quad y' = p = \tan(x + C_1)$$

$$\therefore \quad y = \int \tan(x + C_1) dx + C_2 = \log|\sec(x + C_1)| + C_2$$

3.1　(1)〜(4) は p.33 の ⑩（y を含まない微分方程式）である．**解法 3.5** を用いる．

(1)　$y' = p$ とおくと，与えられた微分方程式は $p' - \dfrac{2}{x}p = 1$ と 1 階線形微分方程式になるから，

$$y' = p = e^{\int 2/x dx}\left(\int e^{-\int 2/x dx} dx + C\right) = x^2\left(-\frac{1}{x} + C\right) = -x + Cx^2$$

$$\therefore \quad y = \int (Cx^2 - x) dx + C_2 = C_1 x^3 - \frac{1}{2}x^2 + C_2$$

(2)　$y' = p$ とおくと，与えられた微分方程式は $\dfrac{1}{1 + p^2}p' + \dfrac{1}{1 + x^2} = 0$ と変数分離形になるから，

$$\int \frac{dp}{1 + p^2} + \int \frac{dx}{1 + x^2} = C' \quad よって \quad \tan^{-1} p + \tan^{-1} x = C'$$

ゆえに，この両辺のタンジェントを考えると，

$$\tan(\tan^{-1} p + \tan^{-1} x) = C_1\ (= \tan C'), \quad \frac{p + x}{1 - px} = C_1, \quad p = \frac{C_1 - x}{1 + C_1 x}$$

$$\therefore \quad y = \int \frac{C_1 - x}{1 + C_1 x} dx + C_2 = \frac{C_1^2 + 1}{C_1^2}\log(C_1 x + 1) - \frac{x}{C_1} + C_2$$

(3)　$y' = p$ とおくと，与えられた微分方程式は $p' + \dfrac{x}{x + 2}p = \dfrac{12x^2}{x + 2}$ と 1 階線形微分方程式になるから，

$$\therefore \quad y' = p = e^{-\int 2/(x+2) dx}\left(\int \frac{12x^2}{x + 2}e^{\int 2/(x+2) dx} dx + C'\right) = \frac{1}{(x + 2)^2}(3x^4 + 8x^3 + C')$$

$$= 3x^2 - 4x + 4 + \frac{C_1}{(x + 2)^2}$$

$$\therefore \quad y = \int \left(3x^2 - 4x + 4 + \frac{C_1}{(x + 2)^2}\right) dx + C_2 = x^3 - 2x^2 + 4x - \frac{C_1}{x + 2} + C_2$$

(4) $y'=p$ とおけば，与えられた微分方程式は $\dfrac{1}{p(p-1)}p'=\dfrac{1}{x}$ と変数分離形になるから，

$$\int\frac{dp}{p(p-1)}=\int\frac{dx}{x}+C \quad \text{よって} \quad \log\left|\frac{p-1}{p}\right|=\log|x|+C, \quad \frac{p-1}{p}=C_1x$$

これを p について解けば，$y'=p=\dfrac{1}{1-C_1x}$ となるから，

$$y=\int\frac{dx}{1-C_1x}+C_2=-\frac{1}{C_1}\log|C_1x-1|+C_2$$

4.1 (1)〜(4) はいずれも $F(y,y',y'')=0$ （x を含まない微分方程式）p.33 の ⑪ の場合である．p.33 の**解法 3.6** を用いる．つまり，いずれも $y'=p,\ y''=p\dfrac{dp}{dy}$ の変換をする．

(1) 与えられた微分方程式は $y^2p\dfrac{dp}{dy}=p^3$ となるから，$p=0$ または $\dfrac{1}{p^2}\dfrac{dp}{dy}=\dfrac{1}{y^2}\ (p\neq 0)$ となる．

$p=0$ のときは $y=C$ である．$p\neq 0$ のときは変数分離形であるから，

$$\int\frac{dp}{p^2}=\int\frac{dy}{y^2}+C' \quad \text{よって} \quad \frac{1}{p}=\frac{1}{y}+C_1, \quad \frac{C_1y+1}{y}p=1 \text{ これは変数分離形である．}$$

$$\therefore \quad \int\frac{C_1y+1}{y}dy=x+C_2 \quad \text{したがって} \quad C_1y+\log|y|=x+C_2$$

2 つの場合を合わせれば $(y-C)(C_1y+\log|y|-x-C_2)=0$ を得る．

(2) 与えられた微分方程式は $p\dfrac{dp}{dy}+2yp=0$ となる．$p=0$ のときは $y=C$ であるから，$p\neq 0$ とする．このとき，$p'+2y=0$ これは変数分離形であるので

$$\int dp+2\int ydy=C, \quad p+y^2=C \quad (p=y')$$

$C>0$ のとき：$C=C_1^2$ とおくと $y'+y^2=C$ と変数分離形となる．ゆえに，

$$\int\frac{dy}{C_1^2-y^2}=x+C', \quad \frac{1}{2C_1}\log\left|\frac{C_1+y}{C_1-y}\right|=x+C' \qquad \therefore \quad \frac{C_1+y}{C_1-y}=C_2e^{2C_1x}$$

y について整頓すれば，$y=C_1\dfrac{C_2\exp(2C_1x)-1}{C_2\exp(2C_1x)+1}$ となる．

$C<0$ のとき：$C=-C_1^2$ とおくと，$y'+y^2+C_1^2=0$ と変数分離形になるから，

$$\int\frac{dy}{y^2+C_1^2}+\int dx=C', \quad \frac{1}{C_1}\tan^{-1}\frac{y}{C_1}+x=C' \qquad \therefore \quad y=C_1\tan(C_2-C_1x)$$

$C=0$ のとき：$y'+y^2=0$ と変数分離形になるから $x-1/y=C_1$ となる．

(3) 与えられた微分方程式は $yp\dfrac{dp}{dy}+p^2+1=0$，となり変数分離形である．したがって

$\dfrac{p}{p^2+1}\dfrac{dp}{dy}+\dfrac{1}{y}=0$ となるから，

$$\int\frac{p}{p^2+1}dp+\int\frac{dy}{y}=C, \quad \frac{1}{2}\log(p^2+1)+\log|y|=C \qquad \therefore \quad y^2(p^2+1)=C_1^2$$

ゆえに，$y' = p = \pm\dfrac{\sqrt{C_1^2 - y^2}}{y}$ と変数分離形である．よって $\pm\displaystyle\int \frac{y}{\sqrt{C_1^2 - y^2}}dy = x + C_2$．左辺を計算して，

$$\pm\sqrt{C_1^2 - y^2} = x + C_2 \quad よって \quad (x + C_2)^2 + y^2 = C_1^2$$

(4) 与えられた微分方程式は $(1+y)p\dfrac{dp}{dy} + p^2 = 0$ となる．$p \neq 0$ とすると $\dfrac{1}{p}\dfrac{dp}{dy} + \dfrac{1}{y+1} = 0$ と変数分離形であるから，$\displaystyle\int \frac{dp}{p} + \int \frac{dy}{y+1} = C$，$\log|p(y+1)| = C$．よって，$y'(y+1) = C_1'$ である．両辺を積分すれば，$(y+1)^2 = C_1x + C_2$ を得る．$p = 0$ のときは $y = C$ となるが，これは前の一般解に含まれている．

3

4.2 (1) $y' = p$ とおくと $y'' = p', y''' = p''$ で，与えられた微分方程式は $pp'' + (p')^2 = 0$ となり，これは $F(p, p', p'') = 0$ となるので p.33 の ⑪ の形である．p.33 の**解法 3.6** により，$p' = q$，$p'' = q\dfrac{dq}{dp}$ とおくと，上の微分方程式は，$pq\dfrac{dq}{dp} + q^2 = 0$ となる．$q \neq 0$ のときは $p\dfrac{dq}{dp} + q = 0$ で変数分離形，よって，

$$\frac{1}{q}\frac{dq}{dp} = -\frac{1}{p} \qquad \therefore \quad \int \frac{1}{q}dq = -\int \frac{1}{p}dp + \log C$$

$$\log q + \log p = \log C \qquad \therefore \quad qp = C$$

ここで $q = p'$ より $pp' = C$ を得る．再び積分すれば，$p^2 = C_1x + C_2$ となる．ゆえに，

$$y' = p = \pm\sqrt{C_1x + C_2} \quad したがって \quad y = \pm 2(C_1x + C_2)^{3/2}/3C_1 + C_3$$

$q = 0$ のときは $y' = p = C_1$，よって $y = C_1x + C_2$．

(2) $y' = p$ とおくと，与えられた微分方程式は $pp'' = (p')^2$ となる．これは $F(p, p', p'') = 0$ となり，p.33 の ⑪ の形であるから，p.33 の**解法 3.6** により $p' = q$，$p'' = q\dfrac{dq}{dp}$ とおくと，$pq\dfrac{dq}{dp} = q^2$ となる．$q \neq 0$ のときは，$p\dfrac{dq}{dp} = q$ となり，変数分離形である．よって $\displaystyle\int \frac{1}{q}dq = \int \frac{1}{p}dp + \log C_1$ $\therefore$ $\dfrac{q}{p} = C_1$，$q = p'$ であるから，$\dfrac{1}{p}p' = C_1$ より $\displaystyle\int \frac{1}{p}dp = \int C_1 dx + C_2$．よって，$\log|p| = C_1x + C$．したがって，$y' = p = C_2'e^{C_1x}$．積分して任意定数を整理すれば，

$$y = C_2e^{C_1x} + C_3.$$

$q = 0$ のときは $y' = p = C_1$，よって $y = C_1x + C_2$．

5.1 いずれも y について同次であるから，$y = e^z$ とおく．このとき，$y' = e^z z', y'' = e^z\left(z'' + (z')^2\right)$ である．

(1) 与えられた微分方程式は $z'' = 2$ となるから，2 回積分を繰り返して，

$$z = x^2 + C_1x + C_2 \quad よって \quad y = \exp(x^2 + C_1x + C_2)$$

(2) 与えられた微分方程式は $z'' - 6x = 0$ となるから，2 回積分を繰り返して，

$$z = x^3 + C_1x + C_2 \quad よって \quad y = \exp(x^3 + C_1x + C_2)$$

(3) 与えられた微分方程式は $z'' - (3/x)z' = -2z'^2$ となる．さらに $z' = u$ とおけば，$u' - (3/x)u = -2u^2$ となり，これはベルヌーイ型である．$u = v^{-1}$ とおくと

$$v' + \frac{3}{x}v = 2 \quad \text{これは線形微分方程式である．したがって}$$

$$\frac{1}{u} = v = e^{-\int 3/x dx}\left(2\int e^{\int 3/x dx}dx + C\right) = \frac{x^4 + 2C}{2x^3}$$

よって，$z' = u = \dfrac{2x^3}{x^4 + 2C}$，$z = \dfrac{1}{2}\log(x^4 + 2C) + C'$．ゆえに，$y = C_2(x^4 + C_1)^{1/2}$．

6.1 (1) p.38 の③からわかるとおり「y は x について 0 次」,「y' は x について -1 次」,「y'' は x について -2 次」と思ってよい．そう考えるとこの微分方程式は両辺の各項がそれぞれ「x について -1 次」だと思うことができて,「x について同次」であると見当が付く．たしかに定義により x に ρx，y' に $\dfrac{y'}{\rho}$，y'' に $\dfrac{y''}{\rho^2}$ を代入すると，$\dfrac{1}{\rho}\big(xyy'' - y'(xy' - y)\big) = 0$ となり x について -1 次であることがわかる．そこで p.38 の**解法 3.8** により $x = e^t$ とおく．このとき $y' = e^{-t}\dfrac{dy}{dt}$, $y'' = e^{-2t}\left(\dfrac{d^2y}{dt^2} - \dfrac{dy}{dt}\right)$ となるからこの微分方程式は $y\dfrac{d^2y}{dt^2} = \left(\dfrac{dy}{dt}\right)^2$ と書き直せる．これは t を含まない形（p.33 の⑪）だから $\dfrac{dy}{dt} = p$ とおく．すると $\dfrac{d^2y}{dt^2} = p\dfrac{dp}{dy}$ となってこの微分方程式はさらに $yp\dfrac{dp}{dy} = p^2$ となる．$p \fallingdotseq 0$ のときは $y\dfrac{dp}{dy} = p$ となって変数分離形だから $\dfrac{dy}{dt} = p = C_1 y$，よってさらに積分して $y = C_2 e^{C_1 t} = C_2 x^{C_1}$ と一般解を得る．$p = 0$ の場合は $y = C$ となって，一般解の $C_1 = 0$ の場合に含まれる．

(2) 与式は x について同次であるので p.38 の**解法 3.8** により $x = e^t$ とおくとこの微分方程式は $\dfrac{d^2y}{dt^2} - 2\dfrac{dy}{dt} = 1$ と書き直せる．これは y を含まない形（⇨ p.33 の⑩）だから p.33 の**解法 3.5** により階数を下げることができて $y = C_1 + C_2 e^{2t} - \dfrac{t}{2} = C_1 + C_2 x^2 - \dfrac{1}{2}\log x$ と解を得る．

(3) 与式は x について同次であるので，p.38 の**解法 3.8** により $x = e^t$ とおくと，この微分方程式は $\dfrac{d^2y}{dt^2} + y = 0$ と書き直せる．これは t を含まない形（p.33 の⑪の x を含まない形）だから p.33 の**解法 3.6** により $\dfrac{dy}{dt} = p$ とおく．すると $p\dfrac{dp}{dy} + y = 0$ となって変数分離形だから解くことができて，$\dfrac{dy}{dt} = p = \pm\sqrt{C_1^2 - y^2}$，さらにこれは変数分離形だから $\sin^{-1}\dfrac{y}{C_1} = t + C_2'$ と解ける．したがって $y = C_1\sin(t + C_2') = C_1\sin(\log x + C_2')$ と求める解を得る．

7.1 (1) y, y', y'' の係数を p_2, p_1, p_0 とすると $p_0 = x(1 - x^2)$, $p_1 = -2x^2$, $p_2 = 2x$ である．p.41 の定理 3.1 より，$p_2 - p_1' + p_0'' = 0$ となるので，与式は完全微分方程式である．よって，

$$q_0 = p_0 = x(1 - x^2), \quad q_1 = p_1 - p_0' = x^2 - 1$$

で第 1 積分は $x(1 - x^2)y' - (1 - x^2)y = C_1$ すなわち $y' - \dfrac{1}{x}y = \dfrac{C_1}{x(1 - x^2)}$．これは 1 階線形微分方程式である．

$$\therefore\quad y = e^{\int 1/x dx}\left(\int \frac{C_1}{x(1-x^2)}e^{-\int 1/x dx}dx + C_2\right)$$

$$= x\left(\int \frac{-C_1}{x^2(x^2-1)}dx + C_2\right) = x\left(C_1\int\left\{\frac{1}{x^2} - \frac{1}{2}\frac{1}{x-1} + \frac{1}{2}\frac{1}{x+1}\right\}dx + C_2\right)$$

（$\dfrac{-1}{x^2(x^2-1)} = \dfrac{Ax+B}{x^2} + \dfrac{C}{x-1} + \dfrac{D}{x+1}$ とおいて部分分数に分解すると，$A=0,\ B=1,\ C=-\dfrac{1}{2},\ D=\dfrac{1}{2}$ となる．）

$$= x\left\{C_1\left(-\frac{1}{x} - \frac{1}{2}\log\left|\frac{x-1}{x+1}\right|\right) + C_2\right\} = -C_1 - \frac{C_1 x}{2}\log\left|\frac{x-1}{x+1}\right| + C_2 x$$

(2)　y, y', y'' の係数を p_2, p_1, p_0 とすると，$p_0 = x(x-1),\ p_1 = 3x-2,\ p_2 = 1$ である．p.41 の定理 3.1 より，$p_2 - p_1' + p_0'' = 0$ となるので与式は完全微分方程式である．よって

$$q_0 = p_0 = x(x-1), \quad q_1 = p_1 - p_0' = x-1$$

で第 1 積分は $x(x-1)y' + (x-1)y = C_1$ すなわち $y' + \dfrac{1}{x}y = \dfrac{C_1}{x(x-1)}$．これは 1 階線形微分方程式である．

$$\therefore\quad y = e^{-\int 1/x dx}\left(\int \frac{C_1}{x(x-1)}e^{\int 1/x dx}dx + C_2\right) = \frac{1}{x}(C_1\log|x-1| + C_2)$$

(3)　y, y', y'' の係数を p_2, p_1, p_0 とすると，$p_0 = x^2+1,\ p_1 = 4x,\ p_2 = 2$ である．p.41 の定理 3.1 より，$p_2 - p_1' + p_0'' = 0$ となるので，与式は完全微分方程式である．

$$q_0 = p_0 = x^2+1, \quad q_1 = p_1 - p_0' = 2x$$

で第 1 積分は $(x^2+1)y' + 2xy = -\displaystyle\int \sin x dx + C_1$ すなわち $y' + \dfrac{2x}{x^2+1}y = \dfrac{\cos x + C_1}{x^2+1}$．これは線形微分方程式である．

$$\therefore\quad y = e^{-\int 2x/(x^2+1)dx}\left(\int \frac{\cos x + C_1}{x^2+1}e^{\int 2x/(x^2+1)dx}dx + C_2\right) = \frac{1}{x^2+1}(\sin x + C_1 x + C_2)$$

◆ 演習問題（第 3 章）の解答

1．(1)　与式は y と y'' だけを含んでいるので，p.32 の**解法 3.2** を用いる．両辺に $2y'$ をかけて y で積分すると $(y')^2 = 2e^y + C$ を得る．$C=0$ のとき：$y' = \pm\sqrt{2}\,e^{y/2}$ となり，変数分離形である．ゆえに

$$\int e^{-y/2}dy = \pm\sqrt{2}\,x + C_1' \quad よって \quad -2e^{-y/2} = \pm\sqrt{2}\,x + C_1'$$

任意定数を整理して，$(C_1 \pm x)e^{y/2} = \sqrt{2}$

$C>0$ のとき：$y' = \pm\sqrt{2e^y + C_1^2}$ $(C_1^2 = C)$ となり，変数分離形である．

$$\int \frac{dy}{\sqrt{2e^y + C_1^2}} = \pm x + C_2' \quad よって \quad \frac{\sqrt{2e^y + C_1^2} - C_1}{\sqrt{2e^y + C_1^2} + C_1} = C_2 e^{\pm C_1 x}$$

（$\sqrt{2e^y + C_1^2} = t$ とおいて積分する）

$C<0$ のとき：$C=-C_1^2$ とおけば，$y'=\pm\sqrt{2e^y-C_1^2}$ となるから，

$$\int\frac{dy}{\sqrt{2e^y-C_1^2}}=\pm x+C_2' \quad よって \quad \frac{2}{C_1}\tan^{-1}\frac{\sqrt{2e^y-C_1^2}}{C_1}=\pm x+C_2'$$

ゆえに，$\tan^{-1}\dfrac{\sqrt{2e^y-C_1^2}}{C_1}=\pm\dfrac{C_1}{2}x+C_2$，$\sqrt{2e^y-C_1^2}=C_1\tan\left(\pm\dfrac{C_1}{2}x+C_2\right)$ となる．両辺を 2 乗して整頓すると，$e^y=\dfrac{C_1^2}{2}\sec^2\left(\pm\dfrac{C_1}{2}x+C_2\right)$.

(2) 与式は y',y'' だけを含んでいるので p.33 の**解法 3.3** を用いる．$y'=p$ とおくと，与えられた微分方程式は $p'=p\sqrt{1-p^2}$ と変数分離形になる．ゆえに，

$$\int\frac{dp}{p\sqrt{1-p^2}}=x+C_1' \quad よって \quad \log\frac{1-\sqrt{1-p^2}}{|p|}=x+C_1'$$

$\left(\sqrt{1-p^2}=t\right.$ とおいて左辺を積分する$\left.\right)$

したがって，$\left(1-\sqrt{1-p^2}\right)/p=C_1e^x$ となる．p について整頓すると，$p=0$ または $p=\dfrac{2C_1e^x}{C_1^2e^{2x}+1}$. $p=0$ のときは $y=C$. $p\neq 0$ のときは，

$$y=\int\frac{2C_1e^x}{C_1^2e^{2x}+1}dx+C_2=2\tan^{-1}C_1e^x+C_2$$

となるが，これは $p=0$ の場合を含む.

(3) 与式は $F(x,y',y'')=0$（y を含まない式）で，p.33 の**解法 3.5** を用いる．$y'=p$ とおくと，与えられた微分方程式は $p'+\dfrac{1}{x}p=x$ と 1 階線形微分方程式になる．ゆえに，

$$y'=p=e^{-\int\frac{dx}{x}}\left(\int xe^{\int\frac{dx}{x}}dx+C_1\right)=\frac{1}{x}\left(\frac{x^3}{3}+C_1\right)=\frac{x^2}{3}+\frac{C_1}{x}$$

$$\therefore\quad y=\int\left(\frac{x^2}{3}+\frac{C_1}{x}\right)dx+C_2=\frac{x^3}{9}+C_1\log|x|+C_2$$

(4) 与式は $F(x,y',y'')=0$（y を含まない式）で，p.33 の**解法 3.5** を用いる．$y'=p$ とおくと，与えられた微分方程式は $p'+\dfrac{2}{x}p=2$ と 1 階線形微分方程式になるから，

$$y'=p=e^{-\int\frac{2}{x}dx}\left(2\int e^{\int\frac{2}{x}dx}dx+C\right)=\frac{1}{x^2}\left(\frac{2}{3}x^3+C\right)=\frac{2}{3}x+\frac{C}{x^2}$$

$$\therefore\quad y=\int\left(\frac{2}{3}x+\frac{C}{x^2}\right)dx+C_2=\frac{1}{3}x^2+\frac{C_1}{x}+C_2$$

(5) $F(x,y',y'')=0$（y を含まない式）で，p.33 の**解法 3.5** を用いる．$y'=p$ とおくと，与えられた微分方程式は $p'+\dfrac{x}{x^2-1}p=\dfrac{2}{1-x^2}$ と 1 階線形微分方程式になるから，

$$y'=p=e^{\int\frac{x}{1-x^2}dx}\left(\int\frac{2}{1-x^2}e^{\int\frac{x}{x^2-1}dx}dx+C\right)=\frac{1}{\sqrt{|1-x^2|}}\left(\int\frac{2\sqrt{|1-x^2|}}{1-x^2}dx+C_1\right)$$

$|x|<1$ のときは，

$$y' = \frac{1}{\sqrt{1-x^2}}\left(\int \frac{2}{\sqrt{1-x^2}}dx + C_1\right) = \frac{2\sin^{-1}x}{\sqrt{1-x^2}} + \frac{C_1}{\sqrt{1-x^2}}$$

$$\therefore \quad y = \int\left(\frac{2\sin^{-1}x}{\sqrt{1-x^2}} + \frac{C_1}{\sqrt{1-x^2}}\right)dx + C_2 = (\sin^{-1}x)^2 + C_1\sin^{-1}x + C_2$$

$|x| > 1$ のときは，

$$y' = \frac{1}{\sqrt{x^2-1}}\left(-\int \frac{2}{\sqrt{x^2-1}}dx + C_1\right) = \frac{-2\log\left(x+\sqrt{x^2-1}\right)}{\sqrt{x^2-1}} + \frac{C_1}{\sqrt{x^2-1}}$$

$$\therefore \quad y = \int\left(\frac{-2\log\left(x+\sqrt{x^2-1}\right)}{\sqrt{x^2-1}} + \frac{C_1}{\sqrt{x^2-1}}\right)dx + C_2$$

$$= -\left\{\log\left(x+\sqrt{x^2-1}\right)\right\}^2 + C_1\log\left(x+\sqrt{x^2-1}\right) + C_2$$

2. (1) $F(x, y'', y''', y^{(4)}) = 0$（$y$ を含まない式）である．$y'' = p$ とおくと，与えられた微分方程式は $p'' - \frac{6}{x^2}p = x^2$ となる．ここで $p'' - \frac{6}{x^2}p = 0$ の 1 つの特殊解を求める．p.52 の特殊解の発見法 (ii) により，$m(m-1) + x^2\left(-\frac{6}{x^2}\right) = 0$ より $m = 3, -2$ を得る．$m = 3$ の方をとると，$p = x^3$ は 1 つの特殊解である．よって，$p = x^3u$ とおくと

$$p' = 3x^2u + x^3\frac{du}{dx}, \quad p'' = 6xu + 6x^2\frac{du}{dx} + x^3\frac{d^2u}{dx^2}$$

となるから，上の方程式は

$$6xu + 6x^2\frac{du}{dx} + x^3\frac{d^2u}{dx^2} - 6xu = x^2$$

となる．これを整理すれば，

$$\frac{d^2u}{dx^2} + \frac{6}{x}\frac{du}{dx} = \frac{1}{x}$$

ここで $\frac{du}{dx} = v$ とおけば，上の微分方程式は 1 階線形微分方程式であるから，

$$\frac{du}{dx} = v = e^{-\int 6/x dx}\left(\int \frac{1}{x}e^{\int 6/x dx}dx + C\right) = \frac{1}{x^6}\left(\frac{x^6}{6} + C\right) = \frac{1}{6} + \frac{C}{x^6}$$

ゆえに，

$$u = \frac{x}{6} - \frac{C}{5x^5} + C', \quad p = x^3u = \frac{x^4}{6} - \frac{C}{5x^2} + C'x^3$$

積分を 2 回繰り返して任意定数を整理すれば

$$y' = \frac{x^5}{30} + \frac{C}{5x} + \frac{C'}{4}x^4 + C'', \quad y = \frac{x^6}{180} + C_1\log|x| + C_2x^5 + C_3x + C_4$$

(2) $y'' = p$ とおくと，与えられた微分方程式は $\frac{p'}{p^2} = \frac{1}{x^2}$ となり，変数分離形を得る．ゆえに，

$$\int\frac{dp}{p^2} = \int\frac{dx}{x^2} - \frac{1}{C'}, \quad \frac{1}{p} = \frac{1}{x} + \frac{1}{C} \quad \text{よって} \quad y'' = p = \frac{Cx}{x+C}$$

積分を 2 回繰り返して積分定数を整理すれば，

$$y = C_1x^2/2 + (C_1^2 + C_2)x - C_1^2(x + C_1)\log|x + C_1| + C_3$$

3. (1) y, y', y'' の代わりにそれぞれ $\rho y, \rho y', \rho y''$ を代入すれば $\rho^2\left(yy' - (y')^2 - y' - \dfrac{x}{\sqrt{1-x^2}}(y')^2\right)$ となるから y について 2 次の同次形である．よって p.38 の**解法 3.7** を用いる．$y = e^z$ とおくと，与えられた微分方程式は $xz'' = z' + \dfrac{x(z')^2}{\sqrt{1-x^2}}$ となる．さらに，$z' = u$ とおけば，$xu' = u + \dfrac{xu^2}{\sqrt{1-x^2}}$ となる．よって，$u' - \dfrac{1}{x}u = \dfrac{x}{\sqrt{1-x^2}}u^2$ はベルヌーイの微分方程式である．p.12 の**解法 2.9** により，$v = u^{-1}$ とおくと，$v' + \dfrac{1}{x}v = -\dfrac{1}{\sqrt{1-x^2}}$ となり，これは 1 階線形微分方程式である．ゆえに

$$v = e^{-\int 1/x dx}\left\{\int\left(-\frac{1}{\sqrt{1-x^2}}\right)e^{\int 1/x dx} + C_1\right\} = \frac{1}{x}\left(\int\frac{-x}{\sqrt{1-x^2}}dx + C_1\right) = \frac{1}{x}\left(\sqrt{1-x^2} + C_1\right)$$

ここで変数を u に戻すと，$u = z' = \dfrac{x}{\sqrt{1-x^2} + C_1}$．したがって

$$z = \int\frac{x}{\sqrt{1-x^2} + C_1}dx + C_2 = -\sqrt{1-x^2} + C_1\log\left(C_1 + \sqrt{1-x^2}\right) + C_2, \quad z = \log y.$$

(2) x に ρx，y'' に $\dfrac{y''}{\rho^2}$，y''' に $\dfrac{y'''}{\rho^3}$ を代入すると，与式の左辺は $\dfrac{1}{\rho^2}(xy''' + 2y'')$ となるから x について同次形である．p.38 の**解法 3.8** により $x = e^t$ とおくと与えられた微分方程式は $\dfrac{d^3y}{dt^3} - \dfrac{d^2y}{dt^2} = 0$ と書き直せる．ここで $p = \dfrac{d^2y}{dt^2}$ とおけば変数分離形になるので，$\dfrac{d^2y}{dt^2} = Ce^t$ を得る．t で 2 回積分すれば $y = C_1e^t + C_2t + C_3 = C_1x + C_2\log x + C_3$ と解を得る．

(3) y, y', y'', y''' の係数を p_3, p_2, p_1, p_0 とすると，$p_3 - p_2' + p_1'' + p_0''' = 6 - 18 + 18 - 6 = 0$ であるので，与式は完全微分方程式である．よって第 1 積分を求める．

$$q_0 = p_0 = x^3 + x^2 - 3x + 1, \quad q_1 - p_1 - p_0' = 6x^2 + 4x - 6,$$
$$q_2 = p_2 - p_1' + p_0'' = 6x + 2$$

で第 1 積分は

$$(x^3 + x^2 - 3x + 1)y'' + (6x^2 + 4x - 6)y' + (6x + 2)y = \int x^3dx + C_1' = \frac{1}{4}x^4 + C_1'$$

さらに，$q_0 = x^3 + x^2 - 3x + 1$，$q_1 - q_0' = 3x^2 + 2x - 3$ であるから，第 2 積分は

$$(x^3 + x^2 - 3x + 1)y' + (3x^2 + 2x - 3)y = \int\left(\frac{1}{4}x^4 + C_1'\right)dx + C_2 = \frac{1}{20}x^5 + C_1'x + C_2$$

ここで，$(x^3 + x^2 - 3x + 1)' = 3x^2 + 2x - 3$ であることに注意すれば，

$$\therefore \quad \left((x^3 + x^2 - 3x + 1)y\right)' = \frac{1}{20}x^5 + C_1'x + C_2$$

$$\therefore \quad (x^3 + x^2 - 3x + 1)y = \frac{1}{120}x^6 + C_1x^2 + C_2x + C_3.$$

4. (1) p.43 の追記 3.1 で $m = 1$ とおいて x, y, y', y'' をそれぞれ $\rho x, \rho y, y', \rho^{-1}y''$ でおきかえると

$$(\rho x)^2(\rho x + \rho y)\rho^{-1}y'' - (\rho y - \rho xy')^2 = \rho^2\left(x^2(x+y)y'' - (y - xy')^2\right)$$

となるから，与えられた微分方程式は x,y について同次形である．$x=e^t, y=ze^t$ とおくと

$$y'=z+\frac{dz}{dt},\quad y''=e^{-t}\left(\frac{d^2z}{dt^2}+\frac{dz}{dt}\right)\quad \left(\because \frac{d^2y}{dx^2}=\left(\frac{dx}{dt}\frac{d^2y}{dt^2}-\frac{dy}{dt}\frac{d^2x}{dt^2}\right)\Big/\left(\frac{dx}{dt}\right)^3\right)$$

となる．これを与式に代入すれば

$$e^{2t}(e^t+ze^t)e^{-t}\left(\frac{d^2z}{dt^2}+\frac{dz}{dt}\right)=\left(ze^t-e^t\left(z+\frac{dz}{dt}\right)\right)^2$$

$$\therefore\quad (1+z)\left(\frac{d^2z}{dt^2}+\frac{dz}{dt}\right)=\left(\frac{dz}{dt}\right)^2$$

これは $F\left(z,\dfrac{dz}{dt},\dfrac{d^2z}{dt^2}\right)=0$ の形であるから p.33 の**解法 3.6** より，$\dfrac{dz}{dt}=p$ とおけば，$\dfrac{d^2z}{dt^2}=p\dfrac{dp}{dz}$ より $(1+z)\left(p+p\dfrac{dp}{dz}\right)=p^2$ を得る．ゆえに，

$$\frac{dp}{dz}-\frac{1}{1+z}p=-1\quad \text{または}\quad p=0.$$

前者は 1 階線形微分方程式であるから，公式により，

$$\frac{dz}{dt}=p=e^{\int 1/(1+z)dz}\left(-\int e^{-\int 1/(1+z)dz}dz+C_1\right)=(1+z)(C_1-\log(1+z))$$

これは変数分離形であるから，

$$\int\frac{dz}{(1+z)(C_1-\log(1+z))}=t+C'\quad \text{ここで}\log(1+z)=u\text{ とおくと，}dz=e^u du$$

$$\int\frac{dz}{(1+z)(C_1-\log(1+z))}=\int\frac{e^u du}{e^u(C_1-u)}=\int\frac{du}{C_1-u}$$

$$=-\log(u-C_1)=-\log\big(\log(z+1)-C_1\big)$$

$$\therefore\quad -\log\big(\log(z+1)-C_1\big)=t+C'$$

である．$t=\log x$ を代入して整理すれば，

$$x\log(1+z)-C_1x=C',\quad 1+z=e^{C_1+C_2/x}\quad \text{ゆえに}\quad y=xe^{C_1+C_2/x}-x.$$

(2) p.43 の追記 3.1 で $m=2$ とおいて，x,y,y',y'' をそれぞれ $\rho x,\rho^2y,\rho y',y''$ でおきかえると，$\rho^2(x^2y''+xy'+y)$ となり，与えられた微分方程式は，x,y について同次形である．よって，$x=e^t,y=ze^{2t}$ とおくと，$y'=e^t\left(\dfrac{dz}{dt}+2z\right), y''=\dfrac{d^2z}{dt^2}+3\dfrac{dz}{dt}+2z$ となり，与えられた微分方程式を書き直すと，$\dfrac{d^2z}{dt^2}+4\dfrac{dz}{dt}+5z=0$ となる．これは 2 階線形微分方程式である．ゆえに，p.45 の**解法 4.2** により，

$$z=e^{-2t}(C_1\cos t+C_2\sin t)=x^{-2}\big(C_1\cos(\log x)+C_2\sin(\log x)\big)$$

$$\therefore\quad y=x^2z=C_1\cos(\log x)+C_2\sin(\log x)$$

(3) p.43 の追記 3.1 で $m=1$ とおいて，与式の x,y,y',y'' をそれぞれ $\rho x,\rho y,y',\rho^{-1}y''$ でおきかえると，$\rho^2(x^3y''-(y-xy')^2)$ となるから，与式は x,y について同次式である．

$$x=e^t,y=ze^t\quad \text{とおくと，}\quad y'=z+\frac{dz}{dt},\quad y''=e^{-t}\left(\frac{d^2z}{dt^2}+\frac{dz}{dt}\right)$$

これを与式に代入すると，$\dfrac{d^2z}{dt^2}+\dfrac{dz}{dt}-\left(\dfrac{dz}{dt}\right)^2=0$ となる．$\dfrac{dz}{dt}=u$ とおくと，$\dfrac{du}{dt}+u-u^2=0$.
よって $\dfrac{1}{u(u-1)}\dfrac{du}{dt}=1$ となり変数分離形である．ゆえに，

$$\int\frac{1}{u(u-1)}du=t+C_1',\quad \int\frac{1}{u-1}du-\int\frac{1}{u}du=t+C_1'$$

$$\log(u-1)-\log u=t+C_1',\quad \frac{u-1}{u}=C_1e^t\quad(C_1'=\log C_1)$$

$$\frac{dz}{dt}=u=\frac{1}{1-C_1e^t}\qquad \therefore\quad z=\int\frac{dt}{1-C_1e^t}+C_2=\log\left|\frac{C_1e^t}{C_1e^t-1}\right|+C_2$$

$e^t=v$ とおく

ゆえに変数をもとに戻して，$y=x\left(\log\left|\dfrac{C_1x}{C_1x-1}\right|+C_2\right)$.

4章の解答

1.1 ロンスキアンを計算してみればよい．

(1) $W(1,x,x^3)=\begin{vmatrix}1&x&x^3\\0&1&3x^2\\0&0&6x\end{vmatrix}=6x\neq 0.$

よって，$1,x,x^3$ は1次独立である．

(2) $W(e^{-x}\cos x,e^x\sin x)=\begin{vmatrix}e^{-x}\cos x & e^x\sin x\\ -e^{-x}(\cos x+\sin x) & e^x(\cos x+\sin x)\end{vmatrix}=(\cos x+\sin x)^2\neq 0$

よって，$e^{-x}\cos x, e^x\sin x$ は1次独立である．

2.1 e^{-2x},e^{4x} がともに微分方程式 $y''-2y'-8y=0$ を満たすことは簡単にわかる．ここで，

$$W(e^{-2x},e^{4x})=\begin{vmatrix}e^{-2x}&e^{4x}\\-2e^{-2x}&4e^{4x}\end{vmatrix}=6e^{2x}\neq 0$$

であるから，e^{-2x},e^{4x} は1次独立である．また，

$$\left(-\frac{1}{8}e^{2x}\right)''-2\left(-\frac{1}{8}e^{2x}\right)'-8\left(-\frac{1}{8}e^{2x}\right)=\left(-\frac{1}{2}+\frac{1}{2}+1\right)e^{2x}=e^{2x}$$

であるから，$-e^{2x}/8$ は微分方程式の解である．ゆえに，$y=C_1e^{-2x}+C_2e^{4x}-e^{2x}/8$ は一般解である．

3.1 いずれも特性方程式を解けばよい．

(1) 特性方程式は $\lambda^2+\lambda=\lambda(\lambda+1)=0$. ゆえに，一般解は $y=C_1+C_2e^{-x}$.

(2) 特性方程式は $\lambda^2+2\lambda+1=(\lambda+1)^2=0$. ゆえに，一般解は $y=(C_1+C_2x)e^{-x}$.

(3) 特性方程式は $\lambda^2+2\lambda-8=(\lambda-2)(\lambda+4)=0$. ゆえに，一般解は $y=C_1e^{2x}+C_2e^{-4x}$.

(4) 特性方程式は $\lambda^2+6\lambda+25=0$. これを解けば，$\lambda=-3\pm 4i$ である．よって，一般解は $y=e^{-3x}(C_1\cos 4x+C_2\sin 4x)$.

(5) 特性方程式は $\lambda^2-2\lambda+10=0$. これを解けば，$\lambda=1\pm 3i$ である．よって，一般解は $y=e^x(C_1\cos 3x+C_2\sin 3x)$.

4.1 いずれも特性方程式を解けばよい．

(1) 特性方程式は $\lambda^3 - 3\lambda^2 + 3\lambda - 1 = (\lambda - 1)^3 = 0$ である．ゆえに，一般解は $y = (C_1 + C_2x + C_3x^2)e^x$.

(2) 特性方程式は $\lambda^3 + 6\lambda^2 + 10\lambda = \lambda(\lambda^2 + 6\lambda + 10) = 0$．これを解けば，$\lambda = 0, -3 \pm i$ であるから，一般解は $y = C_1 + e^{-3x}(C_2 \cos x + C_3 \sin x)$.

(3) 特性方程式は $\lambda^4 - 2\lambda^3 + 5\lambda^2 = \lambda^2(\lambda^2 - 2\lambda + 5) = 0$．これを解けば，$\lambda = 0$（重複解），$1 \pm 2i$ である．ゆえに，一般解は $y = C_1 + C_2x + e^x(C_3 \cos 2x + C_4 \sin 2x)$.

(4) 特性方程式は $\lambda^4 - 8\lambda^3 + 22\lambda^2 - 24\lambda + 9 = (\lambda - 1)^2(\lambda - 3)^2 = 0$．ゆえに，一般解は $y = (C_1 + C_2x)e^x + (C_3 + C_4x)e^{3x}$.

5.1 p.50 の未定係数法によって特殊解を求める．

(1) $y'' - 2y' - 3y = 0$ の特性方程式は $\lambda^2 - 2\lambda - 3 = (\lambda - 3)(\lambda + 1) = 0$．ゆえに，余関数は $C_1e^{3x} + C_2e^{-x}$ である．与式に $y = Ax^2 + Bx + C$ を代入すると，

$$2A - 2(2Ax + B) - 3(Ax^2 + Bx + C) = x^2$$
$$\therefore \quad -3Ax^2 - (3B + 4A)x + (2A - 2B - 3C) = x^2$$

両辺の係数を比較して，A, B, C を求めれば，$A = -1/3, B = 4/9, C = -14/27$.
よって，一般解は $y = C_1e^{3x} + C_2e^{-x} - \dfrac{1}{27}(9x^2 - 12x + 14)$.

(2) $y'' + 4y = 0$ の特性方程式は $\lambda^2 + 4 = 0$．これを解いて $\lambda = \pm 2i$ であるから，余関数は $C_1 \cos 2x + C_2 \sin 2x$．与式に $y = Ax^2 + Bx + C$ を代入すると

$$2A + 4(Ax^2 + Bx + C) = x^2, \quad 4Ax^2 + 4Bx + (2A + 4C) = 0$$

係数を比較して，$A = 1/4, B = 0, C = -1/8$ を得る．ゆえに，一般解は

$$y = C_1 \cos 2x + C_2 \sin 2x + x^2/4 - 1/8$$

(3) $y'' + 3y' + 2y = 0$ の特性方程式は $\lambda^2 + 3\lambda + 2 = (\lambda + 1)(\lambda + 2) = 0$．よって，余関数は $C_1e^{-x} + C_2e^{-2x}$ である．与式に $y = Ae^x$ を代入して係数を比較すれば，$A = 1/6$ を得る．ゆえに，一般解は $y = C_1e^{-x} + C_2e^{-2x} + e^x/6$.

(4) $y'' - 2y' + y = 0$ の特性方程式は $\lambda^2 - 2\lambda + 1 = (\lambda - 1)^2 = 0$ よって，余関数は $(C_1 + C_2x)e^x$ である．与式に $e^x(A \cos x + B \sin x)$ を代入して整頓すると，

$$e^x(-A \cos x - B \sin x) = e^x \cos x$$

ゆえに，$A = -1, B = 0$．したがって，一般解は $y = (C_1 + C_2x)e^x - e^x \cos x$.

(5) $y'' + 4y' + 3y = 0$ の特性方程式は $\lambda^2 + 4\lambda + 3 = (\lambda + 1)(\lambda + 3) = 0$．よって，余関数は $C_1e^{-x} + C_2e^{-3x}$ である．与式に $y = Ae^{2x}$ を代入して整頓すると

$$15Ae^{2x} = 2e^{2x}, \quad A = 2/15$$

したがって，一般解は $C_1e^{-x} + C_2e^{-3x} + 2e^{2x}/15$.

6.1 (1)〜(4) は係数が多項式なので，特殊解は p.52 の特殊解の発見法の (i), (ii) を用いて求める．次に p.51 の**解法 4.3** を用いる．

(1) $y'' - \dfrac{2x}{1 + x^2}y' + \dfrac{2}{1 + x^2}y = 0$ と書き直して，$P(x) = -\dfrac{2x}{1 + x^2}$, $Q(x) = \dfrac{2}{1 + x^2}$ とおくと p.52 の特殊解の発見法 (i) より $P + xQ = 0$ であるから，$y = x$ は 1 つの解である．$y = xu$ とおけば，与えられた微分方程式は $\dfrac{d^2u}{dx^2} + \left(\dfrac{2}{x} - \dfrac{2x}{x^2 + 1}\right)\dfrac{du}{dx} = 0$ となる．いま，$u' = v$ と

おくと，$v' + \left(\dfrac{2}{x} - \dfrac{2x}{x^2+1}\right)v = 0$．よって v に関する変数分離形となる．ゆえに，

$$\int \frac{1}{v}dv = \int \left(-\frac{2}{x} + \frac{2x}{x^2+1}\right)dx + C'$$
$$\log v = -2\log x + \log(x^2+1) + C'$$
$$\frac{du}{dx} = v = \frac{C_1(x^2+1)}{x^2}$$
$$\therefore \quad \frac{y}{x} = u = C_1\int \frac{x^2+1}{x^2}dx + C_2 = C_1 x - \frac{C_1}{x} + C_2$$
$$\therefore \quad y = C_1x^2 + C_2x - C_1$$

(2)　$y'' + \dfrac{1}{x}y' - \dfrac{1}{4x^2}y = 0$ と書き直して，$P(x) = \dfrac{1}{x}, Q(x) = -\dfrac{1}{4x^2}$ とおくと p.52 の特殊解の発見法 (ii) より $m(m-1) + mx\dfrac{1}{x} + x^2\left(-\dfrac{1}{4x^2}\right) = m^2 - m + m - \dfrac{1}{4} = 0$．よって，$m = \pm\dfrac{1}{2}$ となり，$m = \dfrac{1}{2}$ を採用する．1 つの特殊解は $v(x) = \sqrt{x}$ であるので，p.51 の**解法 4.3** を用いる．$y = \sqrt{x}\,u$ とおくと与えられた微分方程式は $\dfrac{d^2u}{dx^2} + \dfrac{2}{x}\dfrac{du}{dx} = 0$ と u' に関する 1 階線形微分方程式になる．よって，

$$\frac{du}{dx} = \frac{C}{x^2}, \quad \frac{y}{\sqrt{x}} = u = \int \frac{C}{x^2}dx + C_1 = C_1 + \frac{C_2}{x},$$
$$\therefore \quad y = C_1\sqrt{x} + \frac{C_2}{\sqrt{x}}$$

(3)　$y'' + \dfrac{x}{1-x}y' - \dfrac{1}{1-x}y = 0 \quad \cdots①$ と書き直して，$P(x) = \dfrac{x}{1-x}, Q(x) = \dfrac{-1}{1-x}$ とおくと，p.52 の特殊解の発見法 (i) より $P + xQ = 0$ であるから $y = x$ は①の 1 つの特殊解である．p.51 の**解法 4.3** により，$y = xu$ とおく．このとき，与えられた微分方程式は $\dfrac{d^2u}{dx^2} + \left(\dfrac{2}{x} + \dfrac{x}{1-x}\right)\dfrac{du}{dx} = \dfrac{1-x}{x}$ と u' に関する 1 階線形微分方程式となる．ゆえに，

$$\frac{du}{dx} = e^{-\int\left(\frac{2}{x} - \frac{x}{x-1}\right)dx}\left(\int \frac{1-x}{x}e^{\int\left(\frac{2}{x} - \frac{x}{x-1}\right)dx}dx + C_1\right) = \frac{x-1}{x^2}(x + 1 + C_1e^x)$$
$$\therefore \quad \frac{y}{x} = u = \int\left(1 - \frac{1}{x^2} + C_1\frac{(x-1)e^x}{x^2}\right)dx + C_2 = x + \frac{1}{x} + C_1\frac{e^x}{x} + C_2$$
$$\left(\int \frac{(x-1)e^x}{x^2}dx = \int \frac{e^x}{x}dx - \int \frac{e^x}{x^2}dx = \frac{e^x}{x} - \int\left(-\frac{e^x}{x^2}\right)dx - \int \frac{e^x}{x^2}dx = \frac{e^x}{x}\right)$$
$$\therefore \quad y = C_1e^x + C_2x + x^2 + 1$$

(4)　$P = -\dfrac{3}{x}, Q = \dfrac{3}{x^2}$ とおくと，p.52 の特殊解の発見法 (i) より，$P + xQ = 0$ であるから，$y = x$ は 1 つの特殊解である．p.51 の**解法 4.3** により $y = xu$ とおいて与えられた微分方程式を変換すれば，$\dfrac{d^2u}{dx^2} - \dfrac{1}{x}\dfrac{du}{dx} = 2 - \dfrac{1}{x}$ と u' に関する 1 階線形微分方程式になる．ゆえに，

$$\frac{du}{dx} = e^{\int(1/x)dx}\left(\int\left(2-\frac{1}{x}\right)e^{-\int(1/x)dx}dx + C\right) = 2x\log x + 1 + Cx$$

$$\therefore\quad \frac{y}{x} = u = \int(2x\log x + 1 + Cx)dx + C_2 = x^2\log x + x + C_1x^2 + C_2$$

$$\therefore\quad y = x^3\log x + x^2 + C_1x^3 + C_2x$$

6.2 (1) $P(x) = -\dfrac{1+x}{x}, Q(x) = \dfrac{1}{x}$ とおくと p.52 の特殊解の発見法 (iii) より $1+P+Q=0$ であるから，$y_1 = e^x$ は 1 つの特殊解である．p.52 の**解法 4.4 の系**により，これと 1 次独立な解は

$$y_2 = e^x\int\frac{1}{e^{2x}}e^{\int\frac{1+x}{x}dx}dx = e^x\int xe^{-x}dx = -(x+1)$$

ゆえに，一般解は $y = C_1e^x + C_2(1+x)$ である．

(2) (1) と同様に，$P = -\dfrac{x+3}{x}, Q = \dfrac{3}{x}$ とおくと，p.52 の特殊解の発見法 (iii) より，$1+P+Q=0$ であるから，$y = e^x$ は 1 つの特殊解である．よって p.51 の**解法 4.3** により，$y = ue^x$ とおいて与えられた方程式を書き直すと，$\dfrac{d^2u}{dx^2} + \left(1-\dfrac{3}{x}\right)\dfrac{du}{dx} = x^3$ となり，u' に関する 1 階線形微分方程式となる．ゆえに，

$$\frac{du}{dx} = e^{-\int(1-\frac{3}{x})dx}\left(\int x^3e^{\int(1-\frac{3}{x})dx}dx + C_1\right) = C_1x^3e^{-x} + x^3$$

$$\therefore\quad \frac{y}{e^x} = u = \int(C_1x^3e^{-x} + x^3)dx + C_2 = C_1e^{-x}(x^3+3x^2+6x+6) + \frac{x^4}{4} + C_2$$

$$\therefore\quad y = C_1(x^3+3x^2+6x+6) + x^4e^x/4 + C_2e^x$$

7.1 (1)〜(6) は p.52 の特殊解の発見法により，一つの特殊解をみつけ，p.52 の**解法 4.4 の系**により，これと 1 次独立な解を求める．

(1) $P(x) = \dfrac{1}{x}, Q(x) = -\dfrac{4}{x^2}$ として，p.52 の特殊解の発見法 (ii) を用いると，$y_1 = x^2$ を解にもつことがわかる．これと 1 次独立なもう一つの解は

$$y_2 = x^2\int\frac{1}{x^4}e^{-\int(1/x)dx}dx = x^2\int\frac{dx}{x^5} = -\frac{1}{4x^2}$$

ゆえに，一般解は $y = C_1x^2 + C_2/x^2$ である．

(2) $P(x) = \dfrac{1}{x}, Q(x) = -\dfrac{1}{x^2}$ として，p.52 の特殊解の発見法 (i) を用いると，$y_1 = x$ を解にもつことがわかる．これと 1 次独立なもう一つの解は

$$y_2 = x\int\frac{1}{x^2}e^{-\int(1/x)dx}dx = x\int\frac{dx}{x^3} = -\frac{1}{2x}$$

ゆえに，一般解は $y = C_1x + C_2/x$ である．

(3) $P(x) = 0, Q(x) = \dfrac{1}{4x^2}$ として，p.52 の特殊解の発見法 (ii) を用いると，$y_1 = \sqrt{x}$ を解にもつことがわかる．これと 1 次独立なもう一つの解は

$$y_2 = \sqrt{x}\int\frac{1}{x}dx = \sqrt{x}\log x$$

ゆえに，一般解は $y=C_1\sqrt{x}+C_2\sqrt{x}\log x$ である．

(4) $P(x)=-\dfrac{7}{x}, Q(x)=\dfrac{15}{x^2}$ として，p.52 の特殊解の発見法 (ii) を用いると，$y_1=x^3$ を解にもつことがわかる．これと 1 次独立なもう一つの解は

$$y_2=x^3\int\frac{1}{x^6}e^{\int(7/x)dx}dx=x^3\int xdx=\frac{1}{2}x^5$$

ゆえに，一般解は $y=C_1x^3+C_2x^5$ である．

(5) $P(x)=\dfrac{2}{1-2x}, Q(x)=\dfrac{2x-3}{1-2x}$ として，p.52 の特殊解の発見法 (v) を用いると，$y_1=e^x$ を解にもつことがわかる．これと 1 次独立なもう一つの解は

$$y_2=e^x\int\frac{1}{e^{2x}}e^{\int\frac{2}{2x-1}dx}dx=e^x\int e^{-2x}(2x-1)dx=-xe^{-x}$$

ゆえに，一般解は $y=C_1e^x+C_2xe^{-x}$ である．

(6) $P(x)=-\dfrac{2x+3}{x+1}, Q(x)=\dfrac{2}{x+1}$ として，p.52 の特殊解の発見法 (v) を用いると，$y_1=e^{2x}$ を解にもつことがわかる．これと 1 次独立なもう一つの解は

$$y_2=e^{2x}\int\frac{1}{e^{4x}}e^{\int\frac{2x+3}{x+1}dx}dx=e^{2x}\int e^{-2x}(x+1)dx=-\frac{1}{4}(2x+3)$$

ゆえに，一般解は $y=C_1e^{2x}+C_2(2x+3)$ である．

7.2 (1), (2) ともに y_1 と 1 次独立な解を求める．

(1) $y_1=\cos x$ と 1 次独立な解は，p.52 の**解法 4.4** の系により

$$y_2=\cos x\int\frac{dx}{\cos^2 x}=\cos x\cdot\tan x=\sin x$$

ゆえに，一般解は $y=C_1\cos x+C_2\sin x$ である．

(2) $y_1=x-1$ と 1 次独立な解は，p.52 の**解法 4.4** の系により，

$$y_2=(x-1)\int\frac{1}{(x-1)^2}e^{\int\frac{2x-2}{2x-x^2}dx}dx=(x-1)\int\frac{x^2-2x}{(x-1)^2}dx=x^2-x+1$$

ゆえに，一般解は $y=C_1(x-1)+C_2(x^2-x+1)$ である．

8.1 (1) 与式の同伴方程式 $y''-2y'+y=0$ の特性方程式は $\lambda^2-2\lambda+1=(\lambda-1)^2=0$ であるから，この同次方程式の 1 次独立な解は e^x, xe^x である．

$$W(e^x,xe^x)=\begin{vmatrix} e^x & xe^x \\ e^x & (1+x)e^x \end{vmatrix}=e^{2x}$$

であるから，p.51 の**解法 4.4** を用いる．

$$v_1(x)=-\int\frac{xe^x\cdot e^x\cos x}{e^{2x}}dx=-x\sin x-\cos x,\quad v_2(x)=\int\frac{e^x\cdot e^x\cos x}{e^{2x}}dx=\sin x$$

よって，$e^xv_1(x)+xe^xv_2(x)=-e^x\cos x$．ゆえに，一般解は

$$y=(C_1+C_2x)e^x-e^x\cos x$$

(2) $y''+y=0$ の特性方程式は $\lambda^2+1=0$ であるから，この同次方程式の 1 次独立な解は $\cos x, \sin x$ である．

$$W(\cos x,\sin x)=\begin{vmatrix} \cos x & \sin x \\ -\sin x & \cos x \end{vmatrix}=1$$

であるから，p.51 の**解法 4.4** を用いる．

$$v_1(x) = -\int \sin x \tan x dx = -\int \frac{\sin^2 x}{\cos x} dx = \int \frac{\cos^2 x - 1}{\cos} dx = \sin x - \log\left|\tan\left(\frac{x}{2} + \frac{\pi}{4}\right)\right|$$

$$v_2(x) = \int \cos x \tan x dx = -\cos x$$

よって，$(\cos x)v_1(x) + (\sin x)v_2(x) = -\cos x \log\left|\tan\left(\dfrac{x}{2} + \dfrac{\pi}{4}\right)\right|$．ゆえに，一般解は

$$y = C_1 \cos x + C_2 \sin x - \cos x \log\left|\tan\left(\frac{x}{2} + \frac{\pi}{4}\right)\right|.$$

(3)　$y'' - 3y' + 2y = 0$ の特性方程式は $\lambda^2 - 3\lambda + 2 = (\lambda - 2)(\lambda - 1) = 0$ であるから，この同次方程式の 1 次独立な解は e^x, e^{2x} で

$$W(e^x, e^{2x}) = \begin{vmatrix} e^x & e^{2x} \\ e^x & 2e^{2x} \end{vmatrix} = e^{3x}$$

したがって，p.51 の**解法 4.4** を用いる．

$$v_1(x) = -\int \frac{e^{2x} \cdot xe^{2x}}{e^{3x}} dx = e^x(1 - x), \quad v_2(x) = \int \frac{e^x \cdot xe^{2x}}{e^{3x}} dx = \frac{x^2}{2}$$

ゆえに，$e^x v_1(x) + e^{2x} v_2(x) = e^{2x}(1 - x + x^2/2)$．よって，一般解は

$$y = C_1 e^x + C_2 e^{2x} + e^{2x}(x^2/2 - x).$$

8.2　(1)　与式を $y'' - \dfrac{2}{x^2}y = 2$ と書き直して，$P(x) = 0, Q(x) = -\dfrac{2}{x^2}$ とおけば，p.52 の特殊解の発見法 (ii) により，$m(m-1) - 2 = m^2 - m - 2 = (m-2)(m+1) = 0$　$\therefore m = 2, -1$　であるから，$u_1 = x^2, u_2 = 1/x$ は同次方程式 $y'' - \dfrac{2}{x^2}y = 0$ の 2 つの解である．よって p.51 の**解法 4.4**（定数変化法）により

$$W(u_1, u_2) = \begin{vmatrix} x^2 & 1/x \\ 2x & -1/x^2 \end{vmatrix} = -3 \quad \text{であるから，} u_1, u_2 \text{ は 1 次独立で，}$$

$$v_1(x) = -\int \frac{(1/x) \cdot 2}{-3} dx = \frac{2}{3}\log x, \quad v_2(x) = \int \frac{x^2 \cdot 2}{-3} dx = -\frac{2}{9}x^3$$

よって，$u_1 v_1 + u_2 v_2 = \dfrac{2}{3}x^2 \log x - \dfrac{2}{9}x^2$．ゆえに，一般解は

$$y = C_1' x^2 + \frac{C_2}{x} + \frac{2}{3}x^2 \log x - \frac{2}{9}x^2 \qquad \therefore \quad y = C_1 x^2 + \frac{C_2}{x} + \frac{2}{3}x^2 \log x \ \left(C_1' - \frac{2}{9} = C_1\right)$$

(2)　$y'' - \dfrac{3}{x}y' + \dfrac{3}{x^2} = 2x - 1$ と書き直して，$P(x) = -\dfrac{3}{x}, Q(x) = \dfrac{3}{x^2}$ とおくとき，p.52 の特殊解の発見法 (ii) により $m(m-1) + mx\left(-\dfrac{3}{x}\right) + x^2\dfrac{3}{x^2} = m^2 - 4m + 3 = (m-1)(m-3) = 0$

$\therefore m = 1, 3$　であるから $u_1 = x, u_2 = x^3$ は同次方程式の解である．よって p.51 の**解法 4.4** により，

$$W(u_1, u_2) = \begin{vmatrix} x & x^3 \\ 1 & 3x^2 \end{vmatrix} = 2x^3 \quad \text{である．したがって，}$$

$$v_1(x) = -\int \frac{x^3(2x-1)}{2x^3} dx = -\frac{1}{2}(x^2 - x), \quad v_2(x) = \int \frac{x(2x-1)}{2x^3} dx = \frac{1}{2}\left(\log x^2 + \frac{1}{x}\right)$$

よって，$u_1v_1+u_2v_2=x^2-\dfrac{x^3}{2}+\dfrac{1}{2}x^3\log x^2$．ゆえに，一般解は

$$y=C_1x^3+C_2x+x^2+x^3\log x$$

9.1 (1)〜(4) のいずれも標準形（⇨ p.52）に直すことができる．

(1) $v=e^{-\int xdx}=e^{-x^2/2}$ として，$y=uv$ とおくと，標準形 $u''-u=0$ が得られる．これを解けば，$u=C_1e^x+C_2e^{-x}$ となるから，一般解は

$$y=uv=e^{-x^2/2}(C_1e^x+C_2e^{-x})$$

(2) $v=e^{\int 4xdx}=e^{2x^2}$ として，$y=uv$ とおくと，標準形 $u''+4u=0$ を得る．これを解けば，$u=C_1\cos 2x+C_2\sin 2x$ となるから，一般解は

$$y=uv=e^{2x^2}(C_1\cos 2x+C_2\sin 2x)$$

(3) $v=e^{\int\frac{2x}{1-x^2}dx}=\dfrac{1}{x^2-1}$ として，$y=uv$ とおくと，標準形 $u''+u=0$ が得られる．これを解けば，$u=C_1\cos x+C_2\sin x$．よって一般解は

$$y=uv=\frac{1}{x^2-1}(C_1\cos x+C_2\sin x)$$

(4) $v=e^{-1/2\int(1/x)dx}=\dfrac{1}{\sqrt{x}}$ として，$y=uv$ とおくと，標準形 $u''=0$ を得て，これを解くと，$u=C_1x+C_2$．よって，

$$y=uv=\frac{1}{\sqrt{x}}(C_1x+C_2)=C_1\sqrt{x}+\frac{C_2}{\sqrt{x}}$$

9.2 (1) $v=e^{\int(1/x)dx}=x$ として，$y=uv$ とおけば，標準形 $u''+2u=1$ を得る．余関数は $C_1\cos\sqrt{2}\,x+C_2\sin\sqrt{2}\,x$ で $u''+2u=1$ の 1 つの特殊解は $u=1/2$ であるから，

$$u=C_1\cos\sqrt{2}\,x+C_2\sin\sqrt{2}\,x+1/2$$

を得る．ゆえに，一般解は $y=uv=x\big(C_1\cos\sqrt{2}\,x+C_2\sin\sqrt{2}\,x+1/2\big)$．

(2) $v=e^{\int(1/x)dx}=x$, $y=uv$ とおけば，標準形 $u''+u=e^x\cdots$① を得て，余関数は $C_1\cos x+C_2\sin x$ で特殊解は p.50 の追記 4.2 未定係数法 (iv) を用いて求める．$u=A+Be^x$ とおき，① に代入すると，

$$Be^x+(A+Be^x)=e^x,\ 2Be^x+A=e^x.\quad \therefore\ A=0,B=\frac{1}{2}\ \text{よって特殊解は}\ u=\frac{1}{2}e^x.$$

ゆえに，$u=C_1\cos x+C_2\sin x+e^x/2$, $y=uv=x(C_1\cos x+C_2\sin x+e^x/2)$ を得る．

10.1 (1)〜(4) は 2 階オイラーの微分方程式である．$x=e^t$ と変換する．

(1) $x=e^t$ の変換で与えられた微分方程式は $\dfrac{d^2y}{dt^2}-2\dfrac{dy}{dt}+y=e^t$ となる．p.45 の**解法 4.2** よりこの余関数は $(C_1+C_2t)e^t$ であり，$W(e^t,te^t)=e^{2t}$ であるから，p.51 の**解法 4.4**（定数変化法）により，一般解は

$$\begin{aligned}y&=(C_1+C_2t)e^t+e^t\int\frac{-te^t\cdot e^t}{e^{2t}}dt+te^t\int\frac{e^t\cdot e^t}{e^{2t}}dt\\&=(C_1+C_2t)e^t+\frac{1}{2}t^2e^t=(C_1+C_2\log x)x+\frac{1}{2}x(\log x)^2\end{aligned}$$

(2) 与えられた微分方程式の同次方程式 $x^2y''+4xy'+2y=0$ において，$x=e^t$ と変換すると，この微分方程式は $\dfrac{d^2y}{dt^2}+3\dfrac{dy}{dt}+2y=0$．p.45 の**解法 4.2** よりこの微分方程式 1 次独立な解は

e^{-t}, e^{-2t} である．与えられた微分方程式を $y'' + \dfrac{4}{x}y' + \dfrac{2}{x^2}y = \dfrac{e^x}{x^2}$ と書き直せば，この余関数は $C_1/x + C_2/x^2\,(e^{-t} = 1/x, e^{-2t} = 1/x^2$ である) で，$W(1/x, 1/x^2) = -1/x^4$ となる．ゆえに，一般解は p.51 の**解法 4.4** により，

$$y = \frac{C_1}{x} + \frac{C_2}{x^2} - \frac{1}{x}\int \frac{(1/x^2)(e^x/x^2)}{-1/x^4}dx + \frac{1}{x^2}\int \frac{(1/x)(e^x/x^2)}{-1/x^4}dx = \frac{C_1}{x} + \frac{C_2}{x^2} + \frac{e^x}{x^2}$$

(3)　与式の同次方程式 $x^2y'' + 4xy' + 2y = 0$ において，$x = e^t$ と変換すると，この微分方程式は，前問 (2) と同様にして，

$$\frac{d^2y}{dt^2} + 3\frac{dy}{dt} + 2y = e^{-t}$$

となる．この微分方程式の余関数は $Ce^{-t} + C'e^{-2t}$ で，$W(e^{-t}, e^{-2t}) = -e^{-3t}$ である．よって，この微分方程式の特殊解は p.51 の**解法 4.4** により

$$e^{-t}\int \frac{-e^{-2t}e^{-t}}{-e^{-3t}}dt + e^{-2t}\int \frac{e^{-t}e^{-t}}{-e^{-3t}}dt = te^{-t} - e^{-t}$$

で与えられる．ゆえに，求める一般解は

$$y = C_1e^{-t} + C_2e^{-2t} + te^{-t} = \frac{C_1}{x} + \frac{C_2}{x^2} + \frac{\log x}{x}$$

(4)　$x = e^t$ とおくと，$y'' - \dfrac{3}{x}y' + \dfrac{3}{x^2}y = 0$ は $\dfrac{d^2y}{dt^2} - 4\dfrac{dy}{dt} + 3y = 0$ となる．この微分方程式の 1 次独立な解は p.45 の**解法 4.2** より e^t, e^{3t} である．よって，$y'' - \dfrac{3}{x}y' + \dfrac{3}{x^2}y = 0$ の 1 次独立な解は x, x^3 で $W(x, x^3) = 2x^3$．ゆえに，与えられた微分方程式の特殊解は p.51 の**解法 4.4** により

$$x\int \frac{-x^3(2x-1)}{2x^3}dx + x^3\int \frac{x(2x-1)}{2x^3}dx = x^2 + x^3\log x - \frac{x^3}{2}$$

したがって，一般解は $y = C_1x + C_2x^3 + x^2 + x^3\log x$ となる．

11.1　(1)　$(D^2 + a^2)\sin bx = D^2(\sin bx) + a^2\sin bx = -b^2\sin bx + a^2\sin bx$．よって，

$$\frac{1}{D^2 + a^2}\sin bx = \frac{\sin bx}{a^2 - b^2}$$

(2)　(1) と同様に，$(D^2 + a^2)\cos bx$ を計算すればよい．

【別解】 例題 11 を用いて，次のようにしてもよい．

$$\frac{1}{D^2+a^2}e^{ibx} = \frac{1}{D - ia}\left[\frac{1}{D+ia}e^{ibx}\right] = \frac{1}{i(a+b)}\frac{1}{D - ia}e^{ibx} = \frac{1}{i(a+b)}\frac{1}{i(b-a)}e^{ibx} = \frac{1}{a^2 - b^2}e^{ibx}$$

ここで，両辺の実数部分，虚数部分をとれば求める結果が得られる．

11.2　(1)　$$\frac{1}{D - a}x = e^{ax}\int xe^{-ax}dx = -e^{ax}\left(\frac{xe^{-ax}}{a} + \frac{e^{-ax}}{a^2}\right) = -\left(\frac{x}{a} + \frac{1}{a^2}\right)$$

└─**p.60 の VII (1)**─↑

(2)　前問を用いて，

$$\frac{1}{(D-a)^2}x = \frac{1}{D-a}\left[\frac{1}{D-a}x\right] = -\frac{1}{D-a}\left[\frac{x}{a}+\frac{1}{a^2}\right] = -\frac{1}{a}\frac{1}{D-a}x - \frac{1}{a^2}\frac{1}{D-a}\cdot 1$$

$$= -\frac{1}{a}\left(-\frac{x}{a}-\frac{1}{a^2}\right) + \frac{1}{a^2}\cdot\frac{1}{a} = \frac{x}{a^2}+\frac{2}{a^3}$$

(3) $$\frac{1}{D^2-3D+2}xe^x = \frac{1}{(D-2)(D-1)}xe^x = \frac{1}{D-2}\left[\frac{1}{D-1}xe^x\right] = \frac{1}{D-2}\left(e^x\int x\,dx\right)$$

p.60 の VII (1)　　p.60 の VII (1)

$$= \frac{1}{2}\frac{1}{D-2}x^2e^x = \frac{1}{2}e^{2x}\int x^2e^{-x}dx = -\frac{1}{2}(x^2+2x+2)e^x$$

(4) $e^x\sin x$ は $e^{(1+i)x}$ の虚数部分であることに注意して,

$$\frac{1}{D^2-2D+1}e^{(1+i)x} = \frac{1}{(1+i)^2-2(1+i)+1}e^{(1+i)x} = -e^{(1+i)x}$$

p.59 の III (4)

ここで両辺の虚数部分をとると, $\dfrac{1}{D^2-2D+1}e^x\sin x = -e^x\sin x$ を得る.

(5) $$\frac{1}{D^2-2D+2}e^x\cos x = e^x\frac{1}{(D+1)^2-2(D+1)+2}\cos x = e^x\frac{1}{D^2+1}\cos x$$

p.59 の III (2)　　p.59 の V (2)

$$= \frac{1}{2}xe^x\sin x$$

13.1 (1) $$\frac{1}{(D-2)(D-3)}e^{2x} = \frac{1}{D-3}e^{2x} - \frac{1}{D-2}e^{2x} = \frac{1}{2-3}e^{2x} - xe^{2x} = -(1+x)e^{2x}$$

p.63 の注意 4.8　　p.59 の III (4), (2)

(2) $$\frac{1}{D^2-3D+2}xe^{2x} = \frac{1}{D-2}xe^{2x} - \frac{1}{D-1}xe^{2x}$$

p.63 の注意 4.8

$$\frac{1}{D-2}xe^{2x} = e^{2x}\frac{1}{(D-2+2)}x = e^{2x}\frac{1}{D}x = e^{2x}\cdot\frac{x^2}{2}$$

p.59 の III (2)　　p.59 の III (2)

$$\frac{1}{D-1}xe^{2x} = \frac{1}{D-1}e^{1\cdot x}(xe^x) = e^x\frac{1}{(D-1+1)}xe^x = e^x\frac{1}{D}xe^x = e^x\cdot e^x(x-1)$$

$$\therefore\quad \frac{1}{(D-2)(D-1)}xe^{2x} = e^{2x}\left(\frac{x^2}{2}-x+1\right)$$

(3) $$\frac{1}{(D-1)(D-2)(D-3)}e^x = \frac{1}{D-1}\left[\frac{1}{(D-2)(D-3)}e^x\right]$$

$$= \frac{1}{D-1}\left[\frac{1}{D-3}e^x - \frac{1}{D-2}e^x\right] = \frac{1}{D-1}\left(\frac{1}{1-3}e^x - \frac{1}{1-2}e^x\right) = \frac{1}{2}\frac{1}{D-1}e^x = \frac{1}{2}xe^x$$

p.59 の III (4)　　p.60 の VII (1)

14.1 (1) $\dfrac{1}{1+(D+D^2)} = 1-(D+D^2)+(D+D^2)^2-\cdots = 1-D+2D^3+D^4-\cdots$

$\dfrac{1}{1+(D+D^2)}x^2 = x^2-2x$ （D^3 以上は 0 になる）

(2) $\dfrac{1}{D-1} = -\dfrac{1}{1-D} = -(1+D+D^2+D^3+D^4+\cdots)$

$\dfrac{1}{D-1}x^3 = -(1+D+D^2+D^3)x^3 = -(x^3+3x^2+6x+6)$ （D^4 以上は 0 になる）

(3) $\dfrac{1}{D^3+1} = \dfrac{1}{1+D^3} = 1-D^3+D^6-\cdots$

$\dfrac{1}{1+D^3}(x^3+2x) = x^3+2x-6$ （x^4 以上は 0 になる）

14.2 (1) $\dfrac{1}{D^2+1}x\sin 2x = x\dfrac{1}{D^2+1}\sin 2x - \dfrac{2D}{(D^2+1)^2}\sin 2x$

p.59 の III (6)　　p.59 の IV (3)

$= \dfrac{x}{-4+1}\sin 2x - 2D\left(\dfrac{1}{(-4+1)^2}\sin 2x\right) = -\dfrac{1}{3}x\sin 2x - \dfrac{4}{9}\cos 2x$

(2) $\dfrac{1}{(D^2+a^2)^2}\cos ax = \dfrac{1}{D^2+a^2}\left[\dfrac{1}{D^2+a^2}\cos ax\right] = \dfrac{1}{2a}\dfrac{1}{D^2+a^2}x\sin ax$

p.59 の V (2)

$= \dfrac{1}{2a}\dfrac{1}{4a^2}(x\sin ax - ax^2\cos ax)$　← p.59 の V (3)

$= \dfrac{1}{8a^3}(x\sin ax - ax^2\cos ax)$

(3) $\dfrac{1}{D^2-D+1}\sin 2x = \dfrac{1}{(D^2+1)-D}\sin 2x = \dfrac{(D^2+1)+D}{(D^2+1)^2-D^2}\sin 2x$

$= \dfrac{D^2+D+1}{(D^2+1)^2-D^2}\sin 2x$

↓ 分子を計算する

$= \dfrac{1}{(D^2+1)^2-D^2}(-3\sin 2x + 2\cos 2x)$

↓ p.59 の IV (3), (4)

$= \dfrac{-3\sin 2x + 2\cos 2x}{(-4+1)^2-(-4)} = \dfrac{1}{13}(2\cos 2x - 3\sin 2x)$

15.1 (1) $\dfrac{1}{D^2+1}\sec x = \sin x\displaystyle\int \cos x\sec x dx - \cos x\int \sin x \sec x dx$

p.65 の例題 15

$= \sin x\displaystyle\int dx - \cos x\int \tan x dx$

$= x\sin x + \cos x \log|\cos x|$

(2)[†]
$$\frac{1}{D^2-2D+2}e^x\sin x = e^x\sin x\int\sin x\cos x dx - e^x\cos x\int\sin^2 x dx$$

p.65 の例題 15

$$= \frac{e^x\sin x}{2}\int\sin 2x dx - \frac{e^x\cos x}{2}\int(1-\cos 2x)dx$$
$$= \frac{e^x(\sin 2x\cos x - \sin x\cos 2x)}{4} - \frac{xe^x\cos x}{2} = \frac{1}{4}e^x\sin x - \frac{1}{2}xe^x\cos x$$

4

(3) $\dfrac{1}{D^4-1}\sin x = \dfrac{1}{D^2+1}\left[\dfrac{1}{D^2-1}\sin x\right]$

$$\frac{1}{D^2-1}\sin x = \frac{1}{(D+1)(D-1)}\sin x = \frac{1}{-1-1}\left(\frac{1}{D+1}\sin x - \frac{1}{D-1}\sin x\right) = -\frac{1}{2}(I_1 - I_2)$$

p.63 の注意 4.8

$$I_1 = \frac{1}{D+1}\sin x = e^{-x}\int e^x\sin x dx = e^{-x}\cdot\frac{e^x}{2}(\sin x - \cos x) = \frac{1}{2}(\sin x - \cos x)$$

p.60 の VII (1)

$$I_2 = \frac{1}{D-1}\sin x = e^x\int e^{-x}\sin x dx = e^x\cdot\frac{e^{-x}}{2}(-\sin x - \cos x) = \frac{1}{2}(-\sin x - \cos x)$$

p.60 の VII (1)

$$\therefore\quad \frac{1}{D^2-1}\sin x = -\frac{1}{2}\left\{\frac{1}{2}(\sin x - \cos x) - \frac{1}{2}(-\sin x - \cos x)\right\} = -\frac{1}{2}\sin x$$

$$\frac{1}{D^4-1}\sin x = -\frac{1}{2}\frac{1}{D^2+1}\sin x = -\frac{1}{2}\left(\sin x\int\cos x\sin x dx - \cos x\int\sin^2 x dx\right)$$
$$= -\frac{1}{2}\left\{\frac{1}{2}\sin^3 x - \frac{\cos x}{2}\left(x - \frac{\sin 2x}{2}\right)\right\} = \frac{1}{4}\left(x\cos x - \frac{1}{2}\sin x\right)$$

16.1 (1) 与えられた微分方程式は $(D-1)(D+1)(D+2)y = e^{2x}$ と書き直せるから，余関数は $C_1e^x + C_2e^{-x} + C_3e^{-2x}$ で，特殊解は p.59 の **III** (4) により

$$\frac{1}{(D-1)(D+1)(D+2)}e^{2x} = \frac{1}{(2-1)(2+1)(2+2)}e^{2x} = \frac{1}{12}e^{2x}$$

よって，一般解は $y = C_1e^x + C_2e^{-x} + C_3e^{-2x} + e^{2x}/12$ である．

(2) 与えられた微分方程式は $(D-1)^3y = e^x$ と書き直せるから，余関数は $(C_1 + C_2x + C_3x^2)e^x$，特殊解は p.60 の **VII** (2) $(a = b)$ により

$$\frac{1}{(D-1)^3}e^x = \frac{1}{3!}x^3e^x = \frac{1}{6}x^3e^x$$

よって，一般解は $y = (C_1 + C_2x + C_3x^2)e^x + x^3e^x/6$ である．

(3) 与えられた微分方程式は $(D-2)(D+2)(D+3)y = e^{5x}$ と書き直せるから，余関数は $C_1e^{2x} + C_2e^{-2x} + C_3e^{-3x}$，特殊解は p.59 の **III** (4) により

[†]問題 11.2 (5) の方法でもよい．

$$\frac{1}{(D-2)(D+2)(D+3)}e^{5x} = \frac{1}{(5-2)(5+2)(5+3)}e^{5x} = \frac{1}{168}e^{5x}$$

よって，一般解は $y = C_1e^{2x} + C_2e^{-2x} + C_3e^{-3x} + e^{5x}/168$ である．

(4) 与えられた微分方程式は $(D-1)(D-2)(D-3)y = e^{4x}$ と書き直せるから，余関数は $C_1e^{x} + C_2e^{2x} + C_3e^{3x}$，特殊解は p.59 の **III** (4) により

$$\frac{1}{(D-1)(D-2)(D-3)}e^{4x} = \frac{1}{(4-1)(4-2)(4-3)}e^{4x} = \frac{1}{6}e^{4x}$$

よって，一般解は $y = C_1e^{x} + C_2e^{2x} + C_3e^{3x} + e^{4x}/6$ である．

16.2 (1) 与えられた微分方程式は $(D+2)(D+3)y = e^{5x} + e^{-x}$ と書き直せるから，余関数は $C_1e^{-2x} + C_2e^{-3x}$，特殊解は p.67 の注意 4.9，p.59 の **III** (4) より

$$\frac{1}{(D+2)(D+3)}e^{5x} + \frac{1}{(D+2)(D+3)}e^{-x} = \frac{e^{5x}}{(5+2)(5+3)} + \frac{e^{-x}}{(-1+2)(-1+3)} = \frac{1}{56}e^{5x} + \frac{1}{2}e^{-x}$$

よって，一般解は $y = C_1e^{-2x} + C_2e^{-3x} + e^{5x}/56 + e^{-x}/2$ である．

(2) 与えられた微分方程式は $(D-2)(D+2)y = 3e^{2x} + 4e^{-x}$ と書き直せるから，余関数は $C_1e^{2x} + C_2e^{-2x}$，特殊解は，p.67 の注意 4.9，p.59 の **III** (4), (2) より，

$$3\frac{1}{D-2}\left[\frac{1}{D+2}e^{2x}\right] + 4\frac{1}{(D-2)(D+2)}e^{-x} = \frac{3}{4}\frac{1}{D-2}e^{2x} - \frac{4}{3}e^{-x} = \frac{3}{4}xe^{2x} - \frac{4}{3}e^{-x}$$

よって，一般解は $y = C_1e^{2x} + C_2e^{-2x} + 3xe^{2x}/4 - 4e^{-x}/3$ である．

17.1 (1) 余関数は Ce^{x} であり，特殊解は，p.59 の **VI** を用いる．$\dfrac{1}{\lambda - 1}$ をマクローリン級数に展開すると $\dfrac{1}{\lambda-1} = -1-\lambda-\lambda^2-\cdots$ ① となる．$\lambda = D$ とすると，$\dfrac{1}{D-1} = -1-D-D^2-D^3-\cdots$ となるが，右辺の最高次数は x^3 であるから D^4 以上は不要となる．

$$\frac{1}{D-1}(x^3+2x) = -(1+D+D^2+D^3)(x^3+2x) = -(x^3+3x^2+8x+8)$$

$$\therefore \quad y = Ce^{x} - (x^3+3x^2+8x+8)$$

(2) 与えられた微分方程式は $D(D-2)(D+2)y = 5x^3 + 2$ と書き直せるから，余関数は $C_1 + C_2e^{2x} + C_3e^{-2x}$ であり，特殊解を次のようにして求める．

$$\frac{1}{D}(5x^3+2) = \frac{5}{4}x^4 + 2x$$

上の (1) のマクローリン級数①において，$\lambda = \dfrac{D^2}{4}$ とおく．

$$\frac{1}{D^2-4} = \frac{1}{4}\left(\frac{D^2}{4} - 1\right)^{-1} = \frac{1}{4}\left\{-1 - \left(\frac{D^2}{4}\right) - \left(\frac{D^2}{4}\right)^2 - \left(\frac{D^2}{4}\right)^3 - \cdots\right\}$$

ここで，p.59 の **VI** を用いて特殊解を求める．右辺の最高次数は x^4 であるので，D^6 以上は不要となる．

$$\frac{1}{D^2-4}\left[\frac{1}{D}(5x^3+2)\right] = -\frac{1}{4}\left(1 + \frac{1}{4}D^2 + \frac{1}{16}D^4\right)\left(\frac{5}{4}x^4 + 2x\right)$$

$$= -\frac{1}{4}\left(\frac{5}{4}x^4 + 2x + \frac{1}{4}\cdot 15x^2 + \frac{1}{16}\cdot 30\right) = -\frac{1}{16}(5x^4 + 15x^2 + 8x) - \underline{\frac{15}{32}}$$

これは任意定数 C_1 に含める

$$\therefore \quad y = C_1 + C_2e^{2x} + C_3e^{-2x} - (5x^4 + 15x^2 + 8x)/16$$

(3) 与えられた微分方程式は $(D-1)(D^2-6D-6)y=x^2$ と書き直せるから，余関数は $C_1e^x+C_2e^{(3+\sqrt{15})x}+C_3e^{(3-\sqrt{15})x}$ であり，特殊解は p.59 の **VI** を用いて求める．

$$\frac{1}{D^3-7D^2+6}x^2=\frac{1}{6}\frac{1}{1-\frac{7}{6}D^2+\frac{1}{6}D^3}x^2=\frac{1}{6}\left(1+\frac{7}{6}D^2\right)x^2=\frac{1}{6}\left(x^2+\frac{7}{3}\right)$$

$$\therefore\quad y=C_1e^x+C_2e^{(3+\sqrt{15})x}+C_3e^{(3-\sqrt{15})x}+\frac{1}{6}\left(x^2+\frac{7}{3}\right)$$

注意 p.69 の注意 4.10 のマクローリン級数 $(1-\lambda)^{-1}=1+\lambda+\lambda^2+\cdots$ において，$\lambda=\frac{7}{6}D^2-\frac{1}{6}D^3$ とおくと，

$$\frac{1}{1-\left(\frac{7}{6}D^2-\frac{1}{6}D^3\right)}=1+\left(\frac{7}{6}D^2-\frac{1}{6}D^3\right)+\left(\frac{7}{6}D^2-\frac{1}{6}D^3\right)^2+\cdots$$

$$=1+\frac{7}{6}D^2\quad\left(\begin{array}{l}\text{右辺の最高次数は } x^2 \text{ であるので}\\ D^3 \text{ 以上は不要となる}\end{array}\right)$$

(4) 与えられた微分方程式は $D(D+1)(D+3)y=x^3$ と書き直せるから，余関数は $C_1+C_2e^{-x}+C_3e^{-3x}$，特殊解は p.59 の **VI** を用いて求める．

$$\frac{1}{D(D^2+4D+3)}x^3=\frac{1}{3D}\frac{1}{1+\frac{4}{3}D+\frac{1}{3}D^2}x^3=\frac{1}{3D}\left(1-\frac{4}{3}D+\frac{13}{9}D^2-\frac{40}{27}D^3\right)x^3$$

$$=\frac{1}{3D}\left(x^3-4x^2+\frac{26x}{3}-\frac{80}{9}\right)=\frac{1}{3}\left(\frac{x^4}{4}-\frac{4x^3}{3}+\frac{13x^2}{3}-\frac{80x}{9}\right)$$

$$\therefore\quad y=C_1+C_2e^{-x}+C_3e^{-3x}+\frac{1}{3}\left(\frac{x^4}{4}-\frac{4x^3}{3}+\frac{13x^2}{3}-\frac{80x}{9}\right)$$

注意 p.69 の注意 4.10 のマクローリン級数 $(1+\lambda)^{-1}=1-\lambda+\lambda^2-\lambda^3+\cdots$ において $\lambda=\frac{4}{3}D+\frac{1}{3}D^2$ とおくと，

$$\frac{1}{1+\frac{4}{3}D+\frac{1}{3}D^2}=1-\left(\frac{4}{3}D+\frac{1}{3}D^2\right)+\left(\frac{4}{3}D+\frac{1}{3}D^2\right)^2-\left(\frac{4}{3}D+\frac{1}{3}D^2\right)^3+\cdots$$

$$=1-\frac{4}{3}D+\frac{13}{9}D^2-\frac{40}{27}D^3\quad\left(\begin{array}{l}\text{右辺の最高次数が } x^3 \text{ であるので}\\ D^4 \text{ 以降は不要となる}\end{array}\right)$$

18.1 (1) 与えられた微分方程式は $(D-1)^2y=x^3e^x$ と書き直せるから，余関数は $(C_1+C_2x)e^x$ で，特殊解は，p.59 の **III** (2) より，

$$\frac{1}{(D-1)^2}x^3e^x=e^x\frac{1}{D^2}x^3=\frac{1}{20}x^5e^x\quad\therefore\quad y=(C_1+C_2x)e^x+\frac{1}{20}x^5e^x$$

(2) 与えられた微分方程式は $(D-1)^2(D+1)y=xe^{2x}$ と書き直せるから，余関数は $(C_1+C_2x)e^x+C_3e^{-x}$ である．また，p.59 の **III** (2), **VI** より

$$\frac{1}{D^3-D^2-D+1}xe^{2x}=e^{2x}\frac{1}{(D+2)^3-(D+2)^2-(D+2)+1}x$$

$$=\frac{e^{2x}}{3}\frac{1}{1+\frac{7}{3}D+\frac{5}{3}D^2+\frac{1}{3}D^3}=\frac{e^{2x}}{3}\left(1-\frac{7}{3}D\right)x=\frac{1}{3}\left(x-\frac{7}{3}\right)e^{2x}$$

$$\therefore \quad y=(C_1+C_2x)e^x+C_3e^{-x}+(3x-7)e^{2x}/9$$

注意　p.69 の注意 4.10 のマクローリン級数 $(1+\lambda)^{-1}=1-\lambda+\lambda^2-\cdots$ において，$\lambda=\frac{7}{3}D+\frac{5}{3}D^2+\frac{1}{3}D^3$ とおくと，

$$\frac{1}{1+\frac{7}{3}D+\frac{5}{3}D^2+\frac{1}{3}D^3}=1-\left(\frac{7}{3}D+\frac{5}{3}D^2+\frac{1}{3}D^3\right)+\cdots=1-\frac{7}{3}D$$

（右辺が x であるので D^2 以降は不要となる）

(3)　与えられた微分方程式は $(D-2)^3y=x^2e^{2x}$ と書き直せるから，余関数は $(C_1+C_2x+C_3x^2)e^{2x}$ で，特殊解は，p.59 の **III** (2) より，

$$\frac{1}{(D-2)^3}x^2e^{2x}=e^{2x}\frac{1}{D^3}x^2=\frac{1}{60}x^5e^{2x}$$

$$\therefore \quad y=(C_1+C_2x+C_3x^2)e^{2x}+x^5e^{2x}/60$$

(4)　与えられた微分方程式は $(D+1)^3y=x^2e^{-2x}$ と書き直せるから，余関数は $(C_1+C_2x+C_3x^2)e^{-x}$ であり，特殊解は p.59 の **III** (2), **VI** より，

$$\frac{1}{(D+1)^3}x^2e^{-2x}=e^{-2x}\frac{1}{(D-1)^3}x^2=-e^{-2x}(1+3D+6D^2)x^2=-e^{-2x}(x^2+6x+12)$$

$$\therefore \quad y=(C_1+C_2x+C_3x^2)e^{-x}-(x^2+6x+12)e^{-2x}$$

注意　p.69 の注意 4.10 のマクローリン級数 $(1-\lambda)^{-1}=1+\lambda+\lambda^2+\cdots$ において，$\lambda=3D-3D^2+D^3$ とおくと，

$$-\frac{1}{1-3D+3D^2-D^3}=-(1+3D+6D^2)$$ （右辺が x^2 であるので D^3 以降は不要となる）

19.1　特殊解は未定係数法で求めてもよいが，ここでは p.71 の例題 19 の方法を用いてみよう．

(1)　与えられた微分方程式は $(D-2)(D-3)y=\cos 2x$ と書き直せるから，余関数は $C_1e^{2x}+C_2e^{3x}$ で，特殊解は

$$\frac{1}{D^2-5D+6}\cos 2x=\mathrm{Re}\left[\frac{1}{D^2-5D+6}e^{2ix}\right]=\mathrm{Re}\frac{e^{2ix}}{(2i)^2-10i+6}=\mathrm{Re}\frac{e^{2ix}}{2-10i}$$

（**p.59 の III (4)**）

$$=\frac{1}{52}(\cos 2x-5\sin 2x)$$

よって，一般解は $y=C_1e^{2x}+C_2e^{3x}+(\cos 2x-5\sin 2x)/52$ である．

(2)　与えられた微分方程式は $(D^2+1)^2y=\sin x$ と書き直せるから，余関数は $(C_1+C_2x)\cos x+(C_3+C_4x)\sin x$．また，特殊解は

$$\frac{1}{(D^2+1)^2}\sin x=\frac{1}{D^2+1}\left[\frac{1}{D^2+\mathbf{1}}\sin(\mathbf{1}\cdot x)\right]=\frac{1}{D^2+\mathbf{1}}\left(-\frac{1}{2}\right)x\cos(\mathbf{1}\cdot x)$$

（**p.59 の V (1)**）

$$=-\frac{1}{8}(x\cos x+x^2\sin x)$$ ← **p.59 の V (4)**

ゆえに，一般解は $(C_1+C_2x)\cos x+(C_3+C_4x)\sin x-(x\cos x+x^2\sin x)/8$ である．

(3) 与えられた微分方程式は $(D^2+1)(D^2+4)y = \sin 3x$ と書き直せるから，余関数は $C_1\cos x + C_2\sin x + C_3\cos 2x + C_4\sin 2x$ で，特殊解は

$$\frac{1}{(D^2+1)(D^2+4)}\sin 3x = \frac{1}{(-9+1)(-9+4)}\sin 3x = \frac{1}{40}\sin 3x$$

p.59 の IV (3)

よって，一般解は $y = C_1\cos x + C_2\sin x + C_3\cos 2x + C_4\sin 2x + \sin 3x/40$ である．

(4) 与えられた微分方程式は $(D-2)(D+2)(D+3)y = \cos 4x$ と書き直せるから，余関数は $C_1e^{2x} + C_2e^{-2x} + C_3e^{-3x}$ である．また，特殊解は

$$\frac{1}{(D+3)(D^2-4)}\cos 4x = \frac{D-3}{(D^2-9)(D^2-4)}\cos 4x = (D-3)\frac{\cos 4x}{(-16-9)(-16-4)}$$

p.59 の IV (4)

$$= \frac{1}{500}(D-3)\cos 4x = -\frac{1}{500}(4\sin 4x + 3\cos 4x)$$

よって，一般解は $y = C_1e^{2x} + C_2e^{-2x} + C_3e^{-3x} - (4\sin 4x + 3\cos 4x)/500$ である．

(5) 与えられた微分方程式は $(D+1)(D+2)(D+3)y = 2\sin 3x$ と書き直せるから，余関数は $C_1e^{-x} + C_2e^{-2x} + C_3e^{-3x}$ である．また，特殊解は

$$\frac{2}{D^3+6D^2+11D+6}\sin 3x = 2\mathrm{Im}\frac{1}{D^3+6D^2+11D+6}e^{3ix}$$

p.59 の III (4)

$$= 2\mathrm{Im}\frac{e^{3ix}}{(3i)^3+6\cdot(3i)^2+33i+6} = 2\mathrm{Im}\frac{e^{3ix}}{-6(8-i)} = -\frac{1}{3}\mathrm{Im}\frac{e^{3ix}(8+i)}{(8-i)(8+i)}$$

$$= -\frac{1}{195}\mathrm{Im}\{(8+i)(\cos 3x + i\sin 3x)\} = -\frac{1}{195}(8\sin 3x + \cos 3x)$$

よって，一般解は $y = C_1e^{-x} + C_2e^{-2x} + C_3e^{-3x} - (8\sin 3x + \cos 3x)/195$ である．

(6) 与えられた微分方程式は $(D-1)(D-2)y = e^x + \cos x$ と書き直せるから，余関数は $C_1e^x + C_2e^{2x}$ である．また，

$$\frac{1}{D^2-3D+2}e^x = \frac{1}{D-1}\left[\frac{1}{D-2}e^x\right] = -\frac{1}{D-1}e^x = -xe^x$$

p.59 の III (4)　p.60 の VII

$$\frac{1}{D^2-3D+2}\cos x = \frac{D^2+2+3D}{(D^2+2)^2-9D^2}\cos x$$

$$= \frac{D^2+2}{(D^2+2)^2-9D^2}\cos x + 3D\left[\frac{1}{(D^2+2)^2-9D^2}\cos x\right]$$

p.59 の IV (2)

$$= \frac{-1+2}{(-1+2)^2+9}\cos x + 3D\frac{\cos x}{(-1+2)^2+9} = \frac{1}{10}(\cos x - 3\sin x)$$

よって，一般解は $y = C_1e^x + C_2e^{2x} - xe^x + (\cos x - 3\sin x)/10$ である．

20.1 (1) 与えられた微分方程式は $(D-1)(D-2)y = e^{4x}\sin x$ と書き直せるから，余関数は $C_1e^x + C_2e^{2x}$ である．また，特殊解は

$$\frac{1}{D^2-3D+2}e^{4x}\sin x = e^{4x}\frac{1}{(D+4)^2-3(D+4)+2}\sin x = e^{4x}\frac{1}{D^2+5D+6}\sin x$$

p.59 の III (2)

$$= e^{4x}\mathrm{Im}\frac{1}{D^2+5D+6}e^{ix} = e^{4x}\mathrm{Im}\frac{e^{ix}}{i^2+5i+6}$$

p.59 の III (4)

$$= e^{4x}\mathrm{Im}\frac{e^{ix}}{5(1+i)} = \frac{e^{4x}}{10}\mathrm{Im}(1-i)(\cos x + i\sin x)$$

$$= \frac{1}{10}e^{4x}(\sin x - \cos x)$$

よって，一般解は $y = C_1e^x + C_2e^{2x} + e^{4x}(\sin x - \cos x)/10$ である．

(2) 与えられた微分方程式は $(D+3)^2y = e^{3x}\sin 2x$ と書き直せるから，余関数は $(C_1+C_2x)e^{-3x}$ で，特殊解は

$$\frac{1}{(D+3)^2}e^{3x}\sin 2x = e^{3x}\frac{1}{(D+6)^2}\sin 2x = e^{3x}\mathrm{Im}\frac{1}{(D+6)^2}e^{2ix} = e^{3x}\mathrm{Im}\frac{e^{2ix}}{(2i+6)^2}$$

p.59 の III (2)　　p.59 の III (4)

$$= \frac{e^{3x}}{200}\mathrm{Im}(4-3i)(\cos 2x + i\sin 2x)$$

$$= \frac{e^{3x}}{200}(4\sin 2x - 3\cos 2x)$$

よって，一般解は $y = (C_1 + C_2x)e^{-3x} + e^{3x}(4\sin 2x - 3\cos 2x)/200$ である．

(3) 与えられた微分方程式は $(D+1)(D^2-D+1)y = e^x\sin x$ と書き直せるから，余関数は $C_1e^{-x} + e^{x/2}\left(C_2\cos\frac{\sqrt{3}}{2}x + C_3\sin\frac{\sqrt{3}}{2}x\right)$ であり，特殊解は

$$\frac{1}{D^3+1}e^x\sin x = e^x\frac{1}{(D+1)^3+1}\sin x = e^x\mathrm{Im}\frac{1}{(D+1)^3+1}e^{ix} = e^x\mathrm{Im}\frac{e^{ix}}{(1+i)^3+1}$$

p.59 の III (2)　　p.59 の III (4)

$$= \frac{e^x}{5}\mathrm{Im}(-1-2i)(\cos x + i\sin x) = -\frac{e^x}{5}(2\cos x + \sin x)$$

よって，一般解は

$$y = C_1e^{-x} + e^{-x/2}\left(C_2\cos\frac{\sqrt{3}}{2}x + C_3\sin\frac{\sqrt{3}}{2}x\right) - \frac{e^x}{5}(2\cos x + \sin x)$$

である．

(4) 与えられた微分方程式は $(D-1)(D-3)y = e^x\cos 2x + \cos 4x$ と書き直せるから，余関数は $C_1e^x + C_2e^{3x}$ である．また，特殊解は，

$$\frac{1}{D^2-4D+3}e^x\cos 2x = e^x\frac{1}{(D+1)^2-4(D+1)+3}\cos 2x = e^x\frac{1}{D(D-2)}\cos 2x$$

p.59 の III (2)

$$= e^x\frac{D^2+2D}{D^2(D^2-4)}\cos 2x = e^x(D^2+2D)\frac{\cos 2x}{-4(-4-4)}$$

p.59 の IV (4)

$$= \frac{e^x}{32}(D^2+2D)\cos 2x = -\frac{e^x}{8}(\cos 2x+\sin 2x)$$

$$\frac{1}{D^2-4D+3}\cos 4x = \mathrm{Re}\frac{1}{D^2-4D+3}e^{4ix} = \mathrm{Re}\frac{e^{4ix}}{(4i)^2-16i+3}$$

p.59 の III (4)

$$= -\mathrm{Re}\frac{\cos 4x+i\sin 4x}{13+16i} = -\frac{1}{425}(13\cos 4x+16\sin 4x)$$

∴　一般解は $y = C_1e^x + C_2e^{3x} - e^x(\cos 2x+\sin 2x)/8 - (13\cos 4x+16\sin 4x)/425$ である．

21.1　(1)　与式の同伴方程式は $\lambda^2+1=0$ であるから，余関数は $C_1\cos x + C_2\sin x$ で，特殊解は，

$$\frac{1}{D^2+1}x\sin x = \frac{1}{4}(x\sin x - x^2\cos x)$$

p.59 の V (3)

よって，一般解は $y = C_1\cos x + C_2\sin x + (x\sin x - x^2\cos x)/4$ である．

(2)　与式の同伴方程式は $\lambda^2+4=0$ であるから，余関数は $C_1\cos 2x + C_2\sin 2x$ で，特殊解は，p.59 の **V** (4) は使えないので，

$$\frac{1}{D^2+4}x\cos x = x\frac{1}{D^2+4}\cos x - \frac{2D}{(D^2+4)^2}\cos x = x\frac{\cos x}{-1+4} - 2D\left(\frac{\cos x}{(-1+4)^2}\right)$$

p.59 の III (6)　　p.59 の IV (4)

$$= \frac{x\cos x}{3} + \frac{2\sin x}{9}$$

よって，一般解は $y = C_1\cos 2x + C_2\sin 2x + (3x\cos x + 2\sin x)/9$ である．

(3)　与えられた微分方程式は $(D-1)(D-3)y = xe^{-x}\cos 2x$ と書き直せるから，余関数は $C_1e^x + C_2e^{3x}$ である．また，特殊解は，

$$\frac{1}{D^2-4D+3}xe^{-x}\cos 2x = x\frac{1}{D^2-4D+3}e^{-x}\cos 2x - \frac{2D-4}{(D^2-4D+3)^2}e^{-x}\cos 2x$$

p.59 の III (6)

$$= x\mathrm{Re}\frac{1}{D^2-4D+3}e^{(-1+2i)x} - \mathrm{Re}\frac{2D-4}{(D^2-4D+3)^2}e^{(-1+2i)x}$$

p.59 の III (4)

$$= x\mathrm{Re}\frac{e^{(-1+2i)x}}{(-1+2i)^2-4(-1+2i)+3} - \mathrm{Re}(2D-4)\frac{e^{(-1+2i)x}}{\{(-1+2i)^2-4(-1+2i)+3\}^2}$$

$$= \frac{1}{40}xe^{-x}(\cos 2x + 3\sin 2x) - \frac{1}{400}e^{-x}(6\cos 2x + 17\sin 2x)$$

∴　一般解は $y=C_1e^x+C_2e^{3x}+\dfrac{xe^{-x}(\cos 2x+3\sin 2x)}{40}-\dfrac{e^{-x}(6\cos 2x+17\sin 2x)}{400}$ である．

22.1 (1)〜(4) は n 階オイラーの微分方程式である．$x=e^t$ とおき，$\dfrac{d}{dt}=\delta$ と表すと $xDy=\delta y$, $x^2D^2y=\delta(\delta-1)y$, $x^3D^3y=\delta(\delta-1)(\delta-2)y$ となる．これらを与式に代入する．

(1)　$\delta(\delta-1)y-4\delta y+6y=e^t$, $(\delta^2-5\delta+6)y=e^t$ と定数係数 2 階線形微分方程式となるから，$(\delta-3)(\delta-2)=0$ より余関数は，$C_1e^{2t}+C_2e^{3t}$ で，特殊解は，p.59 の **III** (4) より，

$$\frac{1}{\delta^2-5\delta+6}e^t=\frac{e^t}{1-5+6}=\frac{1}{2}e^t$$

よって，一般解は $y=C_1e^{2t}+C_2e^{3t}+e^t/2=C_1x^2+C_2x^3+x/2$ である．

(2)　$\delta(\delta-1)y-\delta y+y=t$, $(\delta^2-2\delta+1)y=t$ と定数係数 2 階線形微分方程式となるから，余関数は $(\delta-1)^2=0$ より $(C_1+C_2t)e^t$ で，特殊解は，

$$\frac{1}{\delta^2-2\delta+1}t=\frac{1}{(\delta-1)^2}t=(\delta-1)^{-2}t=(-1-\delta-\delta^2-\cdots)^2t=(1+2\delta)t=t+2$$

（δ^2 以上は不要となる）

よって，一般解は $y=(C_1+C_2t)e^t+t+2=C_1x+C_2x\log x+\log x+2$ である．

(3)　$\delta(\delta-1)(\delta-2)y+2\delta(\delta-1)y-6\delta y=0$, $\delta(\delta-3)(\delta+2)y=0$ となるから，一般解は $y=C_1+C_2e^{3t}+C_3e^{-2t}=C_1+C_2x^3+C_3/x^2$ である．

(4)　$2x-1=e^t$ とおき，$\dfrac{d}{dx}=D$, $\dfrac{d}{dt}=\delta$ とおくと $\dfrac{dy}{dx}=\dfrac{2}{2x-1}\dfrac{dy}{dt}$ より，

$$Dy=2e^{-t}\delta y,\quad D^2y=2D(e^{-t}\delta y)=4e^{-t}\delta(e^{-t}\delta y)=4e^{-2t}\delta(\delta-1)y$$

したがって，与えられた微分方程式は次のように定数係数 2 階線形微分方程式に変換される．

$$4\delta(\delta-1)y-28\delta y+60y=0\quad \text{よって}\quad (\delta-3)(\delta-5)y=0$$

ゆえに，一般解は $y=C_1e^{3t}+C_2e^{5t}=C_1(2x-1)^3+C_2(2x-1)^5$ である．

22.2 (1), (2) は n 階オイラーの微分方程式である．$x=e^t$ とおき，$\dfrac{d}{dx}=D$, $\dfrac{d}{dt}=\delta$ と書くことにすると $xDy=\delta y$, $x^2D^2y=\delta(\delta-1)y$, $x^3D^3y=\delta(\delta-1)(\delta-2)y$ となる．これを与式に代入する．

(1)　与えられた微分方程式は

$$\delta(\delta-1)(\delta-2)y+7\delta(\delta-1)y+8\delta y=t^2\quad \text{よって}\quad (\delta^3+4\delta^2+3\delta)y=t^2$$

と定数係数 3 階線形微分方程式となる．$\delta^3+4\delta^2+3\delta=\delta(\delta^2+4\delta+3)=\delta(\delta+3)(\delta+1)$ であるから余関数は $C_1+C_2e^{-t}+C_3e^{-3t}$ である．また，

$$\frac{1}{\delta^3+4\delta^2+3\delta}t^2=\frac{1}{\delta}\left[\frac{1}{\delta^2+4\delta+3}t^2\right]=\frac{1}{3\delta\left(1+\frac{4}{3}\delta+\frac{1}{3}\delta^2\right)}t^2$$

$$=\frac{1}{3\delta}\left\{1-\left(\frac{4}{3}\delta+\frac{1}{3}\delta^2\right)+\left(\frac{4}{3}\delta+\frac{1}{3}\delta^2\right)^2-\cdots\right\}t^2=\frac{1}{3\delta}\left(1-\frac{4}{3}\delta+\frac{13}{9}\delta^2-\cdots\right)t^2$$

$$=\frac{1}{3\delta}\left(1-\frac{4}{3}\delta+\frac{13}{9}\delta^2\right)t^2\quad \text{（}\delta^3\text{ 以上は不要となる）}$$

$$=\frac{1}{3\delta}\left(t^2-\frac{8}{3}t+\frac{26}{9}\right)=\frac{t^3}{9}-\frac{4}{9}t^2+\frac{26}{27}t$$

ゆえに，一般解は $y=C_1+\dfrac{C_2}{x}+\dfrac{C_3}{x^3}+\dfrac{1}{9}(\log x)^3-\dfrac{4}{9}(\log x)^2+\dfrac{26}{27}\log x$ である．

(2) 与えられた微分方程式は

$$\delta(\delta-1)(\delta-2)y+\delta y-y=te^t \quad よって \quad (\delta^3-3\delta^2+3\delta-1)y=te^t$$

と定数係数 3 階線形微分方程式となる．$(\delta-1)^3y=te^t$ となるから，余関数は $(C_1+C_2t+C_3t^2)e^t$ である．また，p.59 の **III** (2) より

$$\frac{1}{\delta^3-3\delta^2+3\delta-1}te^t=\frac{1}{(\delta-1)^3}te^t=e^t\frac{1}{\delta^3}t=\frac{1}{4!}t^4e^t$$

ゆえに，一般解は $y=\left\{C_1+C_2\log x+C_3(\log x)^2+(\log x)^4/4!\right\}x$ である．

23.1 (1) 第 1 式に $D-2$ を作用させたものと第 2 式の和をつくる．

$$\begin{array}{rr} & D(D-2)y-(D-2)z=0 \\ +) & y+(D-2)z=0 \\ \hline & (D^2-2D+1)y=0 \end{array}$$

これは $(D-1)^2y=0$ と書き直せるから，この方程式の解は，

$$y=(C_1+C_2x)e^x$$

である．これを第 1 式に代入すると，

$$z=D[(C_1+C_2x)e^x]=\left\{(C_1+C_2)+C_2x\right\}e^x$$

(2) 第 2 式に $D-3$ を作用させたものから第 1 式を引く．

$$\begin{array}{rlr} & (D-3)y+(D-3)(D-1)z & =0 \\ -) & (D-3)y-2z & =0 \\ \hline & & (D^2-4D+5)z=0 \end{array}$$

$\lambda^2-4\lambda+5=0$ の虚数解は $\lambda=2\pm i$ であるから，この方程式の解は

$$z=e^{2x}(C_1\cos x+C_2\sin x)$$

である．これを第 2 式に代入すると，

$$y=(1-D)[e^{2x}(C_1\cos x+C_2\sin x)]=e^{2x}\left\{(C_1-C_2)\sin x-(C_1+C_2)\cos x\right\}$$

(3) 第 1 式に $D-1$ を作用させたものと第 2 式を 2 倍したものの和をつくる．

$$\begin{array}{rrl} & (D+1)(D-1)y-2(D-1)z=(D-1)x^2 & =2x-x^2 \\ +) & 2y+2(D-1)z & =2 \\ \hline & (D^2+1)y & =2+2x-x^2 \end{array}$$

この微分方程式の余関数は $\lambda^2+1=0$ より $C_1\cos x+C_2\sin x$ で，特殊解は $(1+\lambda)^{-1}=1-\lambda+\lambda^2-\cdots$ において，$\lambda=D^2$ とおくと $\dfrac{1}{1+D^2}=1-D^2+D^4-\cdots$（$D^4$ 以上は不要となる）であるから，

$$\frac{1}{D^2+1}(2+2x-x^2)=(1-D^2)(2+2x-x^2)=-x^2+2x+4$$

である．よって，

$$y=C_1\cos x+C_2\sin x-x^2+2x+4$$

となる．これを第 1 式に代入すると，

$$2z = (D+1)(C_1\cos x + C_2\sin x - x^2 + 2x + 4) - x^2$$
$$= (C_1 + C_2)\cos x - (C_1 - C_2)\sin x - 2x^2 + 6$$
$$\therefore\quad z = \frac{1}{2}(C_1 + C_2)\cos x - \frac{1}{2}(C_1 - C_2)\sin x - x^2 + 3$$

(4) 第 1 式に $D+3$ を作用させたものと第 2 式を 5 倍したものの差をつくる．

$$\begin{array}{rll} & (D+3)(D+2)y + 5(D+3)z = (D+3)e^{2x} & = 5e^{2x} \\ -) & 20y + 5(D+3)z & = 5e^{x} \\ \hline & (D^2+5D-14)y & = 5(e^{2x} - e^x) \end{array}$$

これは $(D-2)(D+7)y = 5(e^{2x} - e^x)$ と書き直せるから，余関数は $C_1e^{2x} + C_2e^{-7x}$ であり，特殊解は，p.59 の **III** (4) と p.60 の **VII** (1) により，

$$\frac{5}{D^2+5D-14}(e^{2x} - e^x) = \frac{1}{D-2}\left[\frac{5}{D+7}e^{2x}\right] - \frac{5}{D^2+5D-14}e^x$$
$$= \frac{1}{D-2}\left(\frac{5}{2+7}e^{2x}\right) - \frac{5e^x}{1+5-14} = \frac{5}{9}xe^{2x} + \frac{5}{8}e^x$$

である．よって，

$$y = C_1e^{2x} + C_2e^{-7x} + 5xe^{2x}/9 + 5e^x/8$$

これを第 1 式に代入すると，

$$5z = e^{2x} - (D+2)(C_1e^{2x} + C_2e^{-7x} + 5xe^{2x}/9 + 5e^x/8)$$
$$= -4(9C_1 - 1)e^{2x}/9 + 5C_2e^{-7x} - 20xe^{2x}/9 - 15e^x/8$$
$$\therefore\quad z = -4(9C_1 - 1)e^{2x}/45 + C_2e^{-7x} - 4xe^{2x}/9 - 3e^x/8$$

24.1 (1) 第 1 式に D を作用させたものと第 2 式に D^2+1 を作用させたものの差をつくる．

$$\begin{array}{rl} & D(D^2+D+1)y + D(D^2+1)z = 2e^{2x} \\ -) & (D^2+1)(D+1)y + D(D^2+1)z = 1 \\ \hline & -y = 2e^{2x} - 1 \end{array}$$

次に，第 1 式に $D+1$ を作用させたものと第 2 式に D^2+D+1 を作用させたものの差をつくる．

$$\begin{array}{rl} & (D+1)(D^2+D+1)y + (D+1)(D^2+1)z = 3e^{2x} \\ -) & (D+1)(D^2+D+1)y + D(D^2+D+1)z = 1 \\ \hline & z = 3e^{2x} - 1 \end{array}$$

よって，$y = -2e^{2x} + 1, z = 3e^{2x} - 1$ を得る．

(2) (1) と同じ方法で解く．第 1 式に $D+1$ を，第 2 式に D^2+D+1 をそれぞれ作用させて差をつくると，$y = 1 + x - 3e^x$ を得る．次に，第 1 式に D を，第 2 式に D^2+1 をそれぞれ作用させて差をつくると，$z = 2e^x - 1$ を得る．

(3) 第 1 式に D^2-1 を作用させたものと第 2 式の差をつくる．

$$\begin{array}{rl} & (D^2-1)(D^2+1)y + (D^2-1)z = 3e^{2x} \\ -) & D^4y + (D^2-1)z = x \\ \hline & -y = 3e^{2x} - x \end{array}$$

よって，$y=x-3e^{2x}$ である．これを第 1 式に代入すると

$$z=e^{2x}-(D^2+1)(x-3e^{2x})=16e^{2x}-x$$

24.2 第 3 式から $z=C_3e^{4x}$ である．これを第 2 式に代入すれば

$$(D+2)y=C_3e^{4x}$$

これを解けば，$(D+2)y=0$ の特性方程式 $\lambda+2=0$ より $\lambda=-2$．ゆえに余関数は $y=C_2e^{-2x}$．次に

$$y_0=C_3\frac{1}{D+2}e^{4x}=C_3e^{-2x}\int e^{4x}\cdot e^{2x}dx=\frac{C_3}{6}e^{4x}$$

p.60 の VII (1)

$$\therefore\quad y=C_2e^{-2x}+\frac{C_3}{6}e^{4x}$$

さらに，これら y,z を第 1 式に代入すると

$$(D-1)w=C_3e^{4x}-4\left(C_2e^{-2x}+\frac{C_3}{6}e^{4x}\right)=\frac{C_3}{3}e^{4x}-4C_2e^{-2x}$$

よって，特性方程式 $\lambda-1=0$ より $\lambda=1$．ゆえに余関数は $w=C_1e^x$．次に

$$w_0=\frac{C_3}{3}\frac{1}{D-1}e^{4x}-4C_2\frac{1}{D-1}e^{-2x}=\frac{4}{3}C_2e^{-2x}+\frac{1}{9}C_3e^{4x}$$

p.60 の VII (1)

$$\therefore\quad w=C_1e^x+\frac{4}{3}C_2e^{-2x}+\frac{1}{9}C_3e^{4x}$$

◆ 演習問題（第 4 章）の解答

1. (1) 与式は定数係数 2 階非同次線形微分方程式である．$y''+y'+y=0$ の特性方程式は $\lambda^2+\lambda+1=0$．これを解けば，$\lambda=\dfrac{-1\pm\sqrt{3}i}{2}$．ゆえに，余関数は $e^{-x/2}\left(C_1\cos\sqrt{3}\,x+C_2\sin\sqrt{3}\,x\right)$．

$y''+y'+y=x$ の特殊解を求めるために，右辺は x の多項式であるので，p.50 の追記 4.2 の (iv) と見当をつけて，$y=Ax+B$ を代入して係数を比べれば $A=1,B=-1$．次に $y''+y'+y=e^x$ の特殊解を求めるために，$y=Ce^x$ を代入して係数を比べると $C=1/3$．ゆえに，求める一般解は $y=e^{-x/2}\left(C_1\cos\sqrt{3}\,x+C_2\sin\sqrt{3}\,x\right)+x-1+e^x/3$.

(2) 与式は定数係数 2 階非同次線形微分方程式である．この特性方程式は $\lambda^2+3\lambda+2=(\lambda+1)(\lambda+2)=0$．よって余関数は $C_1e^{-x}+C_2e^{-2x}$ である．$y''+3y'+2y=e^x\cdots$① の特殊解を求めるために，p.50 の追記 4.2 (i) のように $y=Ae^x$ を ① に代入して，係数を比較すれば，$A=1/6$ を得る．次に $y''+3y'+2y=\cos x\cdots$② の特殊解を求める．p.50 の追記 4.2 (ii) と見当をつけて ② の左辺に $y=A\cos x+B\sin x$ を代入して係数を比べれば，$A=1/10$, $B=3/10$ を得る．ゆえに，与式の一般解は

$$y=C_1e^{-x}+C_2e^{-2x}+e^x/6+(\cos x+3\sin x)/10$$

2. (1) 与式は一般の 2 階同次線形微分方程式であり，$y=\cos x$ が与式の 1 つの特殊解として与えられているので p.51 の**解法 4.3** を用いる．$y=u\cos x$ とおいて与式を書き直すと

$$\frac{d^2u}{dx^2} - \tan x\frac{du}{dx} = 0, \qquad \frac{dw}{dx} - w\tan x = 0 \quad \left(w = \frac{du}{dx} \text{とおく}\right)$$

である．ゆえに，変数分離形であるから，

$$\int \frac{1}{w}dw - \int \tan x dx = C, \quad w\cos x = C_1, \quad \frac{du}{dx} = C_1 \sec x$$

$$\therefore \quad \frac{y}{\cos x} = u = C_1 \int \sec x dx + C_2 = C_1 \log(\sec x + \tan x) + C_2$$

$$\therefore \quad y = \cos x\{C_1 \log(\sec x + \tan x) + C_2\}$$

(2) 与式は一般の 2 階同次線形微分方程式で $y = e^{x^2}$ が 1 つの特殊解として与えられている．$y_1 = e^{x^2}$ と 1 次独立な解は，p.52 の**解法 4.4** の系より，

$$y_2 = e^{x^2} \int \frac{1}{e^{2x^2}} e^{\int 4x dx} dx = e^{x^2} \int dx = xe^{x^2}$$

ゆえに，一般解は $y = (C_1 + C_2 x)e^{x^2}$ である．

3. (1) 与式は一般の 2 階非同次線形微分方程式である $y'' + y = 0$ の 1 次独立な解は p.45 の**解法 4.2** より $\cos x, \sin x$ で $W(\cos x, \sin x) = 1$ である．公式 $\sin\alpha\sin\beta = -\frac{1}{2}\{\cos(\alpha+\beta) - \cos(\alpha-\beta)\}$ より $2\sin x \sin 2x = \cos x - \cos 3x$ であるから，まず $y'' + y = -\cos 3x$ の特殊解を求める．そのために，p.50 の追記 4.2 (ii) により $y = A\cos 3x + B\sin 3x$ を代入して A, B を求めると，$A = 1/8,\ B = 0$．ゆえに，$(\cos 3x)/8$ は $y'' + y = -\cos 3x$ の特殊解である．次に，$y'' + y = \cos x$ の特殊解を p.51 の**解法 4.4**（定数変化法）で求めよう．

$$v_1(x) = -\int \sin x \cos x dx = \frac{1}{4}\cos 2x, \quad v_2(x) = \int \cos^2 x dx = \frac{1}{2}x + \frac{1}{4}\sin 2x$$

であるから，$(\cos x)v_1(x) + (\sin x)v_2(x) = (\cos x)/4 + (x \sin x)/2$．よって，一般解は $y = C_1 \cos x + C_2 \sin x + (\cos 3x)/8 + (x\sin x)/2$.

(2) 与式は一般の 2 階非同次線形微分方程式である．$y'' + \frac{4}{x}y' + \frac{2}{x^2}y = \frac{e^x}{x^2}$ と書き直して，$P(x) = \frac{4}{x}, Q(x) = \frac{2}{x^2}$ とおく．p.52 の特殊解の発見法 (ii) により，$m(m-1) + mx\cdot\frac{4}{x} + x^2\cdot\frac{2}{x^2} = 0$ より，$m = -1, -2$ を得る．よって，$u_1 = \frac{1}{x}, u_2 = \frac{1}{x^2}$ は同次方程式 $y'' + \frac{4}{x}y' + \frac{1}{x^2}y = 0$ の特殊解であるから，p.51 の**解法 4.4** より

$$W(u_1, u_2) = \begin{vmatrix} 1/x & 1/x^2 \\ -1/x^2 & -2/x^3 \end{vmatrix} = \frac{-1}{x^4}$$

である．したがって

$$v_1(x) = -\int \frac{(1/x^2)(e^x/x^2)}{-1/x^4}dx = e^x, \quad v_2(x) = \int \frac{(1/x)(e^x/x^2)}{-1/x^4}dx = (1-x)e^x$$

よって，$u_1v_1 + u_2v_2 = e^x/x$．ゆえに，一般解は $y = \frac{C_1}{x} + \frac{C_2}{x^2} + \frac{e^x}{x^2}$.

4. (1) 与式は一般の 2 階非同次線形微分方程式である．これを p.52 の**解法 4.5** により標準形に直して解く．いま $P(x) = -4x, Q(x) = 4x^2, R(x) = xe^{x^2}$ である．$v = e^{\int 2x dx} = e^{x^2}$ と

し，$y=uv$ とおけば，$I=4x^2-\dfrac{1}{2}(-4)-\dfrac{1}{4}(-4x)^2=2$, $J=\dfrac{xe^{x^2}}{e^{x^2}}=x$ であるので標準形 $u''+2u=x\cdots$① を得る．余関数は $C_1\cos\sqrt{2}\,x+C_2\sin\sqrt{2}\,x$ で①の特殊解は p.50 の追記 4.2 (iv) より，$x/2$ である．したがって，

$$u=C_1\cos\sqrt{2}\,x+C_2\sin\sqrt{2}\,x+x/2,$$
$$\therefore\quad y=uv=e^{x^2}\left(C_1\cos\sqrt{2}\,x+C_2\sin\sqrt{2}\,x+x/2\right)$$

(2) 与式は 2 階オイラーの微分方程式である．$x=e^t$ とおけば，$x^2y''-xy'+y=0$ は $\dfrac{d^2y}{dt^2}-2\dfrac{dy}{dt}+y=0$ となる．これは定数係数 2 階線形微分方程式である．この微分方程式の 1 次独立な解は p.45 の**解法 4.2** より e^t, te^t である．与えられた微分方程式を

$$y''-\frac{1}{x}y+\frac{1}{x^2}y=\frac{2\log x}{x^2}$$

と書き直すと，余関数は $C_1x+C_2x\log x$ で，$W(x,x\log x)=x$ である．よって，特殊解は，p.51 の**解法 4.4** により，

$$I=x\int\frac{-x\log x(2\log x/x^2)}{x}dx+x\log x\int\frac{x(2\log x/x^2)}{x}dx$$

を求める．いま $\log x=u$ とおくと，$x=e^u, dx=e^u du$.

$$\begin{aligned}I&=-2x\int u^2e^{-u}du+2x\log x\int ue^{-u}du\\&=(-2x)\left\{-e^{-u}u^2+2(-e^{-u}u-e^{-u})\right\}+2x\log x(-e^{-u}u-e^{-u})\\&=e^{-u}\left\{(-2x)\left((-u^2)-2u-2\right)+2x\log x(-u-1)\right\}\\&=2u^2+4u+4+2u(-u-1)=2u+4\end{aligned}$$
$$\therefore\quad I=2\log x+4$$

よって，一般解は，$y=C_1x+C_2x\log x+2\log x+4$ である．

5. (1) 与えられた微分方程式は $(D-1)(D^2-2D+2)y=x^2+e^x$ と書き直せるから，余関数は $C_1e^x+e^x(C_2\cos x+C_3\sin x)$ である．次に特殊解を求める．

$$\frac{1}{(D-1)(D^2-2D+2)}e^x=\frac{1}{D-1}\left(\frac{1}{1^2-2+2}e^x\right)=\frac{1}{D-1}e^x=xe^x$$

p.59 の III (4)　　**p.60 の VII (1)**

ここで，p.59 の **VI** を用いる．$(1-\lambda)^{-1}=1+\lambda+\lambda^2+\cdots$ であるので，$\lambda=2D-\dfrac{3}{2}D^2+\dfrac{1}{2}D^3$ を代入する．

$$\begin{aligned}\frac{1}{D^3-3D^2+4D-2}&=-\frac{1}{2}\frac{1}{1-\left(2D-\frac{3}{2}D^2+\frac{1}{2}D^3\right)}\\&=-\frac{1}{2}\left\{1+\left(2D-\frac{3}{2}D^2+\frac{1}{2}D^3\right)+\left(2D-\frac{3}{2}D^2+\frac{1}{2}D^3\right)^2+\cdots\right\}\\&=-\frac{1}{2}\left(1+2D+\frac{5}{2}D^2\right)\end{aligned}$$

（最高次数が x^2 であるので D^3 以降は不要）

$$\frac{1}{D^3-3D^2+4D-2}x^2=-\frac{1}{2}\left(1+2D+\frac{5}{2}D^2\right)x^2=-\frac{1}{2}(x^2+4x+5)$$

$$\therefore\quad y=e^x(C_1+C_2\cos x+C_3\sin x)+xe^x-(x^2+4x+5)/2$$

(2) 与えられた微分方程式は $D\bigl(D-\sqrt{2}\bigr)\bigl(D+\sqrt{2}\bigr)y=e^{2x}-x$ と書き直せるから，余関数は $C_1'+C_2e^{\sqrt{2}x}+C_3e^{-\sqrt{2}x}$ である．次に特殊解を求める．

$$\frac{1}{D^3-2D}e^{2x}=\frac{1}{8-4}e^{2x}=\frac{1}{4}e^{2x}$$

p.59 の III (4)

また，$I=\dfrac{1}{D^3-2D}x=\dfrac{1}{D^2-2}\dfrac{1}{D}x=\dfrac{1}{D^2-2}\dfrac{1}{2}x^2=\left(-\dfrac{1}{2}\right)\dfrac{1}{1-\frac{1}{2}D^2}\dfrac{1}{2}x^2=-\dfrac{1}{4}\dfrac{1}{1-\frac{1}{2}D^2}x^2$

ここで p.59 の **VI** を用いる．$(1-\lambda)^{-1}=1+\lambda+\lambda^2+\cdots$ であるので，$\lambda=\dfrac{D^2}{2}$ を代入する．

$$\frac{1}{1-\frac{1}{2}D^2}=1+\left(\frac{D^2}{2}\right)+\left(\frac{D^2}{2}\right)^2+\cdots=1+\frac{D^2}{2}$$

（最高次数が x^2 であるので，D^3 以降は不要）

$$\therefore\quad I=-\frac{1}{4}\left(1+\frac{D^2}{2}\right)x^2=-\frac{1}{4}(x^2+1)$$

$$\therefore\quad y=C_1+C_2e^{\sqrt{2}x}+C_3^{-\sqrt{2}x}+(e^{2x}+x^2)/4$$

(3) 与えられた微分方程式は $D^3(D-1)^2y=x^2+e^{2x}$ と書き直せるから，余関数は $C_1+C_2x+C_3x^2+(C_4+C_5x)e^x$ である．また，特殊解は，

$$\frac{1}{D^5-2D^4+D^3}(x^2+e^{2x})=\frac{1}{D^3}\left[\frac{1}{D^2-2D+1}x^2\right]+\frac{1}{D^5-2D^4+D^3}e^{2x}=I_1+I_2$$

ここで p.60 の **VII** (1) を用いる．

$$\frac{1}{D^3}\cdot\frac{1}{D^2-2D+1}=\frac{1}{D^3}\frac{1}{1-(2D-D^2)}=\frac{1}{D^3}\left\{1+(2D-D^2)+(2D-D^2)^2+\cdots\right\}$$

$$=\frac{1}{D^3}(1+2D-D^2+4D^2+\cdots)=\frac{1}{D^3}(1+2D+3D^2)$$

（最高次数が x^2 であるので，D^3 以降は不要）

$$I_1=\frac{1}{D^3}\frac{1}{D^2-2D+1}x^2=\frac{1}{D^3}(1+2D+3D^2)x^2=\frac{1}{D^3}(x^2+4x+6)=\frac{x^5}{60}+\frac{x^4}{6}+x^3$$

$$I_2=\frac{1}{D^5-2D^4+D^3}e^{2x}=\frac{1}{2^5-2\cdot2^4+2^3}e^{2x}=\frac{1}{8}e^{2x}$$

p.59 の III (4)

$$\therefore\quad y=C_1+C_2x+C_3x^2+(C_4+C_5x)e^x+\frac{x^5}{60}+\frac{x^4}{6}+x^3+\frac{e^{2x}}{8}$$

(4) 同次方程式の特性方程式は $\lambda^2-\lambda+1$ であるから，余関数は

$$e^{x/2}\left(C_1\cos\frac{\sqrt{3}}{2}x+C_2\sin\frac{\sqrt{3}}{2}x\right)$$

である．特殊解は

$$\frac{1}{D^2-D+1}\sin 2x=\frac{1}{(D^2+1)-D}\sin 2x=\frac{(D^2+1)+D}{(D^2+1)^2-D^2}\sin 2x$$

$$=\frac{D^2+1}{(D^2+1)^2-D^2}\sin 2x+\frac{1}{(D^2+1)^2-D^2}(D\sin 2x)$$

$$=\frac{D^2+1}{(D^2+1)^2-D^2}\sin 2x+\frac{2}{(D^2+1)^2-D^2}\cos 2x$$

↓ p.59 の IV (1), (2)

$$=\frac{-4+1}{(-4+1)^2+4}\sin 2x+\frac{2}{(-4+1)^2+4}\cos 2x=-\frac{1}{13}(3\sin 2x-2\cos 2x)$$

ゆえに，一般解は

$$y=e^{x/2}\left(C_1\cos\frac{\sqrt{3}}{2}x+C_2\sin\frac{\sqrt{3}}{2}x\right)-\frac{1}{13}(3\sin 2x-2\cos 2x)$$

で与えられる．

(5) 与えられた微分方程式は $(D-1)(D+1)^2y=(1-\cos 2x)/2$ と書き直せるから，余関数は $C_1e^x+(C_2+C_3x)e^{-x}$ であり，特殊解は

$$\frac{1}{(D-1)(D+1)^2}=\frac{D-1}{(D-1)^2(D+1)^2}=\frac{D-1}{(D^2-1)^2}\quad \text{より}$$

$$\frac{D-1}{(D^2-1)^2}\frac{1-\cos 2x}{2}=\frac{1}{(D^2-1)^2}\frac{2\sin 2x+\cos 2x-1}{2}$$

p.59 の IV (3), (4)

$$=\frac{1}{(-4-1)^2}\sin 2x+\frac{1}{2}\frac{1}{(-4-1)^2}\cos 2x-\frac{1}{2}=-\frac{1}{2}+\frac{1}{50}(\cos 2x+2\sin 2x)$$

よって，一般解は $y=C_1c^x+(C_2+C_3x)e^{-x}+(\cos 2x+2\sin 2x)/50-1/2$ である．

(6) 与えられた微分方程式は $(D-1)(D+1)(D^2+1)y=e^x\cos x$ と書き直せるから，余関数は $C_1e^x+C_2e^{-x}+C_3\cos x+C_4\sin x$ であり，特殊解は

$$\frac{1}{D^4-1}e^x\cos x=e^x\frac{1}{(D+1)^4-1}\cos x=e^x\mathrm{Re}\frac{1}{(D+1)^4-1}e^{ix}=e^x\mathrm{Re}\frac{e^{ix}}{(i+1)^4-1}$$

p.59 の III (2)　　p.59III (4)

$$=-\frac{1}{5}e^x\cos x$$

よって，一般解は $y=C_1e^x+C_2e^{-x}+C_3\cos x+C_4\sin x-e^x\cos x/5$ である．

(7) 与えられた微分方程式は $D(D-1)(D+1)y=x^2e^x-e^x\cos x$ と書き直せるから，余関数は $C_1+C_2e^x+C_3e^{-x}$ である．また特殊解は，

$$\frac{1}{D^3-D}(x^2e^x-e^x\cos x)=e^x\frac{1}{(D+1)^3-(D+1)}(x^2-\cos x)$$

p.59 の III (2)

$$=e^x\frac{1}{D(D^2+3D+2)}x^2-e^x\frac{1}{D(D^2+2)+3D^2}\cos x=I_1+I_2$$

I_1 を求めるために，p.59 の **VI** を用いる．

$$\frac{1}{D^2+3D+2}x^2 = \frac{1}{2}\frac{1}{\left(1+\frac{3}{2}D+\frac{1}{2}D^2\right)}x^2 = \frac{1}{2}\left\{1-\left(\frac{3}{2}D+\frac{D^2}{2}\right)+\left(\frac{3}{2}D+\frac{D^2}{2}\right)^2-\cdots\right\}x^2$$

$$= \frac{1}{2}\left(1-\frac{3}{2}D+\frac{7}{4}D^2\right)x^2 \quad (D^3 \text{ 以降は不要})$$

$$= \frac{1}{2}\left(x^2-3x+\frac{7}{2}\right)$$

$$I_1 = \frac{e^x}{2}\frac{1}{D}\left(x^2-3x+\frac{7}{2}\right) = \frac{e^x}{2}\left(\frac{x^3}{3}-\frac{3}{2}x^2+\frac{7}{2}x\right)$$

$$I_2 = -e^x\frac{1}{D(D^2+2)+3D^2}\cos x = -e^x\frac{D(D^2+2)-3D^2}{D^2(D^2+2)^2-9D^4}\cos x$$

p.59 の IV (4)

$$= -e^x(D^3-3D^2+2D)\frac{1}{(-1)(-1+2)^2-9(-1)^2}\cos x$$

$$= -e^x(D^3-3D^2+2D)\left(-\frac{1}{10}\right)\cos x = \frac{e^x}{10}(3\cos x-\sin x)$$

よって，一般解は

$$y = C_1+C_2e^x+C_3e^{-x}+e^x\left(\frac{x^3}{6}-\frac{3x^2}{4}+\frac{7x}{4}+\frac{3}{10}\cos x-\frac{1}{10}\sin x\right)$$

(8)　$(D^2-1)y=0$ より余関数は $C_1e^x+C_2e^{-x}$ である．また，特殊解は，

$$\frac{1}{D^2-1}x\sin x = x\frac{1}{D^2-1}\sin x-\frac{2D}{(D^2-1)^2}\sin x = \frac{x\sin x}{-1-1}-2D\frac{\sin x}{(-1-1)^2}$$

p.59 の III (6)　　**p.59 の IV (3)**

$$= -\frac{1}{2}x\sin x-\frac{1}{2}\cos x$$

ここでは p.59 の **VI** を用いる（D^3 以降は不要）．

$$\frac{1}{D^2+4D+3} = \frac{1}{3}\frac{1}{1-\left(\frac{4}{3}D-\frac{D^3}{3}\right)} = \frac{1}{3}\left\{1+\left(\frac{4}{3}D-\frac{D^2}{3}\right)+\left(\frac{4}{3}D-\frac{D^2}{3}\right)^2+\cdots\right\}$$

$$= \frac{1}{3}\left(1+\frac{4}{3}D-\frac{D^2}{3}+\frac{16}{9}D^2+\cdots\right) = \frac{1}{3}\left(1+\frac{D}{3}+\frac{13}{9}D^2+\cdots\right)$$

$$\frac{1}{D^2-1}(1+x^2)e^{2x} = e^{2x}\frac{1}{(D+2)^2-1}(1+x^2) = e^{2x}\frac{1}{D^2+4D+3}(1+x^2)$$

p.59 の III (2)

$$= \frac{e^{2x}}{3}\left(1-\frac{4}{3}D+\frac{13}{9}D^2\right)(1+x^2) = \frac{e^{2x}}{3}\left(x^2-\frac{8}{3}x+\frac{35}{9}\right)$$

よって，一般解は $y = C_1e^x+C_2e^{-x}+\dfrac{e^{2x}}{3}\left(x^2-\dfrac{8}{3}x+\dfrac{35}{9}\right)$ である．

6. (1)　$x-1=e^t$ とおく．微分演算子 $D=\dfrac{d}{dx}, \delta=\dfrac{d}{dt}$ を考える．

$$Dy=\frac{dy}{dx}=\frac{dt}{dx}\frac{dy}{dt}=e^{-t}\delta y$$

$$D^2y=D(Dy)=\frac{d}{dx}(e^{-t}\delta y)=\frac{dt}{dx}\frac{d}{dt}(e^{-t}\delta y)=e^{-t}\cdot e^{-t}(\delta^2 y-\delta y)=e^{-2t}\delta(\delta-1)y$$

となるから，与式は

$$\delta(\delta-1)y-2\delta y+2y=0, \quad (\delta-1)(\delta-2)y=0$$

となる．よって，一般解は $y=C_1e^t+C_2e^{2t}=C_1(x-1)+C_2(x-1)^2$ である．

(2)　与式はオイラーの微分方程式である．$x=e^t$ とおいて，$D=\dfrac{d}{dx}, \delta=\dfrac{d}{dt}$ を考えると，$xDy=\delta y$, $x^2D^2y=\delta(\delta-1)y$, $x^3D^3y=\delta(\delta-1)(\delta-2)y$ となる．これより，

$$\delta(\delta-1)(\delta-2)y+3\delta(\delta-1)y+\delta y+y=\sin t \quad \text{よって} \quad (\delta^3+1)y=\sin t$$

となるから，余関数は $y=C_1e^{-t}+e^{t/2}\left(C_2\cos\dfrac{\sqrt{3}}{2}t+C_3\sin\dfrac{\sqrt{3}}{2}t\right)$ となる．また，

$$\frac{1}{\delta^3+1}\sin t=\mathrm{Im}\frac{1}{\delta^3+1}e^{it}=\mathrm{Im}\frac{1}{i^3+1}e^{it}=\frac{1}{2}(\cos t-\sin t)$$

p.59 の (4)

ゆえに，一般解は

$$y=\frac{C_1}{x}+\sqrt{x}\left\{C_2\cos\left(\frac{\sqrt{3}}{2}\log x\right)+C_3\sin\left(\frac{\sqrt{3}}{2}\log x\right)\right\}+\frac{1}{2}(\cos\log x-\sin\log x)$$

である．

7. (1)　第 2 式に D を作用させたものと第 1 式の差をつくる．

$$\begin{array}{rll} & D(D-1)y+Dz=D\cos x & =-\sin x \\ -) & (D+3)y+Dz & =\sin x \\ \hline & (D^2-2D-3)y & =-2\sin x \end{array}$$

この微分方程式の余関数は $C_1e^{3x}+C_2e^{-x}$ であり，特殊解は

$$\frac{-2}{D^2-2D-3}\sin x=\mathrm{Im}\frac{-2}{D^2-2D-3}e^{ix}=\mathrm{Im}\frac{-2}{i^2-2i-3}e^{ix}=\frac{1}{5}(2\sin x-\cos x)$$

p.59 の III (4)

である．よって，

$$y=C_1e^{3x}+C_2e^{-x}+(2\sin x-\cos x)/5$$

これを第 2 式に代入すれば，

$$\begin{aligned} z&=\cos x-(D-1)\left\{C_1e^{3x}+C_2e^{-x}+(2\sin x-\cos x)/5\right\} \\ &=-2C_1e^{3x}+2C_2e^{-x}+\frac{1}{5}\sin x+\frac{2}{5}\cos x \end{aligned}$$

(2) $\begin{cases} y-2z+(D+2)w=0 & \cdots ① \\ y-(D+1)z=0 & \cdots ② \\ (D-2)y=0 & \cdots ③ \end{cases}$ とおく.

(i) $(D-2)y=0$ を解くと, $y=C_1e^{2x}$ …④

(ii) ④を②に代入すると, $(D+1)z=C_1e^{2x}$ …⑤

⑤の余関数は $z=C_2e^{-x}$ である. ⑤の特殊解 $z_0=\dfrac{1}{D+1}C_1e^{2x}=C_1\dfrac{1}{3}e^{2x}$

p.59 の III (4)

ゆえに z の一般解は $z=\dfrac{C_1}{3}e^{2x}+C_2e^{-x}$ …⑥

(iii) ④と⑥を①に代入すると, $(D+2)w=-\dfrac{C_1}{3}e^{2x}+2C_2e^{-x}$ …⑦

⑦の余関数は, $w=C_3e^{-2x}$. 次に⑦の特殊解 w_0 は,

$$w_0=\frac{1}{D+2}\left(-\frac{C_1}{3}e^{2x}+2C_2e^{-x}\right)$$
$$=-\frac{C_1}{3}\frac{1}{D+2}e^{2x}+2C_2\frac{1}{D+2}e^{-x}=-\frac{C_1}{3}\frac{e^{2x}}{2+2}+2C_2\frac{e^{-x}}{-1+2}=-\frac{C_1}{12}e^{2x}+2C_2e^{-x}$$

p.59 の III (4)

ゆえに w の一般解は, $w=-\dfrac{C_1}{12}e^{2x}+2C_2e^{-x}+C_3e^{-2x}$ …⑧

④, ⑥, ⑧より, 求める, y,z,w の一般解は

$$\begin{cases} y=C_1e^{2x} \\ z=\dfrac{C_1}{3}e^{2x}+C_2e^{-x} \\ w=-\dfrac{C_1}{12}e^{2x}+2C_2e^{-x}+C_3e^{-2x} \end{cases}$$

8. (1) $y'=p$ とおくと, 与えられた微分方程式は $p''=p$ となる. これは定数係数の 2 階線形微分方程式であるから,

$$y'=p=C_1e^x+C_2'e^{-x} \quad よって \quad y=C_1e^x+C_2e^{-x}+C_3$$

(2) $y''=p$ とおくと, 与えられた微分方程式は $p''+p=-1$ となる. $p''+p=0$ の一般解は $p=C_1'\cos x+C_2'\sin x$ で, $p''+p=-1$ の特殊解は $p=-1$ となるから, $y''=p=C_1'\cos x+C_2'\sin x-1$ である. ゆえに,

$$y'=-C_1'\sin x+C_2'\cos x-x+C_3 \quad よって \quad y=C_1\cos x+C_2\sin x-x^2/2+C_3x+C_4$$

5 章の解答

1.1 (1), (2) のいずれも, $y=\sum_{n=0}^{\infty}c_nx^n$ とおいて, 与えられた方程式に代入する.

(1) $c_1+\sum_{n=2}^{\infty}(nc_n+2c_{n-2})x^{n-1}=1$ となるから,

$$c_1=1, \quad nc_n+2c_{n-2}=0 \quad (n=2,3,\cdots)$$

ゆえに，$\quad c_1=1,\quad c_2=-c_0,\quad c_{2n+1}=\dfrac{(-1)^n 2^n}{1\cdot 3\cdot\cdots\cdot(2n+1)},\quad c_{2n}=\dfrac{(-1)^n c_0}{n!}$

よって，

$$y=c_0\sum_{n=0}^{\infty}(-1)^n\frac{x^{2n}}{n!}+\sum_{n=0}^{\infty}\frac{(-1)^n 2^n}{1\cdot 3\cdot\cdots\cdot(2n+1)}x^{2n+1}$$
$$=c_0e^{-x^2}+\sum_{n=0}^{\infty}\frac{(-1)^n 2^n}{1\cdot 3\cdot\cdots\cdot(2n+1)}x^{2n+1}$$

(2) $c_1+\sum_{n=2}^{\infty}(nc_n-2c_{n-2})x^{n-1}=x$ となるから，

$$c_1=0,\quad 2c_2-2c_0=1,\quad nc_n-2c_{n-2}=0\quad(n=3,4,\cdots)$$

5

これから順に c_n を求めてゆけば，$c_{2n+1}=0$, $c_{2n}=\dfrac{1+2c_0}{2\cdot n!}$ となる．よって，

$$y=c_0+\frac{1+2c_0}{2}\sum_{n=1}^{\infty}\frac{x^{2n}}{n!}=c_0+\frac{1+2c_0}{2}(e^{x^2}-1)=-\frac{1}{2}+Ce^{x^2}$$

1.2 $y=\sum_{n=0}^{\infty}c_nx^n\cdots$① とおくと，$y'=\sum_{n=1}^{\infty}nc_nx^{n-1}$ となる．これを書きかえて，$y'=\sum_{n=0}^{\infty}(n+1)c_{n+1}x^n\cdots$② とする．これら①, ②を与式に代入する．

$$\sum_{n=0}^{\infty}(n+1)c_{n+1}x^n=1+x+\sum_{n=0}^{\infty}c_nx^n$$

よって，$c_1=1+c_0$, $2c_2=1+c_1$, $(n+1)c_{n+1}=c_n\ (n=2,3,\cdots)$．初期条件から，$c_0=1$ となるから，

$$c_1=2,\quad c_{n+1}=\frac{c_n}{n+1}=\cdots=\frac{1+c_1}{(n+1)!}=\frac{3}{(n+1)!}\quad(n=1,2,\cdots)$$
$$\therefore\quad y=1+2x+\sum_{n=1}^{\infty}\frac{3}{(n+1)!}x^{n+1}=3e^x-x-2$$

2.1 (1), (2), (3) のいずれも $y=\sum_{n=0}^{\infty}c_nx^n$ とおくと，$n=0$ から加えるので $y'=\sum_{n=0}^{\infty}(n+1)c_{n+1}x^n$, $y''=\sum_{n=0}^{\infty}(n+2)(n+1)c_{n+2}x^n$ となる．これらを与えられた微分方程式に代入する．

(1) $\sum_{n=0}^{\infty}\left[(n+2)(n+1)c_{n+2}-c_n\right]x^n=0$ より，$(n+2)(n+1)c_{n+2}-c_n=0\ (n\geqq 0)$．よって，帰納的に，$c_{2n}=\dfrac{c_0}{(2n)!}$, $c_{2n+1}=\dfrac{c_1}{(2n+1)!}\ (n=1,2,\cdots)$．ゆえに，一般解は

$$y=c_0\sum_{n=0}^{\infty}\frac{x^{2n}}{(2n)!}+c_1\sum_{n=0}^{\infty}\frac{x^{2n+1}}{(2n+1)!}$$

(2) $(2c_2+c_0)+\sum_{n=3}^{\infty}\left[n(n-1)c_n+(n-1)c_{n-2}\right]x^{n-2}=0$ より，$2c_2+c_0=0$, $3\cdot 2c_3+2c_1=0$, $n(n-1)c_n+(n-1)c_{n-2}=0\ (n\geqq 4)$ である．ゆえに，

$$c_2=-\frac{c_0}{2},\quad c_3=-\frac{c_1}{3},\quad c_{2n}=\frac{(-1)^n}{2^nn!}c_0,\quad c_{2n+1}=\frac{(-1)^n}{1\cdot 3\cdot\cdots\cdot(2n+1)}c_1$$

よって，一般解は

$$y = c_0\sum_{n=0}^{\infty}\frac{1}{n!}\left(-\frac{x^2}{2}\right)^n + c_1\sum_{n=0}^{\infty}\frac{(-1)^n}{1\cdot 3\cdot \cdots \cdot(2n+1)}x^{2n+1}$$
$$= c_0e^{-x^2/2} + c_1\sum_{n=0}^{\infty}\frac{(-1)^n}{1\cdot 3\cdot \cdots \cdot(2n+1)}x^{2n+1}$$

(3) $(2c_2+2c_0)+(2\cdot 3c_3+c_1)x+3\cdot 4c_4x^2+\sum_{n=4}^{\infty}\bigl[n(n+1)c_{n+1}-(n-3)c_{n-1}\bigr]x^{n-1}=0$ より，

$$c_2=-c_0,\quad c_3=-\frac{c_1}{3!},\quad c_{2n}=0\quad(n\geqq 2),\quad c_{2n+1}=-\frac{1\cdot 3\cdot 5\cdot \cdots \cdot(2n-3)}{(2n+1)!}$$
$$\therefore\quad y=c_0(1-x^2)+c_1\left[x-\sum_{n=1}^{\infty}\frac{1\cdot 3\cdot \cdots \cdot(2n-3)}{(2n+1)!}x^{2n+1}\right]$$

3.1 (1) $x^2y''+x\left(\frac{1}{2}-x\right)y'-\frac{1}{2}xy=0$ と書き直してみれば，$x=0$ は確定特異点で，決定方程式は $\lambda^2+\left(\frac{1}{2}-1\right)\lambda=0$ である．よって，指数は $\lambda_1=\frac{1}{2}, \lambda_2=0$ であるから，$\lambda_1 \fallingdotseq \lambda_2$ かつ $\lambda_1-\lambda_2 \fallingdotseq$ 整数．したがって p.83 の**解法 5.2** (i) より，$y_1=x^{1/2}\sum_{n=0}^{\infty}c_nx^n$, $y_2=\sum_{n=0}^{\infty}d_nx^n$ の形の 1 次独立な解が存在する．これらを，与えられた微分方程式に代入して係数を決定すると $c_n=\frac{2}{2n+1}c_{n-1}$ となり $c_n=\frac{2^n\cdot c_0}{1\cdot 3\cdot \cdots \cdot(2n+1)}$，$d_n=\frac{1}{n}d_{n-1}$ となり $d_n=\frac{d_0}{n!}$．よって，一般解は

$$y=c_0x^{1/2}\sum_{n=0}^{\infty}\frac{2^n}{1\cdot 3\cdot \cdots \cdot(2n+1)}x^n+d_0\sum_{n=0}^{\infty}\frac{x^n}{n!}=c_0x^{1/2}\sum_{n=0}^{\infty}\frac{2^n}{1\cdot 3\cdot \cdots \cdot(2n+1)}x^n+d_0e^x$$

(2) $x=0$ は確定特異点で，決定方程式 $\lambda^2-\lambda=0$ より，指数は $\lambda_1=1, \lambda_2=0$ である．$\lambda_1-\lambda_2=1$（整数）であるから，p.83 の**解法 5.2** (ii) により，まず $y_1=x\sum_{n=0}^{\infty}c_nx^n$ とおいて，与えられた微分方程式に代入して係数を定めれば $c_n=\frac{-1}{(n+1)n}c_{n-1}$ となり，$c_n=(-1)^n\frac{c_1}{n!\,(n+1)!}$ である．よって，$y_1=c_1\sum_{n=0}^{\infty}\frac{(-1)^n}{n!\,(n+1)!}x^{n+1}$ である．次に，$y_2=\sum_{n=0}^{\infty}d_nx^n+c\left(\sum_{n=0}^{\infty}\frac{(-1)^n}{n!\,(n+1)!}x^{n+1}\right)\log x$ とおいて，与えられた微分方程式に代入すると，

$$c\sum_{n=0}^{\infty}(-1)^n\frac{2n+1}{n!\,(n+1)!}x^n+\sum_{n=0}^{\infty}d_nx^n+\sum_{n=1}^{\infty}n(n+1)d_{n+1}x^n=0,$$
$$c+d_0=0,\quad -\frac{3}{2}c+d_1+2d_2=0,$$
$$(-1)^n\frac{2n+1}{n!\,(n+1)!}c+d_n+n(n+1)d_{n+1}=0\quad(n\geqq 2).$$

$d_0=d_1=-c$ とすると，$d_2=5c/4$, $d_3=-5c/18, \cdots$ で，y_1 と 1 次独立な解として，

$$y_2=c\left(\sum_{n=0}^{\infty}\frac{x^{n+1}}{n!\,(n+1)!}\right)\log x-c\left(1+x-\frac{5}{4}x^2+\frac{5}{18}x^3-\cdots\right)$$

を得る．よって，一般解は $y=ay_1+by_2$ で与えられる．

4.1 ルジャンドルの多項式 $P_m(x)$, $P_n(x)$ がルジャンドルの微分方程式

$$\frac{d}{dx}\left[(x^2-1)\frac{dy}{dx}\right]-n(n+1)y=0$$

の解であるから

$$\frac{d}{dx}\left[(x^2-1)P_m'\right]-m(m+1)P_m=0,\quad \frac{d}{dx}\left[(x^2-1)P_n'\right]-n(n+1)P_n=0.$$

ゆえに $\left\{P_n\frac{d}{dx}\left[(x^2-1)P_m'\right]-m(m+1)P_mP_n\right\}-\left\{P_m\frac{d}{dx}\left[(x^2-1)P_n'\right]-n(n+1)P_mP_n\right\}=0$

$$P_n\frac{d}{dx}\left[(x^2-1)P_m'\right]-P_m\frac{d}{dx}\left[(x^2-1)P_n'\right]-(m-n)(m+n+1)P_mP_n=0\quad\cdots①$$

$$\int_{-1}^{1}P_n\frac{d}{dx}\left[(x^2-1)P_m'\right]dx=\left[P_n(x^2-1)P_m'\right]_{-1}^{1}-\int_{-1}^{1}P_n'(x^2-1)P_m'dx$$
$$=-\int_{-1}^{1}(x^2-1)P_m'P_n'dx$$

同様にして,

$$\int_{-1}^{1}P_m\frac{d}{dx}\left[(x^2-1)P_n'\right]dx=-\int_{-1}^{1}(x^2-1)P_m'P_n'dx$$

よって①より

$$(m-n)(m+n+1)\int_{-1}^{1}P_mP_ndx=0$$

$m,\, n\geqq 0,\ m\neq n$ であるから $\displaystyle\int_{-1}^{1}P_mP_ndx=0$

5.1 $y=\sqrt{x}\,J_\alpha(x)$ とおくと,

$$y'=\frac{1}{2\sqrt{x}}J_\alpha(x)+\sqrt{x}\,J_\alpha'(x),\quad y''=-\frac{1}{4x\sqrt{x}}J_\alpha(x)+\frac{1}{\sqrt{x}}J_\alpha'(x)+\sqrt{x}\,J_\alpha''(x)$$

ゆえに,

$$y''+\left(1+\frac{1-4\alpha^2}{4x^2}\right)y=-\frac{1}{4x\sqrt{x}}J_\alpha(x)+\frac{1}{\sqrt{x}}J_\alpha'(x)+\sqrt{x}J_\alpha''(x)+\left(1+\frac{1-4\alpha^2}{4x^2}\right)\sqrt{x}\,J_\alpha(x)$$
$$=\frac{1}{x\sqrt{x}}\left[x^2J_\alpha''(x)+xJ_\alpha'(x)+(x^2-\alpha^2)J_\alpha\right].$$

$J_\alpha(x)$ は微分方程式 $x^2y''+xy'+(x^2-\alpha^2)y=0$ の解であるから，上の式の右辺の値は 0 である.

◆ 演習問題（第 5 章）の解答

1. 与えられた微分方程式を $(x-1)y'+y'=1+(x-1)+y$ と書き直しておいて，$y=\sum_{n=0}^{\infty}c_n(x-1)^n$ を代入すると,

$$c_1+\sum_{n=1}^{\infty}\left[nc_n+(n+1)c_{n+1}\right](x-1)^n=1+(x-1)+\sum_{n=0}^{\infty}c_n(x-1)^n$$

ゆえに，　$c_1=1+c_0,\quad c_1+2c_2=c_1+1,\quad nc_n+(n+1)c_{n+1}=c_n\quad(n=2,3,\cdots).$

よって，$c_1 = 1 + c_0$，$c_2 = \dfrac{1}{2}$，$c_n = \dfrac{(-1)^n}{n(n-1)}\ (n = 3, 4, \cdots)$ を得る．したがって，

$$y = c_0 + (1 + c_0)(x-1) + \sum_{n=2}^{\infty} \frac{(-1)^n}{n(n-1)}(x-1)^n = c_0 x + x\log x$$

注意

$$\sum_{n=2}^{\infty} \frac{(-1)^n}{n(n-1)}(x-1)^n = \sum_{n=2}^{\infty}\left[\frac{(-1)^n}{n-1}(x-1)^n - \frac{(-1)^n}{n}(x-1)^n\right]$$

$$\left(\because \quad \frac{1}{n(n-1)} = \frac{1}{n-1} - \frac{1}{n}\right)$$

$$= (x-1)\sum_{n=1}^{\infty} \frac{(-1)^{n-1}}{n}(x-1)^n + \sum_{n=1}^{\infty} \frac{(-1)^{n-1}}{n}(x-1)^n - (x-1)$$

$$= (x-1)\log x + \log x - (x-1)$$ (➪ p.80 の追記 5.1 ⑥)

5

2. (1) $y'' - \dfrac{2x}{1-x^2}y' + 0 \cdot y = 0 \cdots$① より，$p(x) = -\dfrac{2x}{1-x^2} = -2x(1 + x^2 + x^4 + \cdots)$ と $q(x) = 0$ は $x = 0$ で解析的であるので，① の解は $x = 0$ で解析的である．よって ① の解を $y = \sum_{n=0}^{\infty} a_n x^n$ とおくと，$y' = \sum_{n=1}^{\infty} n a_n x^{n-1}$，$y'' = \sum_{n=2}^{\infty} n(n-1)a_n x^{n-2}$ となる．これらを ① に代入すると，

$$\sum_{n=2}^{\infty} n(n-1)a_n x^{n-2} - \frac{2x}{1-x^2}\sum_{n=1}^{\infty} n a_n x^{n-1} = 0$$

$$(1-x^2)\sum_{n=2}^{\infty} n(n-1)a_n x^{n-2} - 2x\sum_{n=1}^{\infty} n a_n x^{n-1} = 0$$

$$\sum_{n=2}^{\infty} n(n-1)a_n x^{n-2} - \sum_{n=2}^{\infty} n(n-1)a_n x^n - \sum_{n=1}^{\infty} 2n a_n x^n = 0$$

$$2a_2 + 6a_3 x + \sum_{n=2}^{\infty}(n+2)(n+1)a_{n+2}x^n - \sum_{n=2}^{\infty} n(n-1)a_n x^n - 2a_1 x - \sum_{n=2}^{\infty} 2n a_n x^n = 0$$

$$2a_2 + (6a_3 - 2a_1)x + \sum_{n=2}^{\infty}\{(n+2)(n+1)a_{n+2} - n(n-1)a_n - 2na_n\}x^n = 0$$

$$\therefore \quad 2a_2 = 0, \quad 6a_3 - 2a_1 = 0, \quad (n+2)(n+1)a_{n+2} - n(n+1)a_n = 0$$

$$a_2 = 0 \quad \cdots ②, \qquad a_3 = \frac{1}{3}a_1 \quad \cdots ③, \qquad a_{n+2} = \frac{n}{n+2}a_n \quad \cdots ④$$

(i) ② と ④ より，$a_2 = a_4 = a_6 = \cdots = 0$

(ii) ③ と ④ より，$a_3 = \dfrac{1}{3}a_1$, $a_5 = \dfrac{3}{5}a_3 = \dfrac{1}{5}a_1$，$a_7 = \dfrac{5}{7}a_5 = \dfrac{1}{7}a_1$，$\cdots$ 以上 (i), (ii) より，

$$y = a_0 + a_1 x + \frac{a_1}{3}x^3 + \frac{a_1}{5}x^5 + \frac{a_1}{7}x^7 + \cdots$$

$$= a_0 + a_1\left(x + \frac{x^3}{3} + \frac{x^5}{5} + \frac{x^7}{7} + \cdots\right) = a_0 + \frac{a_1}{2}\log\frac{1+x}{1-x} \quad (|x| < 1)$$

(➪ 例えば『新版 演習微分積分』(サイエンス社) p.41 の例題 15 (3))

(2) $p(x) = x$, $q(x) = 2$, $r(x) = x$ より，$x = 0$ は与式の正則点であるから，p.80 の定理 5.1 より $x = 0$ のまわりの整級数解をもつ．よって

$$y = c_0 + c_1 x + c_2 x^2 + \cdots + c_n x^{n-1} + \cdots$$

とおくと，

$$y' = c_1 + 2c_2x + 3c_3x^2 + \cdots + nc_nx^{n-1} + \cdots$$

$$y'' = 2c_2 + 2\cdot 3c_3x + 3\cdot 4c_4x^2 + \cdots + (n-1)nc_nx^{n-2} + \cdots$$

となる．これらを，与えられた微分方程式に代入すれば，

$$\begin{aligned} y'' + xy' + 2y &= 2c_2 + 2\cdot 3c_3x + 3\cdot 4c_4x^2 + \cdots + n(n+1)c_{n+1}x^{n-1} + \cdots \\ &\quad + c_1x + 2c_2x^2 + 3c_3x^3 + \cdots + (n-1)c_{n-1}x^{n-1} + \cdots \\ &\quad + 2c_0 + 2c_1x + 2c_2x^2 + \cdots + 2c_{n-1}x^{n-1} + \cdots \\ &= 2(c_0 + c_2) + (2\cdot 3c_3 + 3c_1)x + (3\cdot 4c_4 + 4c_2)x^2 + \cdots \\ &\quad + \bigl[n(n+1)c_{n+1} + ((n-1)+2)c_{n-1}\bigr]x^{n-1} + \cdots \\ &= x \end{aligned}$$

5

係数を比べて，

$$c_0 + c_2 = 0, \quad 2\cdot 3c_3 + 3c_1 = 1, \quad \cdots, \quad n(n+1)c_{n+1} + (n+1)c_{n-1} = 0 \qquad (n \geqq 3)$$

これから順に，

$$c_2 = -c_0,\ c_3 = \frac{1-3c_1}{2\cdot 3} = \frac{1}{1\cdot 2}\left(\frac{1-3c_1}{3}\right),\ c_4 = (-1)^2\frac{c_0}{3},\ c_5 = \frac{-1}{2\cdot 4}\left(\frac{1-3c_1}{3}\right),\ \cdots$$

一般に，

$$c_{2n} = (-1)^n\frac{c_0}{1\cdot 3\cdot \cdots \cdot (2n-1)}, \quad c_{2n+1} = (-1)^{n-1}\frac{1-3c_1}{1\cdot 2\cdot 4\cdot \cdots \cdot (2n)}\frac{1}{3} \quad (n = 1, 2, 3, \cdots)$$

よって，一般解は

$$y = c_0\sum_{n=1}^{\infty}(-1)^n\frac{x^{2n}}{1\cdot 3\cdot \cdots \cdot (2n-1)} + \frac{1-3c_1}{3}\sum_{n=1}^{\infty}(-1)^{n-1}\frac{x^{2n+1}}{1\cdot 2\cdot \cdots \cdot (2n)} + c_0 + c_1x$$

(3) $y'' + 0\cdot y' - xy = 0 \cdots$ ① より，$p(x) = 0 = 0 + 0\cdot x + 0\cdot x^2 + \cdots$ と $q(x) = -x = 0 + (-1)x + 0\cdot x^2 + \cdots$ は $x = 0$ で解析的であるから，① の解は $x = 0$ で解析的である．よって

$$y = c_0 + c_1x + c_2x^2 + \cdots$$

とおくことによって ① の級数解が得られる．

$$\begin{aligned} y'' &= 1\cdot 2c_2 + 2\cdot 3c_3x + 3\cdot 4c_4x^2 + \cdots \\ xy &= c_0x + c_1x^2 + \cdots \end{aligned}$$

を ① に代入して，

$$1\cdot 2c_2 = 0, \quad 2\cdot 3c_3 = c_0, \quad 3\cdot 4c_4 = c_1, \quad 4\cdot 5c_5 = c_2, \quad 5\cdot 6c_6 = c_3, \quad 6\cdot 7c_7 = c_4, \quad \cdots$$

となる．これらから

$$c_2 = 0,\ c_3 = \frac{c_0}{2\cdot 3},\ c_4 = \frac{c_1}{3\cdot 4},\ c_5 = \frac{c_2}{4\cdot 5} = 0,\ c_6 = \frac{c_3}{5\cdot 6} = \frac{c_0}{2\cdot 3\cdot 5\cdot 6},\ c_7 = \frac{c_1}{3\cdot 4\cdot 6\cdot 7},\ \cdots$$

を得る．よって級数解は，次のようになる．

$$\begin{aligned} y &= c_0\left(1 + \frac{x^3}{2\cdot 3} + \frac{x^6}{2\cdot 3\cdot 5\cdot 6} + \frac{x^9}{2\cdot 3\cdot 5\cdot 6\cdot 8\cdot 9} + \cdots\right) \\ &\quad + c_1\left(x + \frac{x^4}{3\cdot 4} + \frac{x^7}{3\cdot 4\cdot 6\cdot 7} + \frac{x^{10}}{3\cdot 4\cdot 6\cdot 7\cdot 9\cdot 10} + \cdots\right) \end{aligned}$$

3. 与式を $x^2y'' + \dfrac{x}{2(1+x^2)}y' + \dfrac{-6x^2}{1+x^2}y = 0$ と書き直すと，$p(x) = \dfrac{1}{2(1+x^2)}$, $q(x) = \dfrac{-6x^2}{1+x^2}$ となり，$p(x), g(x)$ は $x=0$ で解析的で，$p(0) = \dfrac{1}{2}$, $g(0) = 0$ より決定方程式は $\lambda^2 - \lambda/2 = 0$ となる．よって，指数は $\lambda_1 = \dfrac{1}{2}$, $\lambda_2 = 0$ である．$\lambda_1 \fallingdotseq \lambda_2$, $\lambda_1 - \lambda_2 \fallingdotseq$ 整数となるので，p.83 の**解法 5.2** (i) より $y_1 = x^{1/2}\sum_{n=0}^{\infty} c_n x^n$, $y_2 = \sum_{n=0}^{\infty} d_n x^n$ とおいて，与えられた微分方程式に代入して，係数を決定すると，

$$c_1 = 0, \quad c_2 = \frac{5}{4}c_0, \quad c_{2n-1} = 0, \quad c_{2n} = (-1)^{n-2}\frac{5\cdot 3\cdot 7\cdot \cdots \cdot(4n-9)}{4^n n!}c_0$$

$$d_1 = 0, \quad d_2 = 2d_0, \quad d_4 = \frac{4}{7}d_0, \quad d_{2n-1} = 0, \quad d_{2n} = (-1)^{n-2}\frac{2^n(2n-5)}{7\cdot 11\cdot \cdots \cdot(4n-1)}d_0$$

よって，一般解は

$$y = c_0 x^{1/2}\left[1 + \frac{5}{4}x^2 + \frac{5}{4\cdot 8}x^4 + \sum_{n=3}^{\infty}(-1)^{n-2}\frac{5\cdot 3\cdot 7\cdot \cdots \cdot(4n-9)}{4^n\cdot n!}x^{2n}\right]$$
$$+ d_0\left[1 + 2x^2 + \frac{4}{7}x^4 + \sum_{n=3}^{\infty}(-1)^{n-2}\frac{2^n(2n-5)}{7\cdot 11\cdot \cdots \cdot(4n-1)}x^{2n}\right]$$

4. p.88 の定理 5.3 ロドリグの公式より $P_n(x) = \dfrac{1}{2^n n!}\dfrac{d^n}{dx^n}(x^2-1)^n$ である．よって，

$$P_n'(x) = \frac{d}{dx}\left[\frac{1}{n!\,2^n}\frac{d^n}{dx^n}(x^2-1)^n\right] = \frac{1}{n!\,2^n}\frac{d^n}{dx^n}\left[\frac{d}{dx}(x^2-1)^n\right]$$
$$= \frac{1}{(n-1)!\,2^{n-1}}\frac{d^n}{dx^n}\left[x(x^2-1)^{n-1}\right]$$

↓ ライプニッツの公式

$$= \frac{1}{(n-1)!\,2^{n-1}}\left[x\frac{d^n}{dx^n}(x^2-1)^{n-1} + n\frac{d^{n-1}}{dx^{n-1}}(x^2-1)^{n-1}\right]$$
$$= x\frac{d}{dx}\left[\frac{1}{(n-1)!\,2^{n-1}}\frac{d^{n-1}}{dx^{n-1}}(x^2-1)^{n-1}\right] + n\left[\frac{1}{(n-1)!\,2^{n-1}}\frac{d^{n-1}}{dx^{n-1}}(x^2-1)^{n-1}\right]$$
$$= xP_{n-1}'(x) + nP_{n-1}(x)$$

5. (1) $\displaystyle x^\alpha J_\alpha(x) = x^\alpha\left(\frac{x}{2}\right)^\alpha \sum_{n=0}^{\infty}\frac{(-1)^n}{n!\,\Gamma(n+\alpha+1)}\left(\frac{x}{2}\right)^{2n} = 2^\alpha\sum_{n=0}^{\infty}\frac{(-1)^n}{n!\,\Gamma(n+\alpha+1)}\left(\frac{x}{2}\right)^{2n+2\alpha}$

を項別微分すると，$\Gamma(n+\alpha+1) = (n+\alpha)\Gamma(n+\alpha)$ を用いて，

$$\left(x^\alpha J_\alpha(x)\right)' = 2^\alpha\sum_{n=0}^{\infty}\frac{(-1)^n}{n!\,\Gamma(n+\alpha+1)}\frac{d}{dx}\left(\frac{x}{2}\right)^{2n+2\alpha} = 2^\alpha\sum_{n=0}^{\infty}\frac{(-1)^n(n+\alpha)}{n!\,\Gamma(n+\alpha+1)}\left(\frac{x}{2}\right)^{2n+2\alpha-1}$$
$$= x^\alpha\left(\frac{x}{2}\right)^{\alpha-1}\sum_{n=0}^{\infty}\frac{(-1)^n}{n!\,\Gamma(n+(\alpha-1)+1)}\left(\frac{x}{2}\right)^{2n} = x^\alpha J_{\alpha-1}(x)$$

(2) $\displaystyle \left(x^{-\alpha}J_\alpha(x)\right)' = \left[x^{-\alpha}\left(\frac{x}{2}\right)^\alpha\sum_{n=0}^{\infty}\frac{(-1)^n}{n!\,\Gamma(n+\alpha+1)}\left(\frac{x}{2}\right)^{2n}\right]'$

$$= \left[\frac{1}{2^\alpha}\sum_{n=0}^{\infty}\frac{(-1)^n}{n!\,\Gamma(n+\alpha+1)}\frac{1}{2^{2n}}x^{2n}\right]' = \frac{1}{2^\alpha}\sum_{n=1}^{\infty}\frac{(-1)^n}{n!\,\Gamma(n+\alpha+1)}\frac{1}{2^{2n}}2nx^{2n-1}$$

$$= \frac{1}{2^{\alpha+1}}\sum_{n=1}^{\infty}\frac{(-1)^n}{(n-1)!\,\Gamma(n+\alpha+1)}\frac{1}{2^{2n-2}}x^{2n-1} = \frac{1}{2^{\alpha+1}}\sum_{n=0}^{\infty}\frac{(-1)^{n+1}}{n!\,\Gamma(n+\alpha+2)}\frac{1}{2^{2n}}x^{2n+1}$$
$$= \frac{(-1)x}{2^{\alpha+1}}\sum_{n=0}^{\infty}\frac{(-1)^n}{n!\,\Gamma(n+\alpha+2)}\left(\frac{x}{2}\right)^{2n} = (-1)x^{-\alpha}\left(\frac{x}{2}\right)^{\alpha+1}\sum_{n=0}^{\infty}\frac{(-1)^{n+1}}{n!\,\Gamma(n+\alpha+2)}\left(\frac{x}{2}\right)^{2n}$$
$$= (-1)x^{-\alpha}J_{\alpha+1}$$

(3) 上記 (1), (2) より

$$x^{\alpha}J_{\alpha-1}(x) = \big(x^{\alpha}J_{\alpha}(x)\big)' = \alpha x^{\alpha-1}J_{\alpha}(x) + x^{\alpha}J'_{\alpha}(x)$$
$$-x^{-\alpha}J_{\alpha+1}(x) = \big(x^{-\alpha}J_{\alpha}(x)\big)' = -\alpha x^{-\alpha-1}J_{\alpha}(x) + x^{-\alpha}J'_{\alpha}(x)$$

ゆえに,

$$J'_{\alpha}(x) + \frac{\alpha}{x}J_{\alpha}(x) = J_{\alpha-1}(x), \quad J'_{\alpha}(x) - \frac{\alpha}{x}J_{\alpha}(x) = -J_{\alpha+1}(x)$$

を得る．この 2 式の和と差を作れば求める関係式が得られる．

(4) 上記 (3) の結果を用いれば,

$$xJ'_{\alpha}(x) = \frac{x}{2}J_{\alpha-1}(x) - \frac{x}{2}J_{\alpha+1}(x), \quad \alpha J_{\alpha}(x) = \frac{x}{2}J_{\alpha-1}(x) + \frac{x}{2}J_{\alpha-1}(x)$$

差をとると，$xJ'_{\alpha}(x) = \alpha J_{\alpha}(x) - xJ_{\alpha+1}(x)$．$J_{\alpha}(x)$ は $x^2y'' + xy' + (x^2-\alpha^2)y = 0$ を満たすから,

$$x^2J''_{\alpha}(x) = -xJ'_{\alpha}(x) - (x^2-\alpha^2)J_{\alpha}(x) = -\big(\alpha J_{\alpha}(x) - xJ_{\alpha+1}(x)\big) - (x^2-\alpha^2)J_{\alpha}(x)$$
$$= (\alpha^2-\alpha-x^2)J_{\alpha} + xJ_{\alpha+1}(x)$$

6.

$$\big(x^{-\alpha}J_{\alpha}(x)\big)' = -\alpha x^{-\alpha-1}J_{\alpha}(x) + x^{-\alpha}J'_{\alpha}(x),$$
$$\big(-x^{\alpha}J_{\alpha}(x)\big)'' = \big(-\alpha x^{-\alpha-1}J_{\alpha} + x^{-\alpha}J'_{\alpha}(x)\big)'$$
$$= \alpha(\alpha+1)x^{-\alpha-2}J_{\alpha}(x) - 2\alpha x^{-\alpha-1}J'_{\alpha}(x) + x^{-\alpha}J''_{\alpha}(x)$$

であるから,

$$x\big(x^{-\alpha}J_{\alpha}(x)\big)'' + (1+2\alpha)\big(x^{-\alpha}J_{\alpha}(x)\big)' + x\big(x^{-\alpha}J_{\alpha}(x)\big)$$
$$= x\big(\alpha(\alpha+1)x^{-\alpha-2}J_{\alpha}(x) - 2\alpha x^{-\alpha-1}J'_{\alpha}(x) + x^{-\alpha}J''_{\alpha}(x)\big)$$
$$+ (1+2\alpha)\big(-\alpha x^{-\alpha-1}J_{\alpha}(x) + x^{-\alpha}J'_{\alpha}(x)\big) + x^{-\alpha+1}J_{\alpha}(x)$$
$$= x^{-\alpha-1}\big(x^2J''_{\alpha}(x) + xJ'_{\alpha}(x) + (x^2-\alpha^2)J_{\alpha}\big) = 0$$

6 章の解答

1.1 (1) $P = x-y$, $Q = 2x^2y + x$, $R = 2x^2z$ とおくと,

$$W_1 = P\left(\frac{\partial Q}{\partial z} - \frac{\partial R}{\partial y}\right) + Q\left(\frac{\partial R}{\partial x} - \frac{\partial P}{\partial z}\right) + R\left(\frac{\partial P}{\partial y} - \frac{\partial Q}{\partial x}\right)$$
$$= (x-y)\times 0 + (2x^2y+x)(4xz) + 2x^2z(-1-4xy-1) = 0$$

だから積分可能である．よって p.95 の**解法 6.1** を用いる．z を定数とみなすと，$(x-y)dx + (2x^2y+x)dx = 0$．いま $X = x-y$, $Y = 2x^2y + x$ とおくと

$\dfrac{\partial X}{\partial y} = -1$, $\dfrac{\partial Y}{\partial x} = 4xy+1$ であるので完全微分形でない．よって積分因子を計算すると $\dfrac{1}{Y}\left(\dfrac{\partial X}{\partial y} - \dfrac{\partial Y}{\partial x}\right) = \dfrac{-2}{x}$, $\exp\left(-\displaystyle\int \dfrac{2}{x}dx\right) = \dfrac{1}{x^2}$ となる．よってこれを両辺にかけると，$\dfrac{dx}{x} + \dfrac{xdy - ydx}{x^2} + 2ydy = 0$. これは，$d\left(\log x + \dfrac{y}{x} + y^2\right) = 0$ であるので $f = \log x + \dfrac{y}{x} + y^2$. $\dfrac{\partial f}{\partial x} = \mu P$ となるように μ を求めると，$\dfrac{x-y}{x^2} = \mu(x-y)$ より $\mu = \dfrac{1}{x^2}$ である．$\dfrac{\partial f}{\partial z} - \mu R = -2z = g$ とおくと，$df - gdz = 0$, すなわち $f + z^2 = C$. ゆえに，$\log x + \dfrac{y}{x} + y^2 + z^2 = C$.

(2) $P = y^2z,\ Q = 2xyz + z^3,\ R = 4yz^2 + 2xy^2$ とおくと，

$$\begin{aligned} W_1 &= P\left(\frac{\partial Q}{\partial z} - \frac{\partial R}{\partial y}\right) + Q\left(\frac{\partial R}{\partial x} - \frac{\partial P}{\partial z}\right) + R\left(\frac{\partial P}{\partial y} - \frac{\partial Q}{\partial x}\right) \\ &= y^2z(2xy + 3z^2 - 4z^2 - 4xy) + (2xyz + z^3)(2y^2 - y^2) + (4yz^2 + 2xy^2)(2yz - 2yz) = 0 \end{aligned}$$

であるから積分可能である．よって p.95 の**解法 6.1** を用いる．z を定数とみなして，$y^2zdx + (2xyz + z^3)dy = 0$. これは完全微分形である．よって p.16 の**解法 2.10** より

$$f = \int y^2zdx + \int\left((2xyz + z^3) - \frac{\partial}{\partial y}\int y^2zdx\right)dy = xy^2z + yz^3$$

$$\frac{\partial f}{\partial x} = y^2z = \mu P \quad \text{より} \quad \mu = 1 \quad \text{である．したがって}$$

$$\frac{\partial f}{\partial z} - \mu R = (xy^2 + 3yz^2) - (4yz^2 + 2xy^2) = -xy^2 - yz^2 = g$$

$$df - gdz = 0 \quad \text{だから} \quad df - (-xy^2 - yz^2)dz = 0 \qquad \therefore\quad df + \frac{f}{z}dz = 0$$

$$\frac{df}{f} + \frac{dz}{z} = 0 \quad \text{よって} \quad fz = C \qquad \therefore\quad (xy^2 + yz^2)z^2 = C$$

(3) $P = e^xy + e^z,\ Q = e^yz + e^x,\ R = e^y - e^xy - e^yz$ とおくと，

$$\begin{aligned} W_1 &= P\left(\frac{\partial Q}{\partial z} - \frac{\partial R}{\partial y}\right) + Q\left(\frac{\partial R}{\partial x} - \frac{\partial P}{\partial z}\right) + R\left(\frac{\partial P}{\partial y} - \frac{\partial Q}{\partial x}\right) \\ &= (e^xy + e^z)(e^y - e^y + e^x + e^yz) + (e^yz + e^x)(-e^xy - e^z) + (e^y - e^xy - e^yz)(e^x - e^x) = 0 \end{aligned}$$

したがって積分可能である．よって p.95 の**解法 6.1** を用いる．z を定数と考えて，

$$(e^xy + e^z)dx + (e^yz + e^x)dy = 0, \quad d(e^xy + e^yz + e^zx) = 0.$$

ゆえに　$f = e^xy + e^yz + e^zx,\ f_x = e^xy + e^z = \mu(e^xy + e^z)$　　$\therefore\ \mu = 1.$

$$g = \frac{\partial f}{\partial z} - \mu R = \frac{\partial f}{\partial z} - R = e^y + e^zx - (e^y - e^xy - e^yz) = e^xy + e^yz + e^zx = f.$$

よって $df - gdz = 0$. すなわち $df - fdz = 0$. これを解いて，$f = Ce^z$.
ゆえに　$e^xy + e^yz + e^zx = Ce^z$.

6

2.1 (1) $P=-y, Q=\dfrac{z}{y}$ とおと，$\dfrac{\partial P}{\partial y}+\dfrac{\partial P}{\partial z}Q=-1,\ \dfrac{\partial Q}{\partial x}+\dfrac{\partial Q}{\partial z}P=-1$ であるので $W_2=0$. よって p.94 の定理 6.2 より与えられた正規形の全微分方程式は積分可能である．ここで p.95 の**解法 6.2** を用いる．y を定数と考えると $\dfrac{\partial z}{\partial x}=-y$ となる．この一般解を求めると，$z=-yx+f(y)=\varphi(x,y,f)$ となる．よって

$$R=\frac{Q(x,y,\varphi)-\dfrac{\partial\varphi}{\partial y}}{\dfrac{\partial\varphi}{\partial f}}=\frac{\dfrac{-xy+f}{y}-(-x)}{1}=\frac{f}{y}$$

$\dfrac{df}{dy}=\dfrac{f}{y}$ より $f=Cy$. ゆえに求める一般解は　$z=(C-x)y.$

6

【別解】 与えられた全微分方程式が積分可能であることは上記のように定理 6.2 の条件を調べることにより容易にわかる．この両辺に積分因子 $\mu=1/y$ をかけて整理すると，$dx-\dfrac{z}{y^2}dy+\dfrac{1}{y}dz=d\left(x+\dfrac{z}{y}\right)=0$. ゆえに $x+\dfrac{z}{y}=C.$

この別解のように，視察または適当な変形により積分因子がわかったときはこの解法は便利である．

(2) $P=\dfrac{y+z}{x},\ Q=\dfrac{(y+z)^2}{x^2}-1$ とおくと，$\dfrac{\partial P}{\partial y}+\dfrac{\partial P}{\partial z}Q=\dfrac{(y+z)^2}{x^2},\ \dfrac{\partial Q}{\partial x}+\dfrac{\partial Q}{\partial z}P=\dfrac{(y+z)^2}{x^2}$ であるので $W_2=0$. よって，p.94 の定理 6.2 より与えられた正規形全微分方程式は積分可能である．ここで p.95 の**解法 6.2** を用いる．y を定数と考えると，

$$\frac{\partial z}{\partial x}=\frac{y+z}{x}=\frac{y}{x}+\frac{1}{x}z$$

は $\dfrac{\partial z}{\partial x}-\dfrac{1}{x}z=\dfrac{y}{x}$ と書けるから 1 階線形微分方程式と考えられる．したがって，一般解は

$$\begin{aligned}z&=\exp\left(\int\frac{1}{x}dx\right)\left(\int\frac{y}{x}\exp\left(-\int\frac{1}{x}dx\right)dx+f(y)\right)\\&=-y+xf(y)=\varphi(x,y,f)\end{aligned}$$

よって $R=\dfrac{Q(x,y,\varphi)-\frac{\partial\varphi}{\partial y}}{\frac{\partial\varphi}{\partial f}}=f^2$. すなわち $\dfrac{df}{dy}=f^2$ より $f=\dfrac{1}{y+C}$

ゆえに求める一般解は　$z=-y-\dfrac{x}{y+C}$

3.1 (1) ① で $P=y+z, Q=z+x, R=x+y$ とおくと，p.94 の定理 6.1 により，

$$\begin{aligned}W_1&=P\left(\frac{\partial Q}{\partial z}-\frac{\partial R}{\partial y}\right)+Q\left(\frac{\partial R}{\partial x}-\frac{\partial P}{\partial z}\right)+R\left(\frac{\partial P}{\partial y}-\frac{\partial Q}{\partial x}\right)\\&=(y+z)(1-1)+(z+x)(1-1)+(x+y)(1-1)=0\end{aligned}$$

であるので ① は積分可能である．また ② において，$P=x+z, Q=y, R=x$ とおくと，$W_1=(x+z)(0-0)+y(1-1)+x(0-0)=0$ であるので，② は積分可能である．① を並べなおして，

$$(ydx+xdy)+(zdy+ydz)+(xdz+zdx)=0$$

として積分すると，$xy+yz+zx=C_1$. 次に ② を並べなおして，

$$xdx + ydx + (zdx + xdz) = 0$$

として積分すると，$x^2 + y^2 + 2xz = C_2$ となる．よって求める一般解は，

$$xy + yz + zx = C_1, \quad x^2 + y^2 + 2xz = C_2$$

(2) ①は明らかに積分可能であり，その一般解は $xyz = C_1$ である．②において，$P = z^2$, $Q = z^2$, $R = xz + yz - xy$ とおくと p.94 の定理 6.1 により

$$W_1 = P\left(\frac{\partial Q}{\partial z} - \frac{\partial R}{\partial y}\right) + Q\left(\frac{\partial R}{\partial x} - \frac{\partial P}{\partial z}\right) + R\left(\frac{\partial P}{\partial y} - \frac{\partial Q}{\partial x}\right)$$
$$= z^2(2z - z + x) + z^2(z - y - 2z) + (xz + yz - xy)(0 - 0) = z^2(x - y) \neq 0$$

であるので② は積分可能でない．②$\times y -$①$\times z$ をつくり，これを yz で割り，$xyz = C_1$ を代入すると，$zdy + ydz - C_1\left(\dfrac{dy}{y^2} + \dfrac{dz}{z^2}\right) = 0$ となる．よって

$$d(xz) + C_1 d\left(\frac{1}{y}\right) + C_1 d\left(\frac{1}{z}\right) = 0 \quad ゆえに \quad yz + C_1\left(\frac{1}{y} + \frac{1}{z}\right) = C_2$$

よって求める一般解は，　$xyz = C_1, \quad xy + yz + zx = C_2$.

4.1 (1) $\dfrac{dx}{y-z} = \dfrac{dy}{z-x}$, $\dfrac{dy}{z-x} = \dfrac{dz}{y-x}$ は p.94 の定理 6.1 を用いて，両方とも積分可能でないので，$(y-z) + (z-x) = y - x$ に着目して，$l = m = 1, n = 0$ とすると，

$$\frac{dx}{y-z} = \frac{dy}{z-x} = \frac{dz}{y-x} = \frac{ldx + mdy + ndz}{l(y-z) + m(z-x) + n(y-z)} = \frac{dx + dy}{y - x}$$

第 3 式と第 5 式により $\dfrac{dz}{y-x} = \dfrac{dx+dy}{y-x}$ となる．すなわち $dz = dx + dy$. よって $z + C_1 = x + y$. 次にこれを使って第 1 式と第 2 式の z を消去すれば，$\dfrac{dx}{C_1 - x} = \dfrac{dy}{y - C_1}$ となり，これを解いて $\log(x - C_1) + \log(y - C_1) = C_2'$ すなわち $(x - C_1)(y - C_1) = C_2$ を得る．はじめの解より C_1 をもとに戻せば，

$$(z-y)(z-x) = C_2.$$

ゆえに求める一般解は，　$z + C_1 = x + y, \quad (z-y)(z-x) = C_2$

(2) $\dfrac{dx}{yz} = \dfrac{dy}{xz}$, $\dfrac{dy}{xz} = \dfrac{dz}{xy}$ は p.94 の定理 6.1 より両方とも積分可能である．$l = x, m = -y, n = 0$ とおくと，$\dfrac{dx}{yz} = \dfrac{xdx - ydy}{0}$ となり，$xdx - ydy = 0$. したがって $x^2 - y^2 = C_1$. 次に $l = x, m = 0, n = -z$ とおくと，$\dfrac{dx}{yz} = \dfrac{xdx - zdz}{0}$ となり $xdx - zdz = 0$. よって $x^2 - z^2 = C_2$.

ゆえに求める一般解は　$x^2 - y^2 = C_1, \quad x^2 - z^2 = C_2$

(3) $\dfrac{dx}{4y-3z} = \dfrac{dy}{4x-2z}$, $\dfrac{dy}{4x-2z} = \dfrac{dz}{2y-3x}$ は p.94 の定理 6.1 より両方とも積分可能でない．$l(4y-3z) + m(4x-2z) + n(2y-3x) = 0$ を満足する定数 l, m, n を求める．$2l + n = 0, 3l + 2m = 0, 4m - 3n = 0$ を解けばよいが，この連立方程式の係数の行列式が 0 になるので 1 通りには定まらないから例えば $l = 2, m = -3, n = -4$ とする．したがって，

$2dx-3dy-4dz=0$ となる．これを解いて，$2x-3y-4z=C_1$．また l, m, n を必ずしも定数でないと考えて，$l(4y-3z)+m(4x-2z)+n(2y-3x)=4(ly+mx)+3(-lx-nx)+2(ny-mz)=0$ として，各 ( ) 内を 0 とすれば $l:m:n=x:-y:-z$ となる．よって $xdx-ydy-zdz=0$ となり，これを解いて，$x^2-y^2-z^2=C_2$ を得る．よって求める一般解は，

$$2x-3y-4z=C_1, \quad x^2-y^2-z^2=C_2$$

◆ 演習問題（第 6 章）の解答

1. (1) $P=yz+z,\ Q=xz+2z,\ R=-(xy+x+2y)$ とおく．

$$\begin{aligned}W_1&=P\left(\frac{\partial Q}{\partial z}-\frac{\partial R}{\partial y}\right)+Q\left(\frac{\partial R}{\partial x}-\frac{\partial P}{\partial z}\right)+R\left(\frac{\partial P}{\partial y}-\frac{\partial Q}{\partial x}\right)\\&=(yz+z)(x+2+x+2)+(xz+2z)(-y-1-y-1)-(xy+x+2y)(z-z)=0\end{aligned}$$

6

だから積分可能である．よって p.95 の**解法 6.1** を用いる．ここで z を定数と考えると，$(yz+z)dx+(yz+2z)dy=0$．これを z で割ると，$(y+1)dx+(x+2)dy=0$．これは変数分離形である．これを解いて，$(y+1)(x+2)=C$ を得る．いま，$f=(y+1)(x+2)\cdots$①とおくと，$\dfrac{\partial f}{\partial x}=\mu P$ より，$(y+1)=\mu(y+1)z$．ゆえに，$\mu=\dfrac{1}{z}$．$\dfrac{\partial f}{\partial z}-\dfrac{1}{z}R=g$ より

$$g=\frac{1}{z}(xy+x+2y), \quad df-\frac{1}{z}(xy+x+2y)dz=0.$$

ここで①より $xy+x+2y=f-2,\ df-\dfrac{1}{z}(f-2)dz=0$ よって $\dfrac{df}{f-2}=\dfrac{1}{z}dz$．

$$\log(f-2)=\log(f-2)=\log z+\log C \qquad \therefore \quad xy+x+2y=Cz$$

(2) $P=\dfrac{yz}{x^2+y^2},\ Q=\dfrac{xz}{x^2+y^2},\ R=-\tan^{-1}\dfrac{y}{x}$ とおく．

$$\begin{aligned}W_1&=P\left(\frac{\partial Q}{\partial z}-\frac{\partial R}{\partial y}\right)+Q\left(\frac{\partial R}{\partial x}-\frac{\partial P}{\partial z}\right)+R\left(\frac{\partial P}{\partial y}-\frac{\partial Q}{\partial x}\right)\\&=\frac{yz}{x^2+y^2}\left(-\frac{x}{x^2+y^2}+\frac{x}{x^2+y^2}\right)-\frac{xz}{x^2+y^2}\left(\frac{y}{x^2+y^2}-\frac{y}{x^2+y^2}\right)\\&\quad-\tan^{-1}\frac{y}{x}\left(\frac{z(x^2-y^2)}{(x^2+y^2)^2}+\frac{z(y^2-x^2)}{(x^2+y^2)^2}\right)=0\end{aligned}$$

だから積分可能である．よって p.95 の**解法 6.1** を用いる．いま z を定数と考えると，$\dfrac{yz}{x^2+y^2}dx-\dfrac{xz}{x^2+y^2}dy=0,\ \dfrac{y^2z}{x^2+y^2}\left(\dfrac{dx}{y}-\dfrac{x}{y^2}dy\right)=0$．これより $f=\dfrac{x}{y}$．$\dfrac{\partial f}{\partial x}=\mu P$ より $\mu=\dfrac{x^2+y^2}{y^2z}$．次に $0+\dfrac{x^2+y^2}{y^2z}\tan^{-1}\dfrac{y}{x}=g$ であるので $g=\dfrac{(f^2+1)}{z}\tan^{-1}\dfrac{1}{f}$．そこで $df-gdz=df-\dfrac{(f^2+1)}{z}\tan^{-1}\dfrac{1}{f}dz=0$ を解く．$\dfrac{-df}{\left(\tan^{-1}\frac{1}{f}\right)(f^2+1)}+\dfrac{dz}{z}=0$ であるから，$\log\left(\tan^{-1}\dfrac{1}{f}\right)+\log z=k$．よって，$\left(\tan^{-1}\dfrac{1}{f}\right)z=C$，すなわち $\left(\tan^{-1}\dfrac{y}{x}\right)z=C$．

(3) $P=y^2z,\ Q=-z^3,\ R=-y(xy-z^2)$ とおく．

$$W_1 = P\left(\frac{\partial Q}{\partial z} - \frac{\partial R}{\partial y}\right) + Q\left(\frac{\partial R}{\partial x} - \frac{\partial P}{\partial z}\right) + R\left(\frac{\partial P}{\partial y} - \frac{\partial Q}{\partial x}\right)$$
$$= y^2 z\left(-3z^2 - (-2xy + z^2)\right) - z^3(-y^2 - y^2) - y(xy - z^2)2yz = 0$$

となるので積分可能である．よって，p.95 の**解法 6.1** を用いる．また z を定数とみると，この全微分方程式は

$$y^2 dx - z^2 dy = 0$$

これを解いて，$x + \dfrac{z^2}{y} = C$（定数）を得る．いま，

$$f = x + \frac{z^2}{y}$$

とおくと，$\dfrac{\partial f}{\partial x} = \mu P$ つまり $1 = \mu y^2 z$ となり，$\mu = \dfrac{1}{y^2 z}$ となる．よって $\dfrac{\partial f}{\partial z} - \mu R = g$ より，

$$2\frac{z}{y} - \frac{1}{y^2 z}\Big(-y(xy - z^2)\Big) = g$$

つまり，$g = \dfrac{z}{y} + \dfrac{x}{z} = \dfrac{1}{z}f$ となり，結局 $df - gdz = df - \dfrac{1}{z}fdz = 0$．これより

$$\int \frac{1}{f}df = \int \frac{1}{z} + \log C, \quad \log f = \log z + \log C \qquad \therefore \quad f = Cz$$

よって，

$$x + \frac{z^2}{y} = cz$$

2. (1)　$P = 2(y+z),\ Q = -(x+z),\ R = 2y - x + z$ とおく．

$$W_1 = P\left(\frac{\partial Q}{\partial z} - \frac{\partial R}{\partial y}\right) + Q\left(\frac{\partial R}{\partial x} - \frac{\partial P}{\partial z}\right) + R\left(\frac{\partial P}{\partial y} - \frac{\partial Q}{\partial x}\right)$$
$$= 2(y+z)(-3) - (x+z)(-3) + (2y - x + z)3 = 0$$

となるので p.94 の定理 6.1 より与えられた全微分方程式は積分可能である．いま，P, Q, R は x, y, z に関してすべて 1 次の同次式であるので $x = uz,\ y = vz$ とおくと，

$$2(vz + z)(zdu + udz) - (uz + z)(zdv + vdz) + (2vz - uz + z)dz = 0$$

となる．これを z で割って整理すると，

$$2z(v+1)du - z(u+1)dv + (uv + u + v + 1)dz = 0$$

この両辺を $z(uv + u + v + 1) = z(u+1)(v+1)$ で割ると，

$$\frac{2}{u+1}du - \frac{1}{v+1}dv + \frac{1}{z}dz = 0$$

ゆえに積分して

$$\int \frac{2}{u+1}du - \int \frac{1}{v+1}dv + \int \frac{1}{z}dz = C,$$
$$2\log(u+1) - \log(v+1) + \log z = \log C$$

$$\therefore \quad \frac{(u+1)^2}{v+1}z = C$$

u, v をもとに戻して，

$$\left(\frac{x}{z}+1\right)^2 z = C\left(\frac{y}{z}+1\right) \qquad \therefore \quad (x+z)^2 = C(y+z)$$

(2)　$P = yz,\ Q = zx,\ R = xy$ とおくと，

$$\begin{aligned} W_1 &= P\left(\frac{\partial Q}{\partial z} - \frac{\partial R}{\partial y}\right) + Q\left(\frac{\partial R}{\partial x} - \frac{\partial P}{\partial z}\right) + R\left(\frac{\partial P}{\partial y} - \frac{\partial Q}{\partial x}\right) \\ &= yz(x-x) + zx(y-y) + xy(z-z) = 0 \end{aligned}$$

よって積分可能である．また P, Q, R は x, y, z について 2 次の同次式であるので $x = uz,\ y = vz$ とおく．$dx = zdu + udz,\ dy = zdv + vdz$ であるので，

$$vz^2(zdu + udz) + uz^2(zdv + vdz) + uvz^2dz = 0$$

6

両辺を uvz^3 で割ると，$\dfrac{1}{u}du + \dfrac{1}{v}dv + \dfrac{3}{z}dz = 0$ となる．ゆえに $\log u + \log v + 3\log z = \log C,\ uvz^3 = C$．$u, v$ をもとに戻して $\dfrac{x}{z} \cdot \dfrac{y}{z} \cdot z^3 = C$．よって，　$xyz = C$

3．(1)　$P_1 = 1,\ Q_1 = 2,\ R_1 = -(x+2y),\ P_2 = 2,\ Q_2 = 1,\ R_2 = x - y$ とおく．p.98 の③は

$$\frac{dx}{Q_1R_2 - Q_2R_1} = \frac{dy}{R_1P_2 - R_2P_1} = \frac{dz}{P_1Q_2 - P_2Q_1}$$

であるので $\dfrac{dx}{-x} = \dfrac{dy}{x+y} = \dfrac{dz}{1}$ となる．これから積分可能な方程式 $\dfrac{dx}{-x} = \dfrac{dz}{1}$ を解いて，$z + \log x = C_1$ を得る．他の積分可能な微分方程式 $\dfrac{dx}{-x} = \dfrac{dy}{x+y}$ を解く．これは，$(x+y)dx + xdy = 0$ と書きなおすと，2 変数の完全微分形の微分方程式なので，p.16 の**解法 2.10** より

$$\int (x+y)dx + \int \left(x - \frac{\partial}{\partial y}\int (x+y)dx\right)dy = \frac{x^2}{2} + xy$$

となる．よってこの微分方程式の一般解は $x^2/2 + xy = C_2$ である．よって求める一般解は，

$$z + \log x = C_1, \quad x^2/2 + xy = C_2$$

(2)　$(y-2z)dz - (y^2 - z^2)dy = 0,\quad (z-2y)dx - (y^2-z^2)dz = 0$ は 2 つとも p.94 の定理 6.1 より微分可能でない．よって p.98 の**解法 6.5** を用いる．

いま，$l = 1,\ m = -y,\ n = z$ とすると，

$$(y^2 - z^2) - y(y-2z) + z(z-2y) = 0 \quad \text{より} \quad dx - ydy + zdz = 0$$

これより，$2x - y^2 + z^2 = C_1$ を得る．次に第 2 式，第 3 式に注目して，$l = 0, m = 1, n = 1$ の場合および $l = 0, m = 1, n = -1$ の場合を考えて，

$$\frac{dx}{y^2 - z^2} = \frac{dy}{y-2z} = \frac{dz}{z-2y} = \frac{dy+dz}{-(y+z)} = \frac{dy-dz}{3(y-z)}$$

つくる．第 4 式，第 5 式から $-\log(y+z) = \log(y-z)/3 + C_2'$ すなわち $(y+z)^3(y-z) = C_2$．したがって求める一般解は

$$2x - y^2 + z^2 = C_1, \quad (y+z)^3(y-z) = C_2$$

(3) $\dfrac{dx}{y}=\dfrac{dy}{-x}$ は $xdx+ydy=0$ と書けて．この解は $x^2+y^2=C_1$.

また，$(2x-3y)dx-ydz=0$, $(2x-3y)dy+xdz=0$ は2つとも p.94 の定理 6.1 より積分可能でない．よって，p.98 の**解法 6.5** を用いる．

$ly+m(-x)+n(2x-3y)=0$ となるような l,m,n を求める．$-m+2n=0$, $l-3n=0$ を満足する l,m,n は多くあるが例えば，$l=3$, $m=2$, $n=1$ とする．よって $3y-2x+(2x-3y)=0$ であるので，$3dx+2dy+dz=0$ となる．これを解いて $3x+2y+z=C_2$. ゆえに求める一般解は，

$$x^2+y^2=C_1,\quad 3x+2y+z=C_2$$

(4) $y(z^3-x^3)dx-x(y^3-z^3)dy=0$, $z(x^3-y^3)dx-x(y^3-z^3)dz=0$ は2つとも p.94 の定理 6.1 より微分可能でない．よって p.98 の**解法 6.5** を用いる．

$$\frac{dx}{x(y^3-z^3)}=\frac{x^2dx+y^2dy+z^2dz}{0}=\frac{(1/x)dx+(1/y)dx+(1/z)dz}{0}.$$

第2式より　$x^2dx+y^2dy+z^2dz=0 \quad \therefore \quad x^3+y^3+z^3=C_1$

第3式より　$\dfrac{1}{x}dx+\dfrac{1}{y}dy+\dfrac{1}{z}dz=0 \quad \therefore \quad xyz=C_2$

ゆえに求める一般解は，　$x^3+y^3+z^3=C_1,\quad xyz=C_2$

7章の解答

1.1 $z=-xy$ より，$\dfrac{\partial z}{\partial x}=-y$, $\dfrac{\partial z}{\partial y}=-x$ である．与えられた微分方程式に代入すると $x(-y)+y(-x)+(-y)(-x)=-xy$ となり満足するので，$z=-xy$ は解である．完全解 $z=ax+by+ab$ をそれぞれ a と b とで偏微分すれば，$x+b=0$, $y+a=0$ となる．これを上の完全解に代入すると，$z+xy=0$ となる．よって特異解である．

1.2 $\log z=a\log x+(1-a)\log y+b$ をそれぞれ x と y で偏微分すれば，

$\dfrac{1}{z}\dfrac{\partial z}{\partial x}=\dfrac{a}{x}\cdots$①, $\dfrac{1}{z}\dfrac{\partial z}{\partial y}=\dfrac{1-a}{y}\cdots$② となる．① より $a=\dfrac{x}{z}\dfrac{\partial z}{\partial x}$ であるのでこれを ② に代入すると，$z=x\dfrac{\partial z}{\partial x}+y\dfrac{\partial z}{\partial y}$ となる．ゆえに $\log z=a\log x+(1-a)\log y+b$ は $z=x\dfrac{\partial z}{\partial x}+y\dfrac{\partial z}{\partial y}$ の解であり，任意定数を2つもつので完全解である．

2.1 (1) p.104 の1階偏微分方程式の標準形 **I** を用いる．2つの定数 a,b を $f(a,b)=0$. すなわち $a=b$ を満足するように定めると，求める完全解は $z=ax+ay+c$ （a,c は任意定数）である．一般解は，$z=ax+ay+\psi(a)$, $x+y+\psi'(a)=0$ （ψ は任意関数）より a を消去したものである．

(2) p.106 の追記 7.1 の ③ より $x=e^X$, $y=e^Y$ とおくと，$\dfrac{\partial z}{\partial X}=x\dfrac{\partial z}{\partial x}$, $\dfrac{\partial z}{\partial Y}=y\dfrac{\partial z}{\partial y}$. ゆえに，

$\left(\dfrac{\partial z}{\partial X}\right)^2=\dfrac{\partial z}{\partial Y}$. よって p.104 の1階偏微分方程式の標準形 **I** の形となる．$\dfrac{\partial z}{\partial X}=a$, $\dfrac{\partial z}{\partial Y}=b$ とおけば，$a^2=b$ となる．よって求める完全解は，$z=aX+a^2Y+c$ (a,c は任意定数)，す

なわち，$z = a\log x + a^2\log y + c$ となる．次に一般解は，

$$z = a\log x + a^2\log y + \psi(a), \quad \log x + 2a\log y + \psi'(a) = 0$$

より a を消去したものである（ψ は任意関数）．

(3) 与えられた偏微分方程式の，両辺を z^2 で割ると，$\dfrac{1}{z^2}\left(\dfrac{\partial z}{\partial x}\right)^2 = \dfrac{1}{z}\left(\dfrac{\partial z}{\partial y}\right)$ であるので，p.106 の追記 7.1 の④より $z = e^Z$ とおく．そうすると $\dfrac{\partial Z}{\partial x} = \dfrac{1}{z}\dfrac{\partial z}{\partial x}, \dfrac{\partial Z}{\partial y} = \dfrac{1}{z}\dfrac{\partial z}{\partial y}$ より，$\left(\dfrac{\partial Z}{\partial x}\right)^2 = \dfrac{\partial Z}{\partial y}$ となる．これは p.104 の 1 階偏微分方程式の標準形 **I** の形であるので，2 つの定数 a, b を $a^2 = b$ の満足するように定めると，完全解は，$Z = ax + a^2y + c$ すなわち $\log z = ax + a^2y + c$（a, c は任意定数）となる．また一般解は $\log z = ax + a^2y + \psi(a), x + 2ay + \psi'(a) = 0$ より a を消去したものである（ψ は任意関数）．

3.1 (1) 与えられた偏微分方程式の両辺を z^2 で割ると $\left(\dfrac{x}{z}\dfrac{\partial z}{\partial x}\right)^2 = \dfrac{y}{z}\dfrac{\partial z}{\partial y}$ と変形され，p.106 の追記 7.1 の⑦より $x = e^X, y = e^Y, z = e^Z$ とおくと，$\dfrac{\partial Z}{\partial X} = \dfrac{x}{z}\dfrac{\partial z}{\partial x}, \dfrac{\partial Z}{\partial Y} = \dfrac{y}{z}\dfrac{\partial z}{\partial y}$ より $\left(\dfrac{\partial Z}{\partial X}\right)^2 = \dfrac{\partial Z}{\partial Y}$. これは p.104 の 1 階偏微分方程式の標準形 **I** の形であるので，2 つの定数 a, b を $a^2 = b$ の満足するように定めると，完全解は $Z = aX + a^2Y + c$ すなわち $\log z = a\log x + a^2\log y + c$（$a, c$ は任意定数である）．また一般解は，$\log z = a\log x + a^2\log y + \psi(a)$ および，$\log x + 2a\log y + \psi'(a) = 0$ より a を消去したものである（ψ は任意関数）．

(2) 与えられた偏微分方程式の両辺を z^2 で割ると，$\left(\dfrac{x}{z}\dfrac{\partial z}{\partial x}\right)^2 + \left(\dfrac{y}{z}\dfrac{\partial z}{\partial y}\right)^2 = 1$ となる．p.106 の追記 7.1 の⑦より $x = e^X$, $y = e^Y$, $z = e^Z$ とおくと，前問と同様にして，$\left(\dfrac{\partial Z}{\partial X}\right)^2 + \left(\dfrac{\partial Z}{\partial Y}\right)^2 = 1$ となる．これは，p.104 の標準形 **I** の形である．$\dfrac{\partial Z}{\partial X} = \cos\alpha, \dfrac{\partial Z}{\partial Y} = \sin\alpha$ とすると $\cos^2\alpha + \sin^2\alpha = 1$ となるので，求める完全解は $Z = X\cos\alpha + Y\sin\alpha + c$（$\alpha, c$ は任意定数）すなわち，

$$\log z = (\log x)(\cos\alpha) + (\log y)(\sin\alpha) + c.$$

また，一般解は，$\log z = (\log x)(\cos\alpha) + (\log y)(\sin\alpha) + \psi(\alpha)$ および $(\log x)(-\sin\alpha) + (\log y)(\cos\alpha) + \psi'(\alpha) = 0$ から α を消去したものである（ψ は任意関数）．

4.1 (1) p.104 の 1 階偏微分方程式の標準形 **II** (i) の形である．$\sqrt{\dfrac{\partial z}{\partial y}} = a$ とおくと，$\dfrac{\partial z}{\partial y} = a^2$. $\dfrac{\partial z}{\partial x} = (x + a)^2$ であるので，求める完全解は $z = \displaystyle\int (x + a)^2 dx + a^2y + b$（$a, b$ は任意定数）．よって，$z = (x + a)^3/3 + a^2y + b$ である．また一般解は，$z = (x + a)^3/3 + a^2y + \psi(a)$ および $(x + a)^2 + 2ay + \psi'(a) = 0$ から a を消去したものである（ψ は任意関数）．

(2) p.104 の 1 階偏微分方程式の標準形 **II** (i) の形（x の代わりに y としたもの）である．$\dfrac{\partial z}{\partial x} = a$ と

おくと，$\dfrac{\partial z}{\partial y} = 2a^n y - 1$ となるので求める完全解は $z = \displaystyle\int (2a^n y - 1)dy + ax + b = a^n y^2 - y + ax + b$ (a, b は任意定数)．一般解は $z = a^n y^2 - y + ax + \psi(a)$ および $na^{n-1}y^2 + x + \psi'(a) = 0$ より a を消去したものである（ψ は任意関数）．

5.1 (1) p.104 の 1 階偏微分方程式の標準形 **II** (ii) の形である．$t^3 + a^3 t^3 = 27z^3$ を満足する t を求めると，$t = \dfrac{3z}{(1+a^3)^{1/3}}$．よって求める完全解は，$a, b$ は任意定数として，

$$x + ay + b = \int \frac{(1+a^3)^{1/3}}{3z}dz, \quad x + ay + b = \left((1+a^3)^{1/3}/3\right)\log z$$

(2) $x = e^X, y = e^Y$ とおくと，$\dfrac{\partial z}{\partial X} = x\dfrac{\partial z}{\partial x}, \dfrac{\partial z}{\partial Y} = y\dfrac{\partial z}{\partial y}$ であるので，与えられた偏微分方程式は $P^2 + Q^2 = z\left(P = \dfrac{\partial z}{\partial X}, Q = \dfrac{\partial z}{\partial Y}\right)$ となる．これは p.104 の 1 階偏微分方程式の標準形 **II** (ii) の形である．よって，$t^2 + a^2 t^2 = z$ を t について解くと，$t = \pm\dfrac{\sqrt{z}}{\sqrt{1+a^2}}$ となるので，求める完全解は，a, b を任意定数として，

$$X + aY + b = \pm\int \frac{\sqrt{1+a^2}}{\sqrt{z}}dz = \pm 2\sqrt{1+a^2}\sqrt{z}$$

となる．これを整理してもとに戻すと，$4(1+a^2)z = (\log x + a\log y + b)^2$．

6.1 (1) p.109 の変数分離形である．$\dfrac{\partial z}{\partial x} - x = \dfrac{\partial z}{\partial y} + y = a$ とおくと，$\dfrac{\partial z}{\partial x} = x + a, \dfrac{\partial z}{\partial y} = a - y$．よって求める完全解は，$z = \displaystyle\int (x+a)dx + \int (a-y)dy + b = \frac{x^2}{2} + ax - \frac{y^2}{2} + ay + b$ (a, b は任意定数)．次に一般解は，$z = \dfrac{x^2}{2} + ax - \dfrac{y^2}{2} + ay + \psi(a), x + y + \psi'(a) = 0$ より a を消去したものである（ψ は任意関数）．

(2) $\cos x\Big/\dfrac{\partial z}{\partial x} = \dfrac{\partial z}{\partial y} - \cos y$ と変形すれば，変数分離形である．$\dfrac{\partial z}{\partial y} - \cos y = \cos x\Big/\dfrac{\partial z}{\partial x} = a$ とおけば，$\dfrac{\partial z}{\partial y} = \cos y + a, \dfrac{\partial z}{\partial x} = \dfrac{1}{a}\cos x$ となる．よって求める完全解は，
$z = \displaystyle\int \frac{1}{a}\cos x dx + \int (\cos y + a)dy + b = \frac{1}{a}\sin x + ay + \sin y + b$ (a, b は任意定数)．一般解は，$z = \dfrac{1}{a}\sin x + ay + \sin y + \psi(a),\ -\dfrac{1}{a^2}\sin x + y + \psi'(a) = 0$ より a を消去したものである（ψ は任意関数）．

(3) $\dfrac{\partial z}{\partial x} - x^2 = \dfrac{\partial z}{\partial y} + y^2$ と変形すると変数分離形である．よって，$\dfrac{\partial z}{\partial x} - x^2 = \dfrac{\partial z}{\partial y} + y^2 = a$ とおくと，$\dfrac{\partial z}{\partial x} = a + x^2, \dfrac{\partial z}{\partial y} = a - y^2$．よって求める完全解は，$a, b$ を任意定数として，

$$z = \int (a + x^2)dx + \int (a - y^2)dy + b = ax + \frac{x^3}{3} + ay - \frac{y^3}{3} + b.$$

また一般解は，$z = ax + \dfrac{x^3}{3} + ay - \dfrac{y^3}{3} + \psi(a)$ および $x + y + \psi'(a) = 0$ より a を消去したものである (ψ は任意関数).

7.1 (1) p.109 のクレロー型の偏微分方程式である．

完全解は $z = ax + by + ab$ (a, b は任意定数)．

一般解は $\begin{cases} z = ax + \psi(a)y + a\psi(a) \\ x + \psi'(a)y + \psi(a) + a\psi'(a) = 0 \end{cases}$ (ψ は任意関数)

より a を消去したものである．

特異解は $\begin{cases} z = ax + by + ab & \cdots ① \\ 0 = x + b & \cdots ② \\ 0 = y + a & \cdots ③ \end{cases}$

より a, b を消去したものである．すなわち②, ③を①に代入すると，$z = -xy$ である．

(2) p.109 のクレロー型の偏微分方程式である．

完全解は $z = ax + by + \sqrt{a^2 + b^2 + 1}$ (a, b は任意定数)．

一般解は $\begin{cases} z = ax + \psi(a)y + \sqrt{a^2 + \psi(a)^2 + 1} \\ 0 = x + \psi'(a)y + \dfrac{a + \psi(a)\psi'(a)}{\sqrt{a^2 + \psi(a)^2 + 1}} \end{cases}$ (ψ は任意関数)

より a を消去したものである．

特異解は $\begin{cases} z = ax + by + \sqrt{a^2 + b^2 + 1} & \cdots ① \\ 0 = x + a\Big/\sqrt{a^2 + b^2 + 1} & \cdots ② \\ 0 = y + b\Big/\sqrt{a^2 + b^2 + 1} & \cdots ③ \end{cases}$

より a, b を消去したものである．②, ③より $x = \dfrac{-a}{\sqrt{a^2 + b^2 + 1}}, y = \dfrac{-b}{\sqrt{a^2 + b^2 + 1}}$．これらを①に代入すると，$z = \dfrac{-(a^2 + b^2)}{\sqrt{a^2 + b^2 + 1}} + \sqrt{a^2 + b^2 + 1} = \dfrac{1}{\sqrt{a^2 + b^2 + 1}}$．よって，$x^2 + y^2 + z^2 = 1$ となり，これが特異解である．

8.1 (1) ラグランジュの微分方程式である．p.109 の解法を用いる．補助方程式は

$$\frac{dx}{x(y-z)} = \frac{dy}{y(z-x)} = \frac{dz}{z(x-y)} = \frac{dx + dy + dz}{0} = \frac{dx/x + dy/y + dz/z}{0}$$

と変形されるから $dx + dy + dz = 0$, $\dfrac{dx}{x} + \dfrac{dy}{y} + \dfrac{dz}{z} = 0$ となる．よって，$x + y + z = a, xyz = b$．ゆえに求める一般解は，$f(x + y + z, xyz) = 0$（f は任意関数）．

(2) ラグランジュの微分方程式である．p.109 の解法を用いる．補助方程式は，$\dfrac{dx}{x} = \dfrac{dy}{z} = \dfrac{dz}{y} \cdots ①$ である．第 2 式と第 3 式より $\dfrac{dy}{z} = \dfrac{dz}{y}$ は変数分離形である．よって，$y^2 - z^2 = a$ を得る．また①より，

$$\frac{dx}{x} = \frac{dx + dy + dz}{x + y + z}$$

となるので，これを解いて $\dfrac{x + y + z}{x} = b$ を得る．よって求める一般解は $f\left(y^2 - z^2, \dfrac{x + y + z}{x}\right) = 0$（$f$ は任意関数）である．

9.1 (1) p.113 の基本形 III の場合である．$\dfrac{\partial z}{\partial x} = p$ とおくと，与えられた偏微分方程式は $\dfrac{\partial p}{\partial x} - \dfrac{\partial p}{\partial y} = -p$ となる．これは p.109 のラグランジュの偏微分方程式となる．よって，その補助方程式 $\dfrac{dx}{1} = \dfrac{dy}{-1} = \dfrac{dp}{-p}$ から，$dx + dy = 0, dy - \dfrac{1}{p}dp = 0$ となり，積分して $x + y = a,\ p = be^y$ を得る．よってラグランジュの偏微分方程式の一般解は，f' を任意関数 f の導関数として，$p = f'(x+y)e^y$ と書くことができる．これを x で積分して求める一般解を得る．

$$z = \{f(x+y) + g(y)\}e^y \quad (f(x,y),\ g(y) \text{ は任意関数})$$

(2) $\dfrac{\partial z}{\partial x} = p$ とおくと，$\dfrac{\partial p}{\partial x} = \dfrac{1}{x}p$．これは変数分離形であるので，$y$ を定数とみて，これを解くと

$$p = xf(y) \quad \text{つまり} \quad \frac{\partial z}{\partial x} = xf(y)$$

となる．これをさらに x で積分して

$$z = \frac{1}{2}x^2 f(y) + g(y) \quad (f(y),\ g(y) \text{ は任意関数})$$

(3) x を定数とみると，$\dfrac{\partial^2 z}{\partial y^2} - \dfrac{\partial z}{\partial y} = xy$ は $\dfrac{\partial z}{\partial y}$ について線形だから

$$\frac{\partial z}{\partial y} = e^y\left(\int e^{-y}xydy + f(x)\right) = -x(y+1) + f(x)e^y.$$

y について積分すると，

$$z = -x(y^2/2 + y) + f(x)e^y + g(x) \quad (f(x),\ g(x) \text{ は任意関数})$$

10.1 (1) $\dfrac{\partial^2 z}{\partial x \partial y} = 2x + 3y$ を x, y の順に積分すると，

$$\frac{\partial z}{\partial y} = x^2 + 3xy + g_1(y)$$
$$\therefore \quad z = x^2 y + \frac{3}{2}xy^2 + g(y) + h(x) \quad \left(g(y) = \int g_1(y)dy,\ h(x) \text{ は任意関数}\right)$$

(2) p.113 の基本形 I の場合である．x について積分して，$\dfrac{\partial z}{\partial x} = 2xy^3 + f(y)$，さらに x について積分すると，

$$z = x^2y^3 + xf(y) + g(y) \quad (f(y), g(y) \text{ は任意関数})$$

(3) x を定数とみると，与式は z に関する 2 階線形微分方程式（⇨ p.45）と考えられる．$\dfrac{\partial^2 z}{\partial y^2} - \dfrac{\partial z}{\partial y} - \dfrac{1}{x}\left(\dfrac{1}{x} - 1\right)z = 0$ の特性方程式 $t^2 - t - \dfrac{1}{x}\left(\dfrac{1}{x} - 1\right) = 0$ の解は，$t = 1 - \dfrac{1}{x}, \dfrac{1}{x}$ である．よってこの一般解は $z_c = \varphi(x)e^{y/x} + \psi(x)e^{(y-y/x)}$ となる．次に p.50 の追記 4.2 の未定係数法を用いて，与式の特殊解 z_p を求める．与式の右辺は y について 2 次の多項式であるので，$z_p = Ay^2 + By + C$ とおいて，A, B, C を求める．$\dfrac{\partial z_p}{\partial y} = 2Ay + B$，$\dfrac{\partial^2 z_p}{\partial y^2} = 2A$．よって

$$2A-(2Ay+B)-\frac{1}{x}\left(\frac{1}{x}-1\right)(Ay^2+By+C)=(x-x^2)y^2+2x^3y-2x^3$$

が成立するように A, B, C を求めると，$A=-x^3$, $B=C=0$ となる．ゆえに $z_p=-x^3y^2$.

$$\therefore \quad z=z_c+z_p=\varphi(x)e^{y/x}+\psi(x)e^{(y-y/x)}-x^3y^2$$

11.1 (1) p.116 の定理 7.2 (ii) より $\alpha=1$, $\beta=0$ であるので余関数は $z=\varphi_1(y+x)+x\varphi_2(y+x)$ である．次に特殊解を求める．p.116 の定理 7.3 より

$$\frac{1}{D_x-D_y}(x+y)=\int\bigl(x+(k-x)\bigr)dx$$
$$=xy+x^2 \quad (k \text{ に } y+x \text{ を代入})$$

$$\therefore \quad \frac{1}{(D_x-D_y)^2}(x+y)=\frac{1}{D_x-D_y}(xy+x^2)=\int\bigl(x(k-x)+x^2\bigr)dx$$
$$=\frac{(y+x)x^2}{2} \quad (k \text{ に } y+x \text{ を代入})$$

ゆえに求める一般解は　$z=\varphi_1(y+x)+x\varphi_2(y+x)+(y+x)x^2/2$

(2) p.116 の定理 7.2 (iii) より $\alpha_1=-2$, $\beta_1=0$, $\alpha_2=2$, $\beta_2=0$ であるので余関数は $z=\varphi_1(-2x+y)+\varphi_2(2x+y)$．次に特殊解を求める．p.116 の定理 7.3 より

$$\frac{1}{D_x-2D_y}\sin(2x+y)=\int\sin(2x+k-2x)dx=\int\sin k\,dx=x\sin k$$
$$=x\sin(y+2x) \quad (k \text{ に } y+2x \text{ を代入する})$$
$$\frac{1}{D_x+2D_y}x\sin(y+2x)=\int x\sin(k+2x+2x)dx=\int x\sin(k+4x)dx$$
$$=-\frac{1}{4}x\cos(k+4x)+\frac{1}{16}\sin(k+4x)$$
$$=-\frac{1}{4}x\cos(y+2x)+\frac{1}{16}\sin(y+2x)$$

（k に $y-2x$ を代入する）

ゆえに求める一般解は

$$z=\varphi_1(-2x+y)+\varphi_2(2x+y)-\frac{1}{4}x\cos(y+2x)+\frac{1}{16}\sin(y+2x)$$

12.1 (1) p.116 の定理 7.2 (ii) より，$\alpha=1$, $\beta=2$ であるから求める一般解は

$$z=e^{2x}\bigl(\varphi_1(x+y)+x\varphi_2(x+y)\bigr)$$

(2) 余関数は $(D_x+D_y+1)z=0$ の一般解と $(D_x-2D_y-1)z=0$ の一般解との和である．よって p.116 の定理 7.2 より $z=e^{-x}\varphi_1(-x+y)+e^x\varphi_2(2x+y)$ である．また特殊解は，p.116 の定理 7.3 より，

$$\frac{1}{D_x-2D_y-1}(x+y)=e^x\int e^{-x}\bigl(x+(k-2x)\bigr)dx$$
$$=e^x\int e^{-x}(k-x)dx$$
$$=x+1-k=1-x-y \quad (k \text{ に } y+2x \text{ を代入})$$

$$\frac{1}{D_x+D_y+1}(1-x-y) = e^{-x}\int e^x\big(1-x-(k+x)\big)dx$$
$$= e^{-x}\int \big(e^x(1-k)-2xe^x\big)dx$$
$$= e^{-x}\big((1-k)e^x+2e^x(1-x)\big) = 3-2x-k$$
$$= 3-x-y \quad (k \text{ に } y-x \text{ を代入})$$

よって求める一般解は　$z = e^{-x}\varphi_1(-x+y)+e^x\varphi_2(2x+y)+3-x-y$

(3)　余関数は $(D_x-1)=0$ の一般解と $(D_x-D_y-1)z=0$ の一般解との和である．よって，p.116 の定理 7.2 より $z = e^x\varphi_1(y)+e^x\varphi_2(x+y)$．次に特殊解は，p.116 の定理 7.3 より，

$$\frac{1}{D_x-D_y-1}\sin(x+y) = e^x\int e^{-x}\cdot\sin(x+k-x)dx$$
$$= e^x\cdot\sin k\int e^{-x}dx = e^x(\sin k)(-e^{-x})$$
$$= -\sin k = -\sin(x+y) \quad (k \text{ に } x+y \text{ を代入})$$

$$\frac{1}{D_x-1}\big(-\sin(x+y)\big) = e^x\int e^{-x}\big(-\sin(x+k)\big)dx$$
$$= -e^x\left\{\frac{e^{-x}}{2}\big(-\sin(x+k)-\cos(x+k)\big)\right\}$$

（➪ 例えば『新版 演習微分積分』（サイエンス社） p.59 参照）

$$= \frac{\sin(x+k)+\cos(x+k)}{2} = \frac{\sin(x+y)+\cos(x+y)}{2} \quad (k \text{ に } y \text{ を代入})$$

求める一般解は　$z = e^x\varphi_1(y)+e^x\varphi_2(x+y)+\dfrac{\sin(x+y)+\cos(x+y)}{2}$

◆ 演習問題（第 7 章）の解答

1．$u=ax+by,\ v=y$ とおいて，z, u, v の微分方程式をつくる．

$$x = \frac{1}{a}(u-bv)$$
$$y = v$$

を用いて，

$$\frac{\partial z}{\partial v} = \frac{\partial z}{\partial x}\frac{\partial x}{\partial v}+\frac{\partial z}{\partial y}\frac{\partial y}{\partial v}$$
$$= -\frac{b}{a}\frac{\partial z}{\partial x}+\frac{\partial z}{\partial y} = 0$$

（例えば『新版 演習微分積分』（サイエンス社） p.108 の合成関数の偏微分法を参照）．よって，z は u のみの関数で

$$z = f(u) = f(ax+by)$$

となる．任意関数を 1 つ含むので一般解である．

2. (1) 与式は p.109 の標準形 **III**（変数分離形）である．$\dfrac{\partial z}{\partial y} = x\dfrac{\partial z}{\partial x} + \left(\dfrac{\partial z}{\partial x}\right)^2 = a$（定数）とする．$\dfrac{\partial z}{\partial x} = P(x,a) = \dfrac{-x \pm \sqrt{x^2+4a}}{2}$, $\dfrac{\partial z}{\partial y} = Q(y,a) = a$ であるので求める完全解は，a, b を任意定数とすると，

$$z = \int P(x,a)dx + \int Q(y,a)dy + b = \int \frac{-x \pm \sqrt{x^2+4a}}{2}dx^{\dagger} + \int a dy + b$$
$$= -\frac{1}{4}x^2 \pm \frac{1}{4}\left\{x\sqrt{x^2+4a} + 4a\log\left(x+\sqrt{x^2+4a}\right)\right\} + ay + b$$

また一般解は，

$$\begin{cases} z = -\dfrac{1}{4}x^2 \pm \dfrac{1}{4}\left\{x\sqrt{x^2+4a} + 4a\log\left(x+\sqrt{x^2+4a}\right)\right\} + ay + \psi(a) \\ \pm\left(\dfrac{x}{2\sqrt{x^2+4a}} + \log\left(x+\sqrt{x^2+4a}\right) + \dfrac{2a}{x\sqrt{x^2+4a}+x^2+4a}\right) + y + \psi'(a) = 0 \end{cases}$$

より a を消去したものである（ψ は任意関数）．

(2) 与式は p.109 の標準形 **III**（変数分離形）である．よって，$\left(\dfrac{\partial z}{\partial x}\right)^2 - x = \left(\dfrac{\partial z}{\partial y}\right)^2 - y = a$ とおけば，$\left(\dfrac{\partial z}{\partial x}\right)^2 = a + x$, $\left(\dfrac{\partial z}{\partial y}\right)^2 = a + y$. したがって $\dfrac{\partial z}{\partial x} = P(x,a) = \pm\sqrt{a+x}$, $\dfrac{\partial z}{\partial y} = Q(y,a) = \pm\sqrt{a+y}$. ゆえに求める完全解は

$$z = \int\left(\pm\sqrt{a+x}\right)dx + \int\left(\pm\sqrt{a+y}\right)dy + b$$
$$= \pm\frac{2}{3}(a+x)^{3/2} \pm \frac{2}{3}(a+y)^{3/2} + b \quad (a, b \text{ は任意定数})$$

次に一般解は，

$$z = \pm\frac{2}{3}(a+x)^{3/2} \pm \frac{2}{3}(a+y)^{3/2} + \psi(a) \quad (\psi \text{ は任意関数})$$

および，$\pm\sqrt{a+x} \pm \sqrt{a+y} + \psi'(a) = 0$ より a を消去したものである．

(3) p.109 の標準形 **IV**（クレロー型）の偏微分方程式である．よって，

完全解は　$z = ax + by + a^2b^2$　（a, b は任意定数）

一般解は $\begin{cases} z = ax + \psi(a)y + a^2\psi(a)^2 \\ 0 = x + \psi'(a)y + 2a\psi(a)^2 + 2a^2\psi(a)\psi'(a) \end{cases}$ （ψ は任意関数）

から a を消去したものである．

特異解は $\begin{cases} z = ax + by + a^2b^2 & \cdots ① \\ 0 = x + 2ab^2 & \cdots ② \\ 0 = y + 2a^2b & \cdots ③ \end{cases}$ から a, b を消去したものである．

---

† 公式 $\displaystyle\int \sqrt{x^2+a}\,dx = \frac{1}{2}\left\{x\sqrt{x^2+a} + a\log\left(x+\sqrt{x^2+a}\right)\right\}$ を用いよ．

7

① × 2 に ② × a を代入すると，　$2z = ax + 2by$　$\cdots$ ④

① × 2 に ③ × b を代入すると，　$2z = 2ax + by$　$\cdots$ ⑤

また②, ③から $b = ax/y \cdots$ ⑥となり⑥を④に代入すると $a = 2z/3x \cdots$ ⑦ となる．⑦を⑤に代入すると $b = 2z/3y$ となる．これらを①に代入すると，$16z^3 = -27x^2y^2$ となりこれが特異解である．

3. (1) 与式は p.109 のラグランジュの偏微分方程式である．$P = y - z, Q = z - x, R = x - y$ より補助方程式は $dx/(y-z) = dy/(z-x) = dz/(x-y)$ である．これらを加えると，$dx/(y-z) = (dx + dy + dz)/0$ となるので，$dx + dy + dz = 0$．また，補助方程式の分母分子にそれぞれ x, y, z をかけて加えると $dx/(y-z) = (xdx + ydy + zdz)/0$ となるので $xdx + ydy + zdz = 0$．ゆえに特性方程式の解は

$$x + y + z = a, \quad x^2 + y^2 + z^2 = b \quad (a, b \text{ は任意定数})$$

したがって求める一般解は

$$f(x + y + z, x^2 + y^2 + z^2) = 0 \quad (f \text{ は任意関数})$$

(2) 与式は p.109 のラグランジュの偏微分方程式である．$P = y^2, Q = xy, R = xz$ より補助方程式は $\dfrac{dx}{y^2} = \dfrac{dy}{xy} = \dfrac{dz}{xz}$ である．よって第 1 式に x をかけ，第 2 式に y をかけて引くと，$\dfrac{dx}{y^2} = \dfrac{xdx - ydy}{0}$ となり第 2 式に z をかけ，第 3 式に y をかけて引くと，$\dfrac{dx}{y^2} = \dfrac{zdy - ydz}{0}$ となる．ゆえに $xdx - ydy = 0$, $zdy - ydz = 0$ となり補助方程式の解は，$x^2 - y^2 = a$, $z/y = b$ である．ゆえに求める一般解は

$$f(x^2 - y^2, z/y) = 0 \quad (f \text{ は任意関数})$$

4. (1) 与式は p.113 の基本形 **III** の場合である．$\dfrac{\partial^2 z}{\partial x^2} + \dfrac{\partial^2 z}{\partial x \partial y} - \dfrac{\partial z}{\partial x} = 0$ を x について積分すると，$\dfrac{\partial z}{\partial x} + \dfrac{\partial z}{\partial y} - z = f(y)$．これはラグランジュの偏微分方程式である．よって補助方程式 $\dfrac{dx}{1} = \dfrac{dy}{1} = \dfrac{dz}{f(y) + z}$ を考える．第 1, 2 式から $dx - dy = 0$．ゆえに $x - y = a$．第 2, 3 式から $\dfrac{dz}{dy} - z = f(y)$．これは線形常微分方程式であるので，$z = e^y \left(\displaystyle\int e^{-y} \cdot f(y) dy + b \right)$．よって求める解は

$$ze^{-y} - g(y) = h(x - y) \quad \left(g(y) = \int e^{-y} f(y) dy,\ h(u) \text{ は任意関数} \right)$$

(2) 与式は p.113 の基本形 **III** の場合である．$q = \dfrac{\partial z}{\partial y}$ とすると，$x\dfrac{\partial q}{\partial x} + y\dfrac{\partial q}{\partial y} = 10x^3y - q$ となる．これはラグランジュの偏微分方程式である．補助方程式を考えると

$$\frac{dx}{x} = \frac{dy}{y} = \frac{dq}{10x^3y - q} = \frac{ydx - xdy}{0} = \frac{(q - 8x^3y)dx - 2x^4dy + xdq}{0}$$

これより

$$ydx - xdy = 0 \quad \text{ゆえに} \quad \frac{x}{y} = a$$

また，

$$xdq + qdx = 8x^3ydx + 2x^4dy \qquad \therefore \quad xq = 2x^4y + b$$

a, b は任意なので f' を任意関数 f の導関数として，$b = f'\left(\dfrac{1}{a}\right)$ と書くことにすると，一般解は，$xq = 2x^4y + f'\left(\dfrac{y}{x}\right)$．つまり $\dfrac{\partial z}{\partial y} = 2x^3y + \dfrac{1}{x}f'\left(\dfrac{y}{x}\right)$．$y$ で積分して

$$z = x^3y^2 + f\left(\frac{y}{x}\right) + g(x) \quad (f, g \text{ は任意関数})$$

5. (1) p.116 の定数係数 2 階線形偏微分方程式である．p.116 の 3 つの定理を用いる．定理 7.2 (i) より，

$$(D_x + 2D_y)z = 0 \quad \text{の一般解は} \quad z = \varphi_1(-2x + y)$$
$$(D_x - 3D_y)z = 0 \quad \text{の一般解は} \quad z = \varphi_2(3x + y)$$

である．余関数は，

$$z = \varphi_1(-2x + y) + \varphi_2(3x + y).$$

次に p.116 の定理 7.3 により特殊解を求める．

$$\frac{1}{D_x - 3D_y}(x + y) = \int \big(x + (k - 3x)\big)dx = xy + 2x^2 \quad (k \text{ に } y + 3x \text{ を代入する})$$

$$\therefore \quad \frac{1}{D_x + 2D_y}\frac{1}{D_x - 3D_y}(x + y) = \frac{1}{D_x + 2D_y}(xy + 2x^2) = \int \big(x(k + 2x) + 2x^2\big)dx$$
$$= \frac{1}{2}x^2y + \frac{1}{3}x^3 \quad (k \text{ に } y - 2x \text{ を代入})$$

ゆえに求める一般解は p.116 の定理 7.1 より，

$$z = \varphi_1(-2x + y) + \varphi_2(3x + y) + \frac{1}{2}x^2y + \frac{1}{3}x^3$$

(2) 定数係数 2 階線形偏微分方程式である．p.116 の定理 7.2 (ii) より，余関数は

$$z = \varphi_1(x + y) + x\varphi_2(x + y)$$

次に特殊解を求める．p.116 の定理 7.3 より，

$$\frac{1}{D_x - D_y}xe^{3x+5y} = \int xe^{3x+5(k-x)}dx = \int xe^{5k-2x}dx = e^{5k}\int xe^{-2x}dx$$
$$= -\frac{1}{4}e^{5k-2x}(2x + 1) = -\frac{1}{4}e^{3x+5y}(2x + 1) \quad (k \text{ に } x + y \text{ を代入する})$$

$$\frac{1}{D_x - D_y}\left(-\frac{1}{4}e^{3x+5y}(2x + 1)\right) = -\frac{1}{4}\int (2x + 1)e^{3x+5(k-x)}dx$$
$$= -\frac{1}{4}e^{5k}\int (2x + 1)e^{-2x}dx = \left(-\frac{1}{4}e^{5k}\right)e^{-2x}(-x - 1)$$
$$= \frac{1}{4}(x + 1)e^{5k-2x} = \frac{1}{4}(x + 1)e^{3x+5y} \quad (k \text{ に } x + y \text{ を代入})$$

ゆえに求める一般解は p.116 の定理 7.1 より $z = \varphi_1(x + y) + x\varphi_2(x + y) + \dfrac{1}{4}(x + 1)e^{3x+5y}$

(3) $x = e^X, y = e^Y$ と変数変換する．

$$\frac{\partial z}{\partial X} = \frac{\partial z}{\partial x}\frac{\partial x}{\partial X} = x\frac{\partial z}{\partial x}, \quad \frac{\partial z}{\partial Y} = \frac{\partial z}{\partial y}\frac{\partial y}{\partial Y} = y\frac{\partial z}{\partial y}$$

よって　$xD_x = D_X, \quad yD_y = D_Y$.

$$\frac{\partial}{\partial X}\left(\frac{\partial z}{\partial X}\right) = \frac{\partial}{\partial x}\left(x\frac{\partial z}{\partial x}\right)\cdot\frac{\partial x}{\partial X} = \left(\frac{\partial z}{\partial x} + x\frac{\partial^2 z}{\partial x^2}\right)x = x\frac{\partial z}{\partial x} + x^2\frac{\partial^2 z}{\partial x^2}$$

よって　$D_X^2 = xD_x + x^2D_x^2$　　$\therefore$　$x^2D_x^2 = D_X^2 - D_X$．同様に，$y^2D_y^2 = D_Y^2 - D_Y$．
与えられた微分方程式は $(D_X^2 - D_X + 2D_XD_Y + D_Y^2 - D_Y)z = 0$．すなわち，

$$(D_X + D_Y)(D_X + D_Y - 1)z = 0$$

となる．これは定数係数 2 階線形非同次偏微分方程式である．これの一般解は p.116 の定理 7.2 (iii) より $(D_X + D_Y)z = 0$ の一般解と $(D_X + D_Y - 1)z = 0$ の一般解との和である．よってこの方程式の一般解は p.116 の定理 7.2 (i) より $z = \varphi_1(-X+Y) + e^X\varphi_2(-X+Y)$ となる．X, Y をもとに戻すと，

$$z = \varphi_1(-\log x + \log y) + x\varphi_2(-\log y + \log x) = \varphi_1\left(\log\frac{y}{x}\right) + x\varphi_2\left(\log\frac{x}{y}\right)$$

8 章の解答

1.1　(1)　$f'(x) = 1$ は $-\pi < x < \pi$ で連続，周期 2π で接続して奇関数が得られる．よって，$a_n = 0$ $(n = 0, 1, 2, \cdots)$

$$\begin{aligned} b_n &= \frac{2}{\pi}\int_0^\pi x\sin nx dx \\ &= \frac{2}{\pi}\left(\left[-x\frac{\cos nx}{n}\right]_0^\pi + \int_0^\pi \frac{\cos nx}{n}dx\right) \\ &= \frac{2}{\pi}\left(-\pi\cdot\frac{1}{n}(-1)^n + \left[\frac{1}{n^2}\sin nx\right]_0^\pi\right) \\ &= (-1)^{n-1}\frac{2}{n} \end{aligned}$$

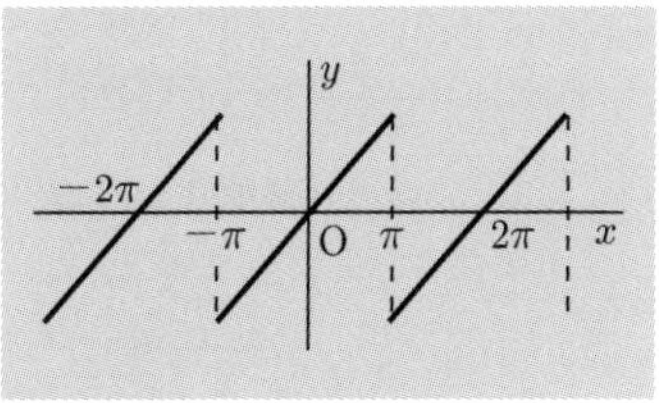

図 **A.8.1**　問題 1.1 (1)

よって求めるフーリエ展開は，$x = \sum_{n=1}^{\infty}(-1)^{n-1}\frac{2}{n}\sin nx$.

(2)　$f'(x) = 2x$ は $-\pi \leqq x \leqq \pi$ で連続で，周期 2π で接続して偶関数が得られる．偶関数であるから，$b_n = 0$ $(n = 1, 2, \cdots)$.

$$a_0 = \frac{2}{\pi}\int_0^\pi x^2 dx = \frac{2}{\pi}\left[\frac{x^3}{3}\right]_0^\pi = \frac{2}{3}\pi^2$$

$$\begin{aligned} a_n &= \frac{2}{\pi}\int_0^\pi x^2\cos nx dx = \frac{2}{\pi}\left(\left[\frac{x^2}{n}\sin nx\right]_0^\pi - \frac{2}{n}\int_0^\pi x\sin nx dx\right) \\ &= -\frac{4}{n\pi}\left(\left[-\frac{x}{n}\cos nx\right]_0^\pi + \frac{1}{n}\int_0^\pi \cos nx dx\right) \\ &= \frac{4}{n^2\pi}\left(\pi(-1)^n - \left[\frac{1}{n}\sin nx\right]_0^\pi\right) = (-1)^n\frac{4}{n^2} \end{aligned}$$

よって求めるフーリエ展開は $x^2 = \dfrac{\pi^2}{3} + \displaystyle\sum_{n=1}^{\infty}(-1)^n \frac{4}{n^2}\cos nx.$

注意　この展開式を利用して $t = \pm\pi$ での値を求めると，$f(\pi) = \pi^2$, $f(-\pi) = \pi^2$ であるから $\big(f(\pi) + f(-\pi)\big)/2 = \pi^2$.

一方フーリエ級数の方は，$t = \pi$ として，$\dfrac{\pi^2}{3} + 4\left(\dfrac{1}{1^2} + \dfrac{1}{2^2} + \dfrac{1}{3^2} + \cdots + \dfrac{1}{n^2} + \cdots\right)$.

よって，$\pi^2 = \dfrac{\pi^2}{3} + 4\left(\dfrac{1}{1^2} + \dfrac{1}{2^2} + \dfrac{1}{3^2} + \cdots + \dfrac{1}{n^2} + \cdots\right)$. これから $\dfrac{\pi^2}{6} = \displaystyle\sum_{n=1}^{\infty}\frac{1}{n^2}$. 一般の級数論では $\sum(1/n^2)$ が収束であることは証明されるが，どんな値に収束するかわからないのであるが，フーリエ級数を用いると出てくるのである．これは予想外の産物である．

(3)　$f(x)$ は $[-\pi, \pi]$ で区分的に滑らかな関数である．$f(x)$ を 2π で接続すれば，$(-\infty, \infty)$ で連続な偶関数が得られる．よって，$b_n = 0\,(n = 1, 2, \cdots)$.

$$a_0 = \frac{2}{\pi}\int_0^{\pi} x\,dx = \frac{2}{\pi}\left[\frac{x^2}{2}\right]_0^{\pi} = \pi$$

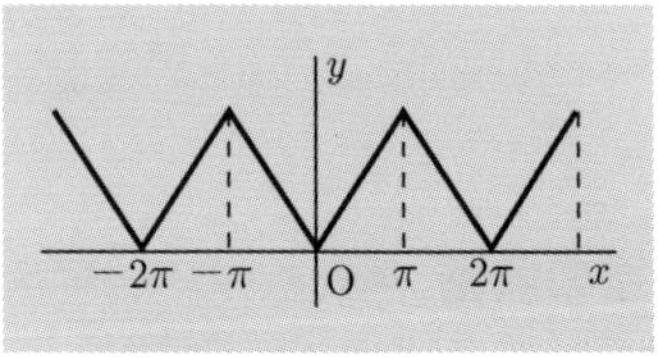

図 A.8.2　問題 1.1 (3)

$$\begin{aligned} a_n &= \frac{2}{\pi}\int_0^{\pi} x\cos nx\,dx \\ &= \frac{2}{\pi}\left(\left[\frac{x}{n}\sin nx\right]_0^{\pi} - \frac{1}{n}\int_0^{\pi}\sin nx\,dx\right) \\ &= \frac{2}{n\pi}\left[\frac{1}{n}\cos nx\right]_0^{\pi} = \frac{2}{n^2\pi}\big((-1)^n - 1\big) \\ &= \begin{cases} 0 & (n：偶数) \\ -\dfrac{4}{n^2\pi} & (n：奇数) \end{cases} \qquad \therefore\quad |x| = \frac{\pi}{2} - \frac{4}{\pi}\sum_{n=1}^{\infty}\frac{1}{(2n-1)^2}\cos(2n-1)x. \end{aligned}$$

(4)　(i)　正弦級数展開 $f(x) = e^x$ は連続で，$0 < x < \pi$ で区分的に滑らかである．$-\pi < x < \pi$ で奇関数と考える．よって，$a_n = 0$

$$\begin{aligned} b_n &= \frac{2}{\pi}\int_0^{\pi} e^x \sin nx\,dx = \frac{2}{\pi}\left\{\big[e^x \sin nx\big]_0^{\pi} - n\int_0^{\pi} e^x \cos nx\,dx\right\} \\ &= \frac{2}{\pi}\big[e^x \sin nx - ne^x \cos nx\big]_0^{\pi} - \frac{2n^2}{\pi}\int_0^{\pi} e^x \sin nx\,dx \end{aligned}$$

$$(1+n^2)b_n = \frac{2}{\pi}n\big(1 - e^{\pi}(-1)^n\big) \qquad \therefore\quad b_n = \frac{2}{\pi}\frac{n}{1+n^2}\big(1 - e^{\pi}(-1)^n\big)$$

ゆえに求めるフーリエ正弦級数展開は $e^x = \dfrac{2}{\pi}\displaystyle\sum_{n=1}^{\infty}\frac{n(1 - e^{\pi}(-1)^n)}{1+n^2}\sin nx.$

(ii)　余弦級数展開 $f(x) = e^x$ を $-\pi < x < \pi$ で偶関数と考える．よって，$b_n = 0$

$$\begin{aligned} a_n &= \frac{2}{\pi}\int_0^{\pi} e^x \cos nx\,dx = \frac{2}{\pi}\left\{\big[e^x \cos nx\big]_0^{\pi} + n\int_0^{\pi} e^x \sin nx\,dx\right\} \\ &= \frac{2}{\pi}\left\{\big(e^{\pi}\cos n\pi - 1\big) + n\big[e^x \sin nx\big]_0^{\pi} - n^2\int_0^{\pi} e^x \cos nx\,dx\right\} \end{aligned}$$

$$(1+n^2)a_n = \frac{2}{\pi}\left(e^{\pi}(-1)^n - 1\right) \qquad \therefore \quad a_n = \frac{2}{\pi(1+n^2)}\left(e^{\pi}(-1)^n - 1\right)$$

また $\dfrac{a_0}{2} = \dfrac{1}{2}\dfrac{2}{\pi}\displaystyle\int_0^{\pi} e^x dx = \dfrac{1}{\pi}\left[e^x\right]_0^{\pi} = \dfrac{1}{\pi}(e^{\pi}-1)$ ゆえに求めるフーリエ余弦級数展開は，

$$e^x = \frac{1}{\pi}(e^{\pi}-1) + \sum_{n=1}^{\infty}\frac{2}{\pi(1+n^2)}\left((-1)^n e^{\pi} - 1\right)\cos nx$$

2.1 (1) $f(x)$ は連続で，$[0,2]$ で区分的に滑らかな関数である．周期 2 で接続すると偶関数となる．$b_n = 0$ $(n = 1, 2, 3, \cdots)$.

$$\begin{aligned}
a_0 &= \int_0^1 \pi x dx + \int_1^2 \pi(2-x)dx = \left[\frac{\pi}{2}x^2\right]_0^1 + \left[2\pi x - \frac{\pi}{2}x^2\right]_1^2 = \pi \\
a_n &= \int_0^1 \pi x \cos n\pi x dx + \int_1^2 \pi(2-x)\cos n\pi x dx \\
&= \pi\left(\left[\frac{x}{n\pi}\sin n\pi x\right]_0^1 - \frac{1}{n\pi}\int_0^1 \sin n\pi x dx\right) + 2\pi\int_1^2 \cos n\pi x dx - \pi\int_1^2 x\cos n\pi x dx \\
&= -\frac{1}{n}\left(-\frac{1}{n\pi}\right)\left[\cos n\pi x\right]_0^1 + \frac{2\pi}{n\pi}\left[\sin n\pi x\right]_0^1 - \pi\int_1^2 x\cos n\pi x dx \\
&= \frac{1}{n^2\pi}(\cos n\pi - 1) - \frac{1}{n^2\pi}(1-\cos n\pi) = -\frac{2}{n^2\pi}(1-\cos n\pi) \\
&= -\frac{2}{n^2\pi}\left(1-(-1)^n\right) = \begin{cases} 0 & (n：偶数) \\ -4/n^2\pi & (n：奇数) \end{cases}
\end{aligned}$$

よって求めるフーリエ展開は $f(x) = \dfrac{\pi}{2} - \dfrac{4}{\pi}\displaystyle\sum_{n=0}^{\infty}\dfrac{\cos(2n+1)\pi x}{(2n+1)^2}$.

(2) $f(x) = x^2 + x$ は $-1 < x < 1$ で連続で区分的に滑らかで，周期 2 で接続する．

$$\begin{aligned}
a_0 &= \int_{-1}^1 (x^2+x)dx = \left[\frac{x^3}{3} + \frac{x^2}{2}\right]_{-1}^1 = \frac{2}{3} \\
a_n &= \int_{-1}^1 (x^2+x)\cos n\pi x dx = \left[\frac{x^2+x}{n\pi}\sin n\pi x\right]_{-1}^1 - \frac{1}{n\pi}\int_{-1}^1 (2x+1)\sin n\pi x dx \\
&= -\frac{1}{n\pi}\left(\left[-\frac{2x+1}{n\pi}\cos n\pi x\right]_{-1}^1 + \frac{2}{n\pi}\int_{-1}^1 \cos n\pi x dx\right) = (-1)^n\frac{4}{n^2\pi^2} \\
b_n &= \int_{-1}^1 (x^2+x)\sin n\pi x dx \\
&= \left[-\frac{x^2+x}{n\pi}\cos n\pi x\right]_{-1}^1 + \frac{1}{n\pi}\int_{-1}^1 (2x+1)\cos n\pi x dx \\
&= -\frac{2}{n\pi}(-1)^n + \frac{1}{n\pi}\left(\left[\frac{2x+1}{n\pi}\sin n\pi x\right]_{-1}^1 - \frac{2}{n\pi}\int_{-1}^1 \sin n\pi x dx\right) \\
&= -\frac{2}{n\pi}(-1)^n - \frac{2}{n^2\pi^2}\left[-\frac{\cos n\pi x}{n\pi}\right]_{-1}^1 = (-1)^{n+1}\frac{2}{n\pi}
\end{aligned}$$

よって求めるフーリエ展開は

$$x^2 + x = \frac{1}{3} + \frac{2}{\pi}\sum_{n=1}^{\infty}(-1)^n\left(\frac{2}{\pi n^2}\cos n\pi x - \frac{1}{n}\sin n\pi x\right).$$

3.1 (1) $f(t)$ が定義 8.1（⇨ p.125）の条件を満たし，偶関数ならば

$F_c(u) = \sqrt{\frac{2}{\pi}}\int_0^{\infty} f(t)\cos ut dt$ を得る．$f(x) = e^{-|x|}$ とおくと，これは区分的に滑らかな関数で，$\int_0^{\infty} e^{-|x|}dx = 1$ となり収束する．さらに連続な偶関数であるので，

$$F_c(u) = \sqrt{\frac{2}{\pi}}\int_0^{\infty} e^{-t}\cos ut dt = \sqrt{\frac{2}{\pi}}\left[\frac{e^{-t}}{1+u^2}(-\cos ut + u\sin ut)\right]_0^{\infty}$$

p.126 の ②

$$= \sqrt{\frac{2}{\pi}}\,\frac{1}{1+u^2}.$$

ゆえに，$e^{-|x|} = \frac{2}{\pi}\int_0^{\infty}\frac{\cos xu}{1+u^2}du$．この両辺に $\frac{\pi}{2}$ をかける．

8

(2) $f(t)$ が定義 8.1（⇨ p.125）の条件を満たし，奇関数ならば $F_s(u) = \sqrt{\frac{2}{\pi}}\int_0^{\infty} f(t)\sin ut dt$ を得る．$f(x) = e^{-x} - e^{-2x}$ は区分的に滑らかな関数で，かつ

$$\int_0^{\infty}\left|e^{-x} - e^{-2x}\right|dx = \int_0^{\infty} e^{-x}dx - \int_0^{\infty} e^{-2x}dx = \frac{1}{2}$$

となり収束する．奇関数として接続すると，連続関数となるので，

$$\begin{aligned}
F_s(u) &= \sqrt{\frac{2}{\pi}}\int_0^{\infty}(e^{-t} - e^{-2t})\sin ut dt \\
&= \sqrt{\frac{2}{\pi}}\left(\int_0^{\infty} e^{-t}\sin ut dt - \int_0^{\infty} e^{-2t}\sin ut dt\right)
\end{aligned}$$

↓ p.126 の ①

$$\begin{aligned}
&= \sqrt{\frac{2}{\pi}}\left(\left[\frac{e^{-t}}{u^2+1}(-\sin ut - u\cos ut)\right]_0^{\infty} - \left[\frac{e^{-2t}}{u^2+4}(-2\sin ut - u\cos ut)\right]_0^{\infty}\right) \\
&= \sqrt{\frac{2}{\pi}}\left(\frac{u}{u^2+1} - \frac{u}{u^2+4}\right) = \sqrt{\frac{2}{\pi}}\frac{3u}{(u^2+1)(u^2+4)}
\end{aligned}$$

ゆえに，$e^{-x} - e^{-2x} = \frac{6}{\pi}\int_0^{\infty}\frac{u\sin xu}{(u^2+1)(u^2+4)}du$．この両辺に $\frac{\pi}{6}$ をかける．

4.1 (1) p.125 の定義 8.1 を用いる．

$$\begin{aligned}
F(u) &= \frac{1}{\sqrt{2\pi}}\int_{-1}^{1} 1\cdot e^{-iut}dt = \frac{1}{\sqrt{2\pi}}\int_{-1}^{1}(\cos ut - i\sin ut)dt \\
&= \frac{1}{\sqrt{2\pi}}\int_{-1}^{1}\cos ut dt = \frac{2}{\sqrt{2\pi}}\int_0^{1}\cos ut dt = \sqrt{\frac{2}{\pi}}\left[\frac{1}{u}\sin ut\right]_0^{1} = \sqrt{\frac{2}{\pi}}\frac{1}{u}\sin u
\end{aligned}$$

(2) p.125 の定義 8.1 を用いる．

$$F(u) = \frac{1}{\sqrt{2\pi}}\int_{-\infty}^{\infty} f(t)e^{-iut}dt = \frac{1}{\sqrt{2\pi}}\int_{-1}^{1} f(t)(\cos ut - i\sin ut)dt$$
$$= \frac{2(-i)}{\sqrt{2\pi}}\int_{0}^{1} 1\cdot \sin utdt = \sqrt{\frac{2}{\pi}}(-i)\left[-\frac{1}{u}\cos ut\right]_0^1 = \sqrt{\frac{2}{\pi}}\frac{i}{u}(\cos u - 1)$$

(3) $f(t)$ は区分的に滑らかで，連続である．また

$$\int_{-\infty}^{\infty} f(t)dt = \int_{-1}^{1}(1-t^2)dt = \left[t - \frac{t^3}{3}\right]_{-1}^{1} = \frac{4}{3}$$

より $f(t)$ は絶対可積分である．さらに偶関数である．ゆえに p.125 の ① により，

$$F_c(u) = \frac{2}{\sqrt{2\pi}}\int_0^{\infty} f(t)\cos utdt = \frac{2}{\sqrt{2\pi}}\int_0^1 (1-t^2)\cos utdt$$
$$= \frac{2}{\sqrt{2\pi}}\left\{\left[(1-t^2)\frac{1}{u}\sin ut\right]_0^1 - \frac{1}{u}\int_0^1 (-2t)\sin utdt\right\}$$
$$= \frac{1}{\sqrt{2\pi}}\left\{\frac{4}{u}\left(\left[-t\frac{1}{u}\cos ut\right]_0^1 + \int_0^1 \frac{1}{u}\cos utdt\right)\right\}$$
$$= \frac{1}{\sqrt{2\pi}}\frac{4}{u}\left(-\frac{1}{u}\cos u + \frac{1}{u}\left[\frac{1}{u}\sin ut\right]_0^1\right)$$
$$= \sqrt{\frac{2}{\pi}}\frac{2}{u}\left(\frac{-\cos u}{u} + \frac{\sin u}{u^2}\right)$$

5.1 p.128 の **I** 波動方程式の初期値・境界値問題で，$c=1$, $l=\pi$, $f(x)=0$, $F(x)=\sin x + \sin 2x$ とした場合である．$f(x)$ は微分可能で，$F(x)$ は連続で区分的に滑らかである．よって，解は

$$u(x,t) = \sum_{n=1}^{\infty}\sin nx\left(a_n\cos nt + \frac{1}{n}b_n\sin nt\right)$$
$$a_n = 0, \quad b_n = \frac{2}{\pi}\int_0^{\pi}(\sin x + \sin 2x)\sin nxdx$$
$$b_n = \frac{2}{\pi}\int_0^{\pi}(\sin x + \sin 2x)\sin nxdx = \frac{2}{\pi}\int_0^{\pi}(\sin x\sin nx + \sin 2x\sin nx)dx$$
$$= \frac{2}{\pi}\int_0^{\pi}\left(-\frac{1}{2}\right)\left\{\cos(n+1)x - \cos(n-1)x\right\}dx$$
$$+ \int_0^{\pi}\left(-\frac{1}{2}\right)\left\{\cos(n+2)x - \cos(n-2)x\right\}dx$$
$$= \left(-\frac{1}{2}\right)\frac{2}{\pi}\left[\frac{\sin(n+1)x}{n+1} - \frac{\sin(n-1)x}{n-1}\right]_0^{\pi} + \left(-\frac{1}{2}\right)\left[\frac{\sin(n+2)x}{n+2} - \frac{\sin(n-2)x}{n-2}\right]_0^{\pi}$$
$$= 0 \qquad (n \geqq 3)$$

$$b_1=\frac{2}{\pi}\int_0^{\pi}(\sin x+\sin 2x)\sin xdx=\frac{2}{\pi}\int_0^{\pi}\sin^2 xdx+\frac{2}{\pi}\int_0^{\pi}\sin x\sin 2xdx=1$$

$$b_2=\frac{2}{\pi}\int_0^{\pi}(\sin x+\sin 2x)\sin 2xdx=\frac{2}{\pi}\int_0^{\pi}\sin x\sin 2xdx+\frac{2}{\pi}\int_0^{\pi}(\sin 2x)^2dx=1$$

$$\therefore\quad u(x,t)=\sin x\sin t+\frac{1}{2}\sin 2x\sin 2t$$

6.1 p.128 の **II** 波動方程式の初期値問題（ストークスの公式）を用いる．$c=1$, $f(x)=e^{-|x|}$, $F(x)=0$ である．$\displaystyle\int_{-\infty}^{\infty}\left|e^{-|x|}\right|dx=2\int_0^{\infty}e^{-x}dx=2\Big[-e^{-x}\Big]_0^{\infty}=2$ となるので，$f(x)$ は絶対可積分である．$f(x)$, $F(x)$ は明らかに連続で区分的に滑らかである．よって p.128 の ⑦ より，

$$u(x,t)=\frac{1}{2}\left\{e^{-|x+t|}+e^{-|x-t|}\right\}$$

7.1 p.132 の **III** 熱伝導方程式の初期値・境界値問題である．$k=1/\sqrt{2}$, $c=2$,

$$f(x)=\begin{cases}10x & (0\leqq x\leqq 1)\\ 10(2-x) & (1\leqq x\leqq 2)\end{cases}$$ は連続で区分的に滑らかである．

8

$$c_n=10\int_0^1\lambda\sin\frac{n\pi}{2}\lambda d\lambda+10\int_1^2(2-\lambda)\sin\frac{n\pi}{2}\lambda d\lambda=10(I_1+I_2)$$

$$I_1=\int_0^1\lambda\sin\frac{n\pi}{2}\lambda d\lambda=\left[\lambda\left(-\frac{2}{n\pi}\right)\cos\frac{n\pi}{2}\lambda\right]_0^1+\frac{2}{n\pi}\int_0^1\cos\frac{n\pi}{2}\lambda d\lambda$$

$$=-\frac{2}{n\pi}\cos\frac{n\pi}{2}+\left(\frac{2}{n\pi}\right)^2\sin\frac{n\pi}{2}$$

$$I_2=\int_1^2 2\sin\frac{n\pi}{2}\lambda d\lambda-\int_1^2\lambda\sin\frac{n\pi}{2}\lambda d\lambda$$

$$=-\frac{4}{n\pi}\left(\cos n\pi-\cos\frac{n\pi}{2}\right)$$

$$-\left\{-\frac{4}{n\pi}\cos n\pi+\frac{2}{n\pi}\cos\frac{n\pi}{2}+\left(\frac{2}{n\pi}\right)^2\left(\sin n\pi-\sin\frac{n\pi}{2}\right)\right\}$$

$$\therefore\quad c_n=\frac{80}{n^2\pi^2}\sin\frac{n\pi}{2}$$

ゆえに $$u(x,t)=\frac{80}{\pi^2}\sum_{n=1}^{\infty}\left(\sin\frac{n\pi}{2}\Big/n^2\right)\sin\frac{n\pi}{2}xe^{-n^2\pi^2t/8}$$

8.1

$$\frac{\partial u}{\partial t}=\frac{\partial^2 u}{\partial x^2}\quad(-\infty<x<\infty,t>0)\qquad\cdots ①$$

初期条件：$u(x,0)=\delta(x)$　（$\delta(x)$ はデルタ関数）　$\cdots$②

与式は無限区間で考えているのでフーリエ変換，フーリエ逆変換を用いる．

$$U(\alpha,t)=\frac{1}{\sqrt{2\pi}}\int_{-\infty}^{\infty}u(x,t)e^{-i\alpha x}dx\qquad\cdots ③$$

$$-\alpha^2U(\alpha,t)=\frac{1}{\sqrt{2\pi}}\int_{-\infty}^{\infty}\left(\frac{\partial^2 u}{\partial x^2}\right)e^{-i\alpha x}dx$$ （p.127 の例題 4 を 2 回使う）　$\cdots$④

次に $\delta(x)$ のフーリエ変換を求める．そのためにまず $\delta_r(x)$ のフーリエ変換を求める．

$$
\begin{aligned}
&\frac{1}{\sqrt{2\pi}}\int_{-\infty}^{\infty}\delta_r(x)e^{-i\alpha x}\alpha x \\
&=\frac{1}{\sqrt{2\pi}}\int_{-\infty}^{\infty}\underbrace{\delta_r(x)\cos\alpha x dx}_{\text{偶関数}}+i\frac{1}{\sqrt{2\pi}}\int_{-\infty}^{\infty}\underbrace{\delta_r(x)\sin\alpha x dx}_{\text{奇関数}} \\
&=\frac{2}{\sqrt{2\pi}}\int_{0}^{\infty}\delta_r(x)\cos\alpha x dx=\frac{\sqrt{2}}{\sqrt{\pi}}\int_0^r\frac{1}{2r}\cos\alpha x dx \\
&=\frac{1}{\sqrt{2\pi}}\frac{1}{r}\left[\frac{1}{\alpha}\sin\alpha x\right]_0^r=\frac{1}{\sqrt{2\pi}}\frac{1}{\alpha r}\sin\alpha r\to\frac{1}{\sqrt{2\pi}}\quad(r\to+0) \qquad\cdots⑤
\end{aligned}
$$

$\dfrac{\partial u}{\partial t}$ のフーリエ変換は，微分と積分の順序変更ができると仮定すると，

$$
\frac{1}{\sqrt{2\pi}}\int_{-\infty}^{\infty}\frac{\partial u}{\partial t}e^{-i\alpha x}dx=\frac{1}{\sqrt{2\pi}}\frac{\partial}{\partial t}\left\{\int_{-\infty}^{\infty}u(x,t)e^{-i\alpha x}dx\right\}=\frac{1}{\sqrt{2\pi}}\frac{\partial}{\partial t}U(\alpha,t) \qquad\cdots⑥
$$

④, ⑥ より ① の熱伝導方程式の両辺をフーリエ変換したものは，

$$
\frac{\partial U(\alpha,t)}{\partial t}=-\alpha^2U(\alpha,t)
$$

この偏微分方程式を解くと，

$$
U(\alpha,t)=\underline{f(\alpha)}e^{-\alpha^2t} \qquad\cdots⑦
$$

⑥ は偏微分方程式であるから，
この係数は任意定数でなく α の任意関数になる．

ここで初期条件 $u(x,0)=\delta(x)$ から ⑦ の任意関数 $f(\alpha)$ を決定しよう．⑦ の両辺に $t=0$ を代入すると，

$$
U(\alpha,0)=f(\alpha) \qquad\cdots⑧
$$

初期条件 ② の両辺をフーリエ変換すると，③, ⑤ より

$$
U(\alpha,0)=1/\sqrt{2\pi}\quad\cdots⑨ \qquad\qquad \therefore\quad f(\alpha)=1/\sqrt{2\pi}
$$

これを ⑦ に代入して

$$
U(\alpha,t)=\frac{1}{\sqrt{2\pi}}e^{-\alpha^2t} \qquad\cdots⑩
$$

⑩ のフーリエ逆変換を求めると，

$$
\begin{aligned}
u(x,t)&=\frac{1}{\sqrt{2\pi}}\int_{-\infty}^{\infty}U(\alpha,t)e^{i\alpha x}d\alpha=\frac{1}{\sqrt{2\pi}}\int_{-\infty}^{\infty}\frac{1}{\sqrt{2\pi}}e^{-\alpha^2t}\cdot e^{i\alpha x}d\alpha \\
&=\frac{1}{2\pi}\int_{-\infty}^{\infty}e^{-\alpha^2t}(\cos\alpha x+i\sin\alpha x)d\alpha \\
&=\frac{1}{2\pi}\cdot 2\int_0^{\infty}e^{-\alpha^2t}\cos\alpha x d\alpha=\frac{1}{2\sqrt{\pi}\sqrt{t}}e^{-x^2/4t}
\end{aligned}
$$

最後の積分は，p.143 の注意 8.5 の

$$
\int_0^{\infty}e^{-p^2\alpha^2}\cos\alpha(x-\lambda)d\alpha=\frac{\sqrt{\pi}}{2p}e^{-(x-\lambda)^2/4p^2}
$$

を用いる．

9.1 p.132 の **V** ラプラス方程式の境界値問題である．

$f(x)=\alpha\sin\dfrac{\pi x}{a}+\beta\sin\dfrac{2\pi x}{a}$ （α,β は定数）の場合で，この関数は明らかに連続で区分的に滑らかで $f(0)=f(a)=0$ である．よって p.132 の ⑩ により，

$$\text{解は}\left\{\begin{aligned}&u(x,y)=\sum_{n=1}^{\infty}d_n\sinh\frac{n\pi(b-y)}{a}\sin\frac{n\pi x}{a}\Big/\sinh\frac{n\pi b}{a}\\&d_n=\frac{2}{a}\int_0^a\left(\alpha\sin\frac{\pi\lambda}{a}+\beta\sin\frac{2\pi\lambda}{a}\right)\sin\frac{n\pi\lambda}{a}d\lambda\end{aligned}\right.$$

である．$n=1$ のとき，$d_1=\dfrac{2}{a}\displaystyle\int_0^a\left\{\alpha\left(\sin\frac{\pi\lambda}{a}\right)^2+\beta\sin\frac{2\pi\lambda}{a}\sin\frac{\pi\lambda}{a}\right\}d\lambda=I_1+I_2$

$$I_1=\frac{2\alpha}{a}\int_0^a\left(\sin\frac{\pi\lambda}{a}\right)^2d\lambda=\frac{2\alpha}{a}\int_0^a\frac{1}{2}\left(1-\cos\frac{2\pi\lambda}{a}\right)d\lambda$$

$$=\frac{2\alpha}{a}\left[\frac{\lambda}{2}-\frac{a}{4\pi}\sin\frac{2\pi\lambda}{a}\right]_0^a=\alpha \qquad\cdots①$$

$$I_2=\frac{2\beta}{a}\int_0^a\left(-\frac{1}{2}\right)\left\{\cos\frac{3\pi\lambda}{a}-\cos\frac{\pi\lambda}{a}\right\}d\lambda$$

$$=-\frac{\beta}{a}\left[\frac{a}{3\pi}\sin\frac{3\pi\lambda}{a}-\frac{a}{\pi}\sin\frac{\pi\lambda}{a}\right]_0^a=0 \qquad\cdots②$$

$$\therefore\quad d_1=\alpha$$

$n=2$ のとき，$d_2=\dfrac{2}{a}\displaystyle\int_0^a\left(\alpha\sin\frac{\pi\lambda}{a}+\beta\sin\frac{2\pi\lambda}{a}\right)\sin\frac{2\pi\lambda}{a}d\lambda=I_3+I_4$

② より，$I_3=\dfrac{2}{a}\displaystyle\int_0^a\alpha\sin\frac{\pi\lambda}{a}\sin\frac{2\pi\lambda}{a}d\lambda=0 \qquad\cdots③$

$$I_4=\frac{2}{a}\int_0^a\beta\left(\sin\frac{2\pi\lambda}{a}\right)^2d\lambda=\frac{2\beta}{a}\int_0^a\frac{1}{2}\left(1-\cos\frac{4\pi\lambda}{a}\right)d\lambda$$

$$=\frac{\beta}{a}\left[\lambda-\frac{a}{4\pi\lambda}\sin\frac{4\pi\lambda}{a}\right]_0^a=\beta \qquad\cdots④$$

$$\therefore\quad d_2=\beta$$

$n\geqq 3$ のとき，$d_n=\dfrac{2}{a}\displaystyle\int_0^a\alpha\sin\frac{\pi\lambda}{a}\sin\frac{n\pi\lambda}{a}d\lambda+\frac{2}{a}\int_0^a\beta\sin\frac{2\pi\lambda}{a}\sin\frac{n\pi\lambda}{a}d\lambda$

$$=I_5+I_6$$

$$I_5=\frac{2\alpha}{a}\int_0^a\left(-\frac{1}{2}\right)\left\{\cos\frac{\pi(n+1)\lambda}{a}-\cos\frac{\pi(n-1)\lambda}{a}\right\}d\lambda$$

$$=-\frac{\alpha}{a}\left[\frac{a}{\pi(n+1)}\sin\frac{\pi(n+1)\lambda}{a}-\frac{a}{\pi(n-1)}\sin\frac{\pi(n-1)\lambda}{a}\right]_0^a=0\quad(n\geqq 3)$$

$$I_6 = \frac{2\beta}{a}\int_0^a \left(-\frac{1}{2}\right)\left\{\cos\frac{\pi(n+2)\lambda}{a} - \cos\frac{\pi(n-2)\lambda}{a}\right\}d\lambda$$
$$= -\frac{\beta}{a}\left[\frac{a}{\pi(n+2)}\sin\frac{\pi(n+2)\lambda}{a} - \frac{a}{\pi(n-2)}\sin\frac{\pi(n-2)\lambda}{a}\right]_0^a = 0 \quad (n \geqq 3)$$
$$\therefore \quad u(x,y) = \alpha\frac{\sinh\frac{\pi(b-y)}{a}\sin\frac{\pi x}{a}}{\sinh\frac{\pi b}{a}} + \beta\frac{\sinh\frac{2\pi(b-y)}{a}\sin\frac{2\pi x}{a}}{\sinh\frac{2\pi b}{a}}$$

◆ 演習問題（第 8 章）の解答

1. (1) $f(x)$ は $[-\pi,\pi]$ で区分的に滑らかな関数である．$f(x)$ を周期 2π で接続すると，$-\infty < x < \infty$ で連続な関数が得られる．

$$a_0 = \frac{1}{\pi}\int_{-\pi}^{\pi} f(x)dx = \frac{1}{\pi}\int_0^{\pi}\sin x dx = \frac{1}{\pi}\left[-\cos x\right]_0^{\pi} = \frac{2}{\pi}$$
$$a_1 = \frac{1}{\pi}\int_{-\pi}^{\pi} f(x)\cos x dx = \frac{1}{\pi}\int_0^{\pi}\sin x\cos x dx = \frac{1}{\pi}\frac{1}{2}\int_0^{\pi}\sin 2x dx$$
$$= \frac{1}{2\pi}\left[-\frac{1}{2}\cos 2x\right]_0^{\pi} = 0$$
$$a_n = \frac{1}{\pi}\int_{-\pi}^{\pi} f(x)\cos nx dx = \frac{1}{\pi}\int_0^{\pi}\sin x\cos nx dx \quad (n = 2, 3, \cdots)$$
$$= -\frac{1}{2\pi}\left[\frac{\cos(n+1)x}{n+1} + \frac{\cos(-n+1)x}{-n+1}\right]_0^{\pi}$$
$$= -\frac{1}{2\pi}\left(\frac{(-1)^{n+1}}{1+n} + \frac{(-1)^{n-1}}{1-n} - \frac{1}{1+n} - \frac{1}{1-n}\right) = -\frac{1}{\pi}\frac{(-1)^{n-1}-1}{1-n^2}$$
$$= \begin{cases} 0 & (n：奇数) \\ \dfrac{2}{\pi(1-n^2)} & (n：偶数) \end{cases}$$
$$b_1 = \frac{1}{\pi}\int_{-\pi}^{\pi} f(x)\sin x dx = \frac{1}{\pi}\int_0^{\pi}\sin^2 x dx = \frac{1}{\pi}\int_0^{\pi}\frac{1-\cos 2x}{2}dx$$
$$= \frac{1}{2\pi}\left[x - \frac{\sin 2x}{2}\right]_0^{\pi} = \frac{1}{2}$$
$$b_n = \frac{1}{\pi}\int_{-\pi}^{\pi} f(x)\sin nx dx = \frac{1}{\pi}\int_0^{\pi}\sin x\sin nx dx \quad (n = 2, 3, \cdots)$$
$$= \frac{1}{2\pi}\left[\frac{\sin(1-n)x}{1-n} - \frac{\sin(1+n)x}{1+n}\right]_0^{\pi} = 0$$

よってフーリエ展開は，

$$f(x) = \frac{1}{\pi} + \frac{\sin x}{2} - \frac{2}{\pi}\sum_{n=1}^{\infty}\frac{1}{4n^2-1}\cos 2nx$$

(2) $f(x)$ は $[0,2]$ で区分的に滑らかな関数である．周期 2 で接続する．いま $\pi x = t$ とおくと，

$$f(x) = f\left(\frac{t}{\pi}\right) = \varphi(t) = \begin{cases} t & (0 \leqq t < \pi) \\ 0 & (t = \pi) \\ t - 2\pi & (\pi < t \leqq 2\pi) \end{cases}$$

$$\begin{aligned} a_0 &= \frac{1}{\pi}\int_0^{2\pi} \varphi(t)dt = \frac{1}{\pi}\left(\int_0^{\pi} tdt + \int_\pi^{2\pi} (t-2\pi)dt\right) \\ &= \frac{1}{\pi}\left(\left[\frac{t^2}{2}\right]_0^\pi + \left[\frac{t^2}{2} - 2\pi t\right]_\pi^{2\pi}\right) = \frac{1}{\pi}\left(\frac{\pi^2}{2} + \frac{4\pi^2}{2} - 4\pi^2 - \frac{\pi^2}{2} + 2\pi^2\right) = 0 \\ a_n &= \frac{1}{\pi}\int_0^{2\pi} \varphi(t)\cos ntdt \\ &= \frac{1}{\pi}\left(\int_0^\pi t\cos ntdt + \int_\pi^{2\pi}(t-2\pi)\cos ntdt\right) \\ &= \frac{1}{\pi}\left(\left[\frac{t}{n}\sin nt\right]_0^\pi - \frac{1}{n}\int_0^\pi \sin ntdt + \left[\frac{t-2\pi}{n}\sin nt\right]_\pi^{2\pi} - \frac{1}{n}\int_\pi^{2\pi}\sin ntdt\right) = 0 \\ b_n &= \frac{1}{\pi}\int_0^{2\pi}\varphi(t)\sin ntdt = \frac{1}{\pi}\left(\int_0^\pi t\sin ntdt + \int_\pi^{2\pi}(t-2\pi)\sin ntdt\right) \\ &= \frac{1}{\pi}\left(\left[-\frac{t}{n}\cos nt\right]_0^\pi + \frac{1}{n}\int_0^\pi \cos ntdt + \left[-\frac{t-2\pi}{n}\cos nt\right]_\pi^{2\pi} + \frac{1}{n}\int_\pi^{2\pi}\cos ntdt\right) \\ &= (-1)^{n+1}\frac{2}{n} \end{aligned}$$

よって求めるフーリエ展開は，

$$\varphi(t) = 2\sum_{n=1}^{\infty}\frac{(-1)^{n+1}}{n}\sin nt \quad ゆえに \quad f(x) = 2\sum_{n=1}^{\infty}\frac{(-1)^{n+1}}{n}\sin n\pi x$$

(3) $f(x)$ は $[0,4]$ で区分的に滑らかな関数である．周期 4 として接続すると偶関数となる．

$$\begin{aligned} b_n &= 0 \quad (n = 1, 2, 3\cdots) \\ a_0 &= \frac{1}{2}\int_0^4 f(x)dx = \frac{1}{2}\int_0^2(1-x)dx + \frac{1}{2}\int_2^4(x-3)dx \\ &= \frac{1}{2}\left[x - \frac{x^2}{2}\right]_0^2 + \frac{1}{2}\left[\frac{x^2}{2} - 3x\right]_2^4 = 0 \\ a_n &= \frac{1}{2}\int_0^4 f(x)\cos\frac{n\pi x}{2}dx \\ &= \frac{1}{2}\left(\int_0^2(1-x)\cos\frac{n\pi x}{2}dx + \int_2^4(x-3)\cos\frac{n\pi x}{2}dx\right) \\ &= \frac{1}{2}\left(\left[\frac{2}{n\pi}(1-x)\sin\frac{n\pi x}{2}\right]_0^2 + \frac{2}{n\pi}\int_0^2\sin\frac{n\pi x}{2}dx\right. \\ &\qquad \left. + \left[\frac{2}{n\pi}(x-3)\sin\frac{n\pi x}{2}\right]_2^4 - \frac{2}{n\pi}\int_2^4\sin\frac{n\pi x}{2}dx\right) \end{aligned}$$

$$= \frac{1}{n\pi}\left(\left[-\frac{2}{n\pi}\cos\frac{n\pi x}{2}\right]_0^2 - \left[-\frac{2}{n\pi}\cos\frac{n\pi x}{2}\right]_2^4\right)$$

$$= \frac{1}{n\pi}\left(-\frac{2}{n\pi}(-1)^n + \frac{2}{n\pi} + \frac{2}{n\pi} - \frac{2}{n\pi}(-1)^n\right)$$

$$= \frac{4}{n^2\pi^2}\left((-1)^{n+1}+1\right)$$

$$= \begin{cases} 0 & (n：偶数) \\ \dfrac{8}{n^2\pi^2} & (n：奇数) \end{cases}$$

よって求めるフーリエ展開は，

$$f(x) = \frac{8}{\pi^2}\sum_{n=1}^{\infty}\frac{1}{(2n-1)^2}\cos\frac{1}{2}(2n-1)\pi x$$

2. $f(x) = \begin{cases} 1 & (|x| \leqq 1) \\ 0 & (|x| > 1) \end{cases}$ $\cdots$① は $(-\infty, \infty)$ で区分的に滑らかで，

$$\int_{-\infty}^{\infty}\left|f(x)\right|dx = \int_{-1}^{1}dx = 2$$

は収束しているので，p.125 の定理 8.5 を用いる．

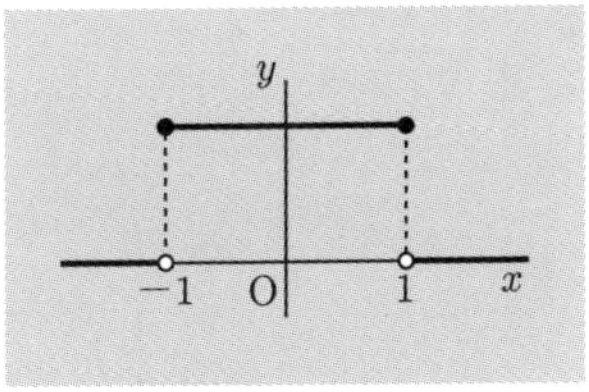

図 **A.8.3**　①グラフ

$$\frac{f(x+0)+f(x-0)}{2} = \frac{1}{\pi}\int_0^{\infty}du\int_{-\infty}^{\infty}f(t)\cos u(t-x)dt$$

$$= \frac{1}{\pi}\int_0^{\infty}du\int_{-1}^{1}1\cdot\cos u(t-x)dt$$

$$\int_{-1}^{1}\cos u(t-x)dt = \cos ux\int_{-1}^{1}\cos ut dt + \sin ux\int_{-1}^{1}\sin ut dt$$

$$= \frac{2\cos ux\sin u}{u}$$

$\dfrac{f(x+0)+f(x-0)}{2}$ は $|x|=1$ 以外では連続であるので $f(x)$ に等しく，$|x|=1$ では 1/2 となる．よって，

$$\frac{2}{\pi}\int_0^{\infty}\frac{\cos ux\sin u}{u}du = \begin{cases} 1 & (|x|<1) \\ 1/2 & (|x|=1) \\ 0 & (|x|>1) \end{cases} \quad \cdots ②$$

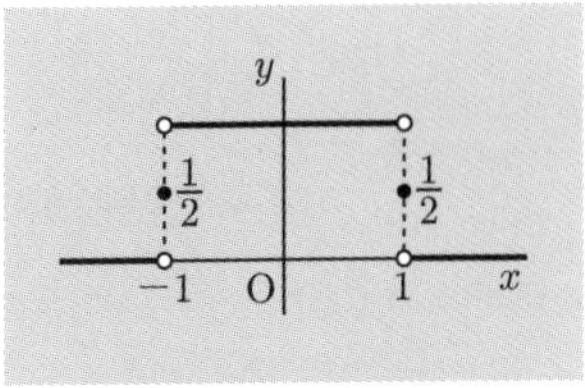

図 **A.8.4**　②グラフ

3. (1)　$f(x) = \begin{cases} -2x & (-1 \leqq x \leqq 1) \\ 0 & (x < -1, 1 < x) \end{cases}$ は区分的に滑らかで，かつ絶対可積分である．よって，p.125 の定義 8.1 を用いる．

$$F(u)=\frac{1}{\sqrt{2\pi}}\int_{-\infty}^{\infty}f(t)e^{-iut}dt=\frac{1}{\sqrt{2\pi}}\int_{-\infty}^{\infty}f(t)(\cos ut-i\sin ut)dt$$

$f(t)$ が奇関数

$$=\frac{2}{\sqrt{2\pi}}\int_{0}^{\infty}-if(t)\sin ut dt=\frac{-2i}{\sqrt{2\pi}}\int_{0}^{1}(-2t)\sin ut dt$$

$$=\frac{2\sqrt{2}\,i}{\sqrt{\pi}}\int_{0}^{1}t\sin ut dt=\frac{2\sqrt{2}\,i}{\sqrt{\pi}}\left\{\left[-\frac{t}{u}\cos ut\right]_0^1+\frac{1}{u}\int_0^1\cos ut dt\right\}$$

$$=\frac{2\sqrt{2}\,i}{\sqrt{\pi}}\left\{\left(-\frac{1}{u}\cos u\right)+\frac{1}{u}\left[\frac{1}{u}\sin ut\right]_0^1\right\}=\frac{2\sqrt{2}\,i}{\sqrt{\pi}\,u^2}(\sin u-u\cos u)$$

(2) $f(x)=\begin{cases}e^{-px} & (x\geqq 0)\\ e^{px} & (x<0)\end{cases}$ （$p>0$，定数）は区分的に滑らかで，連続である．

$\displaystyle\int_{-\infty}^{\infty}\left|f(x)\right|dx=2\int_0^{\infty}e^{-px}dx=-\frac{2}{p}\left[e^{-px}\right]_0^{\infty}=-\frac{2}{p}(-1)=\frac{2}{p}$ より絶対可積分である．よって p.125 の定義 8.1 よりフーリエ変換を求める．

$$F(u)=\frac{1}{\sqrt{2\pi}}\int_{-\infty}^{\infty}f(t)e^{-iut}dt=\frac{1}{\sqrt{2\pi}}\left\{\int_{-\infty}^{0}e^{pt}e^{-iut}dt+\int_0^{\infty}e^{-pt}e^{-iut}dt\right\}$$

$$=\frac{1}{\sqrt{2\pi}}\left\{\int_{-\infty}^{0}e^{(p-iu)t}dt+\int_0^{\infty}e^{-(p+iu)t}dt\right\}$$

$$=\frac{1}{\sqrt{2\pi}}\left\{\left[\frac{1}{p-iu}e^{(p-iu)t}\right]_{-\infty}^{0}-\left[\frac{1}{p+iu}e^{-(p+iu)t}\right]_0^{\infty}\right\}$$

$$=\frac{1}{\sqrt{2\pi}}\left(\frac{1}{p-iu}+\frac{1}{p+iu}\right)=\frac{1}{\sqrt{2\pi}}\frac{2p}{p^2+u^2}$$

$$\because\quad \lim_{R\to-\infty}\left|e^{(p-iu)R}\right|=\lim_{R\to-\infty}e^{pR}\left|\cos uR-i\sin uR\right|\leqq\lim_{R\to-\infty}2e^{pR}=0$$

$$\lim_{R\to\infty}\left|e^{-(p+iu)R}\right|=\lim_{R\to\infty}e^{-pR}\left|\cos uR-i\sin uR\right|\leqq\lim_{R\to\infty}2e^{-pR}=0$$

4.

$$\frac{\partial^2 u}{\partial t^2}=a^2\frac{\partial^2 u}{\partial x^2}+x\quad(u=u(x,t);\ 0<x<l,\ t>0)\qquad\cdots①$$

$$\text{初期条件: } u(x,0)=0,\quad \frac{\partial u(x,0)}{\partial t}=0\quad(0\leqq x\leqq l)\qquad\cdots②$$

$$\text{境界条件: } u(0,t)=0,\quad u(l,t)=0\quad(t\geqq 0)\qquad\cdots③$$

の解を求める．

$$u(x,t)=v(x,t)+\varphi(x)\qquad\cdots④$$

とおけば，

$$\frac{\partial^2 u}{\partial t^2}=\frac{\partial^2 v}{\partial t^2},\quad \frac{\partial^2 u}{\partial x^2}=\frac{\partial^2 v}{\partial x^2}+\varphi''(x)$$

であるので，① より

$$\frac{\partial^2 v}{\partial t^2}=a^2\frac{\partial^2 v}{\partial x^2}+a^2\varphi''(x)+x\qquad\cdots⑤$$

④で $x=0$ とおくと，$u(0,t)=v(0,t)+\varphi(0)$．よって③の第 1 式より

$$v(0,t)+\varphi(0)=0 \qquad \cdots ⑥$$

同様に④で $x=l$ とおくと，$u(l,t)=v(l,t)+\varphi(l)$．よって③の第 2 式より

$$v(l,t)+\varphi(l)=0 \qquad \cdots ⑦$$

次に $\varphi(x)$ として以下の条件を満足する関数を採用する．

$$\varphi''(x)+x/a^2=0, \quad \varphi(0)=0, \quad \varphi(l)=0$$

そうすると，

$$\begin{cases} \varphi(x)=-\dfrac{1}{6a^2}x^3+c_1x+c_2 & \cdots ⑧ \\ 0=\varphi(0)=c_2 & \cdots ⑨ \\ 0=\varphi(l)=-\dfrac{1}{6a^2}l^3+c_1l+c_2 & \cdots ⑩ \end{cases}$$

⑧, ⑨, ⑩ より
$$\varphi(x)=\frac{x}{6a^2}(l^2-x^2) \qquad \cdots ⑪$$

上のように選んだ $\varphi(x)$ を用いると，$v(x,t)$ は次の問題の解である．

$$\frac{\partial^2 v}{\partial t^2}=a^2\frac{\partial^2 v}{\partial x^2} \quad \left(⑤と\varphi''(x)+\frac{x}{a^2}=0より\right)$$
$$v(0,t)=0 \quad (⑥と\varphi(0)=0より), \quad v(l,t)=0 \quad (⑦と\varphi(l)=0より)$$
$$v(x,0)=-\frac{1}{6a^2}x(l^2-x^2) \quad (②の第1式，④でt=0とおいた式と⑪より)$$
$$\frac{\partial v(x,0)}{\partial t}=0 \quad \left(④より\frac{\partial u(x,t)}{\partial t}=\frac{\partial v(x,t)}{\partial t}となりこの式でt=0とおいた式と②より\right)$$

これは $f(x)=-\dfrac{1}{6a^2}x(l^2-x^2)$, $F(x)=0$ とした p.128 の **I** 波動方程式の初期値・境界値問題である．よって p.128 の④より，

$$v(x,t)=\sum_{n=1}^{\infty}a_n\sin\frac{n\pi x}{l}\cos\frac{n\pi at}{l}$$
$$a_n=\frac{2}{l}\int_0^l\left(-\frac{1}{6a^2}x(l^2-x^2)\right)\sin\frac{n\pi x}{l}dx=(-1)^n\frac{2l^3}{a^2\pi^3n^3} \qquad \cdots ⑫$$

（次頁の注意をみよ）

ゆえに，④, ⑪, ⑫ より

$$\begin{aligned} u(x,t)&=v(x,t)+\frac{1}{6a^2}x(l^2-x^2) \\ &=\frac{x}{6a^2}(l^2-x^2)+\frac{2l^3}{a^2\pi^3}\sum_{n=1}^{\infty}\frac{(-1)^n}{n^3}\sin\frac{n\pi x}{l}\cos\frac{an\pi t}{l} \quad (n=1,2,\cdots) \end{aligned}$$

8

注意 $a_n = \frac{2}{l}\int_0^l \left(-\frac{1}{6a^2}(l^2x - x^3)\sin\frac{n\pi x}{l}dx\right) = \frac{1}{3a^2l}\int_0^l (-l^2x + x^3)\sin\frac{n\pi x}{l}dx$

$$I_1 = \int_0^l x\sin\frac{n\pi x}{l}dx = \left[-x\frac{l}{n\pi}\cos\frac{n\pi x}{l}\right]_0^l + \int_0^l \frac{l}{n\pi}\cos\frac{n\pi x}{l}dx$$
$$= -\frac{l^2}{n\pi}\cos n\pi + \left[\left(\frac{l}{n\pi}\right)^2\sin\frac{n\pi x}{l}\right]_0^l = -\frac{l^2}{n\pi}\cos n\pi$$
$$I_2 = \int_0^l x^3\sin\frac{n\pi x}{l}dx = \left[x^3\left(-\frac{l}{n\pi}\cos\frac{n\pi x}{l}\right)\right]_0^l + \int_0^l 3x^2\frac{l}{n\pi}\cos\frac{n\pi x}{l}dx$$
$$= -\frac{l^4}{n\pi}\cos n\pi + \left[3x^2\left(\frac{l}{n\pi}\right)^2\sin\frac{n\pi x}{l}\right]_0^l - \int_0^l 6x\left(\frac{l}{n\pi}\right)^2\sin\frac{n\pi x}{l}dx$$
$$= -\frac{l^4}{n\pi}\cos n\pi - 6\left(\frac{l}{n\pi}\right)^2\int_0^l x\sin\frac{n\pi x}{l}dx = -\frac{l^4}{n\pi}\cos n\pi - 6\left(\frac{l}{n\pi}\right)^2 I_1$$

ゆえに,

$$a_n = \frac{1}{3a^2l}\left\{-l^2I_1 + \left(-\frac{l^4}{n\pi}\cos n\pi - 6\left(\frac{l}{n\pi}\right)^2 I_1\right)\right\}$$
$$= \frac{1}{3a^2l}\left(\frac{l^4}{n\pi}\cos n\pi - \frac{l^4}{n\pi}\cos n\pi + \frac{6l^2}{(n\pi)^2}\frac{l^2}{n\pi}\cos n\pi\right) = (-1)^n\frac{2l^3}{a^2(n\pi)^3}$$

5. $$\frac{\partial u}{\partial t} = k^2\frac{\partial^2 u}{\partial x^2} \quad (u = u(x,t);\ 0 < x < c, t > 0) \qquad \cdots①$$

$$\frac{\partial}{\partial x}u(0,t) = 0 \quad \cdots② \qquad \frac{\partial}{\partial x}u(c,t) = 0 \quad \cdots③$$

$$u(x,0) = f(x) \quad (0 \leqq x \leqq c) \qquad \cdots④$$

$u(x,t) = g(x)h(t)$ $\cdots⑤$ とおくと, $\frac{g''(x)}{g(x)} = \frac{h'(t)}{k^2h(t)}$ $\cdots⑥$ を得る．この式の左辺は t を含まず，右辺は x を含まないから上式は定数（$= \lambda$ とおく）である．ゆえに

$$g''(x) - \lambda g(x) = 0 \quad \cdots⑦ \qquad h'(t) - \lambda k^2h(t) = 0 \quad \cdots⑧$$

$\lambda = \mu^2$ $(\mu > 0)$ のとき, $g''(x) - \mu^2g(x) = 0$. p.45 の**解法 4.2** によりこれを解くと

$$g(x) = C_1e^{\mu x} + C_2e^{-\mu x} \qquad \cdots⑨$$

②, ⑤により $\frac{\partial}{\partial x}u(0,t) = g'(0)h(t) = 0$ $\quad\therefore\quad g'(0) = 0$ $\cdots⑩$

③, ⑤により $\frac{\partial}{\partial x}u(c,t) = g'(c)h(t) = 0$ $\quad\therefore\quad g'(c) = 0$ $\cdots⑪$

⑨より $g'(x) = \mu(C_1e^{\mu x} - C_2e^{-\mu x})$. ⑩より $C_1 - C_2 = 0$ $\cdots⑫$

⑪より $C_1e^{c\mu} - C_2e^{-c\mu} = 0$ $\cdots⑬$

したがって⑫, ⑬ より $C_1 = C_2 = 0$ となり，$\lambda > 0$ は不適当である．

$\lambda=0$ のとき，⑥より $g''(x)=0$.　$\therefore\quad g(x)=C_1+C_2x,\quad g'(x)=C_2$

これと，②より　$C_2=0$　$\therefore\quad g(x)=C_1$　$\cdots$⑭

また，⑧より　$h'(t)=0$　$\therefore\quad h(t)=d_1$　$\cdots$⑮

$\lambda=-\mu^2\ (\mu>0)$ のとき，⑥より $g''(x)+\mu^2g(x)=0$，よって p.45 の**解法 4.2** より

$$g(x)=C_1\cos\mu x+C_2\sin\mu x \quad\cdots⑯$$

$$g'(x)=\mu(-C_1\sin\mu x+C_2\cos\mu x)$$

②, ③より　$g'(0)=g'(c)=0$　$\therefore\quad C_2=0$　$\cdots$⑰

同様にして　$\sin\mu c=0$　$\therefore\quad \mu=\dfrac{n\pi}{c}\quad(n=1,2,\cdots)$　$\cdots$⑱

ゆえに，⑯, ⑰, ⑱より $g(x)=C_1\cos\dfrac{n\pi x}{c}$．⑥より $h'(t)=-\mu^2k^2h(t)$．これは変数分離形である．よって，$h(t)=ce^{-\int\mu^2k^2dt}=ce^{-\mu^2k^2t}$ いま $\mu=0$ とすると，⑮より $c=d_1$ となる．よって

$$h(t)=d_1\exp\left(-\frac{k^2n^2\pi^2}{c^2}t\right)\quad(n=1,2,\cdots)$$

このとき解を重ね合わせて（➪ p.128 の⑧）

$$u(x,t)=\frac{1}{2}A_0+\sum_{n=1}^{\infty}A_n\exp\left(-\frac{k^2n^2\pi^2}{c^2}t\right)\cos\frac{n\pi x}{c}$$

とおけば，初期条件④から

$$f(x)=\frac{1}{2}A_0+\sum_{n=1}^{\infty}A_n\cos\frac{n\pi x}{c},\quad A_n=\frac{2}{c}\int_0^c f(\xi)\cos\frac{n\pi\xi}{c}d\xi\quad(n=1,2,\cdots)$$

ゆえに，

$$u(x,t)=\frac{1}{c}\int_0^c f(\xi)d\xi+\frac{2}{c}\sum_{n=1}^{\infty}\exp\left(-\frac{k^2n^2\pi^2}{c^2}t\right)\cos\frac{n\pi x}{c}\int_0^c f(\xi)\cos\frac{n\pi\xi}{c}d\xi$$

6.
$$\frac{\partial^2u}{\partial x^2}+\frac{\partial^2u}{\partial y^2}=0\quad(u=u(x,y);\ 0<x<1,0<y<1)\quad\cdots①$$

境界条件：$\begin{cases}u(x,0)=u(x,1)=u(1,y)=0\\ u(0,y)=10\end{cases}$

の解を求める．まず変数分離法（➪ p.129 の例 1）を用いる．

$u(x,y)=X(x)Y(y)\cdots$②とおく．②を①に代入して，

$X''Y+XY''=0,-\dfrac{X''}{X}=\dfrac{Y''}{Y}\cdots$③となる．左辺が x だけの関数で，右辺が y だけの関数であるから，これは定数 α に等しくなければならない．よって，

(i)　$Y''=\alpha Y\quad\cdots$④　　(ii)　$X''=-\alpha X\quad\cdots$⑤

が導かれる．

(i)　④について $\alpha\geqq0$ は不適当である．

なぜなら，$\alpha>0$ のとき，特性方程式 $\lambda^2-\alpha=0$ より $\lambda=\pm\sqrt{\alpha}$ で一般解は $Y(y)=C_1e^{\sqrt{\alpha}y}+C_2e^{-\sqrt{\alpha}y}$．境界条件 $u(x,0)=u(x,1)=0$ と②より $Y(0)=Y(1)=0$. ゆえに $C_1=C_2=0$ よって不適当である．$\alpha=0$ のとき，④より $Y''=0$．これより $Y(y)=py+q$．②と境界条件より $p=q=0$ となり不適当である．

よって $\alpha < 0$ より，$\alpha = -w^2$ $(w > 0)$ とおくと，④の特性方程式は $\lambda^2 + w^2 = 0$．これより，$\lambda = \pm iw$ となり④の一般解は $Y(y) = C_1 \cos wy + C_2 \sin wy \cdots$ ⑥．境界条件 $u(x,0) = u(x,1) = 0$ より $Y(0) = Y(1) = 0$．よって，

$$Y(0) = C_1 = 0, \quad Y(1) = C_1 \cos w + C_2 \sin w = 0 \qquad \therefore \quad \sin w = 0$$

これから，　$C_1 = 0$ かつ $w = k\pi \quad (k = 1, 2, \cdots)$ $\cdots$⑦

⑦を⑥に代入して，　$Y(y) = C_2 \sin k\pi y \quad (k = 1, 2, \cdots)$ $\cdots$⑧

(ii) $X'' + \alpha X = 0 \cdots$ ⑤について考える．$\alpha = -w^2 = -k^2\pi^2$ より $X'' - k^2\pi^2 X = 0$，特性方程式 $\lambda^2 - k^2\pi^2 = 0$ を解いて，$\lambda = \pm k\pi$．

よって⑤の一般解は，$X(x) = A_1 e^{k\pi x} + A_2 e^{-k\pi x} \cdots$ ⑨となる．

$$u(1, y) = X(1)Y(y) = 0 \quad \text{より} \quad X(1) = 0 \qquad \therefore \quad X(1) = A_1 e^{k\pi} + A_2 e^{-k\pi} = 0$$

ゆえに $A_2 = -A_1 e^{2k\pi} \cdots$ ⑩．⑩を⑨に代入して，

$$\begin{aligned} X(x) &= A_1 e^{k\pi x} - A_1 e^{2k\pi} e^{-k\pi x} = A_1 e^{k\pi}(e^{k\pi(x-1)} - e^{-k\pi(x-1)}) \\ &= 2A_1 e^{k\pi} \sinh k\pi(x-1) \end{aligned} \qquad \cdots ⑪$$

$$\left(\text{⇨ 双曲線関数} \sinh\theta = \frac{e^\theta - e^{-\theta}}{2} \right)$$

8

⑧, ⑪より定数係数を除いた積を $u_k(x,y)$ とおくと，

$$u_k(x, y) = \sinh k\pi(x-1) \cdot \sin k\pi y \quad (k = 1, 2, \cdots) \qquad \cdots ⑫$$

⑫について重ね合わせの原理（⇨ p.128 の⑧）を用いると，①の解は

$$u(x, y) = \sum_{k=1}^{\infty} b'_k \sinh k\pi(x-1) \cdot \sin k\pi y \qquad \cdots ⑬$$

となる．いま $u(0, y) = \sum_{k=1}^{\infty} b_k \cdot \sin k\pi y = 10 \quad (b_k = -b'_k \sinh k\pi)$ とおくと，フーリエ正弦級数展開の公式（⇨ p.121 の定理 8.3）で，$l = 1$ として，

$$\begin{aligned} b_k &= \frac{2}{1}\int_0^1 10 \sin \frac{k\pi}{1} y dy = 20 \left[-\frac{1}{k\pi} \cos k\pi y \right]_0^1 \\ &= -\frac{20}{k\pi}(\cos k\pi - 1) = \frac{20\{1 - (-1)^k\}}{k\pi} \quad (k = 1, 2, \cdots) \end{aligned}$$

$$\therefore \quad b'_k = \frac{20((-1)^k - 1)}{k\pi \sinh k\pi} \quad (k = 1, 2, \cdots) \qquad \cdots ⑭$$

⑭を⑬に代入して，求める①の解は，

$$u(x, y) = \frac{20}{\pi} \sum_{k=1}^{\infty} \frac{(-1)^k - 1}{k \sinh k\pi} \sinh k\pi(x-1) \sin k\pi y$$

7. $f(x) = 10x(2 - x)$ は区分的に滑らかな関数である．よって，p.132 の **III** の場合である．$c = 2, k = 1/\sqrt{2}$ とする．求める解は

$$\begin{cases} u(x,t) = \sum_{n=1}^{\infty} c_n e^{-(n\pi/2\sqrt{2})^2 t} \sin \dfrac{n\pi x}{2} & \cdots ① \\ c_n = \dfrac{2}{2} \displaystyle\int_0^2 10(2x - x^2) \sin \dfrac{n\pi x}{2} dx & \cdots ② \end{cases}$$

となる.

$$\begin{aligned} c_n &= 10 \int_0^2 (2x - x^2) \sin \frac{n\pi x}{2} dx \\ &= 10 \left\{ \left[(2x - x^2) \frac{-2}{n\pi} \cos \frac{n\pi x}{2} \right]_0^2 - \int_0^2 (2 - 2x) \left(\frac{-2}{n\pi} \right) \cos \frac{n\pi x}{2} dx \right\} \\ &= \frac{40}{n\pi} \int_0^2 (1 - x) \cos \frac{n\pi x}{2} dx \\ &= \frac{40}{n\pi} \left\{ \left[(1 - x) \frac{2}{n\pi} \sin \frac{n\pi x}{2} \right]_0^2 - \int_0^2 (-1) \frac{2}{n\pi} \sin \frac{n\pi x}{2} dx \right\} \\ &= \frac{80}{n^2\pi^2} \left[\frac{-2}{n\pi} \cos \frac{n\pi x}{2} \right]_0^2 = \frac{160}{n^3\pi^3} (1 - (-1)^n) \quad \cdots ③ \end{aligned}$$

③ を ① に代入して，次のような解を得る.

$$u(x,t) = \frac{160}{\pi^3} \sum_{n=1}^{\infty} \frac{1 - (-1)^n}{n^3} \sin \frac{n\pi x}{2} \cdot e^{-n^2\pi^2 t/8}$$

9

9 章の解答

1.1 $L(1) = \displaystyle\int_0^{\infty} e^{-sx} \cdot 1 dx = \left[-\frac{1}{s} e^{-sx} \right]_0^{\infty} = \frac{1}{s} \quad (s > 0)$

$L(x^{\alpha}) = \dfrac{\Gamma(\alpha + 1)}{s^{\alpha+1}} \quad (\alpha > -1)$ （⇨ p.155 の追記 9.2）

$\therefore \quad L(f(x)) = \dfrac{1}{s} + \dfrac{\Gamma(\alpha + 1)}{s^{\alpha+1}}$

1.2 (1) $L(e^{-x^2}) = \displaystyle\int_0^{\infty} e^{-x^2} e^{-sx} dx = e^{s^2/4} \int_0^{\infty} e^{-(x+(s/2))^2} dx \leqq e^{s^2/4} \int_0^{\infty} e^{-x^2} dx = e^{s^2/4} \frac{\sqrt{\pi}}{2}$

$\left(\displaystyle\int_0^{\infty} e^{-x^2} dx = \frac{\sqrt{\pi}}{2} \right.$ ⇨ 例えば『新版 演習微分積分』（サイエンス社）p.143$\left. \right)$

よってすべての s について収束する.

(2) $L(e^{x^2}) = \displaystyle\int_0^{\infty} e^{x^2} e^{-sx} dx = e^{-s^2/4} \int_0^{\infty} e^{(x-(s/2))^2} dx \geqq e^{-s^2/4} \int_0^b dt = e^{-s^2/4} b$

よって，b は任意にとってよいから，すべての s について $L(e^{x^2})$ は発散する.

(3) $\displaystyle\int_0^b H(x) e^{-sx} dx = \int_0^b e^{-sx} dx = \left[-\frac{1}{s} e^{-sx} \right]_0^b = -\frac{e^{-bs} - 1}{s}$

よって，$s > 0$ であれば $b \to \infty$ のとき $L(H(x)) = 1/s$ に収束し，$s < 0$ のときは発散する.

2.1 (1) p.152 の例題 1 の (1) により，$L(\sin ax) = \dfrac{a}{s^2+a^2}$

p.151 の **VII**（像の微分法則）により

$$L(x\sin ax) = -\frac{d}{ds}\frac{a}{s^2+a^2} = \frac{2as}{s^2+a^2} \quad (s>0)$$

(2) $f(x) = e^{-ax} - e^{-bx}$ とおいて，

$$\lim_{x\to 0}\frac{e^{-ax}-e^{-bx}}{x} = \lim_{x\to 0}\frac{-ae^{-ax}+be^{-bx}}{1} = b-a \quad \text{（存在する）}$$

p.151 の **VIII**（像の積分法則）により，

$$L\left(\frac{e^{-ax}-e^{-bx}}{x}\right) = \int_s^\infty L(e^{-ax}-e^{-bx})dx \quad \bigl(s>\max(-a,\ -b)\bigr)$$

$$= \int_s^\infty \left(\frac{1}{s+a}-\frac{1}{s+b}\right)ds = \log\frac{s+b}{s+a} \qquad \bigl(s>\max(-a,\ -b)\bigr)$$

3.1 (1) $L(x^2-3x^4+2) = L(x^2)-3L(x^4)+2L(1)$

$$= \frac{2}{s^3} - \frac{3\cdot 4!}{s^5} + \frac{2}{s} \quad (s>0)$$

(2) $L(e^{3x}-2e^{-x}) = L(e^{3x}) - 2L(e^{-x}) = 1/(s-3) - 2/(s+1)$

(3) $\cos\left(2x+\dfrac{\pi}{6}\right) = \cos 2x\cos\dfrac{\pi}{6} - \sin 2x\sin\dfrac{\pi}{6} = \dfrac{\sqrt{3}}{2}\cos 2x - \dfrac{1}{2}\sin 2x$

$$L\left(\frac{\sqrt{3}}{2}\cos 2x - \frac{1}{2}\sin 2x\right) = \frac{\sqrt{3}}{2}L(\cos 2x) - \frac{1}{2}L(\sin 2x)$$

$$= \frac{\sqrt{3}}{2}\frac{s}{s^2+4} - \frac{1}{2}\frac{2}{s^2+4} = \frac{\sqrt{3}\,s-2}{2(s^2+4)} \quad (s>0)$$

(4) $\sin\left(3x+\dfrac{\pi}{4}\right) = \sin 3x\cos\dfrac{\pi}{4} + \cos 3x\sin\dfrac{\pi}{4} = \dfrac{1}{\sqrt{2}}\sin 3x + \dfrac{1}{\sqrt{2}}\cos 3x$

$$L\left(\frac{1}{\sqrt{2}}\sin 3x + \frac{1}{\sqrt{2}}\cos 3x\right) = \frac{1}{\sqrt{2}}L(\sin 3x) + \frac{1}{\sqrt{2}}L(\cos 3x)$$

$$= \frac{1}{\sqrt{2}}\frac{3}{s^2+9} + \frac{1}{\sqrt{2}}\frac{s}{s^2+9} = \frac{3+s}{\sqrt{2}(s^2+9)} \quad (s>0)$$

(5) $L\bigl(f(x)\bigr) = \displaystyle\int_0^\infty e^{-sx}(x+2)^2dx = \int_2^\infty e^{-s(\tau-2)}\tau^2d\tau = e^{2s}\left\{\int_0^\infty e^{-s\tau}\tau^2d\tau - \int_0^2 e^{-s\tau}\tau^2d\tau\right\}$

$x+2=\tau$

$= e^{2s}(I_1-I_2)$

p.151 ⓑ より $I_1 = \dfrac{2}{s^3}$

$$I_2 = \int_0^2 e^{-s\tau}\tau^2d\tau = \left[\frac{e^{-s\tau}}{-s}\tau^2\right]_0^2 + \frac{1}{s}\int_0^2 2\tau e^{-s\tau}d\tau$$

$$= \frac{4e^{-2s}}{-s} + \frac{2}{s}\left\{\left[\tau\frac{e^{-s\tau}}{-s}\right]_0^2 - \int_0^2\frac{e^{-s\tau}}{-s}d\tau\right\}$$

$$= \frac{4e^{-2s}}{-s} - \frac{4e^{-2s}}{s^2} + \frac{2}{s^2}\left[\frac{e^{-s\tau}}{-s}\right]_0^2 = -\frac{4e^{-2s}}{s} - \frac{4e^{-2s}}{s^2} + \frac{2}{s^2}\left(\frac{e^{-2s}}{-s} - \frac{1}{-s}\right)$$

$$\therefore \quad L\big(f(x)\big) = \frac{4}{s} + \frac{4}{s^2} + \frac{2}{s^3}$$

(6) $L\big(f(x)\big) = \displaystyle\int_{\pi/6}^{\infty} e^{-sx}\cos\left(x - \frac{\pi}{6}\right)dx = \int_0^{\infty} e^{-s(\tau+(\pi/6))}\cos\tau d\tau$

└ $\boldsymbol{x - \pi/6 = \tau}$ ┘

$$= e^{-\pi s/6}\int_0^{\infty} e^{-s\tau}\cos\tau d\tau$$

$$= e^{-\pi s/6}L(\cos\tau) = e^{-\pi s/6}\frac{s}{s^2+1}$$

(7) p.151 ⓙ より $L(e^{-2x}\cos 3x) = \dfrac{s+2}{(s+2)^2+9}$

(8) p.151 ⓗ より $L(x^2e^{3x}) = \dfrac{2}{(s-3)^3}$

3.2 $L\left(y' + 3y - 2\displaystyle\int_0^x f(t)dt\right) = L(y') + 3L(y) - 2L\left(\int_0^x f(t)dt\right)$

p.151 の **IV** より

$$L(y') = sL(y) - f(0) = sL(y) - 2$$

p.151 の **VI** より

$$L\left(\int_0^x f(t)dt\right) = \frac{1}{s}L(y)$$

$$\therefore \quad (s + 3 - 2/s)L(y) - 2$$

4.1 (1) 部分分数に分解する． $\dfrac{s+6}{s^2+3s} = \dfrac{s+6}{s(s+3)} = \dfrac{A}{s} + \dfrac{B}{s+3}$ とおく．

$A(s+3) + Bs = s+6$ より $(A+B)s + 3A = s+6$．よって，

$A + B = 1, \quad 3A = 6 \qquad \therefore \quad A = 2, B = -1$

$$\therefore \quad \frac{s+6}{s^2+3s} = \frac{2}{s} + \frac{-1}{s+3}$$

よって，$L^{-1}\left(\dfrac{2}{s} - \dfrac{1}{s+3}\right) = L^{-1}\left(\dfrac{2}{s}\right) - L^{-1}\left(\dfrac{1}{s+3}\right) = 2H(x) - e^{-3x}$

└ **p.151** ⓐ, ⓒ ┘

（$H(x)$ はヘビサイドの関数）

(2) $L^{-1}\left(\dfrac{2}{s^2+5}\right) = \dfrac{2}{\sqrt{5}}\sin\sqrt{5}\,x$

└ **p.151** ⓔ ┘

(3) $L^{-1}\left(\dfrac{s}{s^2+4}\right) = \cos 2x$

└ **p.151** ⓕ ┘

(4) $L^{-1}\left(\dfrac{1}{s^2}\right) = x$

└ **p.151** ⓑ ┘

4.2 $f(x)=e^{-x}\sin x$ とおくと，p.156 の基本公式の表 (3) ⓠ より

$$L\{e^{-(x-2)}\sin(x-2)H(x-2)\}=e^{-2s}L(f) \qquad \cdots①$$

また，p.151 の基本公式の表 (1) ⓘ より

$$L(f)=L(e^{-x}\sin x)=\frac{1}{(s+1)^2+1} \qquad \cdots②$$

① に ② を代入して，両辺の逆ラプラス変換をとれば

$$L^{-1}\left(\frac{e^{-2s}}{(s+1)^2+1}\right)=e^{-(x-2)}\sin(x-2)H(x-2)$$

5.1 p.151 の **VIII**（像の積分法則）を用いる．$\displaystyle\lim_{x\to 0}\frac{1}{x}\frac{x}{(x-1)^3}=-1$ より，

$$\frac{f(x)}{x}=L^{-1}\left(\int_s^\infty\frac{s}{(s-1)^3}ds\right)$$

$\dfrac{s}{(s-1)^3}$ を部分分数に分解する．$\dfrac{s}{(s-1)^3}=\dfrac{A}{(s-1)^3}+\dfrac{B}{(s-1)^2}+\dfrac{C}{s-1}$ とおいて，$A+B(s-1)+C(s-1)^2=s$ が成り立つように A, B, C を求める．

$$\left.\begin{array}{ll} s=1\text{ とすると} & A=1 \\ s\text{ の係数} & B-2C=1 \\ s^2\text{の係数} & C=0 \end{array}\right\}\ \begin{array}{l}A=B=1\\ C=0\end{array} \qquad \therefore\quad \frac{s}{(s-1)^3}=\frac{1}{(s-1)^3}+\frac{1}{(s-1)^2}$$

$$\frac{f(x)}{x}=L^{-1}\left(\int_s^\infty\left(\frac{1}{(s-1)^3}+\frac{1}{(s-1)^2}\right)ds\right)=L^{-1}\left(\left[\frac{-1}{2(s-1)^2}+\frac{-1}{s-1}\right]_s^\infty\right)$$

$$=L^{-1}\left(\frac{1}{2(s-1)^2}+\frac{1}{s-1}\right)=\frac{1}{2}xe^x+e^x \qquad \therefore\quad f(x)=\frac{x^2e^x}{2}+xe^x$$

└ **p.151** ⓗ, ⓒ ┘

5.2 (1) $f(x)=L^{-1}\left(\log\dfrac{s+1}{s-1}\right)$ とすると，p.151 の **VII**（像の微分法則）により，

$$-xf(x)=L^{-1}\left(\frac{d}{ds}\left(\log\frac{s+1}{s-1}\right)\right)=L^{-1}\left(\frac{1}{s+1}-\frac{1}{s-1}\right)$$

$$=e^{-x}-e^x \quad \text{（p.151 ⓒ より）}$$

$$\therefore\quad f(x)=\frac{e^x-e^{-x}}{x}$$

(2) $L^{-1}\left(\log\dfrac{s^2+1}{s(s+1)}\right)=f(x)$ とすると

$$L\big(f(x)\big)=\log\frac{s^2+1}{s(s+1)}=F(s)$$

このとき $F'(s)=-L\big(x\cdot f(x)\big)$ であるから，p.151 の **VII** により，

$$x\cdot f(x)=-L^{-1}\bigl(F'(s)\bigr)=-L^{-1}\left[\frac{d}{ds}\left\{\log(s^2+1)-\log s-\log(s+1)\right\}\right]$$
$$=-L^{-1}\left(\frac{2s}{s^2+1}-\frac{1}{s}-\frac{1}{s+1}\right)\quad \text{(p.151ⓓ, ⓐ, ⓒより)}$$
$$=-2\cos x+H(x)+e^{-x}$$

よって

$$f(x)=\frac{1}{x}(-2\cos x+H(x)+e^{-x})\quad (H(x)\text{ はヘビサイドの関数})$$

6.1 (1) 合成積の定義（⇨ p.156）より，

$$x^2*e^x=\int_0^x(x-t)^2e^t dt=\left[(x-t)^2e^t\right]_0^x+\int_0^x 2(x-t)e^t dt$$
$$=-x^2+2\left\{\left[(x-t)e^t\right]_0^t+\int_0^x e^t dt\right\}$$
$$=-x^2+2\{-x+e^x-1\}=-x^2-2x+2e^x-2$$

(2) $f(x-t)\cdot g(t)=e^{a(x-t)}\cos b(x-t)\cdot e^{at}\sin bt$

$$=\frac{1}{2}e^{ax}\{\sin bx+\sin(2bt-bx)\}\quad\left(⇨\ \sin A\cos B=\frac{1}{2}\{\sin(A+B)+\sin(A-B)\}\right)$$
$$f(x)*g(x)=\frac{1}{2}e^{ax}\int_0^x\{\sin bx+\sin(2bt-bx)\}dt$$
$$=\frac{1}{2}xe^{ax}\sin bx$$

6.2 $L^{-1}\left(\dfrac{1}{s^2}\right)=x,\ L^{-1}\left(\dfrac{1}{s-a}\right)=e^{ax}$ から

$$L^{-1}\left(\frac{1}{s^2}\frac{1}{s-a}\right)=x*e^{ax}=\int_0^x(x-t)e^{at}dt$$
$$=\left[\frac{1}{a}(x-t)e^{ax}\right]_0^x+\int_0^x\frac{1}{a}e^{at}dt=-\frac{1}{a}x+\frac{1}{a^2}\left[e^{at}\right]_0^x$$
$$=-\frac{1}{a}x+\frac{1}{a^2}(e^{ax}-1)$$

7.1 (1) 両辺のラプラス変換をとると，

$$L(y'')+4L(y')+13L(y)=2L(e^{-x})$$

よって p.151 の **V**, **IV**，基本公式の表 (1) ⓒ により

$$s^2L(y)+4sL(y)+13L(y)=\frac{2}{s+1}+1$$
$$\therefore\quad L(y)=\frac{2}{(s+1)((s+2)^2+3^2)}+\frac{1}{(s+2)^2+3^2}$$

ここで $\dfrac{1}{(s+1)((s+2)^2+3^2)}=\dfrac{2}{(s+1)(s^2+4s+13)}$ を部分分数に分解する．

$\dfrac{2}{(s+1)(s^2+4s+13)}=\dfrac{A}{s+1}+\dfrac{Bs+C}{s^2+4s+13}$ とおき A,B,C を求めると，

9

$A=\dfrac{1}{5}, B=-\dfrac{1}{5}, C=-\dfrac{3}{5}$ となる．ゆえに，

$$L(y)=\frac{1}{5}\cdot\frac{1}{s+1}-\frac{1}{5}\cdot\frac{s}{(s+2)^2+3^2}+\frac{1}{5}\cdot\frac{2}{(s+2)^2+3^2}$$
$$=\frac{1}{5}\left(\frac{1}{s+1}-\frac{s+2}{(s+2)^2+3^2}+\frac{4}{(s+2)^2+3^2}\right)$$

p.151 の基本公式の表 (1) ⓒ, ⓙ, ⓘ により

$$y=\frac{1}{5}\left(e^{-x}-e^{-2x}\cos 3x+\frac{4}{3}e^{-2x}\sin 3x\right)$$

(2)　両辺のラプラス変換をとると，

$$L(y'')+2L(y')+5L(y)=L\big(H(x)\big)$$

よって p.151 の **V**, **IV**，基本公式の表 (1) ⓐにより，

$$s^2L(y)+s+2sL(y)+2+5L(y)=\frac{1}{s}$$
$$(s^2+2s+5)L(y)=\frac{1}{s}-s-2$$
$$L(y)=\frac{-(s^2+2s-1)}{s(s^2+2s+5)}=\frac{-(s^2+2s+5)+6}{s(s^2+2s+5)}=-\frac{1}{s}+\frac{6}{s(s^2+2s+5)}$$

9

ここで $\dfrac{1}{s(s^2+2s+5)}$ を部分分数に分解する．$\dfrac{1}{s(s^2+2s+5)}=\dfrac{A}{s}+\dfrac{Bs+C}{s^2+2s+5}$ とおき，A,B,C を求めると，$A=\dfrac{1}{5}, B=-\dfrac{1}{5}, C=-\dfrac{2}{5}$ となる．よって

$$L(y)=-\frac{1}{s}+\frac{6}{5}\left(\frac{1}{s}-\frac{s+2}{s^2+2s+5}\right)=\frac{1}{5s}-\frac{6}{5}\frac{(s+1)+1}{(s+1)^2+2^2}$$
$$=\frac{1}{5s}-\frac{6}{5}\left(\frac{s+1}{(s+1)^2+2^2}+\frac{1}{2}\frac{2}{(s+1)^2+2^2}\right)$$

p.151 の基本公式の表 (1) ⓐ, ⓙ, ⓘ により

$$y=\frac{1}{5}H(x)-\frac{6}{5}e^{-x}\cos 2x-\frac{6}{5}\frac{1}{2}e^{-x}\sin 2x$$
$$=\frac{1}{5}H(x)-\frac{6}{5}e^{-x}\cos 2x-\frac{3}{5}e^{-x}\sin 2x$$

(3)　両辺のラプラス変換をとると，

$$L(y''')+L(y')=2L(e^{-x})$$

よって p.151 の **V**, **IV**，基本公式の表 (1) ⓒ より

$$s^3L(y)-\{y(0)s^2+y'(0)s+y''(0)\}+sL(y)-y(0)=\frac{2}{s+1}$$
$$(s^3+s)L(y)=\frac{2}{s+1}+s-2$$
$$L(y)=\frac{s^2-s}{(s+1)(s^3+s)}=\frac{s-1}{(s+1)(s^2+1)}=\frac{s}{s^2+1}-\frac{1}{s+1}$$

ここで逆ラプラス変換を考える．p.151 の基本公式の表 (1) ⓓ, ⓒ より，

$$y = \cos x - e^{-x}$$

(4) 両辺のラプラス変換をとると，

$$L(y') + L(y) = L(\sin 2x)$$

よって p.151 の **IV**，基本公式の表 (1) ⓔ より

$$sL(y) + 1 + L(y) = \frac{2}{s^2+4}$$

よって，$(s+1)L(y) = \dfrac{2}{s^2+4} - 1 \qquad \therefore \quad L(y) = \dfrac{-s^2-2}{(s+1)(s^2+4)}$

右辺を部分分数に分解する．$\dfrac{-s^2-2}{(s+1)(s^2+4)} = \dfrac{A}{s+1} + \dfrac{Bs+C}{s^2+4}$ とおいて，A, B, C を求める．

$$A(s^2+4) + (s+1)(Bs+C) = -s^2-2 \text{ より}$$
$$(A+B)s^2 + (B+C)s + (4A+C) = -s^2-2$$
$$\left.\begin{array}{l} A+B=-1 \\ B+C=0 \\ 4A+C=-2 \end{array}\right\} \text{より} \quad A=-\frac{3}{5}, B=-\frac{2}{5}, C=\frac{2}{5}$$

$$\therefore \quad L(y) = -\frac{3}{5}\frac{1}{s+1} - \frac{2}{5}\frac{s-1}{s^2+4} = -\frac{3}{5}\frac{1}{s+1} - \frac{2}{5}\frac{s}{s^2+4} + \frac{2}{5}\frac{1}{2}\frac{2}{s^2+4}$$

ここで逆ラプラス変換を考えて，p.151 の基本公式の表 (1) ⓒ, ⓓ, ⓔ より

$$y = -\frac{3}{5}e^{-x} - \frac{2}{5}\cos 2x + \frac{1}{5}\sin 2x$$

8.1 両辺のラプラス変換を考えると，

$$L(y') + 3L(y) + 2L\left(\int_0^x y(x)dx\right) = 2L\big(H(x-1)\big) - 2L\big(H(x-2)\big)$$

よって p.151 の **IV**, **VI**，p.154 の例題 3 (1) により

$$sL(y) - y(0) + 3L(y) + \frac{2}{s}L(y) = \frac{2e^{-s}}{s} - \frac{2e^{-2s}}{s}$$

これから

$$(s^2+3s+2)L(y) = s + 2e^{-s} - 2e^{-2s}$$

$$L(y) = \frac{s}{(s+1)(s+2)} + \frac{2e^{-s}}{(s+1)(s+2)} - \frac{2e^{-2s}}{(s+1)(s+2)}$$

ここで逆ラプラス変換をとると先頭から順に

$$L^{-1}\left(\frac{2}{s+2} - \frac{1}{s+1}\right) = 2e^{-2x} - e^{-x} \qquad \cdots ①$$

$$L^{-1}\left(\frac{2e^{-s}}{s+1} - \frac{2e^{-s}}{s+2}\right) = 2\big(e^{-(x-1)} - e^{-2(x-1)}\big)H(x-1) \qquad \cdots ②$$

$$L^{-1}\left(\frac{2e^{-2s}}{s+1} - \frac{2e^{-2s}}{s+2}\right) = 2\big(e^{-(x-2)} - e^{-2(x-2)}\big)H(x-2) \qquad \cdots ③$$

よって①, ②, ③より,

$$y = 2e^{-2x} - e^{-x} + 2\left(e^{-(x-1)} - e^{-2(x-1)}\right)H(x-1) - 2\left(e^{-(x-2)} - e^{-2(x-2)}\right)H(x-2)$$

9.1

$$\begin{cases} x' = x + 2y & \cdots ① \\ y' = -x + 4y & \cdots ② \end{cases}$$

$$x(0) = 1, \quad y(0) = -1$$

①, ②のそれぞれのラプラス変換を考える.

$$\begin{cases} sL(x) - x(0) = L(x) + 2L(y) & \cdots ③ \\ sL(y) - y(0) = -L(x) + 4L(y) & \cdots ④ \end{cases}$$

③, ④に初期条件を代入して,

$$\begin{cases} (s-1)L(x) - 2L(y) = 1 & \cdots ⑤ \\ L(x) + (s-4)L(y) = -1 & \cdots ⑥ \end{cases}$$

⑤, ⑥より $L(x)$ を消去すると, $L(y) = \dfrac{-s}{(s-2)(s-3)} = \dfrac{2}{s-2} - \dfrac{3}{s-3}$

この両辺の逆ラプラス変換をとると, $y = 2e^{2t} - 3e^{3t}$

⑤, ⑥より $L(y)$ を消去すると, $L(x) = \dfrac{s-6}{(s-2)(s-3)} = \dfrac{4}{s-2} - \dfrac{3}{s-3}$

この両辺の逆ラプラス変換をとると, $x = 4e^{2t} - 3e^{3t}$

9

◆ 演習問題（第 9 章）の解答

1. $L(f) = \displaystyle\sum_{n=0}^{\infty} \int_n^{n+1} e^{-sx}(-1)^n dx = \frac{1-e^{-s}}{s} \sum_{n=0}^{\infty} (-e^{-s})^n = \frac{1-e^{-s}}{s(1+e^{-s})} \quad (s > 0)$

（公比 $r = -e^{-s}, |r| = e^{-s} < 1$ $(s > 0)$, 無限等比級数の和）

2. $f(x) = (x-1)(x-2)\{H(x-1) - H(x-2)\}$

$= \{(x-1)^2 - (x-1)\}H(x-1) - \{(x-2)^2 + (x-2)\}H(x-2)$

（$H(x)$ はヘビサイドの関数）

$$L(f) = \left(\frac{2}{s^3} - \frac{1}{s^2}\right)e^{-s} - \left(\frac{2}{s^3} + \frac{1}{s^2}\right)e^{-2s}$$

3. (1) $\dfrac{1}{s(s-2)^2}$ (2) $\dfrac{2a}{(s^2+a^2)^2}$

4. (1) 部分分数に分解する.

$\dfrac{s}{(s^2-1)^2} = \dfrac{s}{(s-1)^2(s+1)^2} = \dfrac{A}{(s-1)^2} + \dfrac{B}{s-1} + \dfrac{C}{(s+1)^2} + \dfrac{D}{s+1}$ とおく

$A(s+1)^2 + B(s-1)(s+1)^2 + C(s-1)^2 + D(s-1)^2(s+1) = s$ より

$$\left.\begin{array}{ll} s=-1 \text{ とすると} & 4C = -1 \\ s=1 \text{ とすると} & 4A = 1 \\ s=0 \text{ とすると} & A - B + C + D = 0 \\ s^2 \text{の項} & A + B + C + D = 0 \end{array}\right\} \text{ より } \quad A = \frac{1}{4}, C = -\frac{1}{4}, B = D = 0$$

$$\therefore \quad \frac{s}{(s^2-1)^2} = \frac{1}{4}\frac{1}{(s-1)^2} - \frac{1}{4}\frac{1}{(s+1)^2}$$

よって $L^{-1}\left(\dfrac{s}{(s^2-1)^2}\right) = L^{-1}\left(\dfrac{1}{4}\dfrac{1}{(s-1)^2} - \dfrac{1}{4}\dfrac{1}{(s+1)^2}\right) = \dfrac{1}{4}x(e^x - e^{-x})$

(2)　$x\cosh ax$ に像の微分法則（p.151 の定理 9.5 **VII**）を用いる．

$$L(x\cosh ax) = -\frac{d}{ds}\frac{s}{s^2-a^2} = \frac{s^2+a^2}{(s^2-a^2)^2} = \frac{s^2-a^2+2a^2}{(s^2-a^2)^2}$$

$$= \frac{1}{s^2-a^2} + \frac{2a^2}{(s^2-a^2)^2} = \frac{1}{a}L(\sinh ax) + \frac{2a^2}{(s^2-a^2)^2}$$

$$L\left(x\cosh ax - \frac{1}{a}\sinh ax\right) = \frac{2a^2}{(s^2-a^2)^2}$$

$$\therefore \quad L^{-1}\left(\frac{1}{(s^2-a^2)^2}\right) = \frac{1}{2a^2}\left(x\cosh ax - \frac{1}{a}\sinh ax\right)$$

5.　p.151 の基本公式の表 (1) ⓒ により　　$L(e^x) = \dfrac{1}{s-1}$

また p.155 の基本公式の表 (2) ⓞ により

$$L(x^{-1/2}) = \frac{\Gamma(1/2)}{s^{-1/2}} = \frac{\sqrt{\pi}}{\sqrt{s}} \qquad \therefore \quad \frac{1}{\sqrt{s}} = L\left(\frac{1}{\sqrt{\pi}\sqrt{x}}\right)$$

よって，p.156 の定理 9.8 **XII** より

$$L^{-1}\left(\frac{1}{(s-1)\sqrt{s}}\right) = e^x * \frac{1}{\sqrt{\pi x}} = \frac{1}{\sqrt{\pi}}\int_0^x e^{x-u}\frac{1}{\sqrt{u}}du = \frac{1}{\sqrt{\pi}}e^x\int_0^x \frac{e^{-u}}{\sqrt{u}}du = I$$

p.156 ②

ここで $\sqrt{u} = v$ とおくと

$$I = e^x \cdot \frac{2}{\sqrt{\pi}}\int_0^{\sqrt{x}} e^{-v^2}dv = e^x \cdot \mathrm{Erf}\left(\sqrt{x}\right)$$

6.

$$\begin{cases} x' = x + y & \cdots ① \\ y' = 4x - 2y & \cdots ② \end{cases}$$

$$x(0) = 1, \quad y(0) = -1$$

①, ②のそれぞれのラプラス変換を考える．

$$\begin{cases} sL(x) - x(0) = L(x) + L(y) & \cdots ③ \\ sL(y) - y(0) = 4L(x) - 2L(y) & \cdots ④ \end{cases}$$

③, ④に初期条件を代入して，

$$\begin{cases} (s-1)L(x) - L(y) = 1 & \cdots ⑤ \\ -4L(x) + (s+2)L(y) = -1 & \cdots ⑥ \end{cases}$$

⑤, ⑥より $L(y)$ を消去すると，

$$(s+3)(s-2)L(x) = s+1 \qquad \therefore \quad L(x) = \frac{s+1}{(s+3)(s-2)}$$

$\dfrac{s+1}{(s+3)(s-2)} = \dfrac{A}{s+3} + \dfrac{B}{s-2}$ とおいて部分分数分解すると $A = \dfrac{2}{5}, B = \dfrac{3}{5}$

よって $L(x) = \dfrac{2}{5}\dfrac{1}{s+3} + \dfrac{3}{5}\dfrac{1}{s-2} \qquad \therefore \quad x = \dfrac{2}{5}e^{-3t} + \dfrac{3}{5}e^{2t}$

次に⑤, ⑥より $L(x)$ を消去すると,

$$(s+3)(s-2)L(y) = -s+5 \qquad \therefore \quad L(y) = \frac{-s+5}{(s+3)(s-2)}$$

$\dfrac{-s+5}{(s+3)(s-2)} = \dfrac{A}{s+3} + \dfrac{B}{s-2}$ とおいて部分分数分解すると，$A = -\dfrac{8}{5}, B = \dfrac{3}{5}$

よって，$L(y) = -\dfrac{8}{5}\dfrac{1}{s+3} + \dfrac{3}{5}\dfrac{1}{s-2} \qquad \therefore \quad y = -\dfrac{8}{5}e^{-3t} + \dfrac{3}{5}e^{2t}$

7. 与えられた運動方程式の両辺のラプラス変換を考える．p.151 の **V** 高階の微分法則により，

$$m\left\{s^2F(s) - x(0)s - x'(0)\right\} = -kF(s)$$

初期条件を代入すると，

$$m\left(s^2F(s) - x_0s - v_0\right) = -kF(s)$$

$$\therefore \quad F(s) = \frac{mx_0s}{ms^2+k} + \frac{mv_0}{ms^2+k} = \frac{x_0s}{s^2 + \left(\sqrt{\dfrac{k}{m}}\right)^2} + \frac{v_0}{s^2 + \left(\sqrt{\dfrac{k}{m}}\right)^2}$$

$$= \frac{x_0s}{s^2+\alpha^2} + \frac{v_0}{s^2+\alpha^2} \qquad \left(\sqrt{\frac{k}{m}} = \alpha \text{とおく}\right)$$

この両辺の逆ラプラス変換を考えると，p.151 の基本公式の表 (1) ⓓ, ⓔ により，

$$\begin{aligned} x(t) &= x_0\cos\alpha t + \frac{v_0}{\alpha}\sin\alpha t \\ &= \sqrt{x_0^2 + \left(\frac{v_0}{\alpha}\right)^2}(\cos\alpha t\sin\beta + \sin\alpha t\cos\beta) \qquad \left(\beta = \tan^{-1}\frac{x_0}{v_0/\alpha}\text{とおく}\right) \\ &= \sqrt{x_0^2 + \left(\frac{v_0}{\alpha}\right)^2}\sin(\alpha t + \beta) \end{aligned}$$

と解を得る．したがって，$x(t)$ は**振《しん》幅《ぷく》** $\sqrt{x_0^2 + \left(\dfrac{v_0}{\alpha}\right)^2}$，**角振動数** $\alpha = \sqrt{\dfrac{k}{m}}$ の**単振動**をすることがわかる．

8. $u(x,t)$ の t に関するラプラス変換を

$$U(x,s) = L\big(u(x,t)\big) = \int_0^\infty e^{-st}u(x,t)dt \quad (s>0)$$

とする．与えられた偏微分方程式（①とする）の両辺のラプラス変換を考える．

$$L\left(\frac{\partial^2 u}{\partial t^2}\right) = s^2 L\big(u(x,t)\big) - su(x,0) - u_t(x,0)$$

$$= s^2 L\big(u(x,t)\big) - \sin\frac{\pi x}{l} \qquad \cdots ②$$

$$L\left(\frac{\partial^2 u}{\partial x^2}\right) = \int_0^\infty e^{-st} u_{xx}(x,t)dt = \frac{\partial^2}{\partial x^2}U(x,t) \qquad \cdots ③$$

①, ②, ③より

$$c^2\frac{\partial^2}{\partial x^2}U(x,s) - s^2 U(x,s) = -\sin\frac{\pi x}{l} \qquad \cdots ④$$

これは x についての，U に関する定数係数 2 階線形微分方程式である．p.45 の**解法 4.2** により

$$U(x,s) = \varphi(s)e^{sx/c} + \psi(s)e^{-sx/c} + \frac{1}{c^2\pi^2/l^2 + s^2}\sin\frac{\pi x}{l} \qquad \cdots ⑤$$

④ の特殊解 $Y(x)$ を求めるために，$Y(x) = A\sin\dfrac{\pi x}{l}$ と予想し，④ に代入して A を求めると，$A = \dfrac{1}{c^2\pi^2/l^2 + s^2}$ となることを用いた．

境界条件より $U(0,s) = 0$，$U(l,s) = 0$ であるので，⑤ より

$$\varphi(s) + \psi(s) = 0, \quad \varphi(s)e^{sl/c} + \psi(s)e^{-sl/c} = 0 \qquad \therefore \quad \varphi(s) = \psi(s) = 0$$

よって ⑤ より，

$$U(x,s) = \frac{l}{\pi c}\frac{\pi c/l}{s^2 + (\pi c/l)^2}\sin\frac{\pi x}{l} \qquad \cdots ⑥$$

⑥ の逆ラプラス変換を求めると，

$$u(x,t) = \frac{l}{\pi c}\sin\frac{\pi ct}{l}\sin\frac{\pi x}{l}$$

となる．

索　引

あ　行

か　行

さ　行

た　行

な　行

著者略歴

寺《てら》 田《だ》 文《ふみ》 行《ゆき》

1948年 東北帝国大学理学部数学科卒業
2016年 逝去
早稲田大学名誉教授

坂《さか》 田《た》 浩《ひろし》

1957年 東北大学大学院理学研究科数学専攻 (修士課程) 修了
現 在 岡山大学名誉教授

新版 演習数学ライブラリ＝3

新版 演習微分方程式

2010年7月10日© 初 版 発 行
2023年9月25日 初版第8刷発行

著 者 寺田文行 発行者 森平敏孝
坂田 浩 印刷者 篠倉奈緒美
製本者 小西惠介

発行所 株式会社 サ イ エ ン ス 社

〒151–0051 東京都渋谷区千駄ヶ谷1丁目3番25号
営業 ☎ (03) 5474–8500 (代) 振替 00170–7–2387
編集 ☎ (03) 5474–8600 (代)
FAX ☎ (03) 5474–8900

印刷 (株) ディグ 製本 ブックアート

《検印省略》

ISBN978–4–7819–1252–3

PRINTED IN JAPAN

サイエンス社のホームページのご案内
http://www.saiensu.co.jp
ご意見・ご要望は
rikei@saiensu.co.jp まで．

ラプラス変換の基本法則

(1)　ラプラス変換の定義　$F(s) = L\big(f(x)\big) = \int_0^\infty e^{-sx} f(x)dx$

(2)　線形法則　$L(af + bg) = aL(f) + bL(g)$

(3)　相似法則　$L\big(f(ax)\big) = \frac{1}{a}F\left(\frac{s}{a}\right) \quad (a > 0)$

(4)　像の移動法則　$L\big(e^{ax}f(x)\big) = F(s-a)$

(5)　微分法則　$L\big(f'(x)\big) = sF(s) - f(0) \quad (e^{-sx}f(x) \to 0\ (x \to \infty))$

(6)　高階の微分法則

$$L\big(f^{(n)}(x)\big) = s^nF(s) - f(0)s^{n-1} - f'(0)s^{n-2} - \cdots - f^{(n-1)}(0)$$

$$(e^{-sx}f^{(k)}(x) \to 0\ (x \to \infty),\ k = 1, 2, \cdots, n-1)$$

(7)　積分法則　$L\left(\int_0^x f(u)du\right) = \frac{1}{s}F(s) \quad \left(e^{-sx}\int_0^x f(u)du \to 0\ (x \to \infty)\right)$

(8)　像の微分法則　$L\big(xf(x)\big) = -\frac{d}{ds}F(s)$

(9)　像の積分法則　$L\left(\frac{f(x)}{x}\right) = \int_s^\infty F(s)ds \quad \left(\lim_{x\to 0}\frac{f(x)}{x}\text{が存在}\right)$

(10)　合成積　$f(x) * g(x) = \int_0^x f(x-t)g(t)dt$

$L\big(f(x)\big) = F(s),\ L\big(g(x)\big) = G(s)$ のとき

(11)　合成積のラプラス変換　$L\big(f(x) * g(x)\big) = F(s) \cdot G(s)$

(12)　合成積の逆ラプラス変換　$L^{-1}\big(F(s) \cdot G(s)\big) = f(x) * g(x)$